# 経理の

会計ソフトの
すき間を埋める

# Excel
# 仕事術

公認会計士・税理士
羽毛田睦土［著］

技術評論社

# はじめに

## 単純作業に時間を奪われていませんか?

### 「5分以上同じ作業の繰り返し」は危険信号

どんな仕事でも、効率よく終わらせるのはなかなか難しいことです。この本を手に取った方も、それぞれのお仕事、なかでもエクセルを使った業務をもっとスムーズに行えないものかと、引っかかりを覚えているかもしれません。

あなたの作業を効率化する余地があるかどうか——それを見極めるサインとして有効なのが、「**5分以上同じ単純作業を繰り返しているかどうか**」です。

ほとんどの場合、正しくエクセルの使い方を学べば、単なる繰り返しのような単純作業はなくすことができます。その効果は絶大で、丸1日かかっていた作業が30分で終わることも珍しくはありません。

### 自分の意思で時間を使うために

エクセルの使い方を学んで、単純作業をなくすことができれば、劇的に時間を確保できるようになります。時間を確保する一番のメリットは、自分で時間の使い方が決められるところです。

もちろん、業務時間中ですから、なんでも自由に決められるわけではありませんが、次のように、自分の意思である程度選択できるようにはなります。

- 成果物を改良して、より良いものにする
- エクセルや会計の勉強や研究をして、さらに作業効率を上げる
- より多くの作業を請け負って、会社に貢献する
- 残業を減らして、プライベートを充実させる

キャリアアップをはかるにせよ、プライベートを充実させるにせ

よ、まずは、時間を確保しないと話になりません。

そして、時間を確保する一番の近道は、エクセルの使い方を学ぶことです。そうすれば、エクセルで単純作業を繰り返さないで済むようになります。

### ■ 経理業務に特化してエクセルの使い方を学ぶ

とはいえ、エクセルの機能・関数は膨大にあります。すべてを学ぼうとすると、いくら時間があっても足りません。

そこで、本書では、余計な機能・解説の解説はしない代わりに、**経理担当者や会計事務所勤務者が知っておくべき機能・関数・応用事例に特化して解説をしています**。

本書の内容は、監査法人勤務〜会計事務所運営を通して、私が実際に使ってきた知識をまとめたものです。必ず業務効率化のお役に立てると信じています。

## 本書の上手な使い方

### ■ まずはショートカットキーを身に付けて時間の余裕を作る

最初に、Chapter1の前半で紹介しているショートカットキーの練習をしてみてください。

ショートカットキーの練習には、まとまった時間はいりません。「ショートカットキーを練習する」意識さえあれば、日々の業務の中で、大きな負担をかけずに練習をすることができます。

特に、まとまった勉強時間を確保できない場合には、無理に本全体を読もうとせず、まずショートカットキーだけを練習するのがおすすめです。**ショートカットキーを身に付けるだけでも、エクセルの操作速度は明らかに速くなるはずです**。

## ■ 頭の中に目次を作るつもりで読む

ショートカットキーの練習をして、少しでも時間に余裕を作ったら、次の内容に進んでください。Chapter1の後半〜Chapter7については、まずは自分の頭の中に目次を作るつもりで、一巡、ざっと読みましょう。もし、難しいと感じる部分がある場合には、その場ですべてを理解する必要はありません。まずは一巡読んでみて、全体像を理解することを優先することをおすすめします。

もちろん、本書の内容を暗記する必要もありません。実務で似たような事例が出てきたときに、改めて、本を読み直してみてください。

## ■ 絶対参照とSUMIFS関数が最重要ポイント

本書の中では、下記のページの内容が最も重要です。本を一巡読む時間がない、あるいは、一巡読み終わったというときには、優先的に下記のページを読むことをおすすめします。

### ● 2-2 計算方法と参照方式

**相対参照・絶対参照の知識は、効率よく数式を入力する（＝数式をコピーして貼り付けられるようにする）ためには欠かせません。**特に、「マトリックス表は二つの参照方式を組み合わせて作る」（62ページ）の内容は非常に重要です。暗記するくらいのつもりで、何度でも見直してください。

### ● 3-1 関数で「集計」と「転記」を自動化する

**この節で説明している「元データの形」は、エクセルで作業をする上で基本中の基本となる、超重要項目です。**元データの形が適切でないと、業務効率が一気に落ちる原因となるので、注意が必要です。

● **3-9 SUMIFS関数で条件に合った値を集計する～3-14 在庫の増減明細を作成する**

**SUMIFS関数は、経理業務を行う上では肝となる関数です**。特に、レポートに集計金額を表示するときには、ほとんどの場合SUMIFS関数を使うと効率的に作業をすることができます（実際、Chapter6で作成するほぼすべてのレポートでSUMIFS関数を使っています）。レポートを作成するときには、毎回、金額集計にSUMIFS関数を使えないか、関連ページを見返して確認してみることをおすすめします。

本書の内容を一通りマスターすれば、経理業務でエクセルを効率よく使う基礎知識は身に付いた状態になっていると思います。ぜひ、本書の内容を駆使して、業務を効率化して、あなたのライフスタイルに合った生活を手に入れてください。

# 目 次



Chapter 1

## 経理に役立つ
## エクセルの基本機能

Chapter 2

# 関数でデータを適切な形にする

## Chapter 3

# 関数でデータの処理を自動化する

## Chapter 4
# 仕訳データを会計ソフトにインポートする

Chapter 5

# 様々なデータを会計ソフトにインポートする

# Chapter 6 会計ソフトからデータをエクスポートして活用する

Chapter 7

# ピボットテーブルでデータを集計する



■サンプルのダウンロードについて

本書の内容をお手元で試していただけるサンプルファイルを提供しております。下記のリンクからダウンロードページにアクセスして、ファイルをダウンロードしてください。

URL https://gihyo.jp/book/2020/978-4-297-11399-5/support

■免責

・本書に記載された内容は、情報の提供のみを目的としています。本書を用いた運用は、必ずお客様自身の判断・責任において行ってください。

・ソフトウェアに関する記述は、特に断りのない限り、2020年8月現在のExcel（Microsoft 365）の最新バージョンおよび弥生会計20スタンダードに基づいています。ソフトウェアのバージョンによっては、本書の説明とは機能・内容が異なる場合がございますので、ご注意ください。

以上の注意事項をご承諾していただいたうえで、本書をご利用ください。これらの注意事項に関わる理由に基づく返金・返本等のあらゆる対処を、技術評論社および著者は行いません。あらかじめご了承ください。

Chapter 1

# 経理に役立つ<br>エクセルの基本機能

# 1-1 経理にエクセルが必要な理由

## 業務ソフトの隙間を埋めるのがエクセルの役割

経理業務に会計ソフトは欠かせません。ただ、会計ソフトには「データの入力が面倒」「会計ソフトから出力される帳票が使いにくい」といった欠点もあります。このような**会計システムの欠点は、エクセルを使うことで手軽に補うことができます**。そこで、この本では**弥生会計を例に**、会計ソフトの周りの仕組みをエクセルで整える方法を紹介していきます。

## エクセルを使うと便利な場面

### 売上一覧表・経費一覧表などの基礎データを整備する

エクセルで売上一覧・経費一覧を管理しておくことで、仕訳の基礎データとして使えるとともに、好きな切り口で売上高の集計が簡単にできるようになります。たとえば、次のA列からC列のように売上一覧を作成しておけば、E列～G列のような月別・取引先別の集計表が簡単に作成できます。

| | A | B | C | D | E | F | G | H | I | J | K |
|---|---|---|---|---|---|---|---|---|---|---|---|
| 1 | 月 | 取引先名 | 売上金額 | | | 1月 | 2月 | | | | |
| 2 | 1月 | 明光商事株式会社 | 10,000 | | シグマ株式会社 | 20,000 | 140,000 | | | | |
| 3 | 1月 | シグマ株式会社 | 20,000 | | 株式会社スカイ | 0 | 50,000 | | | | |
| 4 | 1月 | 幸和株式会社 | 30,000 | | 幸和株式会社 | 30,000 | 70,000 | | | | |
| 5 | 1月 | 明光商事株式会社 | 40,000 | | 明光商事株式会社 | 50,000 | 90,000 | | | | |
| 6 | 2月 | 株式会社スカイ | 50,000 | | | | | | | | |
| 7 | 2月 | シグマ株式会社 | 60,000 | | | | | | | | |
| 8 | 2月 | 幸和株式会社 | 70,000 | | | | | | | | |
| 9 | 2月 | シグマ株式会社 | 80,000 | | | | | | | | |
| 10 | 2月 | 明光商事株式会社 | 90,000 | | | | | | | | |
| 11 | | | | | | | | | | | |

### 仕訳データを入力する

エクセルを使うと**仕訳データを自動生成して、弥生会計に取り込むことができます**。たとえば、出納帳、売上明細など仕訳の基礎となるデータがあれば、それをエクセルシートに貼り付けるだけで、仕訳データを自動生成することもできます。仮に、預金入出金のCSVデータや現金出納帳、各種明細などのデータを紙でしか入手できず、手入力せざるを得ない場合でも、次のような出納帳形式の入力様式から仕訳を自動生成する仕組みを作っておくと、実務担当者や会計事務所の顧客など、会計ソフトに不慣れな人に入力を任せやすくなります。

| | A | B | C | D | E | F | G | H |
|---|---|---|---|---|---|---|---|---|
| 1 | | | | 親科目 | 現金 | | 対象外 | |
| 2 | | | | | | | | |
| 3 | 取引日付 | 出金 | 入金 | 摘要 | 相手勘定科目 | 相手補助科目 | 相手税区分 | 残高 |
| 4 | | | 30,000 | 期首残高 | | | | 30,000 |
| 5 | 2020/3/2 | 2,460 | | 切手 | | | | 27,540 |
| 6 | 2020/3/6 | 4,230 | | 電気代 | | | | 23,310 |
| 7 | 2020/3/10 | 1,236 | | 文房具 | | | | 22,074 |
| 8 | 2020/3/15 | 1,200 | | 収入印紙 | | | | 20,874 |
| 9 | 2020/3/31 | | 9,126 | 小口現金補充 | | | | 30,000 |
| 10 | | | | | | | | 30,000 |

## 会計データから分析資料・レポートを作る

代表的な会計ソフトである弥生会計では、試算表・決算書など、あらかじめ決められたレポートしか作れません。もし、弥生会計から目的のレポートを出力できないか、出力できてもレポートが見にくいときには、エクセルにデータを取り込んでレポートを作成しましょう。たとえば、エクセルを使えば主要科目の推移・グラフをA4用紙1枚にまとめた経営者報告用の月次資料を、一瞬で作成することができます。

| | A | B | C | D | E | F | G | H | I | J | K | L | M | N |
|---|---|---|---|---|---|---|---|---|---|---|---|---|---|---|
| 1 | 月次推移表 | | | | | | | | | | | | | |
| 2 | | | | | | | | | | | | | | (単位：千円) |
| 3 | | | | | | | | | | | | | | |
| 4 | | 4月 | 5月 | 6月 | 7月 | 8月 | 9月 | 10月 | 11月 | 12月 | 1月 | 2月 | 3月 | 合計 |
| 5 | 売上高 | 1,436 | 1,151 | 1,247 | 1,757 | 1,726 | 1,653 | 1,594 | 1,556 | 1,587 | 1,868 | 3,002 | 2,638 | 21,215 |
| 6 | 売上原価 | 249 | 106 | 368 | 350 | 345 | 265 | 339 | 382 | 349 | 508 | 549 | 342 | 4,152 |
| 7 | 売上総利益 | 1,186 | 1,045 | 879 | 1,407 | 1,381 | 1,388 | 1,255 | 1,174 | 1,238 | 1,360 | 2,453 | 2,296 | 17,063 |
| 8 | | | | | | | | | | | | | | |
| 9 | 役員報酬 | 350 | 350 | 350 | 350 | 350 | 350 | 350 | 350 | 350 | 350 | 350 | 350 | 4,200 |
| 10 | 人件費 | 318 | 284 | 297 | 343 | 347 | 305 | 197 | 367 | 344 | 364 | 382 | 404 | 3,953 |
| 11 | 荷造運賃 | 56 | 33 | 42 | 33 | 54 | 36 | 57 | 23 | 41 | 31 | 37 | 79 | 522 |
| 12 | 交際費 | 4 | 14 | 0 | 38 | 11 | 35 | 17 | 0 | 4 | 15 | 16 | 23 | 178 |
| 13 | 消耗品費 | 63 | 5 | 12 | 23 | 16 | 51 | 39 | 13 | 7 | 27 | 27 | 90 | 373 |
| 14 | 地代家賃 | 70 | 70 | 70 | 70 | 70 | 70 | 70 | 70 | 70 | 70 | 70 | 70 | 840 |
| 15 | 減価償却費 | 6 | 6 | 6 | 6 | 6 | 6 | 6 | 6 | 6 | 6 | 6 | 6 | 71 |
| 16 | その他営業費用 | 134 | 148 | 312 | 154 | 231 | 150 | 156 | 245 | 185 | 185 | 190 | 148 | 2,237 |
| 17 | 販売管理費合計 | 1,000 | 910 | 1,088 | 1,017 | 1,084 | 1,003 | 891 | 1,074 | 1,007 | 1,049 | 1,079 | 1,171 | 12,375 |
| 18 | 営業利益 | 186 | 135 | -209 | 390 | 296 | 384 | 364 | 100 | 231 | 311 | 1,375 | 1,125 | 4,688 |
| 19 | | | | | | | | | | | | | | |
| 20 | その他利益 | 0 | 0 | 0 | 0 | 0 | 0 | 0 | 0 | 0 | 0 | 0 | 0 | 0 |
| 21 | その他損失 | 3 | 3 | 3 | 3 | 3 | 3 | 3 | 3 | 3 | 3 | 3 | 2 | 34 |
| 22 | 税引前当期純利益 | 183 | 132 | -212 | 387 | 293 | 381 | 361 | 97 | 228 | 308 | 1,372 | 1,122 | 4,653 |
| 23 | | | | | | | | | | | | | | |
| 24 | 現預金 | 1,295 | 1,427 | 1,494 | 1,186 | 1,670 | 2,076 | 2,160 | 2,850 | 3,067 | 3,267 | 3,533 | 5,139 | |
| 25 | 借入金 | 1,950 | 1,900 | 1,850 | 1,800 | 1,750 | 1,700 | 1,650 | 1,600 | 1,550 | 1,500 | 1,450 | 1,400 | |

また、弥生会計は、勘定科目の内訳分析をするときに、補助科目以外の項目で分類・集計することも苦手です。そういうときにも、エクセルは便利です。たとえば、摘要の内容に応じて、売上高の内訳を分析することもできます。

## → エクセルで作業効率を上げる最大のコツ

経理業務においてエクセルの作業効率を上げるためには、次の点を意識することが大切です。

### 元データは1シートにまとめて、1データを1行に入力する

エクセルに売上データや経費データなどの取引データを入力するときには、**全データを1枚のシートにまとめて、1データを1行に入力する**ようにしましょう。

また、元データを入力するシートと計算式を入力するシートができるだけ分けるようにしましょう。そうすることで、元データを貼り付け直すだけでレポートが自動でできるようになります。数式が別のシートに入力されているため、壊れにくくなるのも大きなメリットです。

### 覚えるべき関数・機能は最低限

**元データを適切な形で入力してあれば、それ以降の作業は基本的な関数・機能のみで加工できます**。たくさんの関数・機能を覚えるよりも、まずは、よく使う関数・機能を徹底的に使い込みましょう。

**Column**

#### 5分以上同じ作業をしていたら調べる

エクセルの作業効率を上げる情報はあふれていますが、そもそも「作業を効率化できる」と思いつかなければどうしようもありません。そこで、おすすめしているのが「5分以上同じ単純作業をしていないか？」を考える方法です。同じ単純作業を繰り返しているときには、たいてい改善する手段があります。もし、5分以上同じ作業をしているようであれば、「自分の作業方法は効率が悪いのではないか？」と疑って、改善方法がないか調べてみましょう。

# 1-2 キーボードを使いこなす

## まず身に付けるべきキーボード操作とショートカットキー

エクセルを使う場合、まず、次の表のショートカットキーを使えるように練習をしてみましょう。

これらの操作は頻繁に出てくるため、キーボード操作で素早く操作できるようになると、大きな効果が得られます。

| No. | 操作 | 用途 |
|---|---|---|
| 1 | Enter | 下に進む |
| | Tab | 右に進む |
| 2 | 矢印キー | 矢印の方向に進む |
| | | 矢印の方向にセル参照を入力する |
| 3 | Ctrl + C | コピー |
| | Ctrl + V | 貼り付け |
| 4 | Ctrl + 矢印キー | 矢印の方向に**表の端まで進む** |
| | | 矢印の方向に**表の端まで進み、そのセルのセル参照を入力する** |
| 5 | Shift + 矢印キー | 矢印の方向の**セルも含めて選択する** |
| | | 矢印の方向の**セルも含めたセル参照を入力する** |
| 6 | Ctrl + Shift + 矢印キー | 矢印の方向に**表の端まで進み、そのセルまで含めて選択する** |
| | | 矢印の方向に**表の端まで進み、そのセルまで含めたセル参照を入力する** |
| 7 | Esc | 操作中の処理を中断する |
| 8 | Ctrl + Z | 元に戻す |
| | Ctrl + Y | やり直し |
| 9 | Ctrl + S | 上書き保存 |

## ショートカットキーを覚えるときの注意点

ショートカットキーの具体的な説明をする前に、まずは、ショートカットキーを学ぶときに意識しておくべき重要なポイントを二つ紹介します。

## 一度に一つずつ無意識に操作できるまで反復練習しよう

**ショートカットキーは、一度に一つずつ覚えていきましょう。**

ショートカットキーは、**無意識で操作できるまで体に叩き込まないと意味がありません**。そのため、ショートカットキーを身に付けるときには、覚えるショートカットキーを一つ（あるいは、強く関連する少数のショートカットキー）に的を絞って、無意識に操作できるようになるまでひたすら反復練習をしてください。

さきほどの表では、関連するショートカットキーは、同一の「No」にまとめてあります。たとえば、No.1には[Enter]と[Tab]を入れています。**この二つは、強い関連がありますので、同時に覚えましょう**。[Enter]や[Tab]が使える操作は、必ず[Enter]や[Tab]で操作をするつもりで練習をしてください。そういう意識で、1週間程度練習していれば、勝手に指が動くようになると思います。そうしたら、次のショートカットキーに進んでください。

逆に、様々なショートカットキーを並行して覚えようとすると、無意識で操作するレベルに達せず、中途半端に終わってしまうことがほとんどです。必ず、**無意識に操作できるレベルまで**練習をした後に、次のショートカットキーの練習に進むようにすることをおすすめします。

## どの指でショートカットキーを押すか気を付けよう

指の使い方が悪いと、ショートカットキーを使っても、操作速度は上がりません。次のような指づかいでショートカットキーを押せるように練習をしてください。

- [Ctrl]は左手小指で押す
- [Shift]は左手小指（か薬指）で押す
- 左手で押せる範囲のキー（たとえば[C][V][S]など）は、[Ctrl]や[Shift]と同時に押すときも右手は使わず左手で押す

たとえば、[Ctrl]＋[C]というショートカットキーを押すときに、[Ctrl]を左手、[C]を右手で押してしまうと、**両手がふさがってしまい、ショートカットキーの効果が半減してしまいます**。[Ctrl]＋[C]を使うときは、[Ctrl]と[C]の両方を左手（[Ctrl]は小指、[C]は人差し指）で押しましょう。こうすることで、右手でマウスを操作しながら、[Ctrl]＋[C]を押せるので、操作速度が上がります。

## 複数のセルに次々と入力する：[Tab]と[Enter]

### 基本的な使い方

セルに値を入力後[Tab]で「右のセル」、[Enter]で「下のセル」に移動します。このキーは、連続してセルに値を入力していくときに使うと便利です。たとえば、A1セルに「1」を入力後[Tab]と押すと、B1セルに移動することができます。

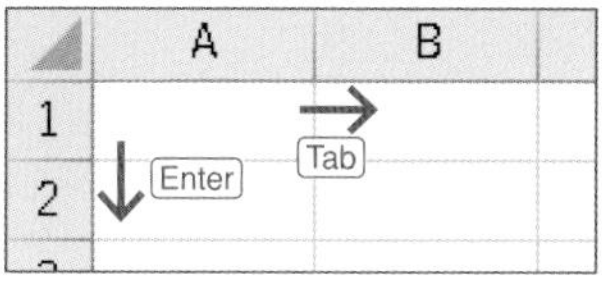


### [Tab]と[Enter]を組み合わせる

[Enter]は、[Tab]と併用するとやや複雑な動きをします。何回か[Tab]で右に移動した後に、[Enter]を押すと**真下のセルに移動せず、最初に入力を開始した列に移動します**。

たとえば、A1セルを選択した状態で、「1」→[Tab]→「2」→[Tab]→「3」→[Enter]と入力すると、次の図のように移動します。

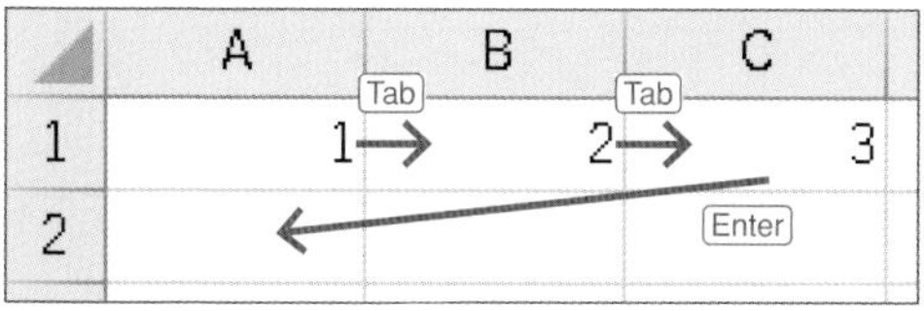


## セルを移動する、参照先セルを指定する：矢印キー

### 基本的な使い方

矢印キーを押すと、選択しているセルを移動することができます。現在選択しているセルの**近くのセルを選択したいとき**には、矢印キーで移動すると便利です。

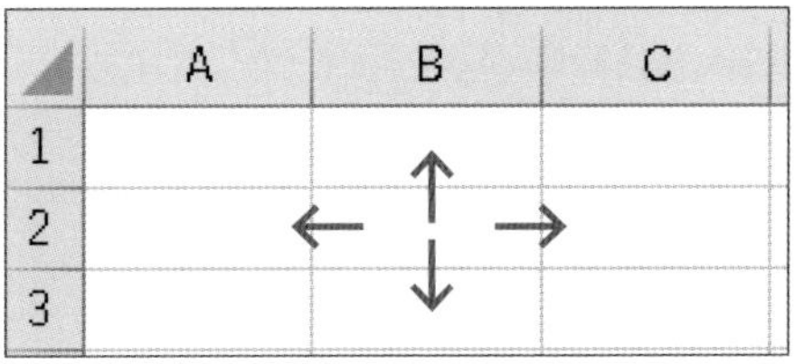


## 数式入力中は参照先セルを指定できる

数式を入力しているときに矢印キーを押すと、セル参照を入力することができます。近くのセルを参照するような数式を入力するときに矢印キーを使うと、素早くセル参照が入力できるので便利です。

たとえば、C1セルに「=」と入力した後に[←]→[←]→[+]→[←]と押すと、A1セルとB1セルが参照され、「=A1+B1」という数式が入力されます。

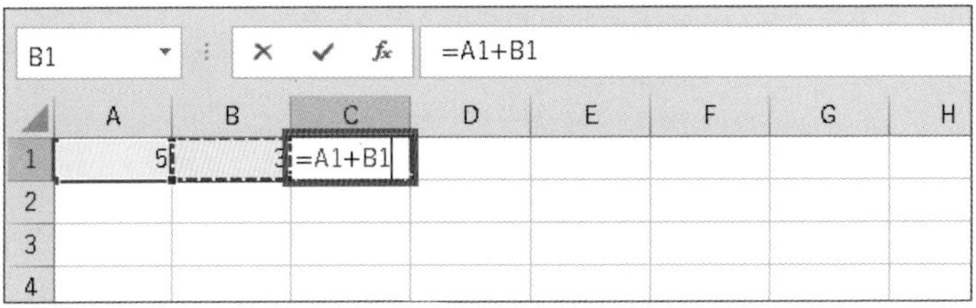


いったん「＋」を入力すると、次に矢印キーを押したときには、**再度「C1セル」から参照先セルの選択が始まります**。ですから、[+]のあとに[←]を押すとC1セルの一つ左のセルである「B1」を入力することができます。

Column

### 数式入力中に矢印キーでセル選択ができない場合

数式入力時には「編集」モードと「入力」モードがあります。そして、**矢印キーでセル選択ができるのは「入力」モードの場合だけ**です。「編集」モードのときには、矢印キーは**数式内の選択箇所を変える**操作になるため、矢印キーでセルを選択することはできません。どのモードになっているかは、数式入力中に画面左下で確認できます。

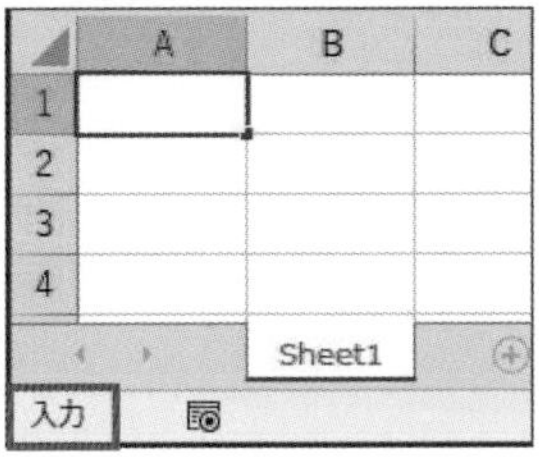

セルに数式を初めて入力するときは「入力」モード、入力済みの数式を編集するときは「編集」モードになっています。「入力」モードと「編集」モードはF2キーで切り替えられるので、矢印キーがうまく反応しないときにはF2キーを押してみてください。

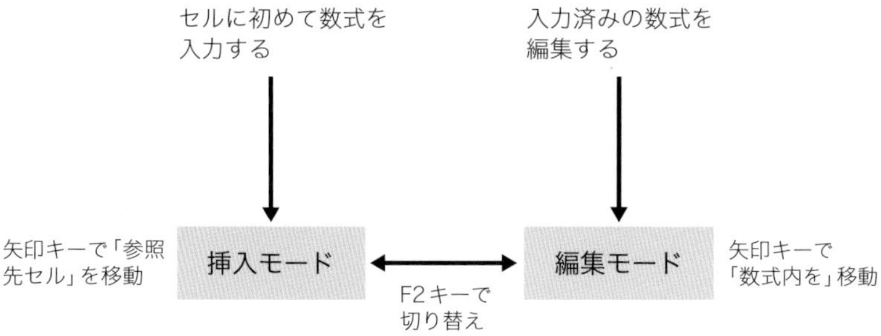


## → コピーする、貼り付ける：Ctrl + C、Ctrl + V

### 基本的な使い方

Ctrl＋Cを押すとコピーができます。その後、Ctrl＋Vを押すと貼り付けをすることができます。

### 矢印キーによるセル選択と組み合わせる

Ctrl＋C、Ctrl＋Vは、矢印キーやマウス操作と組み合わせることで、高い効果を発揮します。たとえば、A1セルを選択した状態でCtrl＋Cを押し、↓→→→Ctrl＋Vと押すと、A1セルの内容をコピーして、B2セルに貼り付けることができます。後で解説する「Ctrl＋矢印キー」「Ctrl＋Shift＋矢印キー」にCtrl＋C、Ctrl＋Vを組み合わせると、さらに効果的です。

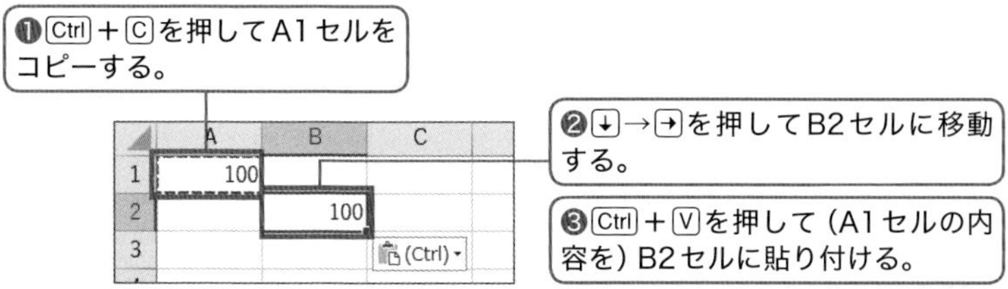


### マウスによるセル選択と組み合わせる

Ctrl＋C　Ctrl＋Vはマウスによるセル選択と組み合わせても威力を発揮しま

す。たとえば、A1～C3セルの内容を、F1～H3セルに貼り付けるという場合、下の図のようにキーボードとマウスを併用することで、素早くコピー・貼り付けをすることができます。②の手順でCtrl+C**を押す間に、マウスでF1セルに向けて移動できる**のがポイントです。わずかな時間にも感じますが、意外と時間短縮に効果があります。

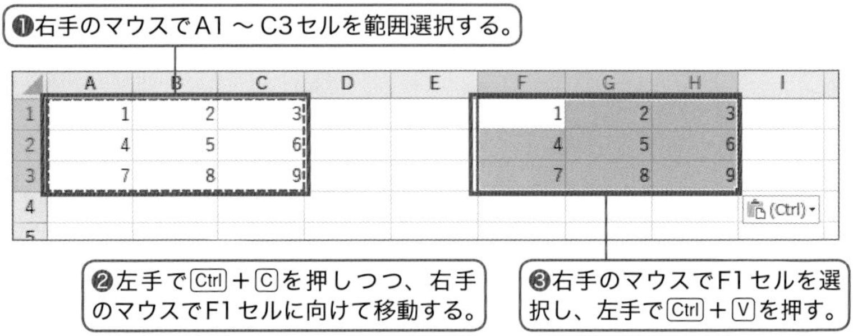


## → 表の端に移動する：Ctrl＋矢印キー

### 基本的な使い方

Ctrl＋矢印キーを押すと、表の端まで移動することができます。たとえば、1,000行以上あるような縦に長い表を作成している場合、マウス操作だけで最終行に移動するのは大変です。そういう場合でも、Ctrl＋↓を押せば、表の端まで簡単に移動することができます。

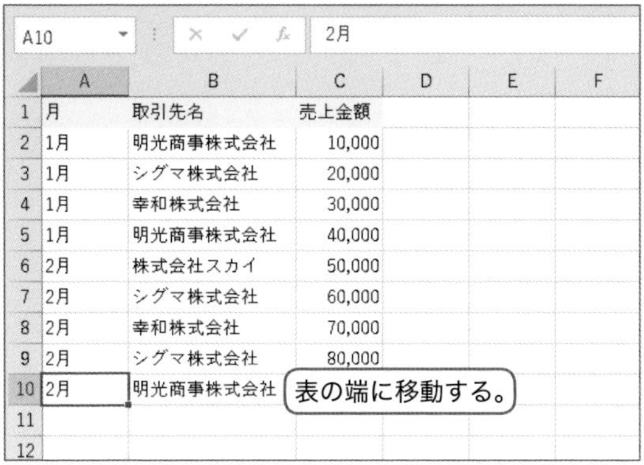
A10 | 2月

| | A | B | C | D | E | F |
|---|---|---|---|---|---|---|
| 1 | 月 | 取引先名 | 売上金額 | | | |
| 2 | 1月 | 明光商事株式会社 | 10,000 | | | |
| 3 | 1月 | シグマ株式会社 | 20,000 | | | |
| 4 | 1月 | 幸和株式会社 | 30,000 | | | |
| 5 | 1月 | 明光商事株式会社 | 40,000 | | | |
| 6 | 2月 | 株式会社スカイ | 50,000 | | | |
| 7 | 2月 | シグマ株式会社 | 60,000 | | | |
| 8 | 2月 | 幸和株式会社 | 70,000 | | | |
| 9 | 2月 | シグマ株式会社 | 80,000 | | | |
| 10 | 2月 | 明光商事株式会社 | | | | |
| 11 | | | | | | |
| 12 | | | | | | |



## 参照先セルの指定にも使える

通常の矢印キーと同様に、Ctrl＋矢印キーも、数式入力中に使うことができます。たとえば、次のような表があるときに、D2セルを選択して=、←、/、←を押し、Ctrl＋↓と押すことで、「=C2/C10」という数式を入力することができます。

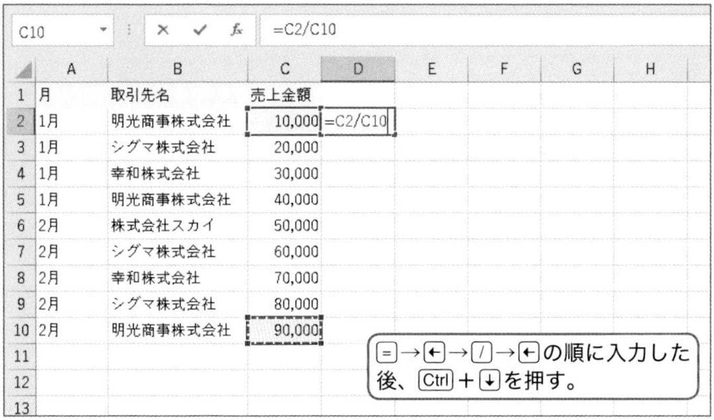
C10 | =C2/C10

| | A | B | C | D | E | F | G | H |
|---|---|---|---|---|---|---|---|---|
| 1 | 月 | 取引先名 | 売上金額 | | | | | |
| 2 | 1月 | 明光商事株式会社 | 10,000 | =C2/C10 | | | | |
| 3 | 1月 | シグマ株式会社 | 20,000 | | | | | |
| 4 | 1月 | 幸和株式会社 | 30,000 | | | | | |
| 5 | 1月 | 明光商事株式会社 | 40,000 | | | | | |
| 6 | 2月 | 株式会社スカイ | 50,000 | | | | | |
| 7 | 2月 | シグマ株式会社 | 60,000 | | | | | |
| 8 | 2月 | 幸和株式会社 | 70,000 | | | | | |
| 9 | 2月 | シグマ株式会社 | 80,000 | | | | | |
| 10 | 2月 | 明光商事株式会社 | 90,000 | | | | | |
| 11 | | | | | | | | |
| 12 | | | | | | | | |
| 13 | | | | | | | | |



## Ctrl＋矢印キーを使うことを前提にした表の作り方

Ctrl＋矢印キーは、正確には当初選択されているセルの値が空欄の場合は「値が入力されている最初のセル」まで移動し、空欄以外の場合は「値が入力されている最後のセル」まで移動します。ですから、表の内部に空欄があるときにCtrl＋↓を押すと、**その空欄の直前で止まってしまいます**。

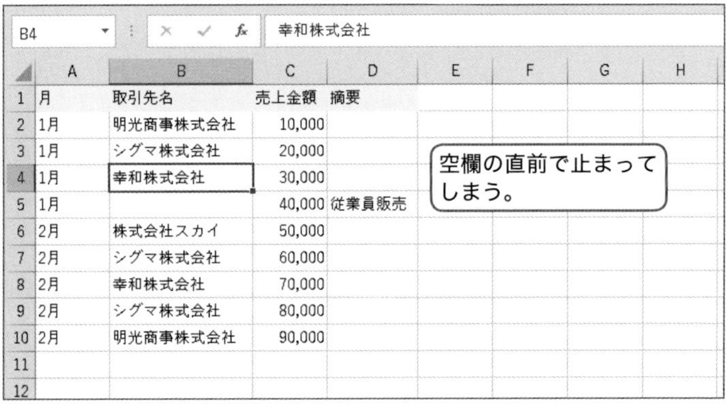


そこで、表を作成するときには、少なくとも**一番左の列については、全セルに値を入力しておく**ことをおすすめします。こうしておけば、**いったんCtrl+←で一番左の列に移動してから**Ctrl+↓を押すことで、必ず表の一番下に移動できるようになります。

## → 複数セルを選択する：Shift＋矢印キー

### 基本的な使い方

Shift＋矢印キーを押すと、セルの選択範囲を広げることができます。たとえば、A1セルを選択している状態で、Shift＋↓　Shift＋↓　Shift＋→と入力すると、A1～B3セルを選択した状態になります。

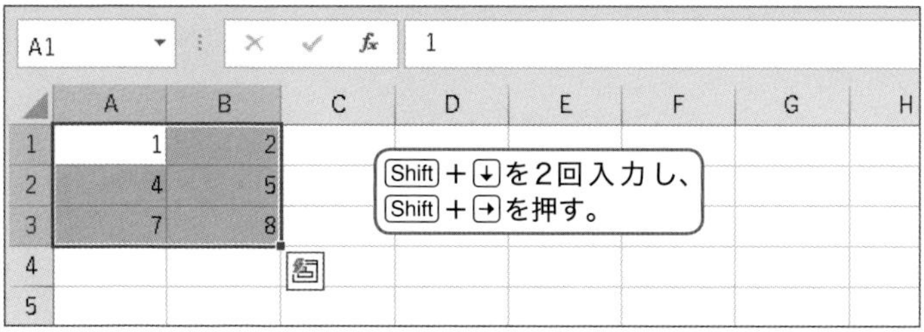


この操作は、Ctrl＋C、Ctrl＋Vと組み合わせると効果的です。たとえば、先ほどの手順でA1～B3セルを選択した状態で、Ctrl＋Cを押すことで、A1～B3セルをコピーすることができます。ちょっとしたセルの範囲選択時には便利です。

## 複数セルでも参照先に指定できる

Shift＋矢印キーも数式入力中に使うことができます。たとえば、次のような表があるときに、B5セルに「=sum(」→↑と入力し、Shift＋↑を2回押してから「)」と入力することで、「=SUM(B2:B4)」という数式を入力することができます。

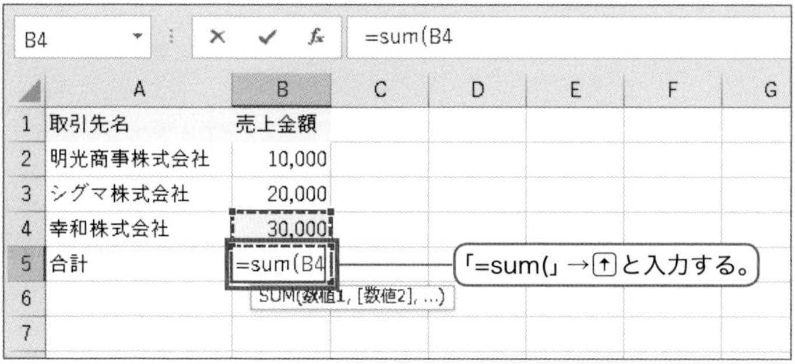


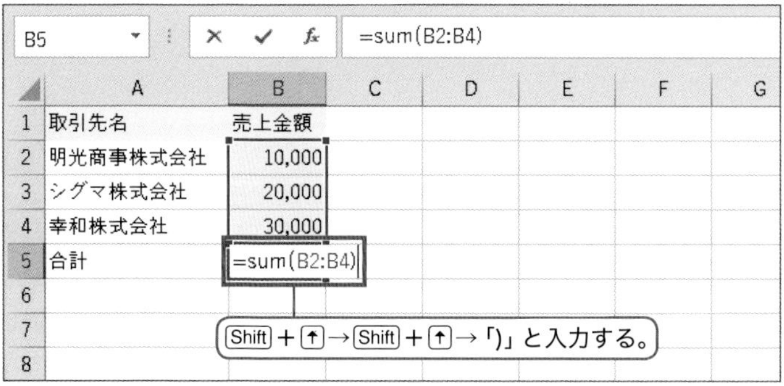

### Ctrl + Shift + 矢印キーで表の端まで選択する

Ctrl + Shift + 矢印キーを押すと、表の端まで選択範囲を広げることができます。要するに、Ctrl + Shift + 矢印キーは、Ctrl + 矢印キー（表の端まで移動する）と、Shift + 矢印キー（選択範囲を広げる）を合わせた動きをします。

たとえば、次のような表でC2セルを選択している状態で、Ctrl + Shift + ↓ と入力すると、C2 ～ C10セルが選択されます。

Ctrl + Shift + 矢印キーは、縦に長い表の「列全体」を選択したいときに使うと、非常に効果的です。

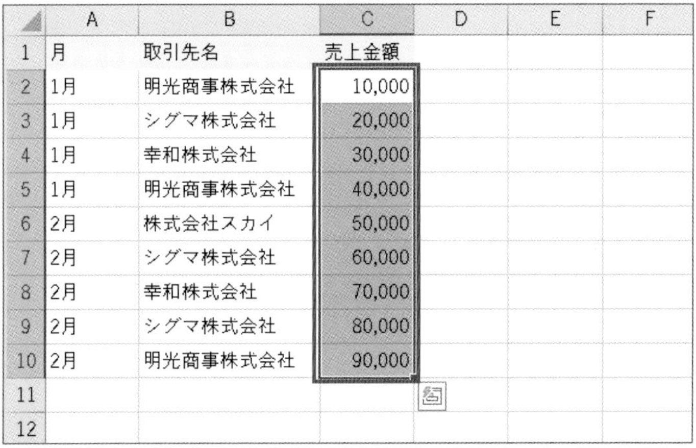

| | A | B | C | D | E | F |
|---|---|---|---|---|---|---|
| 1 | 月 | 取引先名 | 売上金額 | | | |
| 2 | 1月 | 明光商事株式会社 | 10,000 | | | |
| 3 | 1月 | シグマ株式会社 | 20,000 | | | |
| 4 | 1月 | 幸和株式会社 | 30,000 | | | |
| 5 | 1月 | 明光商事株式会社 | 40,000 | | | |
| 6 | 2月 | 株式会社スカイ | 50,000 | | | |
| 7 | 2月 | シグマ株式会社 | 60,000 | | | |
| 8 | 2月 | 幸和株式会社 | 70,000 | | | |
| 9 | 2月 | シグマ株式会社 | 80,000 | | | |
| 10 | 2月 | 明光商事株式会社 | 90,000 | | | |
| 11 | | | | | | |
| 12 | | | | | | |

## → 操作を元に戻す、やり直す：Ctrl + Z、Ctrl + Y

### 処理を元に戻す Ctrl + Z、やり直す Ctrl + Y

Ctrl + Z を押すと、直前に行った処理を取り消すことができます。たとえば、A1セルに「123」を入力、Enter を押して確定した後に、Ctrl + Z を押すと、A1セルの「123」を入力する前の状態に戻ることができます。

Ctrl + Y を押すと、Ctrl + Z で取り消した処理をもう一度やり直すことができます。Ctrl + Z と、Ctrl + Y は、対で使う機能ですので、まとめて覚えましょう。

## → 処理を中断する：Esc

### 困ったときにはEscを連打

エクセルを操作していて、下記のような状況に陥ったときには、**Escを何回か押しましょう**。

- セルへの入力を中断して元に戻したい
- セルをコピーした状態を解消したい
- 意図せず表示されたウィンドウを消したい

Escを何回か押すことで、操作途中の状態を解消して、まっさらな状態に戻ることができます。状況が、よくわからなくなったときは、とりあえずEscを連打してみましょう。

### Ctrl＋Zとの使い分け

Escは、**処理途中**の状態で処理を取り消すために使います。一方で、Ctrl＋Zは、**すでに処理が終わったもの**について、処理を取り消すために使います。ですから、処理を中断しつつ、確定した処理を元に戻したい場合には、「Escを連打して処理を中断」→「Ctrl＋Zを押して処理を戻す」という順序で操作をしましょう。

## → 上書き保存する：Ctrl＋S

### こまめにCtrl＋Sで保存をしよう

Ctrl＋Sを押すと、編集中のファイルを上書き保存することができます。エクセルが突然異常終了したり操作ができなくなる場合に備えて、こまめに上書き保存しておくことをおすすめします。

# 1-3
# 同一ファイルを複数のウィンドウで開く

## → ウィンドウの開き方

メニューから「表示」→「新しいウィンドウを開く」をクリックすると、**現在操作しているファイルを二つのウィンドウで表示する**ことができます。二つのウィンドウで同一のシートの別の箇所を表示することもできますし、それぞれのウィンドウで別々のシートを表示することもできます。

各ウィンドウのファイル名の部分を見ると「ファイル名.xlsx **- 1**」「ファイル名.xlsx **- 2**」というように、番号が振られた状態になります。

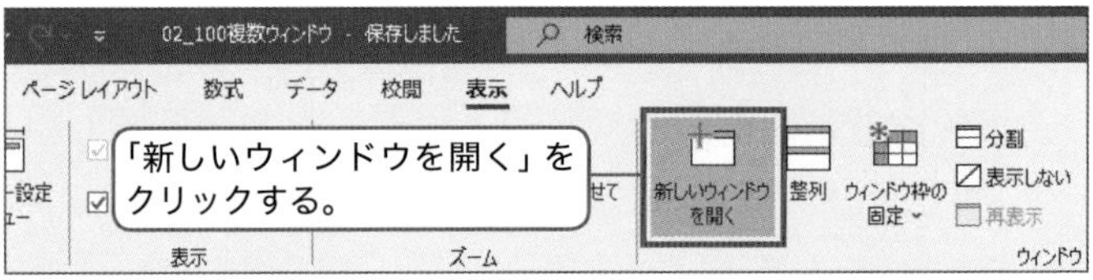


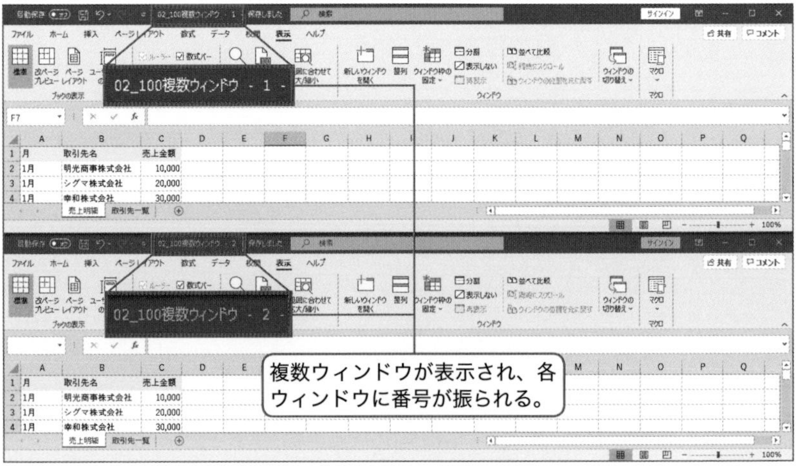

複数のウィンドウが不要になった場合には、ウィンドウ右上の「×」マークをクリックしてください。また、複数のウィンドウを開いていた場合、次にファイルを開くと最初から複数のウィンドウが表示されることがあります。開くウィンドウを一つだけにする場合には、ウィンドウが一つだけ開いている状態で上書き保存をしてください。

## → 複数ウィンドウを並べる

Windows10の場合、ウィンドウをドラッグして画面の端に移動することにより、ウィンドウの大きさを変えられます。

| 操作 | 意味 |
|---|---|
| 上端に移動 | 全画面に表示 |
| 左端に移動 | 左半分に表示 |
| 右端に移動 | 右半分に表示 |
| 四隅に移動 | 4分の1の大きさで表示 |

ウィンドウをドラッグで移動するときに、次のように透明な枠が表示されるのが目印です。たとえば、次のように左上・4分の1部分に枠が出ている状態でマウスのクリックを止めると、ウィンドウは左上・4分の1サイズに変わります。

なお、これらの操作をしたときに、他のウィンドウが縮小表示されて、どれかを選択する画面になる場合があります。そのときは、ウィンドウを一つ選んでください。そのウィンドウが空いているスペースに表示されます。

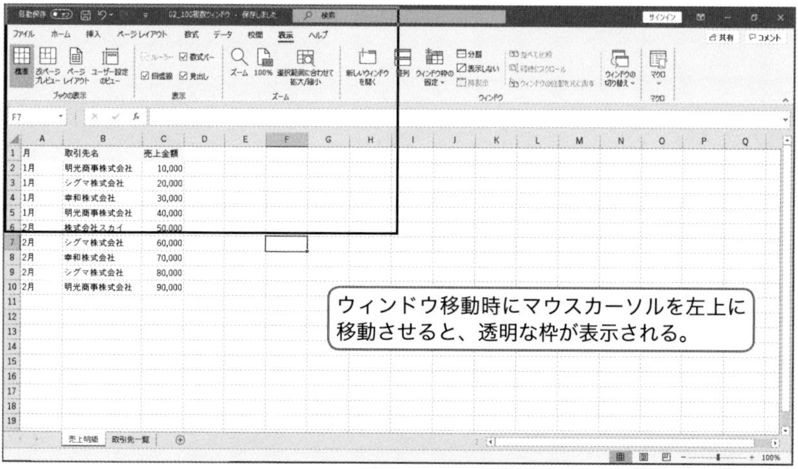

# 1-4
# 数値と文字列を扱う

## → エクセルのデータの扱い方

エクセルでセルに入力されたデータは、次の4通りのどれかに区分されます。

### ○ 1　数値

「0」「12345」「-234」など、いわゆる「数」です。四則演算などの計算をするために使います。

後で説明するように、**日付や時刻も、エクセル内部では数値として扱われています**（81ページ参照）。

### ○ 2　文字列

「ABC」「山田 太郎」などの文字データです。

### ○ 3　論理値

「TRUE」「FALSE」の二つがあり、二者択一の値を表す場合に使います。

### ○ 4　エラー値

「#N/A」「#REF!」など、エラーの状態を表します。

数値と文字列は、見た目だけでは区別ができない場合もあることに注意が必要です。たとえば「123」のような数字だけが並んだデータは、数値の場合と、文字列の場合の両方があり得ます。

そして、数値か文字列かの区分は非常に重要です。たとえば、**「123」という値が数値か文字列かで、意図通りに計算されない場合があります。**

一般的には、金額など四則演算などの計算をしたい値は数値、商品コードなど計算を目的としない値は文字列で統一しておくのがおすすめです。

Column

**文字列扱いされている数字セルは警告が出る**

「123」など、数字だけのセルが文字列扱いされている場合には、セルの左上に緑色三角が表示されます。

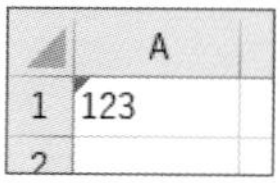


## ➜ 数値、日付、時刻などに勝手に変化するのを防ぐ

### セルに文字列として値を入力する

セルに値を入力すると、多くの場合、エクセルが数値か文字列かを自動で判定し、さらに、表示形式を適切に設定してくれます。たとえば、「123」は数値、「ABC」は文字列として記録されます。ただし、セルに「00001」「1-2-3」「(1)」「2020/3」「1:2」などのデータを入力すると、**意図に反する値・表示形式が設定される場合があります**。

| 入力した文字 | 画面表示 | 補足 |
| --- | --- | --- |
| 00001 | 1 | 数字だけのデータは「数値」として認識され前の0が消える |
| 1-2-3 | 2001/2/3 | ハイフン区切りの数値は、日付として認識される |
| (1) | -1 | かっこ書きの数値は、負の数値として認識される |
| 2020/3 | Mar-20 | 「2020年3月1日」の日付データになる。「Mar-20」の「20」は**2020年の下2桁**であることに注意。 |
| 3/4 | 3月4日 | **入力した年の**「3月4日」の日付データになる。たとえば、2020年に「3/4」と入力すると「2020年3月4日」の意味になる |
| 1:2 | 1:02 | 時刻として認識される |

このような意図しない変化を防ぐためには、以下の方法で、強制的に文字列として入力しましょう。

#### ◎ 事前に表示形式を「文字列」に設定しておく

**セルに値を入力する前に**、表示形式を「文字列」に設定します。その後、セルの値を入力しましょう。

#### ◎ 最初に「'」を付けて入力する

「'00001」「'1-2-3」「'(1)」「'2020/3」「'3/4」「'1:2」のように、**値の最初に「'」(シングルクォーテーション)を付ける**と、入力した値がそのまま表示されます。「'」

は**Shift＋7で入力できます**。

以上の流れを図解すると、次のようになります。

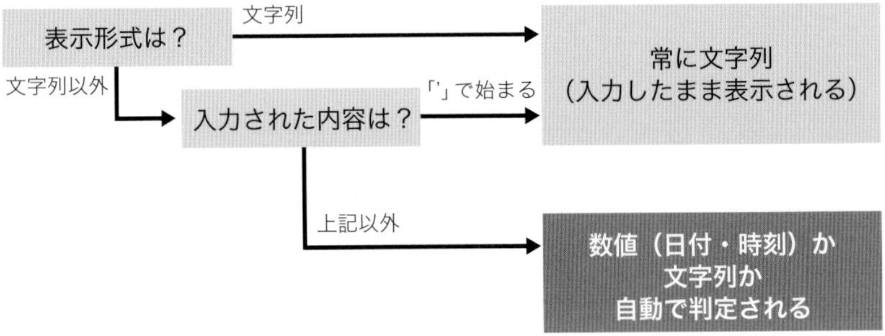


### 数式で文字列を入力する

数式中でも数値と文字列は、区別して入力する必要があります。

数値を入力するときには、そのまま値を入力します。一方で、文字列を入力するときには、前後を「"」（ダブルクォーテーション）で囲みましょう。たとえば、ABCを文字列として入力するときは"ABC"、123を文字列として入力するときは"123"と入力します。「"」は**Shift＋2で入力できます**。

| 数式 | 意味 |
|---|---|
| =1 | （数値の）1を表示する |
| ="1" | （文字列の）1を表示する |

数値と文字列の区別は、特にIF関数（66ページ参照）を使うときに重要になります。たとえば、「=IF(B2>10000,100,0)」と「=IF(B2>10000,"100","0")」では、意味がまったく変わってしまいます。数式を入力するときには、間違えないように注意しましょう

## → 入力済みのセルのデータの形式を揃える

既存のエクセルシートで、同一の列に数値と文字列が混在しているとトラブルの元です。次のようにすることで、データの形式を数値か文字列のどちらかに統一することができます。

## 文字列に変換する

A1セルのデータを、文字列に変換してB1セルに入れるには、次の数式を入力しましょう。

```
=A1&""
```

""は、後で解説をしますが、空欄を意味しています。そして「&」はデータをくっつける（結合する）働きがあります。この**結合「&」の結果は、常に文字列になるという性質があります**。そのため、この数式を入力すると、元の値がそのまま文字列に変換されるのです。

A列全体を文字列化したい場合には、他の列に「=A1&""」と数式を入れコピーし、下に貼り付けましょう。

## 数値に変換する

逆に、A1セルのデータを、数値に変換してB1セルに入れるには、B1セルに次の数式を入力しましょう。これで、A1セルのデータが数値に変換されます。

```
=A1*1
```

元の数値に1を掛けても値は変化しません。そして、**掛け算の結果は常に数値になる性質があります**。そのため、この数式でデータを数値に変換できるのです。A列全体を数値化したい場合には、他の列に「=A1*1」と数式を入れコピーし、下に貼り付けましょう。この方法を使うと、日付として解釈できる文字列データを日付に変換することもできます（96ページ参照）。

1-5
# 形式を選んで貼り付けする

## → 値貼り付け・数式貼り付けを使う

書式を設定済みの表の中で、値の更新をするときに、通常のコピー・貼り付け処理をしてしまうと、書式が壊れてしまいます。こういうときには、値貼り付け・数式貼り付けの機能を使いましょう。

### 操作方法

コピー（Ctrl＋C）をした後、右クリックをすると、右クリックメニューの通常貼り付けの右に「値貼り付け（）」、「数式貼り付け（）」が表示されます。計算結果を貼り付けたいときには「値貼り付け」を、元々の数式を貼り付けたいときには「数式貼り付け」を使いましょう。

たとえば、下記の例では、C2セルの数式をコピーして、C2～C6セルに「数式貼り付け」することで、書式を崩さずに数式だけをコピーすることができます。

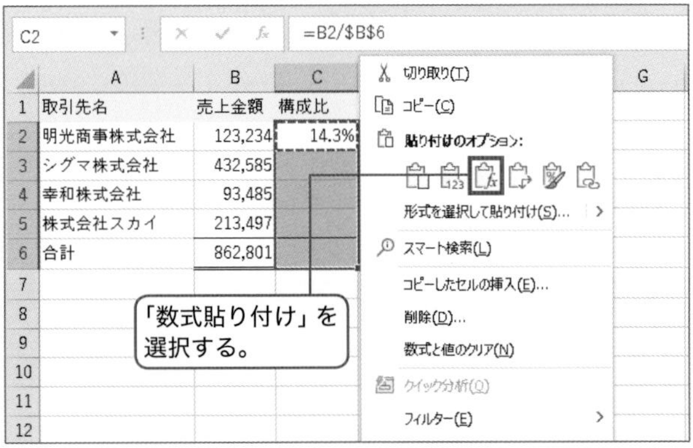

なお、コピー元のセルに数式ではなく値が入力されているときには、値貼り付けでも数式貼り付けでも、貼り付け結果は変わりません。

## 2種類の図形貼り付けを使う

### 図形として貼り付け

「図形として貼り付け」を行うと、文字通り、コピーしたセルを「図形として」貼り付けられます。

この機能の一番のメリットは、貼り付け先のセルの幅・高さを無視して、**コピー元のレイアウトを保ったまま貼り付けができる**ということです。たとえば、セル幅の違う表を同じ列に並存させることができます。

### 図形としてリンク貼り付け

貼り付け時には、コピー元と貼り付けた先を連動（リンク）させることができます。リンクさせることで、コピー元のセルを修正したときに、連動して貼り付け先の内容も変わります。

リンク貼り付けではない図形貼り付けをする場合、貼り付けた先では内容を直接修正できません。貼り付け後に、内容を修正したいときには「図形としてリンク貼り付け」の機能を使うようにしましょう。

なお、図形としてリンク貼り付けをした場合には、**貼り付け元のセルは、そのまま残しておいてください**。貼り付け元のセルを削除すると、貼り付け先の内容も消えてしまいます。

## 操作方法

まずは、通常通り、コピーしたいセル範囲を指定してコピー（Ctrl＋C）をします。

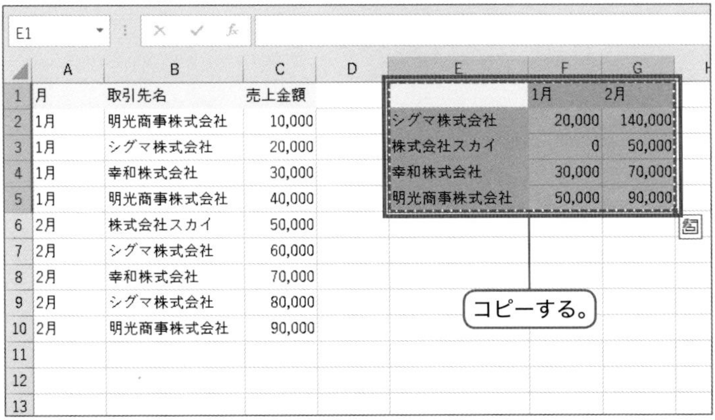


その後、右クリックをして、右クリックメニューの「形式を選択して貼り付け」の右側の「▶」をクリックします。一番下の段の右から2番目（）が「図形として貼り付け」、一番下の段の一番右（）が「図形としてリンク貼り付け」のアイコンですので、そのどちらかをクリックしてください。下記では「図形としてリンク貼り付け」をクリックしています。

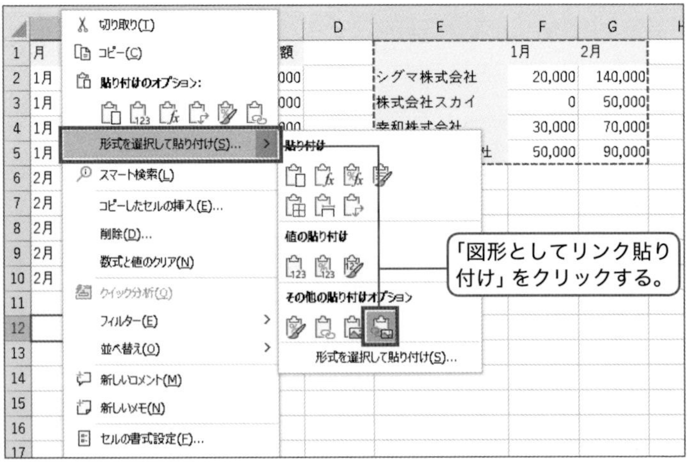

これで、コピー元のセルの内容が「図形として」貼り付けられます。しかも、リンク貼り付けなので、元データを変更すると、コピー先のデータも変化します。

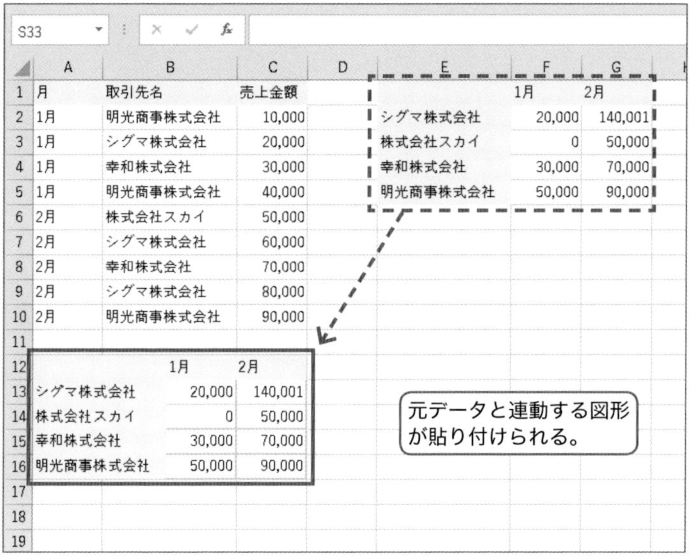

1-6

# ユーザ定義書式を設定する

## ユーザ定義書式とは？

ユーザ定義書式とは、オリジナルの表示形式を設定できる機能です。右クリックメニューから「セルの書式設定」をクリックし、「表示形式」タブの「ユーザー定義」書式を選択しましょう。その後、「種類」欄にユーザ定義書式を入力します。

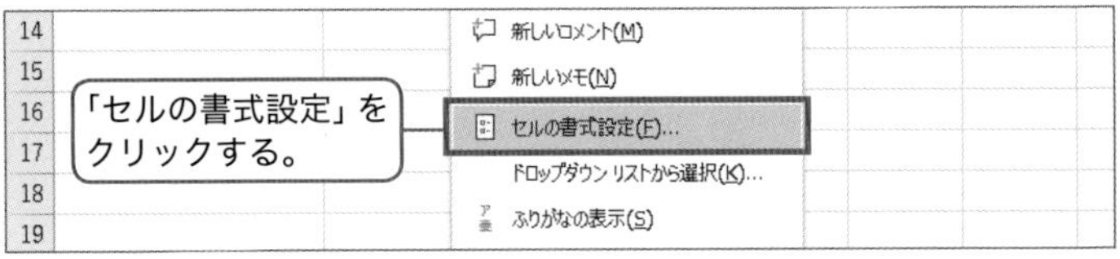


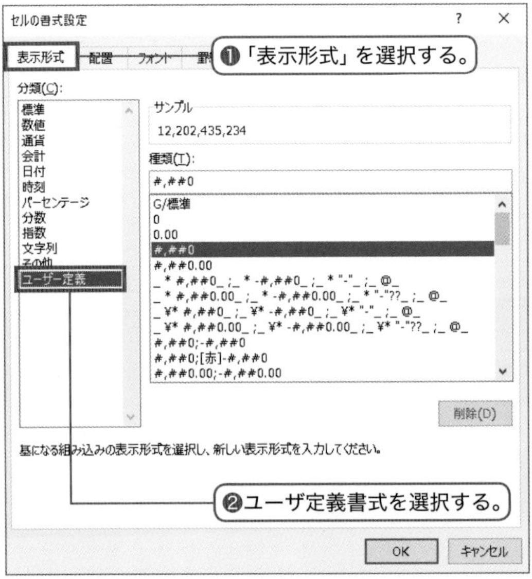

ユーザー定義書式は千円単位、百万円単位での金額の表示や、日付、時刻、曜日の表示などでよく使われます。

## → 千円単位、百万円単位で表示する

セルに入力された値を千円単位、百万円単位で表示するには、「種類」欄に次の値を入力しましょう。千円単位で表示する場合は、0の後に「,」（カンマ）を一つ、百万円単位で表示する場合には、0の後に「,」を二つ入れています。

| ユーザ定義書式の種類欄に入力する値 | 元の数値 | 表示形式適用後 | 意味 |
|---|---|---|---|
| #,##0, | 1,234,567 | 1,235 | 千円単位で表示（端数は四捨五入） |
| #,##0,, | 1,234,567 | 1 | 百万円単位で表示（端数は四捨五入） |

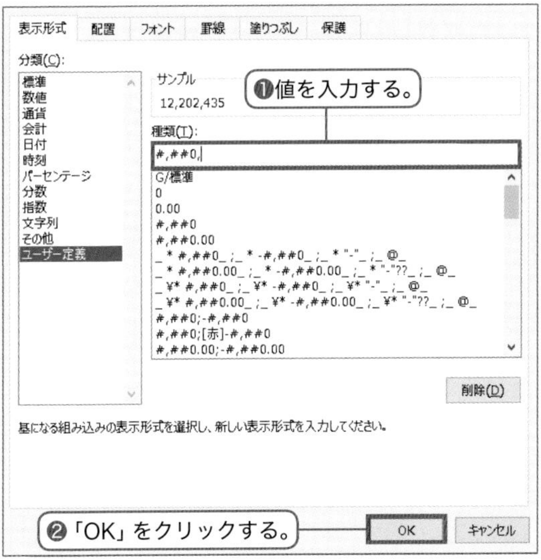


### 計算には元の値が使われることに注意

表示形式を設定したセルを使った数式では、表示形式**適用前**の値を使って計算されることに注意しましょう。

たとえば、次の表では、A1セルとA2セルに「1500」という値を入力し、A列

全体に「#,##0,」というユーザ定義書式を設定しています。ここで、A3セルに「=A1+A2」という数式を入力すると、A3セルには「3」と表示されます。

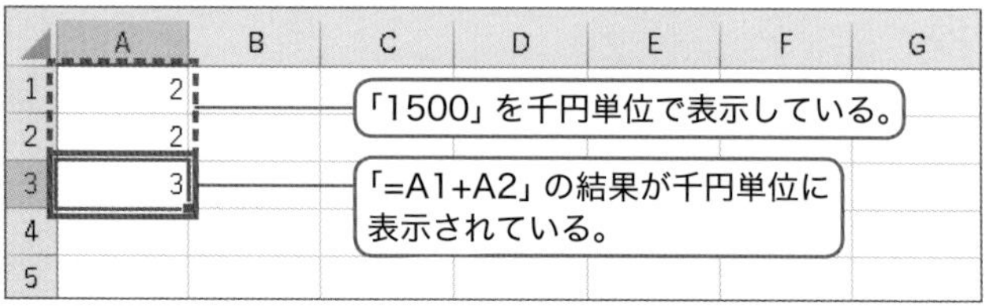


この数式では、A1セル、A2セルの表示形式設定前の数値「1500」を使って「1500+1500＝3000」という計算が行われています。そして、3000を千円単位で四捨五入した「3」が表示されるのです。もし、**端数処理後の値を使って計算をしたい場合には、ROUND関数など、関数を使って端数処理をしてください。**

## → 日付を様々な表示形式で表示する

ユーザ定義書式を使うと、下記のように、表示形式の「日付」カテゴリの中で指定できない表示形式を指定することができます。

たとえば、セルに「2020/1/31」と入力されているときに、ユーザ定義書式を設定すると、それぞれ次のように表示されます。

| ユーザ定義書式の種類欄に入力する値 | 表示形式適用後 | 意味 |
|---|---|---|
| yyyy/m | 2020/1 | 年4桁/月 |
| yy/m | 20/1 | 年の下2桁/月 |
| aaa | 金 | 曜日 |
| aaaa | 金曜日 | 曜日 |
| ddd | Fri | 曜日（英語表記） |
| dddd | Friday | 曜日（英語表記） |
| yyyy/m/d (aaa) | 2020/1/31（金） | 年/月/日（曜日） |
| [$-411]ge/m | R2/1 | 元号（英語1文字）年/月 |
| [$-411]ggge年m月 | 令和2年1月 | 元号（日本語）年月 |

## 1日～31日までの日付と曜日を並べた表を作る

それでは、実際の活用事例を見てみましょう。ここでは、2020年1月1日～31日までの日付と曜日をA列、B列に表示させてみます。

まず、A1セルに「2020/1/1」と入力し、オートフィルなどを使ってA1～A31セルに「2020/1/1」～「2020/1/31」と入力します。次に、B1セルに「=A1」と入力してからB1セルをコピーして、B31セルまで貼り付けます。その後、B1～B31セルの表示形式にユーザ定義書式の「aaa」を設定すると、B列に曜日が表示されます。

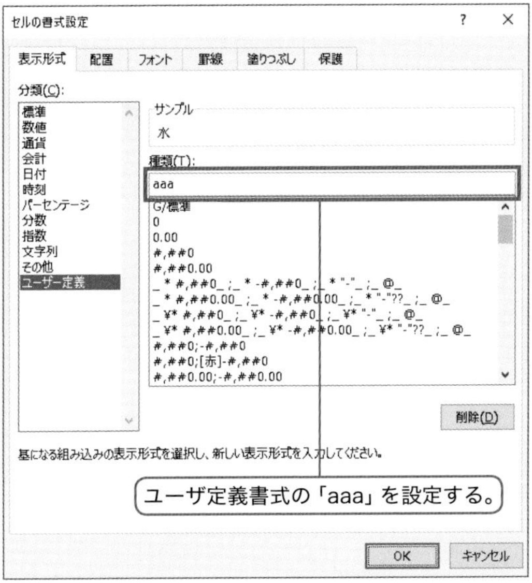


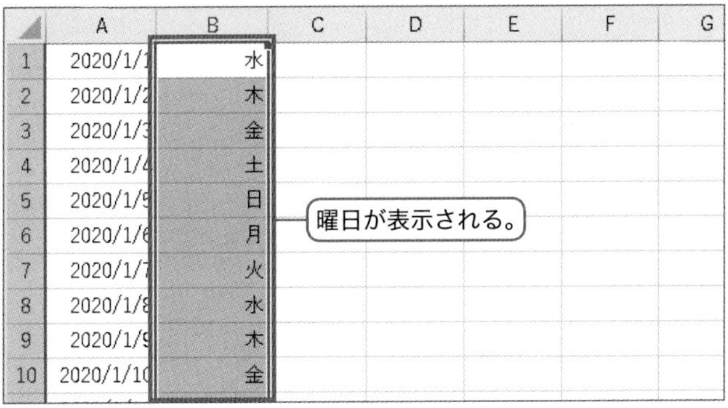

A列とB列のデータは全く同じですが、B列に表示形式を設定することで、曜日を表示させられるのがポイントです。

なお、ユーザー定義書式は単に見た目を変える効果しかありません。ですから、曜日別に金額を集計したいなど、集計の元データとして「曜日」の情報を使いたいときには、TEXT関数（94ページ参照）を使いましょう。

## 2020年4月〜2021年3月までの見出しを作る

ユーザー定義書式の活用例として、A1〜L1セルに「2020/4」「2020/5」・・・「2021/3」という見出しを表示させてみます。

A1セルに「2020/4/1」と入力します。次に、A1セルの右下で、マウスの**右ボタン**を押しっぱなしにして、L1セルまで移動して、右ボタンを離します（要するに、マウスの右ボタンでドラッグアンドドロップをする）。メニューから連続データ（月単位）を選択すると、2020/4/1〜2021/3/1まで1か月刻みの日付データが生成されます。いくつかのセルが「####」と表示されるかもしれませんが、問題ありませんのでそのまま次に進んでください。

その後、A1〜L1セルを選択して、右クリックメニューから「セルの書式設定」を選択してください。

ユーザー定義書式タブの種類欄に「yyyy/m」と入力して「OK」をクリックすると「2020/4」〜「2021/3」と表示されます。

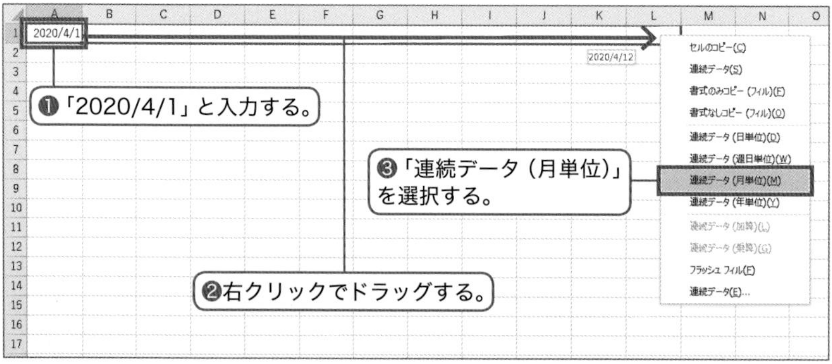

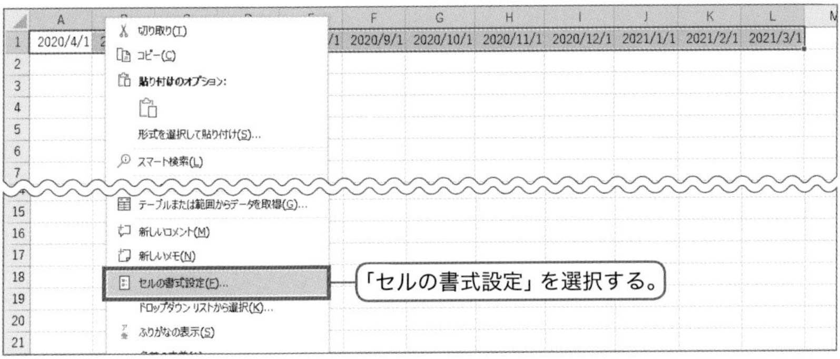
切り取り(T)
コピー(C)
貼り付けのオプション:
形式を選択して貼り付け(S)...
スマート検索(L)
テーブルまたは範囲からデータを取得(G)...
新しいコメント(M)
新しいメモ(N)
セルの書式設定(F)...
ドロップダウン リストから選択(K)...
ふりがなの表示(S)
「セルの書式設定」を選択する。

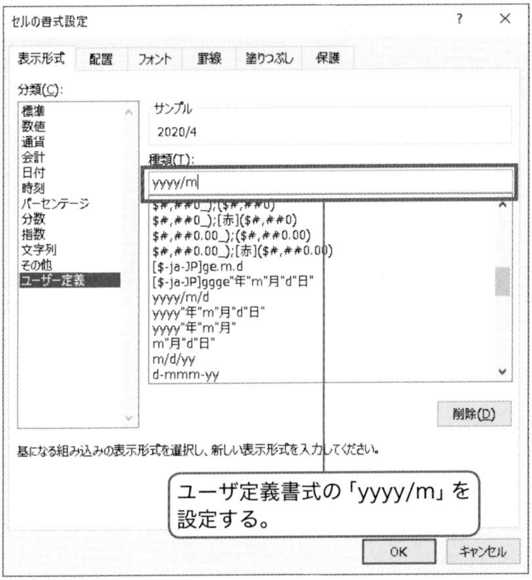
セルの書式設定
表示形式
配置
フォント
罫線
塗りつぶし
保護
分類(C):
標準
数値
通貨
会計
日付
時刻
パーセンテージ
分数
指数
文字列
その他
ユーザー定義
サンプル
2020/4
種類(T):
yyyy/m
削除(D)
基になる組み込みの表示形式を選択し、新しい表示形式を入力してください。
ユーザ定義書式の「yyyy/m」を設定する。
OK
キャンセル

「2020/4」～「2021/3」と表示される。

# 1-7 フィルターでデータを抽出する

## フィルターとは？

フィルターとは、明細データから**条件に該当するデータ**だけを表示する機能です。特に、大量にデータがある場合、見たい明細だけを素早く抽出するために、とても便利な機能です。たとえば、次のような売上の一覧表で、「9月」と「10月」の「明光商事株式会社」の明細だけを表示させることができます。

| | A | B | C | D | E | F | G | H |
|---|---|---|---|---|---|---|---|---|
| 1 | 日付 | 会社名 | 売上金額 | 入金予定日 | 入金日 | | | |
| 2 | 2019/9/9 | シグマ株式会社 | 166,098 | 2019/10/31 | 2019/10/31 | | | |
| 3 | 2019/9/10 | 明光商事株式会社 | 81,856 | 2019/10/31 | 2019/10/31 | | | |
| 4 | 2019/9/12 | 株式会社スカイ | 131,101 | 2019/11/30 | 2019/11/30 | | | |
| 5 | 2019/9/17 | 幸和株式会社 | 92,098 | 2019/10/31 | 2019/10/31 | | | |
| 6 | 2019/9/19 | 株式会社スカイ | 94,934 | 2019/11/30 | 2019/11/30 | | | |
| 7 | 2019/9/23 | 幸和株式会社 | 123,153 | 2019/10/31 | 2019/10/31 | | | |
| 8 | 2019/10/3 | シグマ株式会社 | 25,672 | 2019/11/30 | 2019/11/30 | | | |
| 9 | 2019/10/12 | 株式会社スカイ | 140,137 | 2019/12/31 | | | | |
| 10 | 2019/10/16 | 幸和株式会社 | 99,774 | 2019/11/30 | 2019/11/30 | | | |
| 11 | 2019/10/21 | シグマ株式会社 | 154,480 | 2019/11/30 | 2019/11/30 | | | |
| 12 | 2019/10/22 | 幸和株式会社 | 88,471 | 2019/11/30 | 2019/11/30 | | | |
| 13 | 2019/10/27 | 幸和株式会社 | 134,289 | 2019/11/30 | 2019/11/30 | | | |
| 14 | 2019/10/28 | 明光商事株式会社 | 54,422 | 2019/11/30 | | | | |
| 15 | 2019/11/10 | 株式会社堀田工業 | 182,056 | 2019/12/31 | | | | |
| 16 | 2019/11/12 | 明光商事株式会社 | 57,221 | 2019/12/31 | | | | |
| 17 | 2019/11/13 | 株式会社スカイ | 84,208 | 2020/1/31 | | | | |
| 18 | 2019/11/14 | 明光商事株式会社 | 109,925 | 2019/12/31 | | | | |
| 19 | | | | | | | | |

▼

| | A | B | C | D | E | F | G |
|---|---|---|---|---|---|---|---|
| 1 | 日付 | 会社名 | 売上金額 | 入金予定日 | 入金日 | | |
| 3 | 2019/9/10 | 明光商事株式会社 | 81,856 | 2019/10/31 | 2019/10/31 | | |
| 14 | 2019/10/28 | 明光商事株式会社 | 54,422 | 2019/11/30 | | | |
| 19 | | | | | | | |
| 20 | | | | | | | |
| 21 | | | | | | | |
| 22 | | | | | | | |

## → フィルターの基本的な使い方

### フィルターを使う準備

まず、表の一番上に「▼」マークが表示されているかどうかを確認してください。その状態になっていれば、フィルターが使える状態です。もし、「▼」が表示されていない場合には、A1セルなど表の中を選択した状態で、メニューから「データ」→「フィルタ」をクリックしてください。表の一番上の行の各セルに「▼」マークが表示されて、フィルタが使える状態になります。

### フィルターをかける

絞り込む条件を指定したい列の「▼」を押して、表示させる項目を選択しましょう。今回は、「日付」列が2019年9月のものだけを表示させようと思います。

まず、「日付」列を選択します。「日付」列の「▼」マークをクリックして、「(すべて選択)」のチェックをはずします。そして、「9月」にチェックを入れて「OK」をクリックすると、9月の明細だけが表示されます。

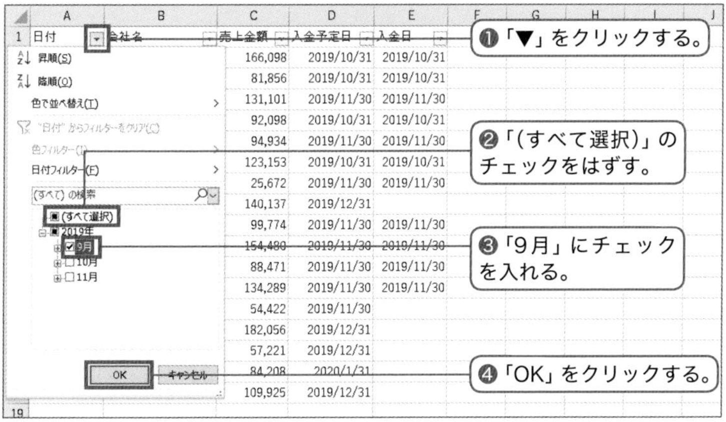

| | A | B | C | D | E | F | G |
|---|---|---|---|---|---|---|---|
| 1 | 日付 | 会社名 | 売上金額 | 入金予定日 | 入金日 | | |
| 2 | 2019/9/9 | シグマ株式会社 | 166,098 | 2019/10/31 | 2019/10/31 | | |
| 3 | 2019/9/10 | 明光商事株式会社 | 81,856 | 2019/10/31 | 2019/10/31 | | |
| 4 | 2019/9/12 | 株式会社スカイ | 131,101 | 2019/11/30 | 2019/11/30 | | |
| 5 | 2019/9/17 | 幸和株式会社 | 92,098 | 2019/10/31 | 2019/10/31 | | |
| 6 | 2019/9/19 | 株式会社スカイ | 94,934 | 2019/11/30 | 2019/11/30 | | |
| 7 | 2019/9/23 | 幸和株式会社 | 123,153 | 2019/10/31 | 2019/10/31 | | |
| 19 | | | | | | | |

複数の「月」にチェックを入れれば、複数の「月」のデータが表示されます。たとえば、「日付」列の「▼」マークをクリックして、「9月」「10月」の2か所にチェックを入れて「OK」をクリックすると、9月と10月の明細が表示されます。

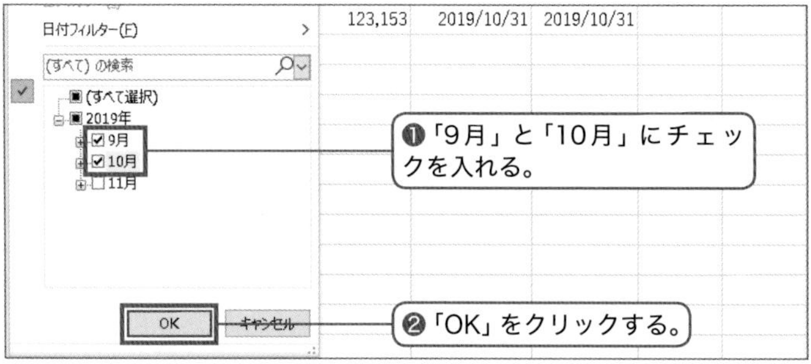


| | A | B | C | D | E | F | G |
|---|---|---|---|---|---|---|---|
| 1 | 日付 | 会社名 | 売上金額 | 入金予定日 | 入金日 | | |
| 2 | 2019/9/9 | シグマ株式会社 | 166,098 | 2019/10/31 | 2019/10/31 | | |
| 3 | 2019/9/10 | 明光商事株式会社 | 81,856 | 2019/10/31 | 2019/10/31 | | |
| 4 | 2019/9/12 | 株式会社スカイ | 131,101 | 2019/11/30 | 2019/11/30 | | |
| 5 | 2019/9/17 | 幸和株式会社 | 92,098 | 2019/10/31 | 2019/10/31 | | |
| 6 | 2019/9/19 | 株式会社スカイ | 94,934 | 2019/11/30 | 2019/11/30 | | |
| 7 | 2019/9/23 | 幸和株式会社 | 123,153 | 2019/10/31 | 2019/10/31 | | |
| 8 | 2019/10/3 | シグマ株式会社 | 25,672 | 2019/11/30 | 2019/11/30 | | |
| 9 | 2019/10/12 | 株式会社スカイ | 140,137 | 2019/12/31 | | | |
| 10 | 2019/10/16 | 幸和株式会社 | 99,774 | 2019/11/30 | 2019/11/30 | | |
| 11 | 2019/10/21 | シグマ株式会社 | 154,480 | 2019/11/30 | 2019/11/30 | | |
| 12 | 2019/10/22 | 幸和株式会社 | 88,471 | 2019/11/30 | 2019/11/30 | | |
| 13 | 2019/10/27 | 幸和株式会社 | 134,289 | 2019/11/30 | 2019/11/30 | | |
| 14 | 2019/10/28 | 明光商事株式会社 | 54,422 | 2019/11/30 | | | |
| 19 | | | | | | | |

このように、フィルターを使うと、それぞれの列で表示させたい項目を選んで、その項目だけを表示させることができます。

## 複数の列に条件を指定する

さらに、別の列の「値」に応じて、表示する列を絞り込むこともできます。さきほどの状態から、「会社名」列の「▼」マークをクリックして、「明光商事株式会社」にだけチェックを入れましょう。すると、9月・10月の「明光商事株式会社」の明細が表示されます。

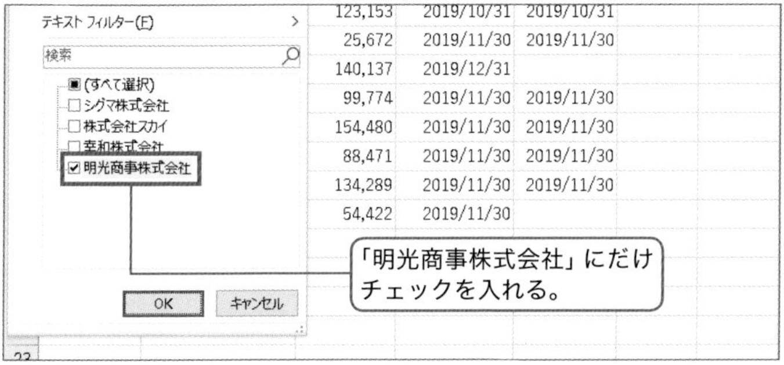


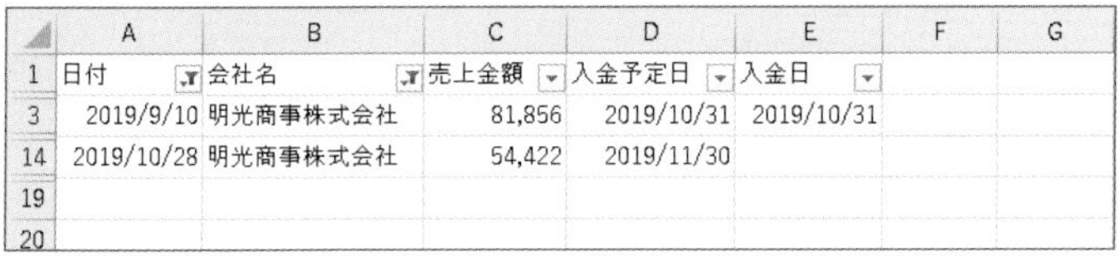


フィルターを使うと、それぞれの列で表示させたい項目を選んで、その項目だけを表示させることができます。

## フィルターを解除する

いったんかけたフィルタを解除して、すべての明細を表示させたいときには、メニューの「データ」→「クリア」をクリックしてください。すべての明細が表示されます。

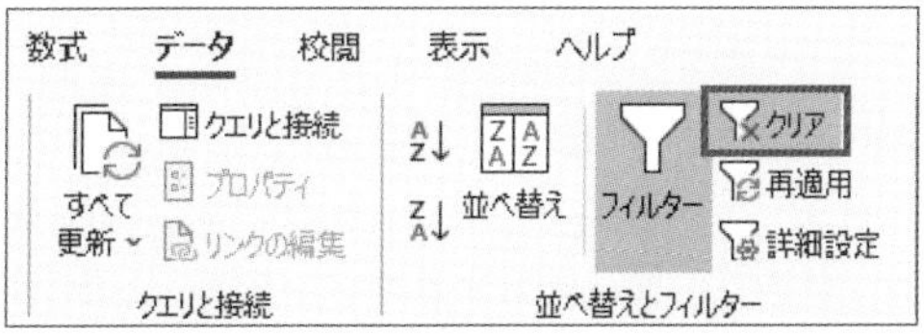

## フィルターを使って未入金の明細を表示する

### 入金予定日と入金日でフィルターをかける

44ページのデータをもとに、複数の列へのフィルターを使って、入金予定日が「2019/11/30」以前のうち未入金の明細（＝入金日が空欄のもの）だけを表示させてみようと思います。

まず「入金予定日」列の「▼」マークをクリックして、「10月」と「11月」にだけにチェックを入れて「OK」をクリックしましょう。これで、2019年11月以前のものだけが表示されます。

次に、「入金日」列の「▼」マークをクリックして、「(すべて選択)」のチェックをはずします。今度は、「(空白セル)」にチェックを入れて「OK」をクリックしましょう。

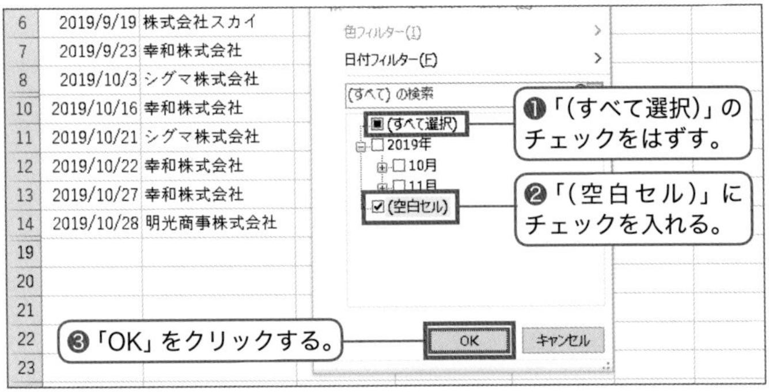


| | A | B | C | D | E | F | G |
|---|---|---|---|---|---|---|---|
| 1 | 日付 | 会社名 | 売上金額 | 入金予定日 | 入金日 | | |
| 14 | 2019/10/28 | 明光商事株式会社 | 54,422 | 2019/11/30 | | | |
| 19 | | | | | | | |

これで、入金予定日が「2019/11/30」以前のもののうち、未入金の明細だけを表示させることができました。

### 月ごとにシートを「分けない」のがポイント

売上明細など明細データを作るときには、月ごとにシートを分けずに、**すべての売上データを一つのシートに入力するようにしましょう**。そうすることで、今回のようにフィルターでの処理がしやすくなります。また、後で紹介する、

VLOOKUP関数やSUMIFS関数、ピボットテーブルでの処理も簡単になるので、作業効率が大きく上がります。

もし、**月ごとにデータを表示させたいときには、フィルターを使って、月ごとの売上明細を表示させましょう**。その後、コピー、貼り付けをすれば、その月の分だけを別シートに貼り付けることができます（具体的な手順は52ページで説明します）。

## 複雑な条件を指定する

「▼」をクリックすると、列の内容に応じて「数値フィルター」「テキストフィルター」「日付フィルター」というメニューが表示されます。これを使うと、より詳細な条件を指定することができます。

### 数値フィルターで指定した範囲内の値の行を表示する

数値が入力されている列で「▼」をクリックすると、「数値フィルター」が表示されます。数値フィルターを使うと、次のような指定をすることができます。

- 指定の値より大きい値の行を表示する
- 指定の値以下の値の行を表示する
- 指定の二つの値の間の行を表示する
- 指定の一つ目の値より小さい行と、指定の二つ目の値より大きい行を表示する

たとえば、売上金額が「100,000」以上「150,000」以下の明細を表示させてみます。売上金額列の「▼」をクリックし、「数値フィルター」→「指定の範囲内」の順にクリックします。「オートフィルターオプション」のウィンドウが表示されるので、売上金額の上の段に「100000」、下の段に「150000」と入力して、「AND」が選択されていることを確認したら、「OK」をクリックしましょう。これで、売上金額が100,000以上150,000以下の行が表示されます。

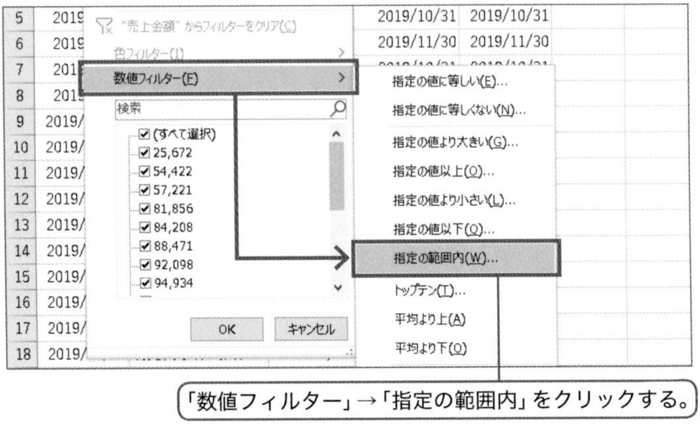
"売上金額" からフィルターをクリア(C)
色フィルター(I)
数値フィルター(F)
検索
(すべて選択)
25,672
54,422
57,221
81,856
84,208
88,471
92,098
94,934
OK
キャンセル
指定の値に等しい(E)...
指定の値に等しくない(N)...
指定の値より大きい(G)...
指定の値以上(O)...
指定の値より小さい(L)...
指定の値以下(Q)...
指定の範囲内(W)...
トップテン(T)...
平均より上(A)
平均より下(O)
「数値フィルター」→「指定の範囲内」をクリックする。

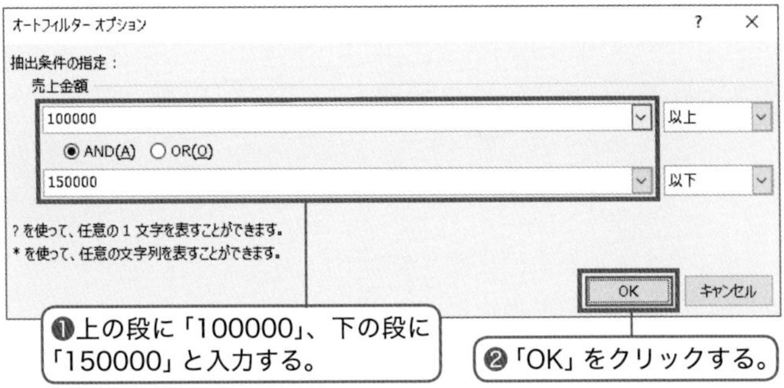
オートフィルター オプション
抽出条件の指定：
売上金額
100000
以上
AND(A)
OR(O)
150000
以下
? を使って、任意の 1 文字を表すことができます。
* を使って、任意の文字列を表すことができます。
OK
キャンセル
❶上の段に「100000」、下の段に「150000」と入力する。
❷「OK」をクリックする。

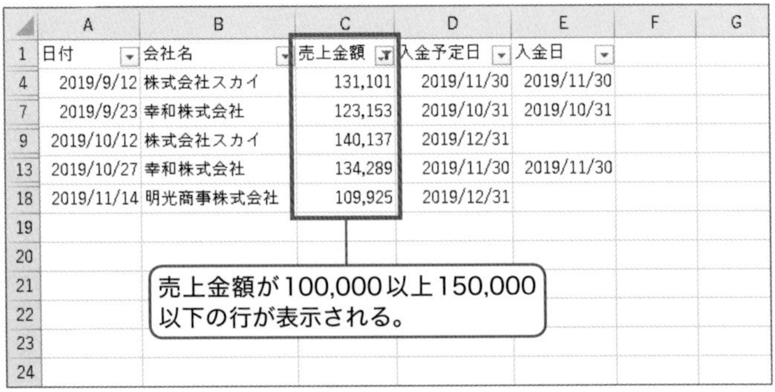
日付
会社名
売上金額
入金予定日
入金日
2019/9/12 株式会社スカイ 131,101 2019/11/30 2019/11/30
2019/9/23 幸和株式会社 123,153 2019/10/31 2019/10/31
2019/10/12 株式会社スカイ 140,137 2019/12/31
2019/10/27 幸和株式会社 134,289 2019/11/30 2019/11/30
2019/11/14 明光商事株式会社 109,925 2019/12/31
売上金額が100,000以上150,000以下の行が表示される。

## 文字列フィルターで指定した文字を含む行を表示する

文字列データが入力されている列で「▼」をクリックすると、「文字列フィルター」が表示されます。文字列フィルターを使うと、次のような指定をすることができます。

- 「指定の値で始まる」行を表示する
- 「指定の値で終わる」行を表示する
- 「指定の値を含む」行を表示する
- 「指定の値を含まない」行を表示する

たとえば、次のようなデータがあるときに、摘要に「明光商事」が含まれている明細を表示させてみます。摘要列の「▼」をクリックし、「文字列フィルター」→「指定の値を含む」をクリックしましょう。

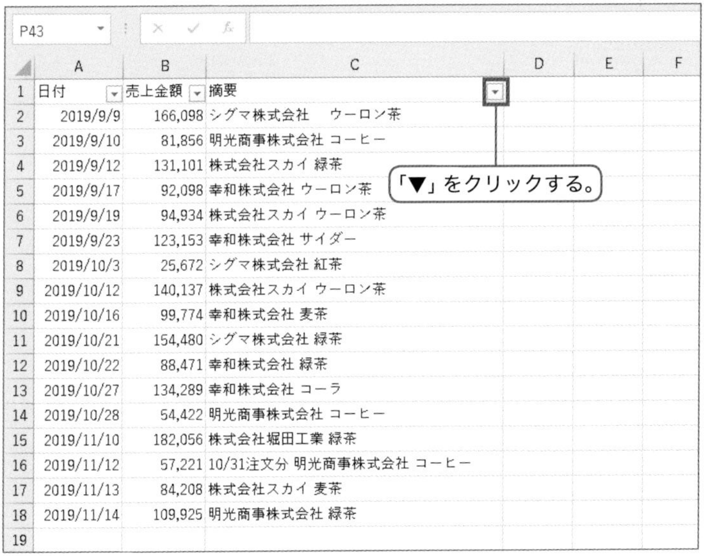
P43

| | A | B | C | D | E | F |
|---|---|---|---|---|---|---|
| 1 | 日付 | 売上金額 | 摘要 | | | |
| 2 | 2019/9/9 | 166,098 | シグマ株式会社　ウーロン茶 | | | |
| 3 | 2019/9/10 | 81,856 | 明光商事株式会社 コーヒー | | | |
| 4 | 2019/9/12 | 131,101 | 株式会社スカイ 緑茶 | | | |
| 5 | 2019/9/17 | 92,098 | 幸和株式会社 ウーロン茶 | | | |
| 6 | 2019/9/19 | 94,934 | 株式会社スカイ ウーロン茶 | | | |
| 7 | 2019/9/23 | 123,153 | 幸和株式会社 サイダー | | | |
| 8 | 2019/10/3 | 25,672 | シグマ株式会社 紅茶 | | | |
| 9 | 2019/10/12 | 140,137 | 株式会社スカイ ウーロン茶 | | | |
| 10 | 2019/10/16 | 99,774 | 幸和株式会社 麦茶 | | | |
| 11 | 2019/10/21 | 154,480 | シグマ株式会社 緑茶 | | | |
| 12 | 2019/10/22 | 88,471 | 幸和株式会社 緑茶 | | | |
| 13 | 2019/10/27 | 134,289 | 幸和株式会社 コーラ | | | |
| 14 | 2019/10/28 | 54,422 | 明光商事株式会社 コーヒー | | | |
| 15 | 2019/11/10 | 182,056 | 株式会社堀田工業 緑茶 | | | |
| 16 | 2019/11/12 | 57,221 | 10/31注文分 明光商事株式会社 コーヒー | | | |
| 17 | 2019/11/13 | 84,208 | 株式会社スカイ 麦茶 | | | |
| 18 | 2019/11/14 | 109,925 | 明光商事株式会社 緑茶 | | | |
| 19 | | | | | | |

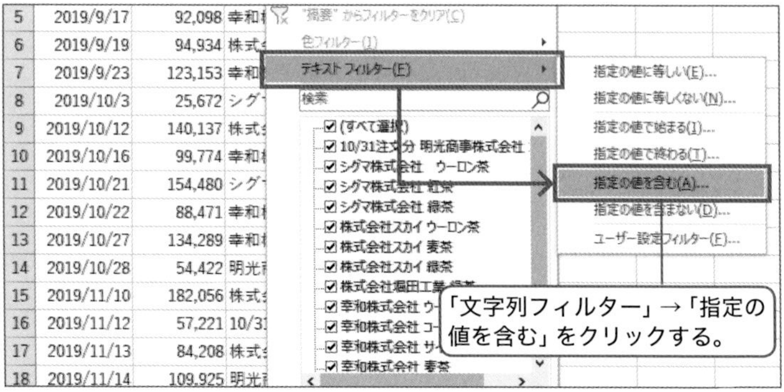


「オートフィルター」オプション ウィンドウが表示されるので、上の段に「明光商事」と入力し、「OK」をクリックします。これで、摘要列に明光商事が含まれる行が表示されます。

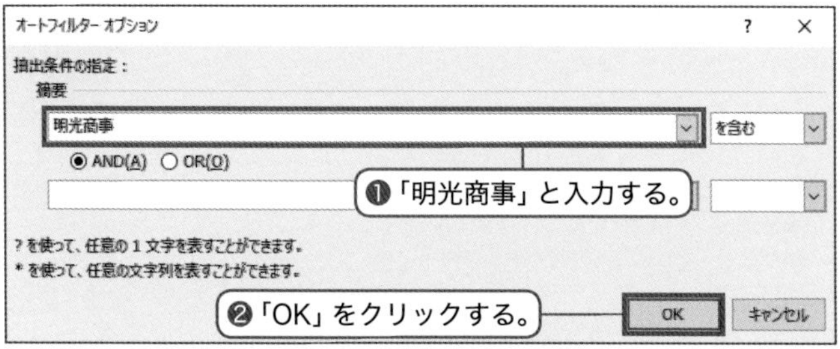


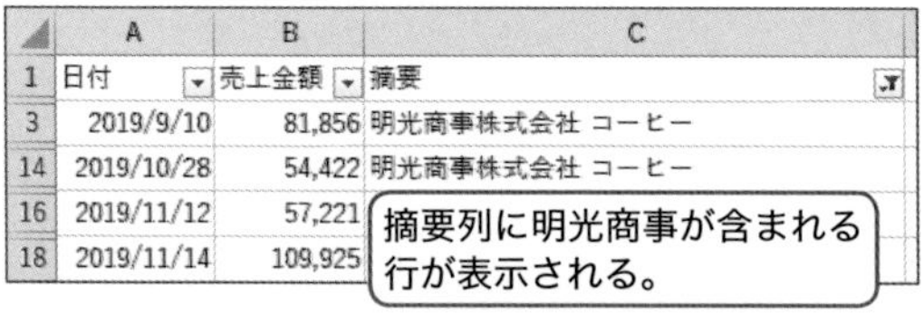


## → フィルターの応用例

### 必要な行だけ抽出する

オートフィルターは、明細データの整形をするときに便利です。たとえば、以下の表から「2019年10月」のデータだけを抽出してみます。

R40

| | A | B | C | D | E | F | G |
|---|---|---|---|---|---|---|---|
| 1 | 日付 | 会社名 | 売上金額 | 入金予定日 | 入金日 | | |
| 2 | 2019/9/9 | シグマ株式会社 | 166,098 | 2019/10/31 | 2019/10/31 | | |
| 3 | 2019/9/10 | 明光商事株式会社 | 81,856 | 2019/10/31 | 2019/10/31 | | |
| 4 | 2019/9/12 | 株式会社スカイ | 131,101 | 2019/11/30 | 2019/11/30 | | |
| 5 | 2019/9/17 | 幸和株式会社 | 92,098 | 2019/10/31 | 2019/10/31 | | |
| 6 | 2019/9/19 | 株式会社スカイ | 94,934 | 2019/11/30 | 2019/11/30 | | |
| 7 | 2019/9/23 | 幸和株式会社 | 123,153 | 2019/10/31 | 2019/10/31 | | |
| 8 | 2019/10/3 | シグマ株式会社 | 25,672 | 2019/11/30 | 2019/11/30 | | |
| 9 | 2019/10/12 | 株式会社スカイ | 140,137 | 2019/12/31 | | | |
| 10 | 2019/10/16 | 幸和株式会社 | 99,774 | 2019/11/30 | 2019/11/30 | | |
| 11 | 2019/10/21 | シグマ株式会社 | 154,480 | 2019/11/30 | 2019/11/30 | | |
| 12 | 2019/10/22 | 幸和株式会社 | 88,471 | 2019/11/30 | 2019/11/30 | | |
| 13 | 2019/10/27 | 幸和株式会社 | 134,289 | 2019/11/30 | 2019/11/30 | | |
| 14 | 2019/10/28 | 明光商事株式会社 | 54,422 | 2019/11/30 | | | |
| 15 | 2019/11/10 | 株式会社堀田工業 | 182,056 | 2019/12/31 | | | |
| 16 | 2019/11/12 | 明光商事株式会社 | 57,221 | 2019/12/31 | | | |
| 17 | 2019/11/13 | 株式会社スカイ | 84,208 | 2020/1/31 | | | |
| 18 | 2019/11/14 | 明光商事株式会社 | 109,925 | 2019/12/31 | | | |
| 19 | | | | | | | |

まず、フィルターで、「2019年10月」の明細だけを表示させます。そして、表全体をコピーし、別のシートに貼り付けることで、必要な情報を転記できます。

表全体をコピーして別のシートに貼り付ける。

A1　日付

| | A | B | C | D | E | F | G |
|---|---|---|---|---|---|---|---|
| 1 | 日付 | 会社名 | 売上金額 | 入金予定日 | 入金日 | | |
| 2 | 2019/9/9 | シグマ株式会社 | 166,098 | 2019/10/31 | 2019/10/31 | | |
| 3 | 2019/9/10 | 明光商事株式会社 | 81,856 | 2019/10/31 | 2019/10/31 | | |
| 5 | 2019/9/17 | 幸和株式会社 | 92,098 | 2019/10/31 | 2019/10/31 | | |
| 7 | 2019/9/23 | 幸和株式会社 | 123,153 | 2019/10/31 | 2019/10/31 | | |
| 19 | | | | | | | |
| 20 | | | | | | | |
| 21 | | | | | | | |

逆に、削除したい行だけ表示した後に、表全体を選択して「行を削除」することで、不要な行を削除することもできます。

## → フィルターの利用を終える

もうフィルターを使わない、というときには、再度メニューの「データ」→

「フィルタ」をクリックしてください。「▼」マークが消え、フィルターの利用を終了します。

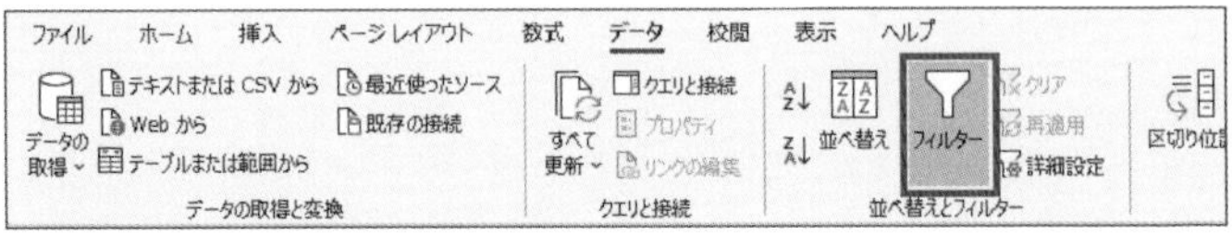


**Column**

### 並べ替えはできるだけ使わない

フィルターや、後で紹介するSUMIFS関数を使いこなせるようになると、並べ替えを使う必要性は、ほとんどなくなります。並べ替えには、元の順番に戻せなくなる、表の一部だけを並べ替えるとデータが壊れてしまう、などデメリットも多いため、できるだけ並べ替えは使わないようにすることをおすすめします。

# Chapter 2

# 関数でデータを適切な形にする

# 2-1
# 関数を使うと何ができるのか？

## 関数を使うメリットは？

エクセルを使っている人なら「関数」という言葉を一度は聞いたことがあるでしょう。関数とは「ある値を入力すると自動で一定の処理を行ってその結果を返してくれる機能」です。例えば、SUM関数であったら、いくつかの値を指定（入力）するとそれらの合計を計算してくれる、といった具合です。

関数を使うと、次のようなメリットがあります。

- 元の値を変えたときに、自動で計算し直すことができる
- 複雑な処理を、簡単に行うことができる

毎月同じような処理をする場合、関数を使って処理をするための「ひな形」を作っておけば、毎月の作業は元データを貼り付けるだけで済むようになり、作業を大幅に省力化できるようになります。

## 関数の書式

関数は、次のような形をしています。

```
=関数名(［引数1］)
=関数名(［引数1］,［引数2］,［引数3］, … )
```

関数名の後に「かっこ」で囲まれた部分があること、そして「かっこ」の中はカンマでいくつかの部分に区切られていることの2点に注目してください。

カンマで区切られたそれぞれの部分を「引数《ひきすう》」といいます。左から「一つめの引数」「二つめの引数」……というふうに表現をします。たとえば、

「=ROUND(A1,0)」という関数であれば、

- 関数名：ROUND
- 一つめの引数：A1
- 二つめの引数：0

ということになります。関数を見るときには関数名のほか、「かっこ」とカンマにも注目してみてください。

## 関数と引数のイメージ

関数を見たときには、その関数がどういう意味なのか日本語で考えることが大切です。たとえば、「=ROUND(A1,0)」という関数は、①**A1セル**の値を ②小数第**0**位（＝整数）に四捨五入する、という意味になります。

```
      ①  ②
=ROUND(A1, 0)
```

→

① 元の数字：　A1セル　を
② 指定の桁数：小数点第 0 位に
四捨五入してください

このように、関数は「作業内容」、引数は「空欄に埋める内容」を表しています。もし、関数の意味がわからないと感じたら、まずは、その作業内容を日本語で考えるようにしてみてください。

**Column**

### 関数の入れ子は「かっこ」に注目して見る

関数の中に関数を入れることを関数の入れ子（ネスト）と呼びます。関数が入れ子になっている場合には、かっこの対応関係に注目して見ると、関数の意味が理解しやすくなります。

```
=IFERROR(VLOOKUP($A3,商品一覧!SA:$C,B$1,FALSE),"")
```

## → 関数を手入力する

関数を入力するときには、オートSUMやメニューの「数式」→「関数の挿入」からの関数入力は利用せずに、**できるだけ手入力することをおすすめします**。手入力することで、関数の入れ子（57ページ参照）が入力しやすくなります。

関数を手入力するのは大変そうに感じるかもしれません。しかし、次のポイントを押さえておくと意外と簡単に入力できます。

### 関数の入力は小文字でもOK

本書では関数名を大文字で表記していますが、小文字で入力しても問題ありません。数式の入力が終わると自動的に大文字に変わります。

### 関数の入力候補を活用する

関数名を途中まで入力すると入力候補が出てきます。↑・↓とTabで関数を選択して入力することができます。

たとえば、VLOOKUP関数は文字数が長くて入力するのが大変ですが、「=vl」まで入力すると入力候補としてVLOOKUP関数が表示されます。あとはTabを押せば「=VLOOKUP(」まで入力されます。

### 引数のヒントに注目する

関数名と「(」まで入力すると、引数のヒントが表示されます。

引数のヒントでは入力中の引数は太字で表示されます。これで、どの引数を入力中か、入力中の引数はどういった意味かわかります。

たとえば、上の図では、「検索値」という引数を入力中であることがわかります。もし、**自分が入力しているはずの箇所と違う場所が太字になっている場合には、カンマ、括弧、ダブルクォーテーションなどの入力を間違えている可能性が高い**ので、再度確認してください。

# 2-2 計算方法と参照方式

## 四則演算と結合演算

エクセルにおける計算の基本は**四則演算**と**結合演算**です。いずれの計算も記号を利用して表します。

| 記号 | 意味 | 例 | 計算結果 |
|---|---|---|---|
| + | 足し算 | =6+2 | 8 |
| - | 引き算 | =6-2 | 4 |
| * | 掛け算 | =6*2 | 12 |
| / | 割り算 | =6/2 | 3 |
| & | 結合 | ="6"&"2" | 62 |

四則演算のうち、掛け算と割り算の記号は一般的に用いられるものと異なるので注意しましょう。「*」は Shift ＋ : で表示できます。

「結合」は＆の両脇の文字をくっつけます。馴染みがないかもしれませんが、エクセルでは頻繁に利用する計算です。このタイミングで覚えてしまいましょう。

## 相対参照・絶対参照

関数を使いこなすためには「参照」の理解が絶対に欠かせません。参照は大まかに相対参照と絶対参照に分けられます。この相対参照と絶対参照について理解し、うまく使えるようになると、**数式をコピー・貼り付けするだけで、適切な数式を入れられる**ようになります。ぜひ、身につけてください。

### 相対参照・絶対参照の四つのパターン

相対参照と絶対参照は「$」を付けることで区別されます。また、セルの行・列のどこに「$」を付けるかで、「相対参照」「絶対参照」「縦だけ絶対参照」「横だけ絶対参照」の四つのパターンが生まれます。「縦だけ絶対参照」「横だけ絶対参照」は、相対参照と絶対参照の両方が含まれている（＝複合して使っている）ということで「複合参照」とも呼ばれます。

### ◎ 1　相対参照

「=A1」というように、「$」をどこにも付けない普通の参照です。参照の数式が入力されたセルをコピーすると参照先が連動して移動します。

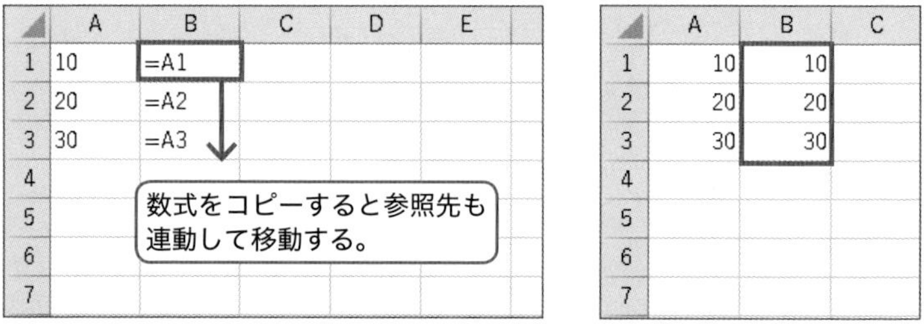


### ◎ 2　絶対参照

「=$A$1」というように、「A」「1」両方の前に「$」を付ける参照です。参照の数式が入力されたセルをコピーしても参照先は変わりません。

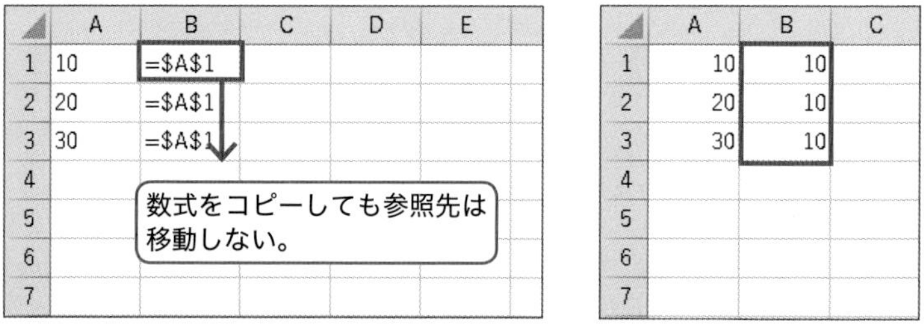


### ◎ 3　縦だけ絶対参照

「=A$1」というように、数字の前にだけ「$」を付ける参照です。参照の数式が入力されたセルをコピーすると横方向（列＝A、B、C）にだけ数式が変化し、**縦方向（行＝1、2、3）には数式が変化しません**。

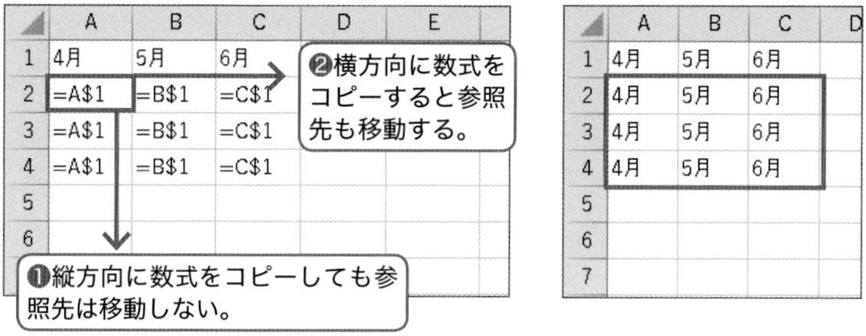


## 4 横だけ絶対参照

「=$A1」というように、英文字の前にだけ「$」を付ける参照です。参照の数式が入力されたセルをコピーすると縦方向（行＝1、2、3）にだけ数式が変化し、**横方向（列＝A、B、C）には数式が変化しません**。

## 総合計に対する割合は絶対参照を使う

それでは、実際の例を見てみましょう。次のように、各行ごとに総合計に対する割合を計算するような場合には、「絶対参照」を使うと便利です。

たとえば、以下の表で、C2セルに「=C2/**$C$6**」と入力しましょう。C6セルへの参照を絶対参照にしておくのがポイントです。この数式をコピーしてC3～C6セルに貼り付けると、各行の構成比が計算できます。

| | A | B | C |
|---|---|---|---|
| 1 | 取引先名 | 売上金額 | 構成比 |
| 2 | 明光商事株式会社 | 123,234 | 14% |
| 3 | シグマ株式会社 | 432,585 | 50% |
| 4 | 幸和株式会社 | 93,485 | 11% |
| 5 | 株式会社スカイ | 213,497 | 25% |
| 6 | 合計 | 862,801 | 100% |

❶「=C2/$C$6」と入力する。

❷C2の数式をコピーしてC3からC6まで貼り付けると「=C3/$C$6」「=C4/$C$6」・・・という数式が入力される。

## マトリックス表は二つの参照方式を組み合わせて作る

縦・横に見出しがある表に数式を入力する場合では、「縦だけ絶対参照」「横だけ絶対参照」を組み合わせます。

たとえば、以下の表で「数量×単価」の計算をするには、C3セルに「=$B3*C$2」と入力しましょう。この数式をコピーしてC3～E5セルまでに貼り付ければ、すべてのセルで「数量×単価」が計算できます。

| | A | B | C | D | E |
|---|---|---|---|---|---|
| 1 | | | 単価 | | |
| 2 | | | 50 | 80 | 110 |
| 3 | 数量 | 100 | 5,000 | 8,000 | 11,000 |
| 4 | | 200 | 10,000 | 16,000 | 22,000 |
| 5 | | 300 | 15,000 | 24,000 | 33,000 |

❶「=$B3*C$2」と入力する。

❷C3セルの数式をコピーして、C3～E5セルに貼り付ける。

このようなマトリックス型の表を作るときには、次のようなルールで絶対参照を付けましょう。

- 表の**左端**への参照は、横だけ絶対参照（例：$B3）
- 表の**上端**への参照は、縦だけ絶対参照（例：C$2）

# 2-3 SUM関数でセルの合計を求める

## → SUM関数とは何か？

SUM関数は、**指定したセルの合計を取る関数です**。足し算と違い合計する「セル範囲」を指定できるので、多くのセルの合計を計算するときに便利です。

## → SUM関数の書式

SUM関数の書式は、次のとおりです。

```
=SUM(数値1,数値2, ・・・ )
     ①     ②
```

| 引数 | 意味 |
|---|---|
| ① 数値1 | 合計を取りたい数値、セル、セル範囲を指定します |
| ② 数値2 | 同上 |

SUM関数は、次のようにセル範囲を指定して使うことがほとんどです。

```
=SUM(A1:A5)
```

この式でA1 ～ A5セルの合計を計算できます。

## → 合計を画面上部に表示する

たとえば、売上の明細データがあって、その明細の合計金額を計算したい場合を考えてみます。こうしたときは、シート最上部にSUM関数を入れて合計を計算すると便利です。理由としては、「合計データを先に見られる」「ウィンドウ枠の固定と相性がいい」「他シートから参照しやすくなる」の二つが挙げられます。

| | A | B | C | D | E | F | G |
|---|---|---|---|---|---|---|---|
| 1 | | 合計 | 100,000 | | | | |
| 2 | | | | | | | |
| 3 | 月 | 取引先名 | 売上金額 | | | | |
| 4 | 2020/1/5 | 明光商事株式会社 | 10,000 | | | | |
| 5 | 2020/1/10 | シグマ株式会社 | 20,000 | | | | |
| 6 | 2020/1/15 | 幸和株式会社 | 30,000 | | | | |
| 7 | 2020/1/20 | 明光商事株式会社 | 40,000 | | | | |
| 8 | | | | | | | |

### ◎ 合計データを先に見られる

合計データを最上段に配置すると、合計データが最初に目に入り、全体感が掴みやすくなります。

### ◎ ウィンドウ枠の固定と相性がいい

ウィンドウ枠の固定をすると、シートの上端が常に表示されます。合計金額を上に配置することで、合計金額を常に確認できる状態にすることができます。

## → 数字を符号付で入れて数式を単純にする

次に、月初在庫・入庫・出庫数量から期末在庫を計算する状況を考えます。以下の表では、F2セルに「=C2+D2-E2」という数式を入れて月末在庫を計算しています。

| | A | B | C | D | E | F |
|---|---|---|---|---|---|---|
| 1 | 商品コード | 商品名 | 月初在庫 | 入庫 | 出庫 | 期末在庫 |
| 2 | A001 | 緑茶 | ＋ 83 | ＋291 | △271 | 103 |
| 3 | A002 | 麦茶 | 152 | 268 | 319 | 101 |
| 4 | A003 | ウーロン茶 | 198 | 323 | 227 | 294 |
| 5 | B001 | 紅茶 | 127 | 125 | 138 | 114 |
| 6 | B002 | コーヒー | 118 | 379 | 364 | 133 |
| 7 | C001 | コーラ | 243 | 241 | 369 | 115 |
| 8 | C002 | サイダー | [illegible] | [illegible] | [illegible] | [illegible] |

各セルを参照して足し算・引き算を行わなくてはならない。

このように、月初在庫・入庫・出庫数量をすべてプラスの数値で入力している場合、月末在庫の計算式には足し算だけでなく引き算を使わざるをえません。その結果、数式が若干複雑になってしまいます。

一方で、次のように、出庫数量をマイナスの符号で入れると、月末在庫の数式はとても簡単になります。**F2セルにはSUM関数を使って「=SUM(C2:E2)」と入力するだけで済みます**。

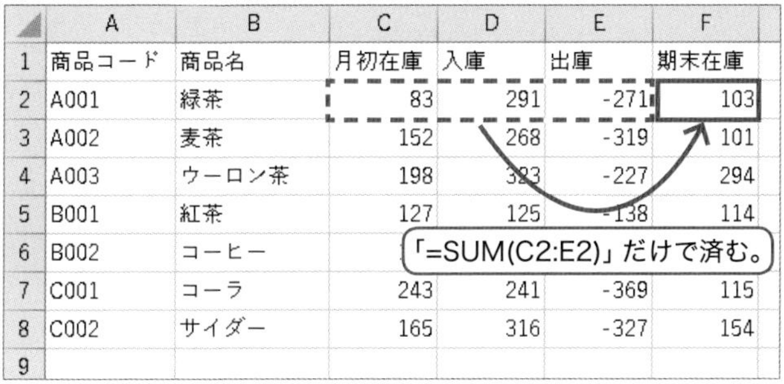

| | A | B | C | D | E | F |
|---|---|---|---|---|---|---|
| 1 | 商品コード | 商品名 | 月初在庫 | 入庫 | 出庫 | 期末在庫 |
| 2 | A001 | 緑茶 | 83 | 291 | -271 | 103 |
| 3 | A002 | 麦茶 | 152 | 268 | -319 | 101 |
| 4 | A003 | ウーロン茶 | 198 | 323 | -227 | 294 |
| 5 | B001 | 紅茶 | 127 | 125 | -138 | 114 |
| 6 | B002 | コーヒー | | | | |
| 7 | C001 | コーラ | 243 | 241 | -369 | 115 |
| 8 | C002 | サイダー | 165 | 316 | -327 | 154 |
| 9 | | | | | | |



このように、足し算・引き算が混在するような表については、表の中に入力する符号を工夫することで、足し算だけの計算をすれば済むようになり、数式がとても簡単になります。今回の例以外にも、給与の集計表（給与＋残業代＋交通費－源泉所得税－社会保険料＝差引支給額）など、計算に使う項目が多くなればなるほど効果的なテクニックです。ぜひ、覚えておいてください。

## 2-4
# IF関数で処理を分岐させる

## IF関数とは何か？

### IF関数は条件に応じて処理を変えるための関数

IF関数とは条件分岐をする（条件に応じて処理を変える）ための関数です。

例えば売上金額の目標金額を達成したかどうかをエクセルに表示したいとします。このとき、売上金額と目標金額を目視で比較して、手作業でセルに「達成」「未達成」と入力しようとすると手間がかかり大変です。そこで役立つのが「IF関数」です。IF関数を使うと、このような作業が自動化できます。

次の図では、IF関数を使ってB2セルの金額が10,000より大きいときには「達成」、それ以外の場合は「未達成」と表示させています。

| | A | B | C |
|---|---|---|---|
| 1 | | | |
| 2 | 売上金額 | 15,000 | |
| 3 | | | |
| 4 | 売上金額＞10,000か？ | 達成 | |

B2セルの金額に応じて「達成」「未達成」と表示される。

IF関数が便利なところは、**元の値が変わったときに、自動的に表示結果を変えることができる**ところです。たとえば、先ほどの図のB2セルを8,000に打ち替えると、それに連動してB4セルの表示が「未達成」に変わります。

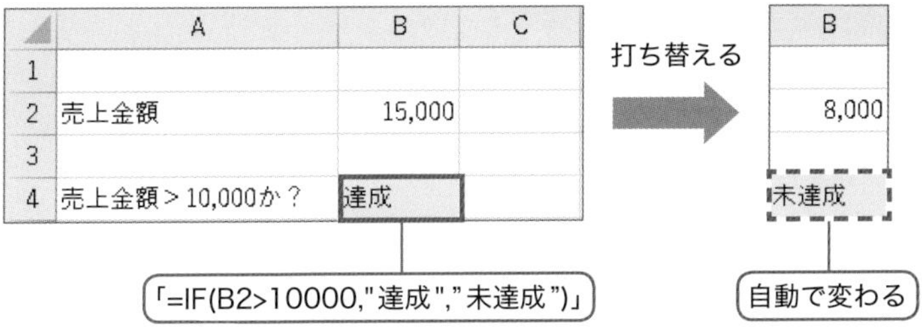


### IF関数を使うべき場面

先ほどの例のような、**「条件分岐」が必要なすべての場面で、IF関数が使えます**。

ただし、「条件分岐」の中には、後述するSUMIFS関数、VLOOKUP関数を使ったほうが、処理を簡単に書ける場合があります。そのため、実務的には、**SUMIFS関数、VLOOKUP関数が使えないような「条件分岐」の処理を書きたいときにだけIF関数を使うことになります**。

## → 条件分岐を理解する

### IF関数で重要なのは「日本語力」

IF関数は、一般的に難しい関数だと言われます。実際、**IF関数の書式だけを学んでも、IF関数を使いこなせるようにはなりません**。IF関数を使いこなすためには、次の二つの知識が必要です。

- 1. 判断している内容（条件分岐）を日本語で言語化・図解する
- 2. 図解した内容をIF関数の書式で表す

「1」のステップは**自分のやりたいことを整理して、日本語で他人に説明する**ための知識です。エクセルに直接関係する知識ではありませんが、非常に重要です。この知識を身に付けてから「2」のIF関数の書式を勉強することで、はじめてIF関数が使いこなせるようになります。

たとえば、どんなに英語が堪能でも、日本語で説明できないことを英語で説明できるはずがありません。同じように、いくらIF関数を勉強しても、**もともと、どういう判断をしているか日本語で説明できないことはIF関数で表現できない**のです。

ですから、まずは、自分が判断している内容、つまり条件分岐を、他の人に日本語で説明・図解できるようになることが非常に重要なのです。

### 条件分岐を言語化・図解する

たとえば、この章の冒頭で紹介した、売上金額（B2セル）が10,000を超えるときには「達成」、それ以外の場合は「未達成」と表示させる処理を図解すると、次のようになります。

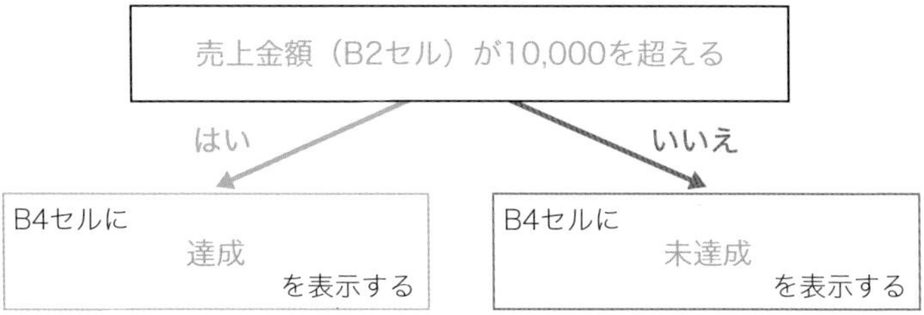


B4セルに入れるIF関数の図解なので、はい・いいえの下の枠には、**「B4セルに…を表示する」という形で処理を書くのがポイントです**。ここまで整理ができたら、あとはIF関数の形に置き換えていきましょう。

## → IF関数の書式

### 図解した内容をIF関数の書式で表す

IF関数の書式は、次のとおりです。

=IF(論理式,真の場合,偽の場合)
　　　①　　　②　　　③

| 引数 | 意味 |
|---|---|
| ① 論理式 | 条件を指定します |
| ② 真の場合 | 条件に当てはまる場合の処理を書きます |
| ③ 偽の場合 | 条件に当てはまらない場合の処理を書きます |

言葉で書くと難しく感じるかもしれませんが、次の図のように、この三つの引数は、さきほど書いた図の三つの枠に対応しています。**ですから、先ほどの図さえ書ければ、あとは、それをエクセルの言葉に変換するだけでIF関数が使えるようになります。**

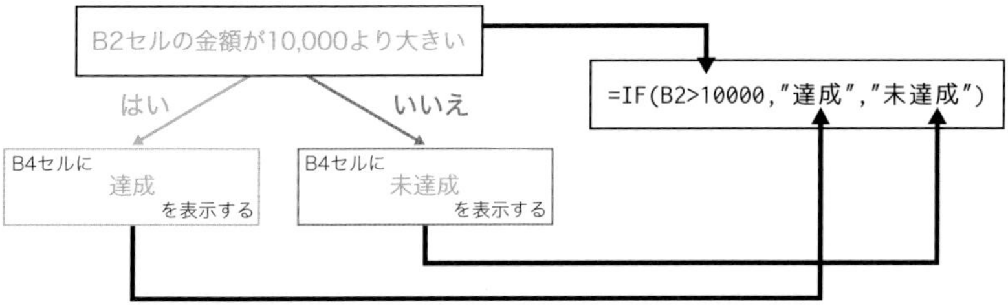


## 論理式は「六つの形」で表す

それでは、日本語や図で考えた条件分岐をエクセルの言葉にどう直すか、実際に見ていきましょう。

まずは、さきほどの「B2セルの金額が10,000より大きい」という条件について考えます。エクセルの論理式で表現できる条件は、基本的に次の6パターンしかありません。ですから、さまざまな条件をこの「六つの形」で表せるように表現を工夫しましょう。

| 記号 | 記号の意味 | 論理式の例 | 論理式の意味 |
|---|---|---|---|
| = | 等しい | A1=3 | A1セルは3と等しい |
| <> | 等しくない | A1<>3 | A1セルは3と等しくない |
| < | 小さい | A1<3 | A1セルは3より小さい |
| <= | 以下 | A1<=3 | A1セルは3以下 |
| > | 大きい | A1>3 | A1セルは3より大きい |
| >= | 以上 | A1>=3 | A1セルは3以上 |

「B2セルの金額が10,000より大きい」という条件を「六つの形」にあてはめると、「B2>10000」と表現できます。なお、「以下」と「小さい」、「以上」と「大きい」は、指定した値を含むかどうかが違いますので、注意してください。たとえば、「B2セルの金額が10,000より大きい」という場合は、10,000は条件を満たす値には含まれません。

## 文字列にはダブルクォーテーションを付ける

次に、「②真の場合」の「B4セルに達成を表示する」をエクセルの言葉に直してみましょう。

数式中に「達成」のような文字列データを入力するときには「"」で回りを囲み

ます。今回は「"達成"」と入力してください。同様に、「③偽の場合」の「B4セルに未達成を表示する」は「"未達成"」と入力します。

最後に、エクセルの言葉に直した引数を一つにまとめて入力すると、次の数式ができあがります。

```
=IF(B2>10000,"達成","未達成")
```

## コピー・貼り付けをするとさらに便利

IF関数は、数式をコピー・貼り付けすることでさらに便利に使えます。次のように、C2セルに数式を入力して、下にコピー・貼り付けをすると、複数の担当者それぞれが目標を達成したかどうかを判定することもできます。

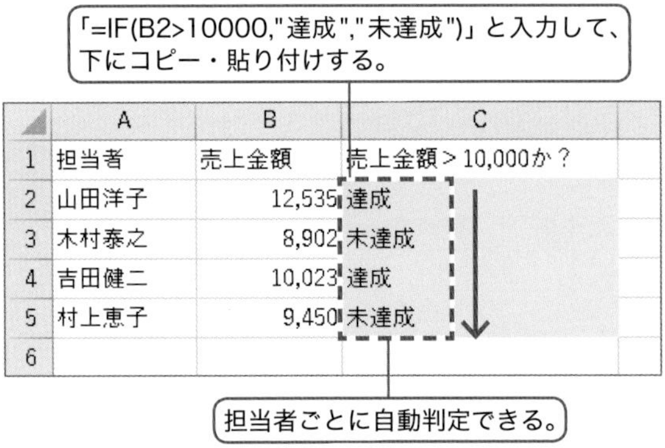

# 2-5 前期比を計算する

## IF関数で前期比を計算する

次のように、取引先別の前期売上と当期売上が入力されている表があります。そこで、D列に増減割合を表示させてみましょう

| | A | B | C | D |
|---|---|---|---|---|
| 1 | 取引先 | 前期売上 | 当期売上 | 増減割合 |
| 2 | (株)キムラ電機 | 2,420,324 | 2,642,386 | |
| 3 | (有)ベータ | 1,409,833 | 1,290,853 | |
| 4 | (株)TAR | 0 | 864,230 | |
| 5 | (株)丸正 | 1,642,340 | 0 | |
| 6 | (株)アドネット | 246,890 | 913,480 | |

増減割合は「当期売上÷前期売上」で計算をします。そこで、D2セルに「=C2/B2」という数式を入力した後、その数式をコピーして下に貼り付けてみましょう。すると、D4セルに「!DIV/0!」エラーが出てしまいます。

| | A | B | C | D |
|---|---|---|---|---|
| 1 | 取引先 | 前期売上 | 当期売上 | 増減割合 |
| 2 | (株)キムラ電機 | 2,420,324 | 2,642,386 | 109% |
| 3 | (有)ベータ | 1,409,833 | 1,290,853 | 92% |
| 4 | (株)TAR | 0 | 864,230 | #DIV/0! |
| 5 | (株)丸正 | 1,642,340 | 0 | 0% |
| 6 | (株)アドネット | 246,890 | 913,480 | 370% |

## 処理の流れを図解してみる

では、エラーを表示させないために、どうすればいいか考えてみましょう。D4セルの「#DIV/0!」エラーは、0で割ってはいけないという意味です。増減割合は「当期売上÷前期売上」で計算をするので、前期売上が0のときにエラーが出てしまいます。

ですから、**前期売上が0のときだけ、「99999%」と表示させましょう**。(99999%と表示させる理由は、この後のColumnで解説します) この処理を、図解すると次のようになります。

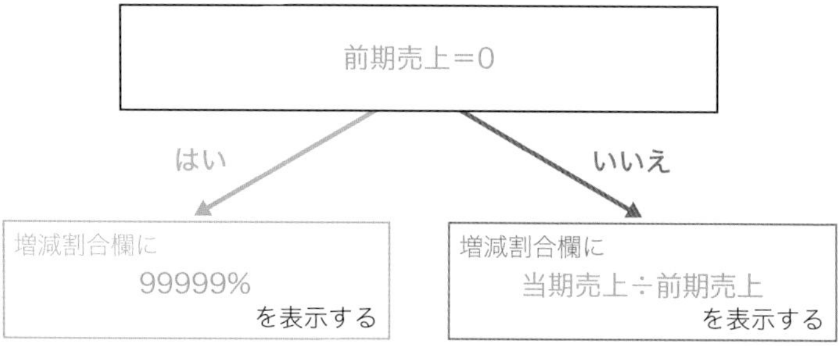


## IF関数の形にする

先ほどの図を、IF関数の形で表現してみます。D2セルの数式を考えると、前期売上はB2セル、当期売上はC2セルに入力されています。ですから、IF関数の形で表現すると次のようになります。

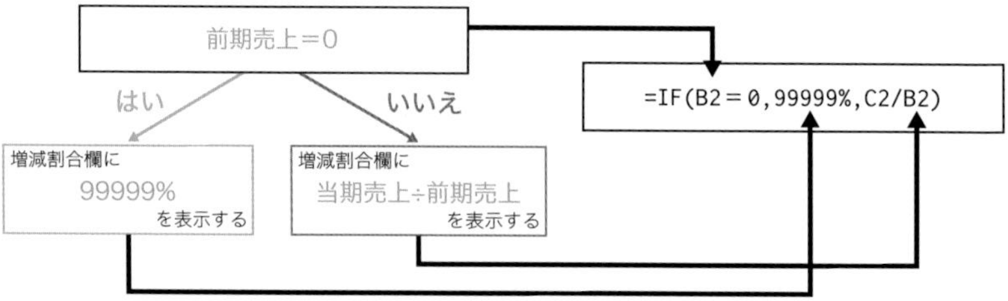

実際に、数式を入れてみましょう。まず、D2セルに「=IF(B2=0,99999%,C2/B2)」と数式を入力しましょう。その後、D2セルの数式をコピーして、D3セル～D6セルに貼り付けると、図のように計算されます。

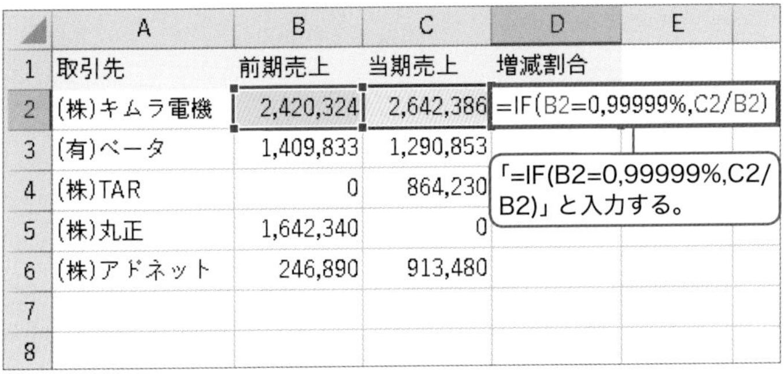


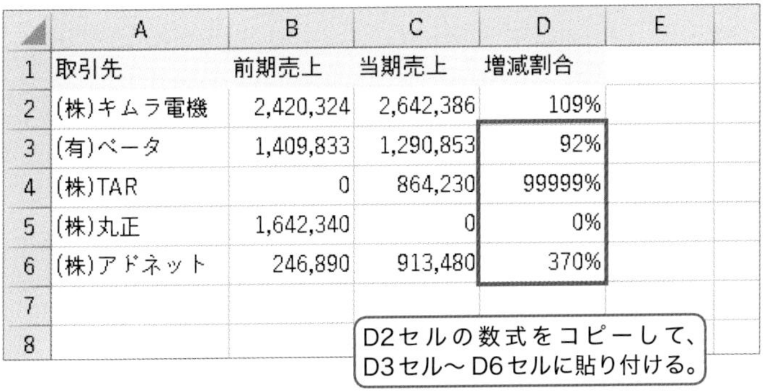

Column

### 99999%と表示する理由

本来は、前期売上が0のときには前期比は計算不能なので「-」と入れるほうが自然です。ただ、今回はあえて「99999%」と入力する方法を紹介しています。というのは増減率欄に「-」と入れると、著増減のある取引先として抽出がもれる場合があるからです。

たとえば、前期比が「-」となっている状態で、オートフィルタで前期比が120%以上の先を抽出しようとしても、うまく抽出できません。

| | A | B | C | D |
|---|---|---|---|---|
| 1 | 取引先 | 前期売上 | 当期売上 | 増減割合 |
| 2 | (株)キムラ電機 | 2,420,324 | 2,642,386 | 109% |
| 3 | (有)ベータ | 1,409,833 | 1,290,853 | 92% |
| 4 | (株)TAR | 0 | 864,230 | - |
| 5 | (株)丸正 | 1,642,340 | 0 | 0% |
| 6 | (株)アドネット | 246,890 | 913,480 | 370% |
| 7 | | | | |

# 2-6 年度を計算する

## 別のセルに入力されている年・月から年度を計算する

年（A列）と月（B列）から、年度（C列）を計算する方法を考えてみます。3月決算会社を前提に、次のようにして年度を計算します。

| 年月 | 年度 |
|---|---|
| 2018年4月～2019年3月 | 2018 |
| 2019年4月～2020年3月 | 2019 |

| | A | B | C | |
|---|---|---|---|---|
| 1 | 年 | 月 | 年度 | |
| 2 | 2018 | 12 | 2018 | |
| 3 | 2019 | 3 | 2018 | |
| 4 | 2019 | 12 | 2019 | |
| 5 | 2020 | 3 | 2019 | |

## 具体例を挙げて、法則がないかを考える

数式を考えるときのコツは、いろいろな具体例を挙げて、法則がないかを考えることです。今回は1年分、年・月と年度を並べて書いてみましょう。

| 年 | 月 | 年度 |
|---|---|---|
| 2019 | 1 | **2018** |
| 2019 | 2 | **2018** |
| 2019 | 3 | **2018** |
| 2019 | 4 | 2019 |

| 年 | 月 | 年度 |
|---|---|---|
| 2019 | 5 | 2019 |
| 2019 | 6 | 2019 |
| 2019 | 7 | 2019 |
| 2019 | 8 | 2019 |

| 年 | 月 | 年度 |
|---|---|---|
| 2019 | 9 | 2019 |
| 2019 | 10 | 2019 |
| 2019 | 11 | 2019 |
| 2019 | 12 | 2019 |

この表を見ていると、次のような関係があることがわかります。

- 1月～3月の場合は「年度＝年-1」
- 4月～12月の場合は「年度＝年」

このように、「月に応じて年度の計算方法が変わる」という処理は、IF関数を使って書くことができます。

## → IF関数で表現しやすい形に言い換える

先ほどの日本語をIF関数で表現しようと思うと、もう少し形を変える必要があります。そこで、IF関数で表現するために、次のような形に言い換えていきます。

- 「AのときはB。**そうでないときは**C」という形に整理する
- 条件（＝「A」の部分）を**「六つの形」**で表現する

まず、月は1月～12月までしかありませんので「4月～12月」＝「1月～3月でない」と言い換えられます。

- 1月～3月の場合は「年度＝年-1」
- **そうでないとき**は「年度＝年」

さらに、「1月～3月の場合」＝「月が3以下」と言い換えると、次のようになります。

- **月が3以下**の場合は「年度＝年-1」
- そうでないときは「年度＝年」

これで、IF関数で表現できる形になりました。図解すると、次のようになります。

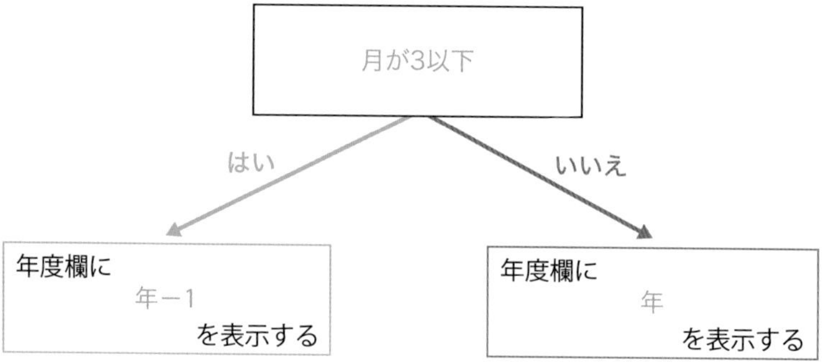

## IF関数を使って数式化する

さきほどの図を参考に、C2セルにIF関数を入れましょう。月はB2セル、年はA2セルに入っているので、年度は次の式で計算することができます。

```
=IF(B2<=3,A2-1,A2)
    ①      ②    ③
```

| 引数 | 内容 | 数式 |
|---|---|---|
| ① 論理式 | 月が3以下 | B2<=3 |
| ② 真の場合 | 年-1 | A2-1 |
| ③ 偽の場合 | 年 | A2 |

この式をC3以下のセルにコピーすれば、A列・B列の情報に応じてC列に年度を表示することができます。

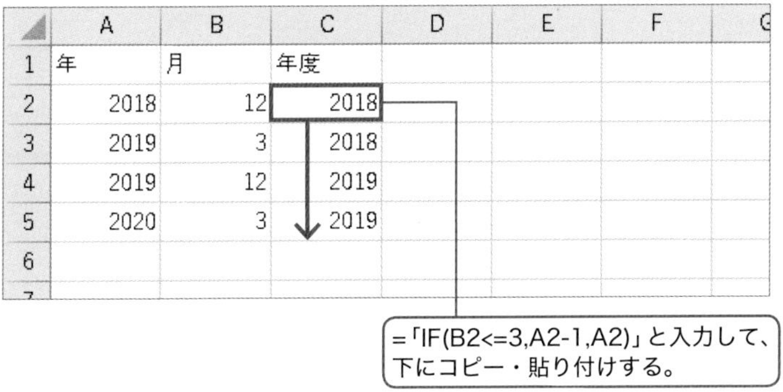

# 2-7
# OR関数・AND関数で条件を表す

## 「または」「かつ」の条件を表す

IF関数で指定できる条件式は、基本的には69ページで書いた六つの形しかありません。もし、その六つの形を1回使っただけでは表しきれない複雑な条件を表現しなければいけないときには、**OR関数・AND関数を使いましょう**。

OR関数を使うと「または」、AND関数を使うと「かつ」の意味を表せます。そこで、この二つの関数と六つの形（=、≠、<、>、≦、≧）を組み合わせることで、より複雑な条件を記述することができるのです。

## OR関数とAND関数の書式

OR関数とAND関数の書式は次のとおりです。

OR(論理式1,論理式2,　・・・)
　　①　　　②

AND(論理式1,論理式2,　・・・)
　　①　　　②

OR関数とAND関数は、引数に二つ以上の論理式（条件）を指定します。

そして、OR関数は**いずれか一つの条件を満たす**場合に、AND関数は**すべての条件を満たす**場合に、条件を満たしたものと判断されます。

## → 著増減項目をOR関数で識別する

まずはOR関数の具体例を見てみましょう。下の表で、F列に「前月比＜80%または120%＜前月比」の場合に「*」と表示させ、それ以外の場合は、空欄のままにしたいと思います。

| | A | B | C | D | E | F | G |
|---|---|---|---|---|---|---|---|
| 1 | 取引先 | 11月 | 12月 | 差額 | 前月比 | 著増減 | |
| 2 | シグマ株式会社 | 179,248 | 214,943 | 35,695 | 119.9% | | |
| 3 | 株式会社スカイ | 218,549 | 168,230 | -50,319 | 77.0% | | |
| 4 | 幸和株式会社 | 321,245 | 309,145 | -12,100 | 96.2% | | |
| 5 | 明光商事株式会社 | 64,356 | 84,320 | 19,964 | 131.0% | | |
| 6 | | | | | | | |
| 7 | | | | | | | |

そこで、F2セルに次の数式を入力します。

```
=IF(OR(E2<80%,120%<E2),"*","")
```

（E2<80% … ①、120%<E2 … ②／OR(E2<80%,120%<E2) … ①、"*" … ②、"" … ③）

上の式で、赤字の①②はOR関数の引数、青字の①②③はIF関数の引数を表します。OR( … )の部分を、IF関数の一つめの引数に入れるのがポイントです。あとは、この数式をコピーして、F3セル以下に貼り付けると、次のように著増減がある行に「*」が表示されます。

| | A | B | C | D | E | F |
|---|---|---|---|---|---|---|
| 1 | 取引先 | 11月 | 12月 | 差額 | 前月比 | 著増減 |
| 2 | シグマ株式会社 | 179,248 | 214,943 | 35,695 | 119.9% | |
| 3 | 株式会社スカイ | 218,549 | 168,230 | -50,319 | 77.0% | * |
| 4 | 幸和株式会社 | 321,245 | 309,145 | -12,100 | 96.2% | |
| 5 | 明光商事株式会社 | 64,356 | 84,320 | 19,964 | 131.0% | * |
| 6 | | | | | | |

## チェックリストをAND関数で作成する

今度は、次のような表があるときに、B6セルに「B3セル≦20,000,000 かつB4セル≦200,000」ならば「OK」、そうでない場合に「NG」と表示させたいと思います。

| | A | B | C |
|---|---|---|---|
| 1 | 年末調整を行う条件 | | |
| 2 | | | |
| 3 | 給与の支給額≦20,000,000か？ | 10,000,000 | |
| 4 | 他社給与収入・その他所得≦200,000か？ | 150,000 | |
| 5 | | | |
| 6 | 両方の条件を満たすか？ | | |
| 7 | | | |

B6セルに、次の数式を入力しましょう。

```
=IF(AND(B3<=20000000,B4<=200000),"OK","NG")
```

①（B3<=20000000）　②（B4<=200000）

①（AND(B3<=20000000,B4<=200000)）　②（"OK"）　③（"NG"）

条件が「AかつB」の場合は、論理式にAND関数を利用します。OR関数のときと同じように、「AND( ... )」の部分を、IF関数の一つめの引数として使いましょう。これで、二つの条件を両方満たす場合に「OK」、そうでない場合に「NG」と表示されます。

| | A | B |
|---|---|---|
| 1 | 年末調整を行う条件 | |
| 2 | | |
| 3 | 給与の支給額≦20,000,000か？ | 10,000,000 |
| 4 | 他社給与収入・その他所得≦200,000か？ | 150,000 |
| 5 | | |
| 6 | 両方の条件を満たすか？ | OK |
| 7 | | |

# 2-8
# 日付を処理する

## → 日付データは1900年1月1日からの日数で表される

エクセルでは、日付を「1900年1月1日からの経過日数」を使って管理しています。たとえば、「1900年1月1日」=「1」として、「1900年1月2日」=「2」、「1900年1月3日」=「3」・・・というように日付に数値が割り当てられているのです。**この数値のことをシリアル値**といいます。

「シリアル値」は英語ではserial numberと表記されます。考え方は、いわゆるシリアルナンバーとまったく同じで、日付を1列に並べて、古い日付から順番に通し番号を振っています。

たとえば、A1セルに「2020/4/1」と入力した後に、表示形式を「標準」に戻すと「43922」と表示されます。これは、2020年4月1日が、1900年1月1日から数えて43922日目であることを示しています。

| 日付 | (1900/1/0) | 1900/1/1 | 1900/1/2 | … | 2020/3/31 | 2020/4/1 | 2020/4/2 |
| --- | --- | --- | --- | --- | --- | --- | --- |
| シリアル値 | 0 | 1 | 2 | … | 43921 | 43922 | 43923 |

シリアル値の「0」には、「1900/1/0」という存在しない日付が対応していることも覚えておきましょう。

## → 翌日・前日の日付を計算する

このシリアル値の考え方を理解していると、日付の計算や比較方法が理解しやすくなります。たとえば、A1セルに「2020/4/1」が入っているときに、1を引くと前日、1を足すと翌日の日付が計算できます。

| | A | B | C |
|---|---|---|---|
| 1 | 基準 | 2020/4/1 | |
| 2 | 前日 | 2020/3/31 | |
| 3 | 翌日 | 2020/4/2 | |
| 4 | | | |
| 5 | | | |
| 6 | | | |

翌日・前日以外のn日後・n日前の日付の計算も足し算・引き算で計算できます。たとえば、A1セルに「2020/4/1」が入っているときに、45日後の日付は「=A1+45」、45日前の日付は「=A1-45」で計算することができます。

| | A | B | C |
|---|---|---|---|
| 1 | 基準 | 2020/4/1 | |
| 2 | 45日前 | 2020/2/16 | |
| 3 | 45日後 | 2020/5/16 | |
| 4 | | | |
| 5 | | | |
| 6 | | | |

## → 二つの日付の間の日数を計算する

二つの日付の間の日数も引き算で計算できます。たとえば、B1セルに「2020/4/1」、B2セルに「2020/2/28」が入っているとき、この二つの日付間の日数を計算するには、B3セルに「=B1-B2」と入力しましょう。

| | A | B | C |
|---|---|---|---|
| 1 | 納期 | 2020/4/1 | |
| 2 | 今日の日付 | 2020/2/28 | |
| 3 | 納期までの日数 | 33 | |
| 4 | | | |
| 5 | | | |
| 6 | | | |

これも、「日付」が「古い日付」→「新しい日付」の順番で、通し番号が付されている様子を思い浮かべれば、理解しやすいと思います。

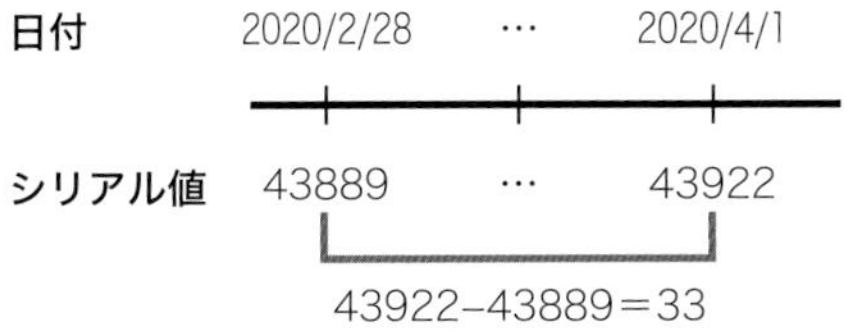


## → 入金予定日を超過した明細を判定する

### 日付の大小で未来や過去の日付の判定ができる

基本が理解できたところで、関数と組み合わせて次のような処理をしてみましょう。

- 「今日の日付」(B1セル)が「入金予定日」(B2セル)を過ぎている場合には、B4セルに「入金遅延」と表示
- それ以外の場合は、空欄のままにする

このように表示させるには、B4セルに次の数式を入力しましょう。

```
=IF(B2<B1,"入金遅延","")
```

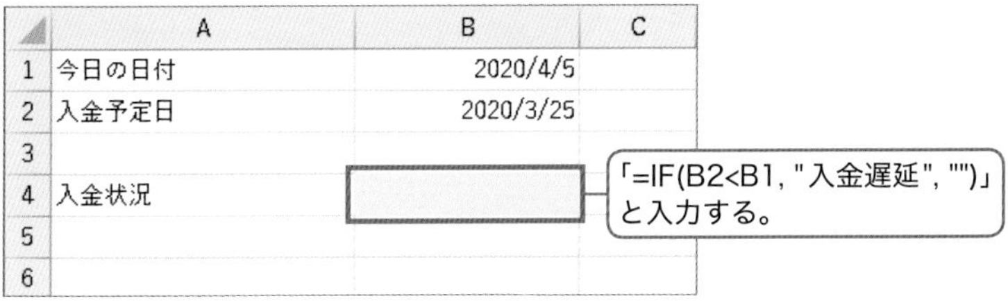


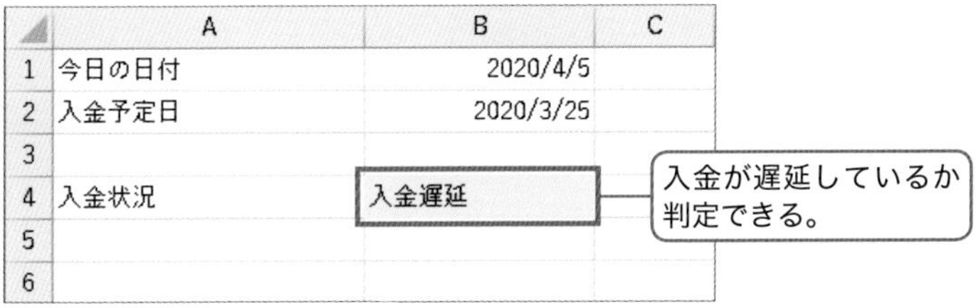

B2セル（入金予定日）とB1セル（今日の日付）はどちらも日付データなので、エクセル内部では次の図のようなシリアル値で管理されています。

今回の例では、「B2セルのシリアル値＜B1セルのシリアル値」なので、条件を満たしていることになり「入金遅延」と表示されるのです。このように、**日付同士の大小比較をすることで、未来日付・過去日付の判定ができる**ということを覚えておきましょう。

## 未入金明細に目印を付ける

先ほどの数式を応用すると、次の図のように未入金明細に目印を付けることができます。たとえば、今日の日付（B1セル）が入金予定日（D列）を過ぎていて、かつ入金日（E列）が空欄の場合、F列に「X」と表示させてみます。

| | A | B | C | D | E | F | G |
|---|---|---|---|---|---|---|---|
| 1 | 今日の日付 | 2020/4/5 | | | | | |
| 2 | | | | | | | |
| 3 | 売上日 | 会社名 | 売上金額 | 入金予定日 | 入金日 | 入金遅延 | |
| 4 | 2020/3/25 | 中田　綾乃 | 4,900 | 2020/4/1 | | X | |
| 5 | 2020/3/26 | 山田　隆 | 9,800 | 2020/4/2 | 2020/4/2 | | |
| 6 | 2020/3/26 | 木村　裕子 | 9,800 | 2020/4/2 | | X | |
| 7 | 2020/3/26 | 鈴木　卓也 | 4,900 | 2020/4/2 | 2020/4/2 | | |
| 8 | 2020/3/29 | 中村　信二 | 9,800 | 2020/4/5 | | | |
| 9 | 2020/3/29 | 横山　健一 | 4,900 | 2020/4/5 | | | |
| 10 | 2020/3/29 | 村瀬　恵子 | 9,800 | 2020/4/5 | | | |
| 11 | | | | | | | |

今回の条件を図解すると、次のようになります。

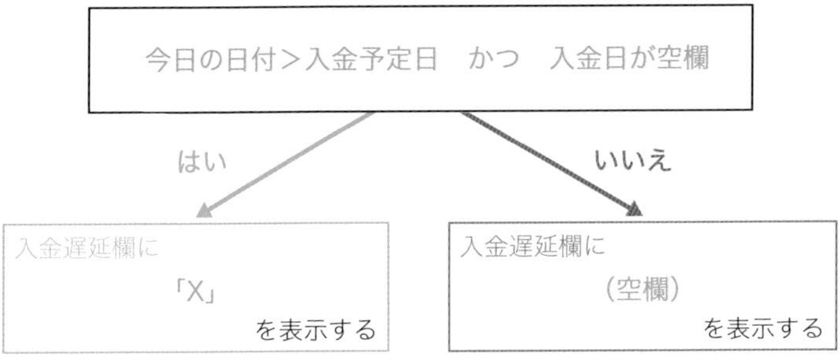


これを数式化すると、次のようになります。

```
=IF(AND($B$1>D4,E4=""),"X","")
```

二つの条件が「かつ」でつながれているので、AND関数の中に「$B$1>D4」「E4=""」を入れるのがポイントです。AND関数の中を見ると、一つ目の「$B$1>D4」という条件は、先ほどの例とまったく同じで、「今日の日付＞入金予定日」という条件を表しています。ただし、数式を下にコピー・貼り付けすることを考えて、B1セルへの参照を絶対参照にしています。

また、二つ目の条件「E4=""」では「入金日が空欄」という条件を表しています。空欄を「""」で表しているのがポイントです。あとは、この数式をコピーして、F5～F10セルに貼り付ければ、入金が遅延している行に「X」を表示させることができます。

| | A | B | C | D | E | F |
|---|---|---|---|---|---|---|
| 1 | 今日の日付 | 2020/4/5 | | | | |
| 2 | | | | | | |
| 3 | 売上日 | 会社名 | 売上金額 | 入金予定日 | 入金日 | 入金遅延 |
| 4 | 2020/3/25 | 中田　綾乃 | 4,900 | 2020/4/1 | | X |
| 5 | 2020/3/26 | 山田　隆 | 9,800 | 2020/4/2 | 2020/4/2 | |
| 6 | 2020/3/26 | 木村　裕子 | 9,800 | 2020/4/2 | | X |
| 7 | 2020/3/26 | 鈴木　卓也 | 4,900 | 2020/4/2 | 2020/4/2 | |
| 8 | 2020/3/29 | 中村　信二 | 9,800 | 2020/4/5 | | |
| 9 | 2020/3/29 | 横山　健一 | 4,900 | 2020/4/5 | | |
| 10 | 2020/3/29 | 村瀬　恵子 | 9,800 | 2020/4/5 | | |
| 11 | | | | | | |
| 12 | | | | | | |

# 2-9
# 日付処理でよく使う関数

## → 日付処理の関数の書式

日付の処理では、YEAR関数・MONTH関数・DAY関数とDATE関数をまず使えるようになりましょう。この四つの関数は、日付を扱ううえで基本となります。

まずはYEAR関数・MONTH関数・DAY関数の書式を見てみましょう。

```
=YEAR(シリアル値)
```

```
=MONTH(シリアル値)
```

```
=DAY(シリアル値)
```

これらの各関数を使うと、日付データから年・月・日の部分を取り出すことができます。YEAR関数は「年」、MONTH関数は「月」、DAY関数は「日付」を取り出します。

次に、DATE関数の書式を見てみましょう。

```
=DATE(年, 月, 日付)
```

DATE関数は、年・月・日のデータから日付データを作ることができます。

## → 売上明細の日付データを年・月・日に分解する

それでは、実際に関数を使う例を見てみましょう。ここでは、売上明細の日付データ（A列）を年（D列）・月（E列）・日（F列）に分解します。たとえば、A2

セルの日付データをD2セル、E2セル、F2セルに分解するには、それぞれ次の数式を入力します。

```
=YEAR(A2)
```

```
=MONTH(A2)
```

```
=DAY(A2)
```

これで、A2セルの日付データから、D2セルに年、E2セルに月、F2セルに日付を表示させることができました。

| | A | B | C | D | E | F | G | H |
|---|---|---|---|---|---|---|---|---|
| 1 | 日付 | 会社名 | 売上金額 | 年 | 月 | 日 | | |
| 2 | 2019/9/9 | シグマ株式会社 | 166,098 | 2019 | 9 | 9 | | |
| 3 | 2019/9/19 | 株式会社スカイ | 94,934 | | | | | |

D2～F2セルに「=YEAR(A2)」「=MONTH(A2)」「=DAY(A2)」と入力する。

## ➡ 年・月・日から日付データを作る

次に、預金入出金明細の年（A列）・月（B列）・日（C列）のデータから日付データを作成してH列に表示します。H2セルに次の数式を入力することで、A2セルの年、B2セルの月、C2セルの日に対応する日付データを表示させることができます。

```
=DATE(A2,B2,C2)
```

| | A | B | C | D | E | F | G | H | I |
|---|---|---|---|---|---|---|---|---|---|
| 1 | 年 | 月 | 日 | 摘要 | 出金 | 入金 | 残高 | 日付データ | |
| 2 | 2019 | 10 | 25 | 振込 カ）スカイ | | 94,934 | 529,934 | 2019/10/25 | |
| 3 | 2019 | 10 | 25 | 振込 シグマ（カ | | 166,098 | 696,032 | | |

「=DATE(A2,B2,C2)」と入力する。

# 2-10
# 今月の指定した日付を計算する

## 「年・月の情報」から今月の日付を計算する

ある日付の年・月の情報がB1、B2セルに入力されているときに、その情報から今月の1日、15日、末日の日付を計算しようと思います。これはDATE関数を利用することで計算できます。

| | A | B | C | D | E | F |
|---|---|---|---|---|---|---|
| 1 | 年 | 2020 | | 月初 | 2020/1/1 | |
| 2 | 月 | 1 | | 15日 | 2020/1/15 | |
| 3 | | | | 月末 | 2020/1/31 | |
| 4 | | | | | | |
| 5 | | | | | | |
| 6 | | | | | | |

指定した年月の「1日」は、DATE関数を使って次のように計算できます。

```
=DATE(B1,B2,1)
```

引数となっているB1セルが年、B2セルが月を指定しています。あとは日の引数に「1」を入力するだけです。

### 15日の日付を計算する

指定した年月の「15日」を表示する計算も1日の場合と同様です。DATE関数で次のように計算できます。

```
=DATE(B1,B2,15)
```

### 月末の日付を計算する

月末は1日、15日と違い、少し工夫する必要があります。次のような数式で計算します。

```
=DATE(B1,B2+1,0)
```

月末の日付を計算する場合、月末の日付が月ごとに変わるため、1日・15日のときのように日付を直接指定することはできません。そこで、月末の日付を直接指定するのではなく、**翌月1日の1日前**という指定をします。

ためしに、先ほどの数式の各引数に参照先セルの値をあてはめて計算すると、次のような値になります。

=DATE(B1, B2+1, 0)

→ =DATE(**2020**, **1**+1, 0)

→ =DATE(2020, 2, 0)

要は「2020年2月0日」に対応する日付データを取得するという意味になるわけです。このような、あり得ない日付を指定すると、2020年2月1日**の1日前**という意味に解釈されます。その結果、2020年1月31日の日付が得られるのです。

先ほどの数式の月の部分に足す数を調整することで、翌月の日付も計算できます。たとえば、1か月後の末日は「=DATE(B1, B2+2, 0)」で計算できます。翌々月、3か月後の日付や、前月の日付を計算したいときには、月の部分に足す数を調整してください。

## → 日付データから対応する月初・15日・月末日付を計算する

先ほどの例では「2020」「1」が別々のセルに入っていました。今度は、B1セルに「2020/1/10」と入っているときに、この日付データから、月初・15日・月末日付を計算してみます。

| | A | B | C | D | E | F |
|---|---|---|---|---|---|---|
| 1 | 日付 | 2020/1/10 | | 月初 | 2020/1/1 | |
| 2 | | | | 15日 | 2020/1/15 | |
| 3 | | | | 月末 | 2020/1/31 | |
| 4 | | | | | | |
| 5 | | | | | | |
| 6 | | | | | | |

## 日付データから年・月を抽出する

一番簡単なのは、YEAR関数、MONTH関数で、B1セルの日付データから年・月を別のセルに抽出する方法です。年、月をセルに表示できれば、あとは、先ほどと同じです。ここではD～F列を挿入してE1セル、E2セルに年・月を入れる欄を作り、数式を入れていきます。

それぞれのセルには、次の数式を入力してください。

| セル | 数式 |
|---|---|
| E1セル | =YEAR(B1) |
| E2セル | =MONTH(B1) |
| H1セル | =DATE(E1,E2,1) |
| H2セル | =DATE(E1,E2,15) |
| H3セル | =DATE(E1,E2+1,0) |

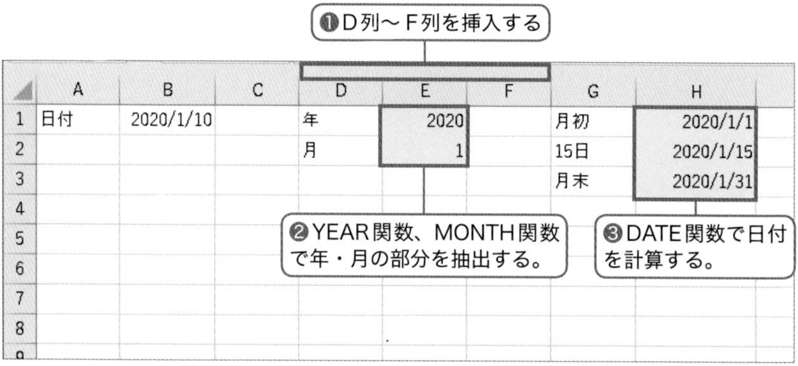


## DATE関数の中にYEAR関数・MONTH関数を入れる

年・月を別セルに抽出せず、一気に目的のセルで計算することもできます。関数の中に関数を入れるので数式が複雑になりますが、余計なセルを使わないで済みます。

| セル | 数式 |
|---|---|
| E1セル | =DATE(**YEAR(B1), MONTH(B1)**, 1) |
| E2セル | =DATE(**YEAR(B1), MONTH(B1)**, 15) |
| E3セル | =DATE(**YEAR(B1), MONTH(B1)**+1, 0) |

| | A | B | C | D | E | F |
|---|---|---|---|---|---|---|
| 1 | 日付 | 2020/1/10 | | 月初 | 2020/1/1 | |
| 2 | | | | 15日 | 2020/1/15 | |
| 3 | | | | 月末 | 2020/1/31 | |
| 4 | | | | | | |
| 5 | | | | | | |
| 6 | | | | | | |

DATE関数の中にYEAR関数、MONTH関数を入れて計算する。

**Column**

**月初・月末日付はEOMONTH関数を使うと便利**

指定した日付データのnか月後（nか月前）の月末日付はEOMONTH関数でも計算できます。EOMONTH関数は指定した月数前／月数後の月の月末の日付を返す関数で、これを使うと月初・月末の計算を簡単に書くことができます。たとえば、「B1セル」の日付に対応する月末の日付は「=EOMONTH(B1, 0)」で計算できます。月初の日付は、少しややこしいですが「=EOMONTH(B1,-1)+1」（前月末の1日後）で計算することができます。

## → 購入日から支払日の計算をする

たとえば、次のような購入した商品の明細表があるとします。この商品を「25日締め翌月15日払い」という条件で購入しているとしたときに、支払日を自動計算させようと思います。

| | A | B | C | D | E | F | G |
|---|---|---|---|---|---|---|---|
| 1 | 購入年 | 購入月 | 購入日 | 商品名 | 金額 | 支払日 | |
| 2 | 2020 | 1 | 5 | ウーロン茶 | 97,928 | | |
| 3 | 2020 | 1 | 25 | コーラ | 112,834 | | |
| 4 | 2020 | 1 | 26 | サイダー | 96,846 | | |
| 5 | 2020 | 1 | 31 | 紅茶 | 74,512 | | |
| 6 | 2020 | 2 | 1 | 緑茶 | 81,122 | | |
| 7 | 2020 | 2 | 25 | ウーロン茶 | 97,953 | | |
| 8 | 2020 | 2 | 26 | サイダー | 113,395 | | |
| 9 | 2020 | 2 | 29 | 緑茶 | 110,680 | | |
| 10 | | | | | | | |
| 11 | | | | | | | |
| 12 | | | | | | | |
| 13 | | | | | | | |

支払日を自動計算させるためには、F2セルに次の数式を入力しましょう。こ

れで、A2～C2セルに入力された仕入年月日から支払日を計算することができます。

```
=DATE(A2,B2+IF(C2<=25,1,2),15)
```

| | A | B | C | D | E | F | G |
|---|---|---|---|---|---|---|---|
| 1 | 購入年 | 購入月 | 購入日 | 商品名 | 金額 | 支払日 | |
| 2 | 2020 | 1 | 5 | ウーロン茶 | 97,928 | 2020/2/15 | |
| 3 | 2020 | 1 | 25 | コーラ | 112,834 | | |
| 4 | 2020 | 1 | 26 | サイダー | 96,846 | | |
| 5 | 2020 | 1 | 31 | 紅茶 | 74,512 | | |

「=DATE(A2,B2+IF(C2<=25,1,2),15)」と入力する。

この数式をコピーして、下に貼り付ければ支払日が計算できます。

| | A | B | C | D | E | F | G |
|---|---|---|---|---|---|---|---|
| 1 | 購入年 | 購入月 | 購入日 | 商品名 | 金額 | 支払日 | |
| 2 | 2020 | 1 | 5 | ウーロン茶 | 97,928 | 2020/2/15 | |
| 3 | 2020 | 1 | 25 | コーラ | 112,834 | 2020/2/15 | |
| 4 | 2020 | 1 | 26 | サイダー | 96,846 | 2020/3/15 | |
| 5 | 2020 | 1 | 31 | 紅茶 | 74,512 | 2020/3/15 | |
| 6 | 2020 | 2 | 1 | 緑茶 | 81,122 | 2020/3/15 | |
| 7 | 2020 | 2 | 25 | ウーロン茶 | 97,953 | 2020/3/15 | |
| 8 | 2020 | 2 | 26 | サイダー | 113,395 | 2020/4/15 | |
| 9 | 2020 | 2 | 29 | 緑茶 | 110,680 | 2020/4/15 | |
| 10 | | | | | | | |
| 11 | | | | | | | |
| 12 | | | | | | | |

F2セルの数式をコピーして、F3セル以降に貼り付ける。

各行ごとに支払日が計算できると、たとえば、次の章で説明するSUMIFS関数（141ページ参照）を使って、支払日ごとの支払金額を計算することができるようになります。

## 25日以前と25日より後で支払月を変える

今回の数式のポイントは、購入日が25日以前か、25日より後かで、支払日の計算方法が変わるというところです。整理すると次のようになります。

| 購入日 | 数式 |
|---|---|
| 1～25日 | =DATE(A2,B2+**1**,15) |
| 26日～月末 | =DATE(A2,B2+**2**,15) |

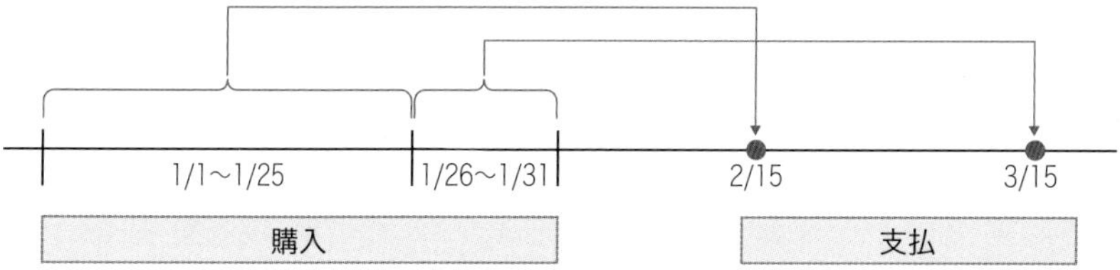


購入日が1日～25日であれば、支払日は購入月の**翌月**15日です。ですから、購入月に1を足せば支払月が計算できます。一方で、購入日が26日～月末であれば、支払日は購入月の**翌々月**15日になります。この場合には、購入月に2を足すと支払月になります。

そこで、IF関数を使って「購入日が25日以前」か「それ以外」かで場合分けをする数式を作れば、支払日を計算することができるのです。

# 2-11
# TEXT関数で数値や日付を文字列に変換する

## → 数値や日付を指定した書式の文字列に変換する

TEXT関数は「数値や日付」を指定した書式で整形して「文字列」に変換します。たとえば、次のような処理ができます。

- 「1」という数値に前0を詰めて「00001」という文字列データに変換する
- 「2020/1/25」という日付から「年4桁、月2桁」を抽出して「202001」という文字列データに変換する

## → TEXT関数の書式

TEXT関数の書式は次のとおりです。二つの引数を指定して使います。

```
=TEXT(値, 表示形式)
      ①    ②
```

| 引数 | 意味 |
|---|---|
| ① 値 | 元の値 |
| ② 表示形式 | 「①値」に対して適用する表示形式を指定します |

たとえば、先ほどの例では、次のような数式が入力されています。

・A1セルの値を前0を詰めた5桁でC1セルに表示する

```
=TEXT(A1,"00000")
```

・A2セルの値を年4桁、月2桁でC2セルに表示する

```
=TEXT(A2,"yyyymm")
```

## 表示形式の指定方法

二つ目の引数の「表示形式」の指定方法は、**ユーザー定義書式とまったく同じ**です。39、40ページで紹介した書式記号もそのまま使えます。ここでは、ユーザー定義書式の項では説明しきれなかったもので、TEXT関数でよく使われる表示形式を紹介します（逆に、ここで紹介する書式はユーザー定義書式でも使えます）。

| 元の数値 | 二つ目の引数に入力する値 | 表示形式適用後の文字列 | 意味 |
|---|---|---|---|
| 1 | 00000 | 00001 | 前0を詰めて5桁で表示する |
| -1234 | #,##0;△#,##0 | △1,234 | カンマ区切り（負の数は△を付けて表示） |
| 2020/1/25 | aaa | 土 | 日付形式のデータから曜日を表示 |
| 20200125 | 0000!/00!/00 | 2020/1/25 | 8桁の数値を、YYYY/MM/DD形式で表示 |
| 200125 | 2000!/00!/00 | 2020/1/25 | 6桁の数値の先頭に「20」を付け足して、YYYY/MM/DD形式で表示 |

たとえば、C1セルに「=TEXT(A1,"#,##0;△#,##0")」という数式を入力してC2セルにコピーアンドペーストすると、次のように表示されます。

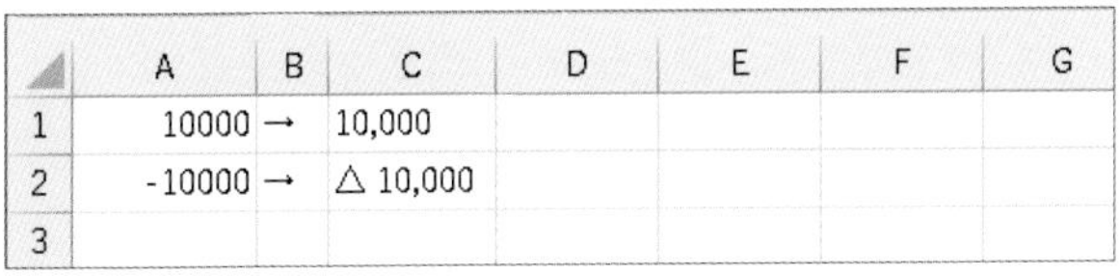


なお、先ほどの表の、下の二つの表示形式（「0000!/00!/00」、「2000!/00!/00」）では、**「/」を表示したい位置に「!/」と入れています**。単に「/」と入力してしまうと分数表示の意味になり、うまく日付に変換できないので、注意してください。

## ユーザー定義書式との違い

TEXT関数を使った結果は「文字列」になります。ですから、**TEXT関数の結果を、そのまま数値計算に使ったり日付データとして使うことはできません**。

一方で、38ページで紹介したユーザー定義書式では、データの種類は変化しません。たとえば、元データが数値（あるいは日付、時刻）の場合、ユーザー定義書式を使って見た目を変えても、データは数値（あるいは日付、時刻）のままとなります。

## 文字列データを日付データに変換する

文字列データを数値データに変換する方法（33ページ参照）と同じように、数式の末尾に「*1」を付けると「日付として解釈できる文字列データ」を「日付データ」に変換できます。たとえば、A2セルに以下のデータが入っているときに、**B2セルに「=A2*1」という数式を入力すると、A1セルに対応する日付データが得られます**。

| | A | B | C | D | E |
|---|---|---|---|---|---|
| 1 | 文字列データ | 日付データに変換 | | 文字列データ | 日付データに変換 |
| 2 | 2020/1/15 | 2020/1/15 | | 2020-1-15 | 2020/1/15 |
| 3 | 20/1/15 | 2020/1/15 | | 20-1-15 | 2020/1/15 |
| 4 | R2/1/15 | 2020/1/15 | | 2020年1月15日 | 2020/1/15 |
| 5 | 令和2年1月15日 | 2020/1/15 | | 20年1月15日 | 2020/1/15 |
| 6 | | | | | |
| 7 | | | | | |
| 8 | | | | | |
| 9 | | | | | |

「=A2*1」と入力して、下にコピー・貼り付けすると、文字列が日付データに変換される。

この「*1」とTEXT関数を組み合わせると、「20190125」「190125」といった数字8桁、数字6桁のデータを日付データに変換できます。よく使うパターンですので覚えておきましょう。

| | A | B | C | D | E | F | G |
|---|---|---|---|---|---|---|---|
| 1 | 数字8桁 | 日付データに変換 | | 数字6桁 | 日付データに変換 | | |
| 2 | 20190125 | 2019/1/25 | | 190125 | 2019/1/25 | | |
| 3 | | | | | | | |
| 4 | | | | | | | |
| 5 | | | | | | | |
| 6 | | | | | | | |

「=TEXT(A2,"0000!/00!/00")*1」と入力する。

「=TEXT(D2,"2000!/00!/00")*1」と入力する。

# 2-12
# 端数を処理する関数

## 指定した桁で端数処理をする

エクセルで端数処理をするときには、次の三つの関数を使いましょう。

- 切り捨て：ROUNDDOWN関数
- 四捨五入：ROUND関数
- 切り上げ：ROUNDUP関数

これらの関数を使うと、元数値の端数を、指定した桁で処理をすることができます。

| | A | B | C | D | E | F | G | H | I | J |
|---|---|---|---|---|---|---|---|---|---|---|
| 1 | | 小数第1位に | | | 整数に | | | 10の位に | | |
| 2 | 元数値 | 切り捨て | 四捨五入 | 切り上げ | 切り捨て | 四捨五入 | 切り上げ | 切り捨て | 四捨五入 | 切り上げ |
| 3 | 3333.333 | 3333.30 | 3333.30 | 3333.40 | 3333.00 | 3333.00 | 3334.00 | 3330.00 | 3330.00 | 3340.00 |
| 4 | 6666.666 | 6666.60 | 6666.70 | 6666.70 | 6666.00 | 6667.00 | 6667.00 | 6660.00 | 6670.00 | 6670.00 |
| 5 | | | | | | | | | | |
| 6 | | | | | | | | | | |
| 7 | | | | | | | | | | |

## 端数処理関数の書式

ROUNDDOWN関数、ROUND関数、ROUNDUP関数の書式は、次のとおりです。

・ROUNDDOWN関数

```
=ROUNDDOWN(数値,桁数)
            ①    ②
```

・ROUND関数

```
=ROUND(数値,桁数)
        ①   ②
```

・ROUNDUP関数

```
=ROUNDUP(数値,桁数)
          ①   ②
```

これらの関数は、次の二つの引数を指定して使います。

| 引数 | 意味 |
|---|---|
| ① 数値 | 端数処理をしたい「値」を指定します |
| ② 桁数 | 端数処理をする「桁数」を指定します |

桁数は、次のように指定をします。

| 桁数 | 意味 | 例 |
|---|---|---|
| 2 | 小数第2位まで表示 | 3333.333 → 3333.33 |
| 1 | 小数第1位まで表示 | 3333.333 → 3333.3 |
| 0 | 整数にする | 3333.333 → 3333 |
| -1 | 10の位まで表示 | 3333.333 → 3330 |
| -2 | 100の位まで表示 | 3333.3333 → 3300 |

97ページの画面イメージでは、次のような数式が入力されています。

| セル | 数式 | 元数値 | 端数処理後 |
|---|---|---|---|
| ①B3セル | =ROUNDDOWN(A3, 1) | 3333.333 | 3,333.30 |
| ②C3セル | =ROUND(A3, 1) | 3333.333 | 3,333.30 |
| ③D3セル | =ROUNDUP(A3, 1) | 3333.333 | 3,333.40 |
| ④E3セル | =ROUNDDOWN(A3, 0) | 3333.333 | 3,333.00 |
| ⑤F3セル | =ROUND(A3, 0) | 3333.333 | 3,333.00 |
| ⑥G3セル | =ROUNDUP(A3, 0) | 3333.333 | 3,334.00 |
| ⑦H3セル | =ROUNDDOWN(A3, -1) | 3333.333 | 3,330.00 |
| ⑧I3セル | =ROUND(A3, -1) | 3333.333 | 3,330.00 |
| ⑨J3セル | =ROUNDUP(A3, -1) | 3333.333 | 3,340.00 |

## → 表示形式での端数処理との違い

端数処理をする方法は、ROUND関数などの関数を使う方法と、86ページで紹介した表示形式を使う方法の二つに大別できます。この二つの方法は、次のように使い分けましょう。

ROUND関数など関数を使って端数処理をする場合、**セルの値は端数処理後の数値になります**。そのため、そのセルを数式で参照すると、端数処理**後**の値が計算に使われます。

一方で、表示形式で端数処理をした場合には、**セルの値は端数処理がされない状態のままになります**。そのため、そのセルを数式で参照すると、端数処理**前**の値が計算に使われます。

ですから、**端数処理後の数値を後続の計算で使う場合には関数を使い**、そうでない場合には表示形式を使いましょう。

それでは、実際の例を見てみましょう。次の図で、B2～B4セルは何もしていませんが、C2～C4セルはROUND関数でB2～B4セルの値を四捨五入、**D2～D4セルはB2～B4セルの値を転記後「カンマ区切りで整数表示」の表示形式を設定**しています。そして、B5、C5、D5セルではSUM関数を使って各列の数値を合計しています。

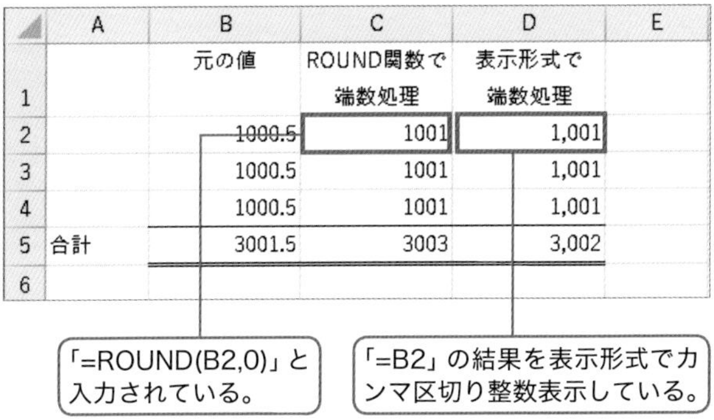

| | A | B | C | D | E |
|---|---|---|---|---|---|
| 1 | | 元の値 | ROUND関数で端数処理 | 表示形式で端数処理 | |
| 2 | | 1000.5 | 1001 | 1,001 | |
| 3 | | 1000.5 | 1001 | 1,001 | |
| 4 | | 1000.5 | 1001 | 1,001 | |
| 5 | 合計 | 3001.5 | 3003 | 3,002 | |
| 6 | | | | | |



ここで、5行目のSUM関数の計算結果を見てみましょう。

B列、C列は足し算の結果が合っている一方で、D列は、**見かけ上**足し算が合っていないように見えてしまいます。これは、D列の計算に**表示形式適用前の数値が使われる**ことが原因です。

D2～D4セルには、B2～B4セルの値を転記しているので「1000.5」が入力されています。そして、この値が計算に使われた結果、D5セルには「1000.5 + 1000.5 + 1000.5 = 3001.5」を整数で四捨五入した「3,002」と表示されるのです。

## 関数を使って端数処理をすべき場面

関数を使って端数処理をすべき場面としては、次のような例があります。

### 社内ルールや法令で端数処理をすべきタイミングが指定されている場合

次のように、端数処理をするタイミングが指定されている場合には、関数を使って端数処理をしましょう。

- 請求書作成時に売上明細ごとに税込金額の端数を切り捨て
- 税額計算時に100円未満の端数を切り捨て

### エクセルで作成したデータを、他システムで使う場合

他システムへの入力時には、通常、端数処理後の結果を使います。そのため、エクセルで、他システムに入力するためのデータを作る場合には、関数で端数処理をしておきましょう。たとえば、Chapter 4で解説する「仕訳インポート用のデータ」を数式で作成する場合には、関数で端数処理をしましょう。

## 端数処理と按分計算のコツ

### 按分後の合計金額を元金額に合わせる

経費の按分計算で端数処理をすると、按分後の金額合計が元々の金額に一致しない場合があります。

| | A | B | C | D |
|---|---|---|---|---|
| 1 | 支払金額 | 1,000,000 | | |
| 2 | | | | |
| 3 | | | (A) | |
| 4 | | 按分基準 | 按分額 | |
| 5 | 麻布店 | 11 | 323,529 | |
| 6 | 六本木店 | 9 | 264,706 | |
| 7 | 目黒店 | 7 | 205,882 | |
| 8 | 渋谷店 | 7 | 205,882 | |
| 9 | | 34 | 999,999 | |
| 10 | | | | |
| 11 | | | | |

C5セルに「=ROUND($B$1/$B$9*B5,0)」と入力してコピーし、C6～C8セルに貼り付ける。

上の図では、C5セルに「=ROUND($B$1/$B$9*B5,0)」という数式が入っており、C6～C8セルにはその数式をコピー・貼り付けしてあります。そして、C9セルでは、「=SUM(C5:C8)」という数式でその端数処理後の金額の合計を計算しています。

ところが、C9セルの金額（999,999円）は、元々の支払金額（1,000,000円）に比べて1円足りません。

## 同じ列に違う数式は入れない

そこで、端数をうまく調整して、合計金額を元の支払金額に一致させましょう。

ここで、差額を調整するときに、按分する数式の一部だけを変更してはいけません。たとえば、C5セルの数式「だけ」を、「=ROUND($B$1/$B$9*B5,0)**+1**」に修正すれば、計算結果は一致します。ただ、この方法だと、B1セルの支払金額を変えたときに、計算結果がおかしくなります。

| | A | B | C | D | E | F | G |
|---|---|---|---|---|---|---|---|
| 1 | 支払金額 | 1,000,000 | | | | | |
| 2 | | | | | | | |
| 3 | | | (A) | | | | |
| 4 | | 按分基準 | 按分額 | | | | |
| 5 | 麻布店 | 11 | 323,530 | | | | |
| 6 | 六本木店 | 9 | 264,706 | | | | |
| 7 | 目黒店 | 7 | 205,882 | | | | |
| 8 | 渋谷店 | 7 | 205,882 | | | | |
| 9 | | 34 | 1,000,000 | | | | |
| 10 | | | | | | | |
| 11 | | | | | | | |
| 12 | | | | | | | |

C5セルの数式だけを「=ROUND($B$1/$B$9*B5,0)+1」に修正。

▼

| | A | B | C | D | E | F | G |
|---|---|---|---|---|---|---|---|
| 1 | 支払金額 | 950,000 | | | | | |
| 2 | | | | | | | |
| 3 | | | (A) | | | | |
| 4 | | 按分基準 | 按分額 | | | | |
| 5 | 麻布店 | 11 | 307,354 | | | | |
| 6 | 六本木店 | 9 | 251,471 | | | | |
| 7 | 目黒店 | 7 | 195,588 | | | | |
| 8 | 渋谷店 | 7 | 195,588 | | | | |
| 9 | | 34 | 950,001 | | | | |
| 10 | | | | | | | |
| 11 | | | | | | | |
| 12 | | | | | | | |
| 13 | | | | | | | |

C5セルの数式を変更した状態でB1セルの数値を変更すると、端数が合わなくなる。

## 調整用に新たな列を付け加える

このような時は、差額を補正するために新しい列を付け加えましょう。

一番簡単な方法は、常に特定の部署で差額を調整をする方法です。たとえば、常に麻布店で調整をすると決めてしまえば、次のように表を簡単に作ることができます。

D5セルには「=B1-C9」、D9セルには「=SUM(D5:D8)」と入力しています。これで、支払金額と按分額合計の差額を調整することができます。あとは、E5セルに「=C5+D5」と入力して、その数式をE6～E9セルにコピー・貼り付けすれば、処理完了です。

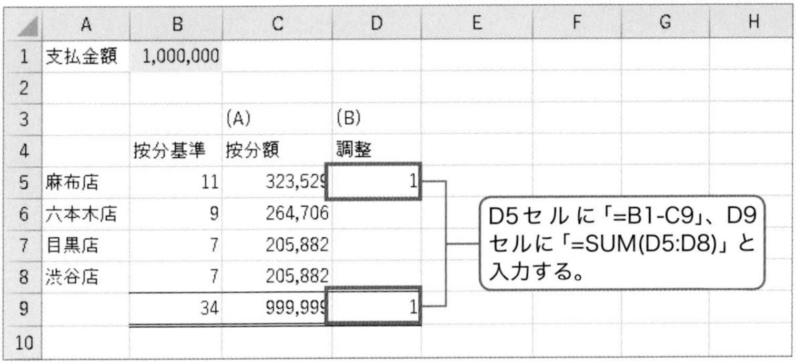

| | A | B | C | D | E | F | G | H |
|---|---|---|---|---|---|---|---|---|
| 1 | 支払金額 | 1,000,000 | | | | | | |
| 2 | | | | | | | | |
| 3 | | | (A) | (B) | | | | |
| 4 | | 按分基準 | 按分額 | 調整 | | | | |
| 5 | 麻布店 | 11 | 323,529 | 1 | | | | |
| 6 | 六本木店 | 9 | 264,706 | | | | | |
| 7 | 目黒店 | 7 | 205,882 | | | | | |
| 8 | 渋谷店 | 7 | 205,882 | | | | | |
| 9 | | 34 | 999,999 | 1 | | | | |
| 10 | | | | | | | | |



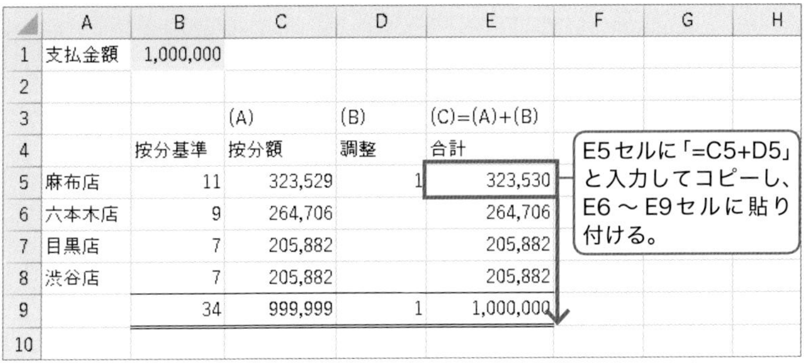

| | A | B | C | D | E | F | G | H |
|---|---|---|---|---|---|---|---|---|
| 1 | 支払金額 | 1,000,000 | | | | | | |
| 2 | | | | | | | | |
| 3 | | | (A) | (B) | (C)=(A)+(B) | | | |
| 4 | | 按分基準 | 按分額 | 調整 | 合計 | | | |
| 5 | 麻布店 | 11 | 323,529 | 1 | 323,530 | | | |
| 6 | 六本木店 | 9 | 264,706 | | 264,706 | | | |
| 7 | 目黒店 | 7 | 205,882 | | 205,882 | | | |
| 8 | 渋谷店 | 7 | 205,882 | | 205,882 | | | |
| 9 | | 34 | 999,999 | 1 | 1,000,000 | | | |
| 10 | | | | | | | | |

Chapter 3

# 関数でデータの処理を自動化する

# 3-1
# 関数で「集計」と「転記」を自動化する

## → VLOOKUP関数とSUMIFS関数を使って業務を効率化する

経理業務でエクセルを使う目的の大半は、**元データを集計・加工して目的のデータを作ること**です。このときポイントになるのがVLOOKUP関数、SUMIFS関数です。**この二つの関数をうまく使うことが、経理業務を効率的に行う最大のコツ**です。

この二つの関数は、以下のような用途で使います。

### VLOOKUP関数：ある情報に対応したデータを別の箇所に転記する

VLOOKUP関数は次のような用途で使います。

- 指定した「従業員コード」に対応する「従業員名」を表示する
- 指定した「勘定科目」に対応する「税区分」を表示する
- 「PCA会計の勘定科目」に対応する「弥生会計の勘定科目」を表示する
- 元々の表の「特定の列」だけを抽出する

VLOOKUP関数をうまく使うと、**同じ内容を、別の場所に2回入力しないで済むようになります**。

### SUMIFS関数：元データを指定した切り口で集計する

SUMIFS関数は次のような用途で使います。

- 売上明細について「取引先別」に「売上高を集計」する
- 給与明細について「部門別」に「総支給額を集計」する
- 経費明細について「勘定科目別」に「支払額を集計」する

SUMIFS関数をうまく使うと、元データを、指定した切り口で自動的に集計できるようになります。

## → エクセルファイルのよくある作り方

エクセルで作業効率を上げるには、様々な関数・機能を使って元データに必要なデータを付け足した後にVLOOKUP関数・SUMIFS関数で目的の表を作成することが王道パターンです。多くの場合、シート構成は、次のどちらかの形になります。

### 1. 元データの右に直接列を付加する

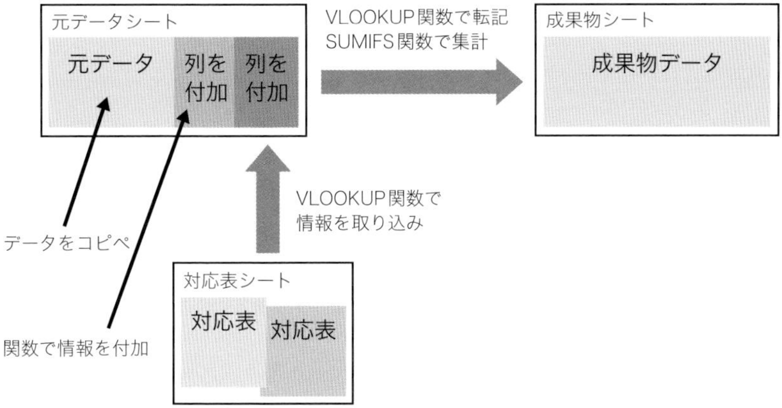


### 2. 元データの一部を別シートに転記し、その横に必要な列を付加する

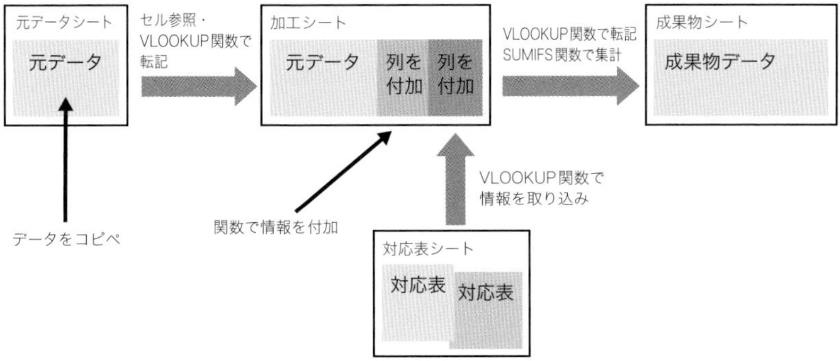

どちらも、元データにVLOOKUP関数などの関数で使う情報（列）を足して、最後にVLOOKUP関数・SUMIFS関数で転記・集計をして成果物を作る、という流れは同じです。一方で、後者は、元データを別シートに加工・転記している点が異なります。この二つのパターンは次のように使い分けましょう。

前者は、元データシートに直接必要な情報を付加しています。ですから、**元データを入力している途中で付加された列の情報を見たい場合に便利**です。本書では、Chapter 4、5の仕訳帳・出納帳の入力時に使っています。

一方で、後者は、**元データがそのままの形では使いにくいので、いったん表を整形する必要がある場合や、外部システムで準備した元データをエクセルシートに貼り付けて運用する場合に便利**です。本書では、Chapter 6の分析資料作成時に使っています。

## → 元データの表の形が作業効率を左右する

VLOOKUP関数、SUMIFS関数をうまく使うためには、**元データの形が非常に重要です**。元データの作り方が悪いと、**どんなにがんばっても作業効率は上がりません**。そこで、次のことを意識して元データを作成しましょう。

### 1行に1データの表を作る

最終目的が、次のような縦・横に金額を集計した集計表を作ることだとしても、**いきなり、この集計表を作ろうとしてはいけません**。

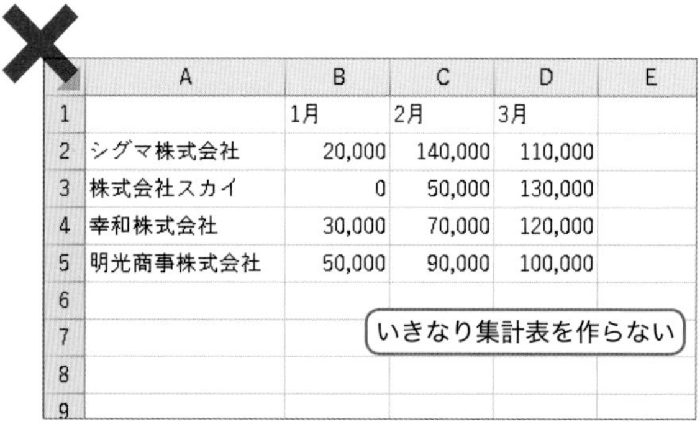


| | A | B | C | D | E |
|---|---|---|---|---|---|
| 1 | | 1月 | 2月 | 3月 | |
| 2 | シグマ株式会社 | 20,000 | 140,000 | 110,000 | |
| 3 | 株式会社スカイ | 0 | 50,000 | 130,000 | |
| 4 | 幸和株式会社 | 30,000 | 70,000 | 120,000 | |
| 5 | 明光商事株式会社 | 50,000 | 90,000 | 100,000 | |
| 6 | | | | | |
| 7 | | | | | |
| 8 | | | | | |
| 9 | | | | | |

集計表は「元データ」としては使いにくく、この表を加工して別のデータを作ろうとすると莫大な手間がかかります。まずは、1行に1データの表を作るようにし

ましょう。**元データさえしっかりしていれば、目的の集計表は一瞬で作れます。**

○

| | A | B | C | D |
|---|---|---|---|---|
| 1 | 月 | 取引先名 | 売上金額 | |
| 2 | 1月 | 明光商事株式会社 | 10,000 | |
| 3 | 1月 | シグマ株式会社 | 20,000 | |
| 4 | 1月 | 幸和株式会社 | 30,000 | |
| 5 | 1月 | 明光商事株式会社 | 40,000 | |
| 6 | 2月 | 株式会社スカイ | 50,000 | |
| 7 | 2月 | シグマ株式会社 | 60,000 | |
| 8 | 2月 | 幸和株式会社 | 70,000 | |
| 9 | 2月 | シグマ株式会社 | 80,000 | |
| 10 | 2月 | 明光商事株式会社 | 90,000 | |
| 11 | 3月 | 明光商事株式会社 | 100,000 | |
| 12 | 3月 | シグマ株式会社 | 110,000 | |
| 13 | 3月 | 幸和株式会社 | 120,000 | |
| 14 | 3月 | 株式会社スカイ | 130,000 | |
| 15 | | | | |
| 16 | | | | |
| 17 | | | | |
| 18 | | | | |

1行に1データの表を作る

## 同じ内容のデータを複数の表に分割しない

同じ内容のデータが複数の表やシートに分かれていると、集計にとても手間がかかります。同じ内容のデータは、一つの表にまとめるようにしてください。

たとえば、売上明細を入力するときに、月ごとにシートを分けると1年間を通じた分析がしにくくなります。ですから、売上明細は、月ごとに分けず、すべてのデータを一つの表に入力するようにしましょう。

×

| | A | B | C |
|---|---|---|---|
| 1 | 月 | 取引先名 | 売上金額 |
| 2 | 2020/1/20 | 明光商事株式会社 | 10,000 |
| 3 | 2020/1/20 | シグマ株式会社 | 20,000 |
| 4 | 2020/1/31 | 幸和株式会社 | 30,000 |
| 5 | 2020/1/31 | 明光商事株式会社 | 40,000 |
| 6 | | | |
| 7 | | | |
| 8 | | | |
| 9 | | | |
| 10 | | | |
| 11 | | | |

| | A | B | C |
|---|---|---|---|
| 1 | 月 | 取引先名 | 売上金額 |
| 2 | 2020/2/10 | 株式会社スカイ | 50,000 |
| 3 | 2020/2/20 | シグマ株式会社 | 60,000 |
| 4 | 2020/2/20 | 幸和株式会社 | 70,000 |
| 5 | 2020/2/29 | シグマ株式会社 | 80,000 |
| 6 | 2020/2/29 | 明光商事株式会社 | 90,000 |
| 7 | | | |
| 8 | | | |
| 11 | | | |

| | A | B | C |
|---|---|---|---|
| 1 | 月 | 取引先名 | 売上金額 |
| 2 | 2020/3/20 | 明光商事株式会社 | 100,000 |
| 3 | 2020/3/20 | シグマ株式会社 | 110,000 |
| 4 | 2020/3/31 | 幸和株式会社 | 120,000 |
| 5 | 2020/3/31 | 株式会社スカイ | 130,000 |
| 6 | | | |
| 7 | | | |
| 8 | | | |
| 9 | | | |
| 10 | | | |
| 11 | | | |

複数の表にデータを分けない

○

| 月 | 取引先名 | 売上金額 |
|---|---|---|
| 1月 | 明光商事株式会社 | 10,000 |
| 1月 | シグマ株式会社 | 20,000 |
| 1月 | 幸和株式会社 | 30,000 |
| 1月 | 明光商事株式会社 | 40,000 |
| 2月 | 株式会社スカイ | 50,000 |
| 2月 | シグマ株式会社 | 60,000 |
| 2月 | 幸和株式会社 | 70,000 |
| 2月 | シグマ株式会社 | 80,000 |
| 2月 | 明光商事株式会社 | 90,000 |
| 3月 | 明光商事株式会社 | 100,000 |
| 3月 | シグマ株式会社 | 110,000 |
| 3月 | 幸和株式会社 | 120,000 |
| 3月 | 株式会社スカイ | 130,000 |

表は月ごとに分けず、すべてのデータを一つの表に入力する

### できるだけ細かいデータを準備する

エクセルの機能を使うと、自動で集計することはできますが、**自動でデータを分解することはできません**。エクセルで処理を自動化するためには、**目的の表よりも、区分が細かいデータを準備しましょう**。

たとえば、売上高が月次で集計されている表から、日次売上高の集計表を計算することはできません。日次売上高を自動集計したいのであれば、1件1件の売上データ（売上明細）など、日次単位かそれよりも細かいデータを準備してください。

×

| 月 | 売上金額 |
|---|---|
| 1月 | 100,000 |
| 2月 | 350,000 |
| 3月 | 460,000 |

月次の集計表からは日次の集計表は作れない

| | A | B | C | D |
|---|---|---|---|---|
| 1 | 日付 | 売上金額 | | |
| 2 | 2020/1/20 | 30,000 | | |
| 3 | 2020/1/31 | 70,000 | | |
| 4 | 2020/2/10 | 50,000 | | |
| 5 | 2020/2/20 | 130,000 | | |
| 6 | 2020/2/29 | 170,000 | | |
| 7 | 2020/3/20 | 210,000 | | |
| 8 | 2020/3/31 | 250,000 | | |
| 9 | | | | |

日次の集計表を作りたいときは、それよりも細かい元データを準備する

## 取引データと一覧表データを分ける

取引ごとに変化するデータ（取引データ、トランザクションデータ）と、取引ごとに変化しないデータ（一覧表データ、マスタデータ）は別々の表として作成しましょう。

### 取引データの例

- 売上明細
- 仕訳データ
- 給与データ
- 経費明細

### 一覧表データの例

- 取引先一覧
- 商品一覧
- 従業員一覧
- 勘定科目一覧

表の分割の仕方がよくわからないときには、あなたが**普段使っている業務システムを参考にするといいでしょう**。業務システムでは、取引データを入力する画面と、一覧表データを入力する画面が分かれています。エクセルの表を作るときにも、その入力画面ごとに一つの表を作ると、使いやすい表になることが多いです。

この章の冒頭で書いた「元データ用シート」「対応表シート」と、今説明した「取引データ」「一覧表データ」の関係を考えると**「取引データ」を「元データ用シート」として使い、「一覧表データ」を「対応表シート」として使うケースが非常に多い**ということも覚えておいてください。

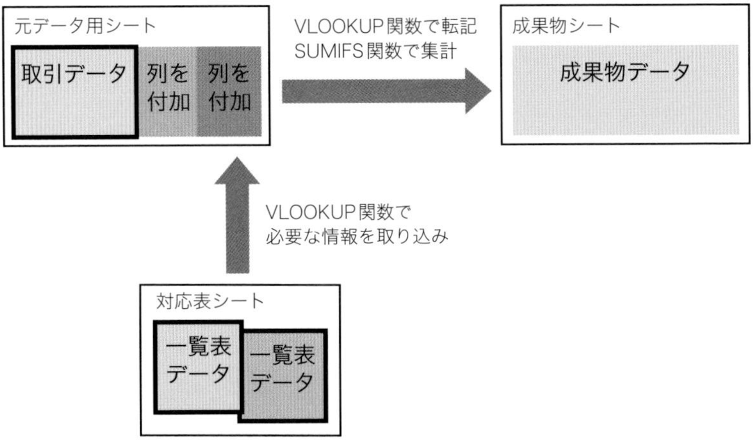

# 3-2 VLOOKUP関数で表から値を探す

## → VLOOKUP関数とは何か？

VLOOKUP関数は、次のような働きをする関数です。

- ① **指定した値を**
- ② **指定した表の一番左の列から探して**
- ③ **指定した列の値を抽出する**

たとえば、次のようにD～E列に取引先の一覧表があり､A2セルに取引先コードが入力されているとします。ここで、VLOOKUP関数を使うと、「A2セルの取引先コード」を、D～E列の表の一番左の列から探して、対応する「取引先名」をB2セルに表示させることができます。

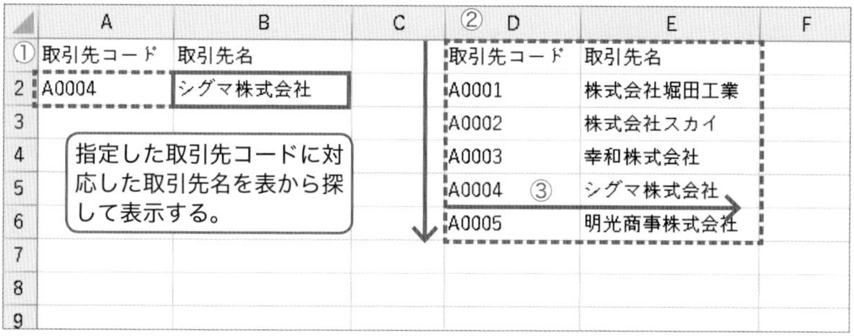


要するに、VLOOKUP関数は「①どの値を」「②どの表から探して」「③どの列を表示するか」の三つの情報を指定すると、対応する値を抽出してくれる関数ということです。

VLOOKUP関数を使ううえでは、この三つの引数が非常に重要ですので、常に意識するようにしましょう。この章では、わかりやすいように、**これらの値が出てくるときには、先頭に「①」「②」「③」と付けて表記をしていきます。**

## → VLOOKUP関数はどのように動いているのか

VLOOKUP関数を理解するためには、VLOOKUP関数がどのような動きをしているかを理解するのが一番の近道です。そこで、VLOOKUP関数がどのようにして、目的のデータを表示しているか、そのステップを追ってみましょう。

まず、VLOOKUP関数を使うためには、「①どの値を」「②どの表から探して」「③どの列を表示するか」の情報が必要になります。この三つの情報がどう使われているかを見ていきましょう。

### ステップ1：目的の値を縦方向に探す

指定した値（「①A0004」）を「②取引先一覧表」の一番左の列から探します。

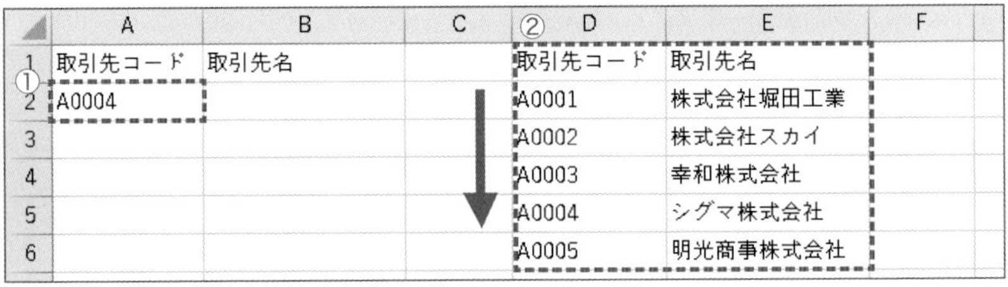

| | A | B | C | ② D | E | F |
|---|---|---|---|---|---|---|
| 1 | 取引先コード | 取引先名 | | 取引先コード | 取引先名 | |
| ① 2 | A0004 | | | A0001 | 株式会社堀田工業 | |
| 3 | | | | A0002 | 株式会社スカイ | |
| 4 | | | | A0003 | 幸和株式会社 | |
| 5 | | | | A0004 | シグマ株式会社 | |
| 6 | | | | A0005 | 明光商事株式会社 | |

### ステップ2：指定した列の値を表示する

ステップ1で探した行の「③2列目」（「取引先名」）の値を取得・表示します。

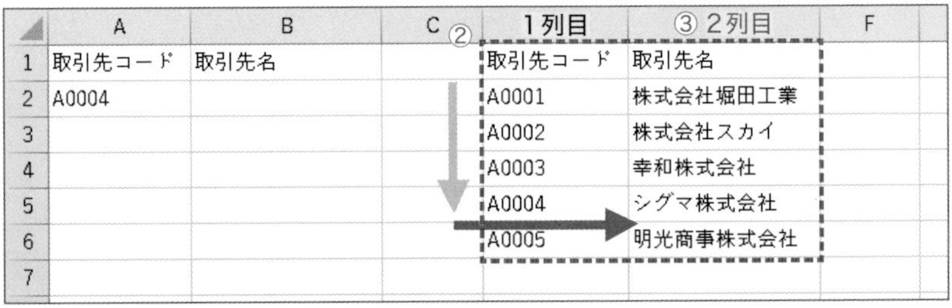

| | A | B | C ② | 1列目 | ③ 2列目 | F |
|---|---|---|---|---|---|---|
| 1 | 取引先コード | 取引先名 | | 取引先コード | 取引先名 | |
| 2 | A0004 | | | A0001 | 株式会社堀田工業 | |
| 3 | | | | A0002 | 株式会社スカイ | |
| 4 | | | | A0003 | 幸和株式会社 | |
| 5 | | | | A0004 | シグマ株式会社 | |
| 6 | | | | A0005 | 明光商事株式会社 | |
| 7 | | | | | | |

上から下に「目的の値」を探して、左から右に「指定の列」を探すような動きをして、目的の値を探しています。VLOOKUP関数は、このような**Lの字に沿って目的の値を探したい**ときに使います。

## → VLOOKUP関数の書式

VLOOKUP関数の書式は、次のとおりです。

```
=VLOOKUP(検索値,範囲,列番号,検索の型)
          ①     ②    ③      ④
```

| 引数 | 意味 |
|---|---|
| ① 検索値 | 「調べたい値」を指定します |
| ② 範囲 | 「調べたい値」と「目的の値」の対応表を指定します |
| ③ 列番号 | 「② 範囲」で指定した範囲のうち、左から「何列目の情報」を表示させたいかを指定します |
| ④ 検索の型 | FALSEを指定すると完全一致検索、TRUEを指定すると近似値検索を行います |

引数が四つもありますが、最初の三つの引数は、先ほど出てきた「①指定した値」「②指定した表」「③指定した列」の三つの要素に対応しています。ですから、**この三つの要素をエクセルの言葉に翻訳できれば、最初の三つの引数を入力することができます**。

| | A | B | C | D | E ③2列目 | F |
|---|---|---|---|---|---|---|
| ① | 取引先コード | 取引先名 | ② | 取引先コード | 取引先名 | |
| 2 | A0004 | | | A0001 | 株式会社堀田工業 | |
| 3 | | | | A0002 | 株式会社スカイ | |
| 4 | | | | A0003 | 幸和株式会社 | |
| 5 | | | | A0004 | シグマ株式会社 | |
| 6 | | | | A0005 | 明光商事株式会社 | |
| 7 | | | | | | |
| 8 | | | | | | |

上の表であれば、B2セルには以下のような数式を入力します。

```
=VLOOKUP(A2,$D:$E,2,FALSE)
         ①   ②    ③
```

VLOOKUP関数を使うときには、**二つ目の引数は、常に絶対参照**で指定します。また、**四つ目の引数は、常にFALSEを指定しましょう**。TRUEを使うのは、非常に例外的な場面だけで、通常は使いません（138ページ参照）。

結局、**「①指定した値」を「②指定した表」の一番左の列から探して「③指定した列番号の値を表示する」ということを意識していれば、VLOOKUP関数の引数も入力できるようになります。**

## VLOOKUP関数を使うべき場面

VLOOKUP関数を使うべき場面をいくつかの切り口から見てみます。

### ある情報に対応する情報を「検索」したい場合

- 「①商品コード」を「②商品一覧表」から**検索**し、対応する「③商品名」を取得する
- 「①勘定科目コード」を「②勘定科目一覧表」から**検索**し、対応する「③税区分コード」を取得する
- 「①勘定科目」を「②試算表」から**検索**し、対応する「③期末残高」を取得する

### ある情報を別の情報に「変換」したい場合

- 「客先システムの勘定科目コード」を「自社の勘定科目コード」に**変換**する
- 「様々な表記がされているデータ」を「表記を統一したデータ」に**変換**する

### ある表に、別の表を「結合」したい場合

- 「売上明細」に「取引先一覧表」の情報を**結合**する

「変換」の項目で挙げた例は、一見、VLOOKUP関数が使えない形に見えるかもしれませんが、あらかじめ対応表を作成しておけば、VLOOKUP関数が使える形になります。たとえば、一つ目の例は次のように表現できます。

- 「①客先システムの勘定科目コード」を「②客先システムの勘定科目コードと、自社の勘定科目コードの対応表」から**検索**し、対応する「③自社の勘定科目コード」を取得する

自分がしたい操作を「言葉」にしたときに、「検索」「変換」「結合」というキーワードが含まれたら、VLOOKUP関数が使えないか考えてみてください。

# 3-3 商品コードに対応する商品名と単価を転記する

## ➔ 商品一覧から商品名を転記する

請求書に商品コードを入力すると、商品一覧表から商品名を検索して自動で挿入される仕組みを作ろうと思います。

| | A | B | C |
|---|---|---|---|
| 1 | | | |
| 2 | 商品コード | 商品名 | |
| 3 | A003 | | |
| 4 | C001 | | |
| 5 | C002 | | |
| 6 | | | |
| 7 | | | |
| 8 | | | |
| 9 | | | |

「請求書」シート

| | A | B | C | D |
|---|---|---|---|---|
| 1 | 商品コード | 商品名 | 単価 | |
| 2 | A001 | 緑茶 | 50 | |
| 3 | A003 | ウーロン茶 | 51 | |
| 4 | B002 | コーヒー | 48 | |
| 5 | C001 | コーラ | 46 | |
| 6 | C002 | サイダー | 44 | |
| 7 | | | | |
| 8 | | | | |
| 9 | | | | |

「商品一覧」シート

まず、VLOOKUP関数を使って「請求書」シートのB3セルに、商品コード「A003」に対応する商品名を表示させます。VLOOKUP関数に必要な「①どの値を」「②どの表から探して」「③どの列を表示するか」の三つの情報を整理すると次のようになります。

- 「①A003」(商品コード) を
- 「②商品一覧表」の一番左の列から探して
- 対応する「③商品名列」を表示する

この内容をエクセルの言葉に直して、数式化すると次のようになります。

```
=VLOOKUP(A3, 商品一覧!$A:$C, 2, FALSE)
```

③
1列目　2列目　3列目

「請求書」シート

| | A | B | C |
|---|---|---|---|
| 1 | | | |
| 2 | ①商品コード | 商品名 | |
| 3 | A003 | ウーロン茶 | |
| 4 | C001 | | |
| 5 | C002 | | |
| 6 | | | |
| 7 | | | |

「商品一覧」シート

| | ② A | B | C |
|---|---|---|---|
| 1 | 商品コード | 商品名 | 単価 |
| 2 | A001 | 緑茶 | 50 |
| 3 | A003 | ウーロン茶 | 51 |
| 4 | B002 | コーヒー | 48 |
| 5 | C001 | コーラ | 46 |
| 6 | C002 | サイダー | 44 |
| 7 | | | |

「=VLOOKUP(A3,商品一覧!$A:$C,2,FALSE)」と入力する。

なお、**四つ目の引数は、原則としてFALSEを指定する**ことを再確認してください。

## → 単価も転記する

さらに、C列に「単価」欄を作り、C3セルに商品コード「A003」に対応する単価を表示させようと思います。

「請求書」シート

| | A | B | C |
|---|---|---|---|
| 1 | | | |
| 2 | 商品コード | 商品名 | 単価 |
| 3 | A003 | ウーロン茶 | |
| 4 | C001 | | |
| 5 | C002 | | |
| 6 | | | |

「商品一覧」シート

| | A | B | C | D |
|---|---|---|---|---|
| 1 | 商品コード | 商品名 | 単価 | |
| 2 | A001 | 緑茶 | 50 | |
| 3 | A003 | ウーロン茶 | 51 | |
| 4 | B002 | コーヒー | 48 | |
| 5 | C001 | コーラ | 46 | |
| 6 | C002 | サイダー | 44 | |

「①どの値を」「②どの表から探して」「③どの列を表示するか」を整理すると次のようになります。

- 「①A003」を
- 「②商品一覧表」の一番左の列から探して
- 対応する「③**単価列**」を表示する

先ほどと比べると、**③の部分だけが違っています**。当然、数式も、三つ目の引数だけが変わった形になります。

```
=VLOOKUP(A3,商品一覧!$A:$C,3,FALSE)
```

先ほどの数式と今回の数式は、下にコピー・貼り付けすることができます。B3 ～ C3セルを選択してコピー。4行目、5行目に貼り付けましょう。これで、商品コードに対応する商品名・単価を入力できました。

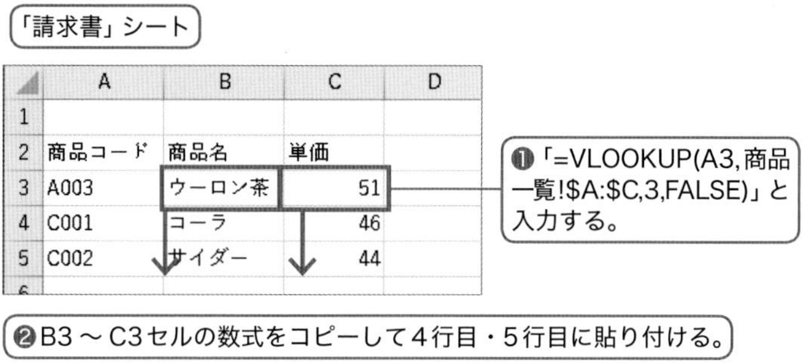


## → 複合参照を使って数式を横にコピーできるようにする

先ほどのように数式を作ると、**B3セルの数式をC列に貼り付けることはできません**。たとえば、C3セルには、本来は「=VLOOKUP(A3,商品一覧!$A:$C,3,FALSE)」という数式を入力したいところです。ところが、先ほどの**B3セルの数式を**コピーして、C3 ～ C5セルに貼り付けると、「=VLOOKUP(**B3**,商品一覧!$A:$C,**2**,FALSE)」という数式になってしまい、正しい計算結果が得られません。

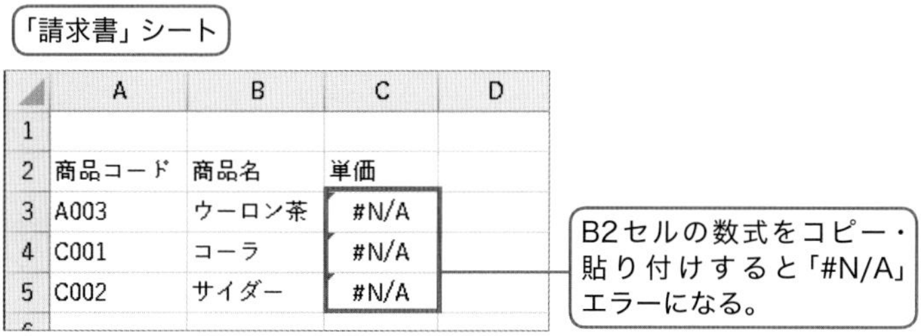


そこで、少し工夫をします。まず、B1セルに「2」、C1セルに「3」と入力します。これを、VLOOKUP関数で三つめの引数に指定する「③列番号」として使います。そして、B3セルの数式を次のように変更しましょう。

```
=VLOOKUP($A3,商品一覧!$A:$C,B$1,FALSE)
```

三つめの引数をB1セルを参照する形に変え、一つめと三つめの引数を複合参照を使う形にしているのがポイントです。こうしておくことで、B3セルの数式をコピーしてB3～C5セルに貼り付けることができるようになります。

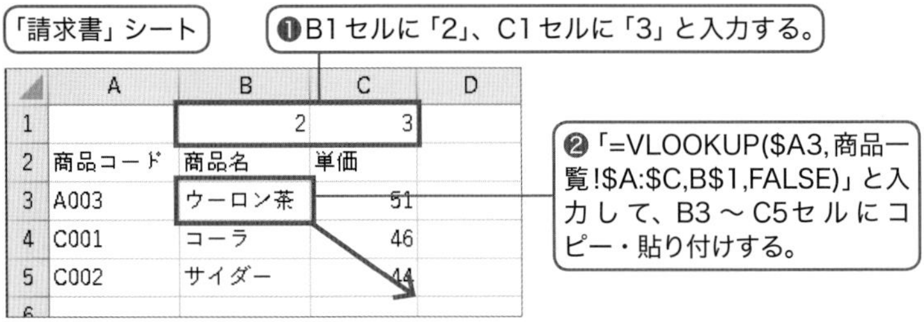


## 複合参照を付ける法則

一つ目、三つ目の引数の複合参照は、62ページで紹介した法則を使っています。数式を入れる表から見たときに、**A3セルは表の左端、B1セルは表の上端**に位置しています。ですから、**A3セルへの参照はAの前に$（=$A3)、B1セルへの参照は1の前に$（=B$1）**が付いています。

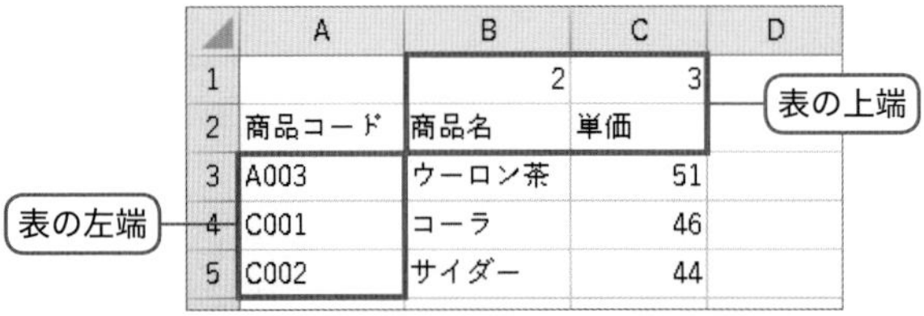


VLOOKUP関数を使う場合、ほとんどのケースで、次のように絶対参照を付けることになるので、覚えておきましょう。

| 引数 | 絶対参照の付け方 | 例 |
|---|---|---|
| ①検索値 | 横方向だけ絶対参照 | **$A**3 |
| ②範囲 | 絶対参照 | 商品一覧!**$A:$C**、商品一覧!**$A$2:$C$999** |
| ③列番号 | 縦方向だけ絶対参照 | **B$1** |

# 3-4 IFERROR関数で「#N/A」エラーを防ぐ

## → VLOOKUP関数で「#N/A」エラーを回避する

前ページで「請求書」シートB3セルに入力した数式をコピーして、B6～C6セルに貼り付けると「#N/A」と表示されます。これは、「Not Assigned」の略で、「検索値」が空欄か、**「検索値」に指定した値が「範囲」の一番左の列に存在していない**かどちらかの場合に表示されます。

下記の例では、A6セルが空欄なので、「#N/A」が表示されてしまうのです。このエラーを防ぐためには、IFERROR関数を使います。

「請求書」シート

| | A | B | C |
|---|---|---|---|
| 1 | | 2 | 3 |
| 2 | 商品コード | 商品名 | 単価 |
| 3 | A003 | ウーロン茶 | 51 |
| 4 | C001 | コーラ | 46 |
| 5 | C002 | サイダー | 44 |
| 6 | | #N/A | #N/A |
| 7 | | | |
| 8 | | | |

A6セルが空欄のため「#N/A」エラーになる

「商品一覧」シート

| | A | B | C | D |
|---|---|---|---|---|
| 1 | 商品コード | 商品名 | 単価 | |
| 2 | A001 | 緑茶 | 50 | |
| 3 | A003 | ウーロン茶 | 51 | |
| 4 | B002 | コーヒー | 48 | |
| 5 | C001 | コーラ | 46 | |
| 6 | C002 | サイダー | 44 | |
| 7 | | | | |
| 8 | | | | |

まず、「請求書」シートのB3セルの数式を次のように変えましょう。

```
=IFERROR(VLOOKUP($A3, 商品一覧!$A:$C, B$1, FALSE),"")
```

あとは、数式をコピーして、B3～C6セルに貼り付ければ、エラーが表示されなくなります。

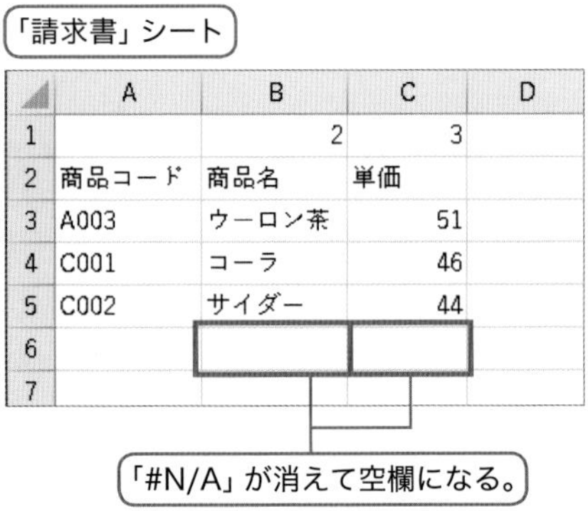


| | A | B | C | D |
|---|---|---|---|---|
| 1 | | 2 | 3 | |
| 2 | 商品コード | 商品名 | 単価 | |
| 3 | A003 | ウーロン茶 | 51 | |
| 4 | C001 | コーラ | 46 | |
| 5 | C002 | サイダー | 44 | |
| 6 | | | | |
| 7 | | | | |

## → IFERROR関数の書式

IFERROR関数の書式は、次のとおりです。

=IFERROR(値,エラーの場合の値)

値：①　エラーの場合の値：②

| 引数 | 意味 |
|---|---|
| ① 値 | 元々の値を指定します |
| ② エラーの場合の値 | 「① 値」がエラーになる場合に代わりに表示させる値を指定します |

IFERROR関数は、多くの場合「①値」に別の関数を入れて使います。今回の例では、「①値」の部分にVLOOKUP関数を入れて、次のような形で使います。

=**IFERROR(** VLOOKUP( ... ) **,エラーの場合の値)**

VLOOKUP( ... )：①　エラーの場合の値：②

こうすることで、VLOOKUP関数でエラーが発生した場合に「②エラーの場合の値」を表示させることができます。たとえば、次の数式を入力すると、VLOOKUP関数でエラーが発生した場合には、空欄を表示することができます（数式末尾の「""」は空欄を意味しています）。

=**IFERROR(** VLOOKUP($A3, 商品一覧!$A:$C, B$1, FALSE) **,"")**

## → IFERROR関数のよくある使い方

IFERROR関数の使い方でよく出てくるパターンは、次の二つです。

### ○ 1 エラーのときに「0」を表示する

```
=IFERROR(VLOOKUP( ... ), 0)
```

### ○ 2 エラーのときに「空欄」を表示する

```
=IFERROR(VLOOKUP( ... ), "")
```

エラー時に表示する値は、VLOOKUP関数で表示する内容とデータの種類（文字列・数値）を合わせておくと、後処理でのトラブルが減ります。ですから、通常は、VLOOKUP関数で表示する内容が数値のときは「0」、文字列のときは「""」を表示させるようにしましょう。

## → IFERROR関数は後から入力する

慣れないうちは、IFERROR関数を入力するときには、次の手順で入力することをおすすめします。

- 1.「①値」の部分を入力して、いったん数式を確定させる
- 2.その後に、外側を囲むように「=IFERROR(」と「,」以降の部分を入力

たとえば、今回の例であれば、最初にVLOOKUP関数部分を入力していったん数式を確定させます。そして、その後に最初の「IFERROR(」と、最後の「,"")」の部分を入力しましょう。

```
=VLOOKUP($A3, 商品一覧!$A:$C, B$1, FALSE)
↓
=IFERROR( VLOOKUP($A3, 商品一覧!$A:$C, B$1, FALSE) , "")
```

このように、少しずつ数式を確定させていくことで、数式をうまく入力できなかったときに、その原因を特定しやすくなります。

3-5
# 商品名に対応する単価と商品コードを表示する

## VLOOKUP関数の動きに注意して単価を転記する

3-3「商品一覧表から商品名と単価を転記する」（117ページ）では、商品コードから、それに対応する商品名などを表示させました。今度は、商品名から、それに対応する単価と商品コードを表示させる場面を考えてみます。

まず、D3セルに、商品名「ウーロン茶」に対応する単価を表示させてみましょう。

| | A | B | C | D | E |
|---|---|---|---|---|---|
| 1 | | | | | |
| 2 | 日付 | 商品名 | 数量 | 単価 | 商品コード |
| 3 | 4/1 | ウーロン茶 | 10 | | |
| 4 | 4/2 | コーラ | 15 | | |
| 5 | 4/3 | サイダー | 20 | | |
| 6 | | | | | |
| 7 | | | | | |
| 8 | | | | | |

「請求書」シート

| | A | B | C | D |
|---|---|---|---|---|
| 1 | 商品コード | 商品名 | 単価 | |
| 2 | A001 | 緑茶 | 50 | |
| 3 | A003 | ウーロン茶 | 51 | |
| 4 | B002 | コーヒー | 48 | |
| 5 | C001 | コーラ | 46 | |
| 6 | C002 | サイダー | 44 | |
| 7 | | | | |
| 8 | | | | |

「商品一覧」シート

まず、今までと同じように「①どの値を」「②どの表から探して」「③どの列を表示するか」を整理すると次のようになります。

- 「①ウーロン茶」を
- 「②商品一覧表」の**一番左の列から探して**
- 対応する「③単価列」を表示する

### 検索値が範囲の一番左の列にないと「#N/A」エラーが出る

実は、今回の例を今までと同じように、日本語を数式に変えていくと、「#N/A」エラーが出てしまいます。

「請求書」シート

| | A | B | C | D | E |
|---|---|---|---|---|---|
| 1 | | | | | |
| 2 | 日付 | ①商品名 | 数量 | 単価 | 商品コード |
| 3 | 4/1 | ウーロン茶 | 10 | #N/A | |
| 4 | 4/2 | コーラ | 15 | | |
| 5 | 4/3 | サイダー | 20 | | |
| 6 | | | | | |
| 7 | | | | | |
| 8 | | | | | |

「=VLOOKUP(B3,商品一覧!$A:$C,3,FALSE)」と入力するとエラーが出る。

「商品一覧」シート

1列目　2列目　3列目 ③

| ② | A | B | C | D |
|---|---|---|---|---|
| 1 | 商品コード | 商品名 | 単価 | |
| 2 | A001 | 緑茶 | 50 | |
| 3 | A003 | ウーロン茶 | 51 | |
| 4 | B002 | コーヒー | 48 | |
| 5 | C001 | コーラ | 46 | |
| 6 | C002 | サイダー | 44 | |
| 7 | | | | |
| 8 | | | | |

VLOOKUP関数は、検索値である「①ウーロン茶」を、「②範囲」で指定した「商品一覧!$A:$C」の**一番左の列から**探します。今回は、指定した「ウーロン茶」という値が、表の一番左の列に入っていないので、該当するデータを見つけられず「#N/A」エラーになってしまうのです。

「商品一覧」シート

| | A | B | C | D |
|---|---|---|---|---|
| 1 | 商品コード | 商品名 | 単価 | |
| 2 | A001 | 緑茶 | 50 | |
| 3 | A003 | ウーロン茶 | 51 | |
| 4 | B002 | コーヒー | 48 | |
| 5 | C001 | コーラ | 46 | |
| 6 | C002 | サイダー | 44 | |
| 7 | | | | |
| 8 | | | | |

「ウーロン茶」というデータが一番左の列に入力されていないので「#N/A」エラーになってしまう。

## 検索値が一番左の列に来るよう範囲を変える

そこで、「商品名」列が、範囲の一番左側に来るように、**二つ目の引数を「商品一覧!$B:$C」に変更します。「②範囲」の指定が変わることに伴い「③列番号」も変わる**ことに気を付けてください。

```
=VLOOKUP(B3,商品一覧!$B:$C,2,FALSE)
```

B3セルに数式を入力したら、コピーして下に貼り付けましょう。

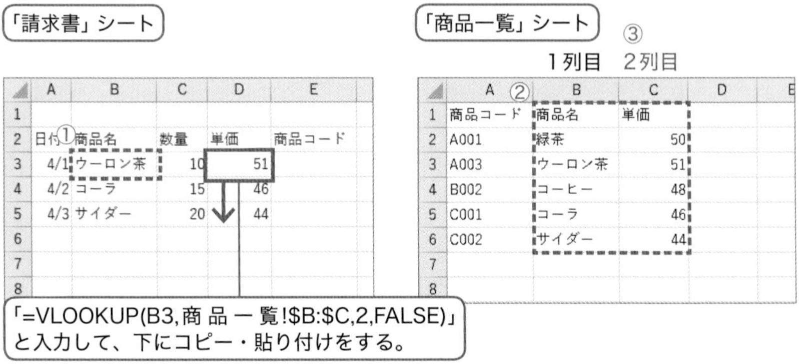


## → 検索した値より左側の値は取得できない

次に、「請求書」シートのE3セルに「商品名」に対応する「商品コード」を表示させたいのですが、今のままでは、VLOOKUP関数で「商品コード」を表示させることはできません。

というのは、**VLOOKUP関数では、検索した値の左側の値を表示させることができないからです**。商品一覧表を見ると、「商品名」の左に「商品コード」があるので、このままでは「商品コード」を表示させられません。そこで、商品一覧表を加工して、「商品名」の右側に「商品コード」が来るようにします。「商品一覧」シートのD2セルに「=A2」と入力。コピーして、下に貼り付けましょう。

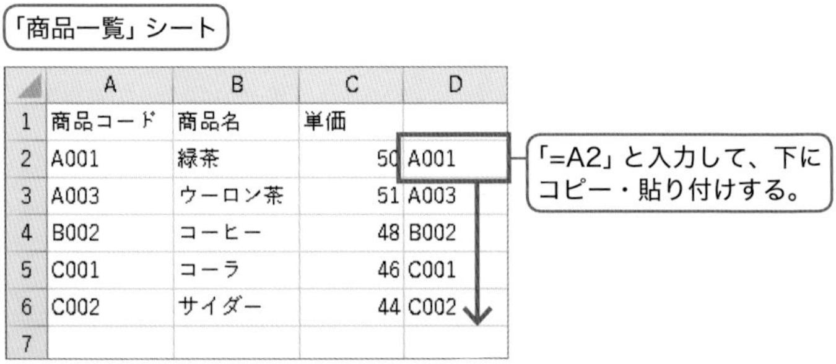


あとは、今までと同じです。「請求書」シートのE3セルに、VLOOKUP関数を入れましょう。「①ウーロン茶」を、「②商品一覧表」(**B列～D列**)の一番左の列から探して、対応する「③商品コード」を表示する、という内容を数式で表します。

```
=VLOOKUP(B3,商品一覧!$B:$D,3,FALSE)
```

E3セルに数式を入力したら、コピーして下に貼り付けましょう。これで数式の入力は完了です。

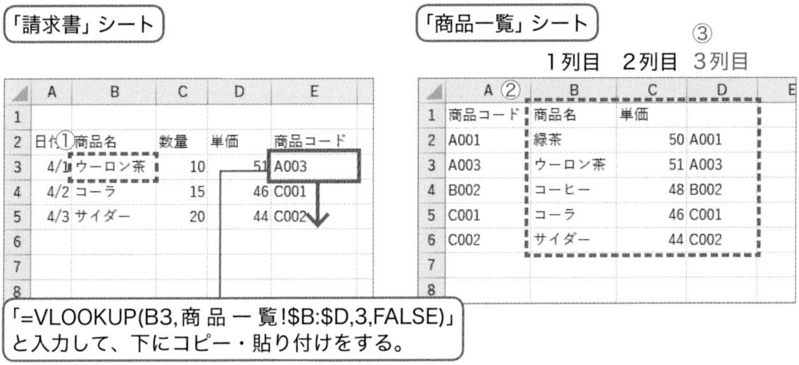

# 3-6
# 旧システムの勘定科目・補助科目を新システムのものに変換する

## → 変換表を作ってVLOOKUP関数で変換する

会計システムの移行時などコード体系が変わる場合には、旧システムの勘定科目・補助科目を、新システムの勘定科目・補助科目に変換する必要があります。

「入力」シート

A列、B列に対応する新勘定科目、新補助科目を入れる。

| | A | B | C | D | E | F |
|---|---|---|---|---|---|---|
| 1 | | | | | | |
| 2 | 旧勘定科目 | 旧補助科目 | | 新勘定科目 | 新補助科目 | |
| 3 | 売上高 | 卸売 | | | | |
| 4 | 普通預金 | みずほ銀行表参道支店 | | | | |
| 5 | 販売員給与 | | | | | |
| 6 | 通信交通費 | 通信費 | | | | |
| 7 | | | | | | |

このような変換をかけたいときには、次のように**変換前・変換後のデータの一覧表（変換表）を準備しましょう**。この表を使って、VLOOKUP関数で旧コードから新コードに変換をかけていきます。

「科目変換」シート

| | A | B | C | D | E | F |
|---|---|---|---|---|---|---|
| 1 | 旧勘定科目 | 旧補助科目 | 新勘定科目 | 新補助科目 | | |
| 2 | 普通預金 | みずほ銀行表参道支店 | 普通預金 | みずほ銀行/表参道 | | |
| 3 | 売上高 | 卸売 | 売上高 | 卸売 | | |
| 4 | 売上高 | 小売 | 売上高 | 小売 | | |
| 5 | 販売員給与 | | 給料手当 | | | |
| 6 | 広告宣伝費 | 販売促進費 | 販売促進費 | | | |
| 7 | 通信交通費 | 通信費 | 通信費 | | | |
| 8 | 通信交通費 | 交通費 | 旅費交通費 | | | |
| 9 | | | | | | |

旧コード

新コード

## 「範囲」の表に「旧勘定科目＋旧補助科目」列を付け足す

今までの例と違うのは、**旧勘定科目と旧補助科目の組み合わせ**に対応する値を表示させたいという点です。ただ、VLOOKUP関数では、「①検索値」に複数の値を指定して、「②範囲」の複数の列を検索させることはできません。

そこで、まず「②範囲」で指定する表を加工しましょう。B列とC列の間に列を挿入し、新しく作成した列（C列）のC1セルに「旧勘定科目＋補助科目」と入力します。そして、C2セルに「=A2&B2」と入力して、その数式を下に貼り付けましょう。

ポイントは以下の二つです。

- 検索したい旧勘定科目と旧補助科目を一つのセルにまとめる
- そのまとめたデータを**新勘定科目・新補助科目（D列・E列）より左に配置する**（今回の例ではC列に配置する）

既存の表の右側に「旧勘定科目＋旧補助科目」を作ってしまうと、VLOOKUP関数がうまく動きませんので、注意してください（126ページ参照）。

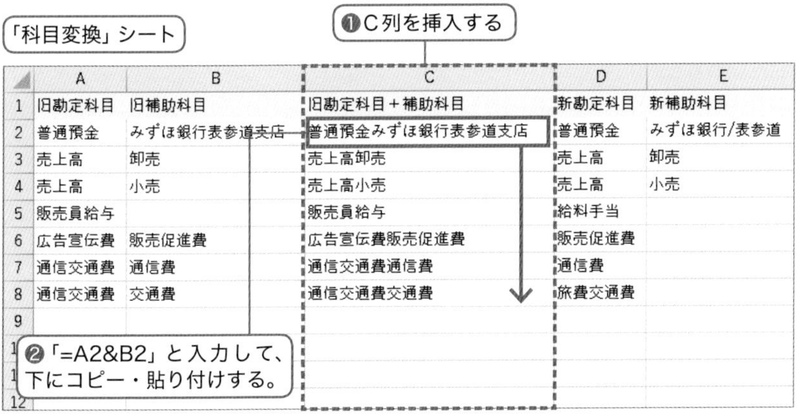


| | A | B | C | D | E |
|---|---|---|---|---|---|
| 1 | 旧勘定科目 | 旧補助科目 | 旧勘定科目＋補助科目 | 新勘定科目 | 新補助科目 |
| 2 | 普通預金 | みずほ銀行表参道支店 | 普通預金みずほ銀行表参道支店 | 普通預金 | みずほ銀行/表参道 |
| 3 | 売上高 | 卸売 | 売上高卸売 | 売上高 | 卸売 |
| 4 | 売上高 | 小売 | 売上高小売 | 売上高 | 小売 |
| 5 | 販売員給与 | | 販売員給与 | 給料手当 | |
| 6 | 広告宣伝費 | 販売促進費 | 広告宣伝費販売促進費 | 販売促進費 | |
| 7 | 通信交通費 | 通信費 | 通信交通費通信費 | 通信費 | |
| 8 | 通信交通費 | 交通費 | 通信交通費交通費 | 旅費交通費 | |
| 9 | | | | | |
| 12 | | | | | |

## 旧勘定科目と旧補助科目を結合して「検索値」にする

あとは、今までと同じように考えましょう。「①どの値を」「②どの表から探して」「③どの列を表示するか」を考えて、VLOOKUP関数を入力しましょう。

まずは、D3セルに入れる数式を考えます。

- 「①旧勘定科目＋旧補助科目」を
- 「②科目変換表」の**一番左の列から探して**
- 対応する「③新勘定科目列」を表示する

「入力」シート

| | A | B | C | D | E | F | G |
|---|---|---|---|---|---|---|---|
| 1 | | | | | | | |
| ① | 旧勘定科目 | 旧補助科目 | | 新勘定科目 | 新補助科目 | | |
| 3 | 売上高 | 卸売 | | 売上高 | | | |
| 4 | 普通預金 | みずほ銀行表参道支店 | | | | | |
| 5 | 販売員給与 | | | | | | |
| 6 | 通信交通費 | 通信費 | | | | | |
| 7 | | | | | | | |
| 8 | | | | | | | |

数式を入力する。

「科目変換」シート

③

| | A | B | ② C（1列目） | D（2列目） | E（3列目） |
|---|---|---|---|---|---|
| 1 | 旧勘定科目 | 旧補助科目 | 旧勘定科目＋補助科目 | 新勘定科目 | 新補助科目 |
| 2 | 普通預金 | みずほ銀行表参道支店 | 普通預金みずほ銀行表参道支店 | 普通預金 | みずほ銀行/表参道 |
| 3 | 売上高 | 卸売 | 売上高卸売 | 売上高 | 卸売 |
| 4 | 売上高 | 小売 | 売上高小売 | 売上高 | 小売 |
| 5 | 販売員給与 | | 販売員給与 | 給料手当 | |
| 6 | 広告宣伝費 | 販売促進費 | 広告宣伝費販売促進費 | 販売促進費 | |
| 7 | 通信交通費 | 通信費 | 通信交通費通信費 | 通信費 | |
| 8 | 通信交通費 | 交通費 | 通信交通費交通費 | 旅費交通費 | |
| 9 | | | | | |

「①検索値」には「A3&B3」と「旧勘定科目と旧補助科目」を結合した値を指定するのがポイントです。式は以下のようになります。

```
=VLOOKUP(A3&B3,科目変換!$C:$E,2,FALSE)
```

## → 新補助科目の表示用に列番号・複合参照を指定する

次に、新補助科目を表示します。先ほどのD3セルの数式は、そのままではE列にコピーすることはできないので、数式を少し修正します。考え方は、119ページで紹介した「複合参照を使って数式を横にコピーできるようにする」方法とまったく同じです。

まず、D1セルに「2」、E1セルに「3」と入力し、D3セルの数式を複合参照を使った数式に変更します。

```
=VLOOKUP($A3&$B3, 科目変換!$C:$E, D$1, FALSE)
```

一つ目の引数は$A3、$B3のように先頭に$、三つ目の引数は、D$1のように真ん中に$を付けましょう。あとは、この数式をコピーして、D3～E6セルに貼り付ければ、新勘定科目・新補助科目を表示できます。

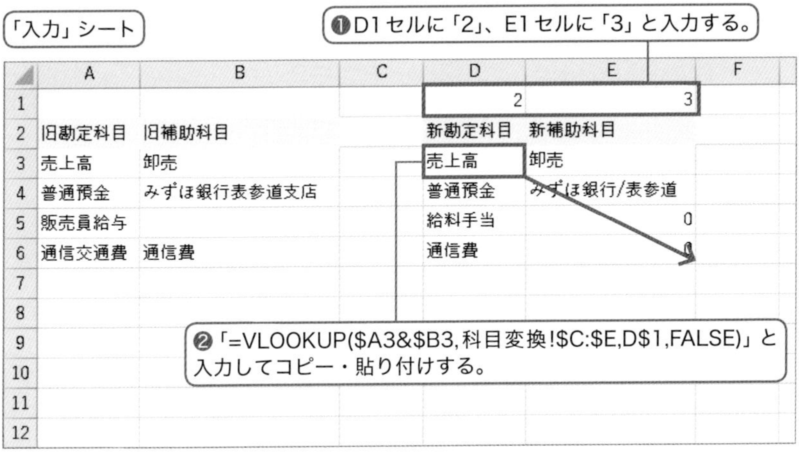


## ➡ 数式の最後に「&""」をつけて空欄が「0」と表示されるのを防ぐ

先ほどの表示結果を見ると、E5・E6セルには「0」と表示されています。これらのセルは、本来は「空欄」になってほしいところですが、VLOOKUP関数で、空欄を表示しようとすると「0」が表示されてしまいます。

こういうときは、数式の最後に「&""」を付けましょう。D3セルの数式を次のように修正してください。

```
=VLOOKUP($A3&$B3, 科目変換!$C:$E, D$1, FALSE)&""
```

この数式をコピーして、D3～E6セルに貼り付ければ、空欄が空欄のままで表示されます。

「入力」シート

| | A | B | C | D | E | F |
|---|---|---|---|---|---|---|
| 1 | | | | 2 | 3 | |
| 2 | 旧勘定科目 | 旧補助科目 | | 新勘定科目 | 新補助科目 | |
| 3 | 売上高 | 卸売 | | 売上高 | 卸売 | |
| 4 | 普通預金 | みずほ銀行表参道支店 | | 普通預金 | みずほ銀行/表参道 | |
| 5 | 販売員給与 | | | 給料手当 | | |
| 6 | 通信交通費 | 通信費 | | 通信費 | | |
| 7 | | | | | | |
| 8 | | | | | | |
| 9 | | | | | | |
| 10 | | | | | | |
| 11 | | | | | | |
| 12 | | | | | | |

空欄のまま表示される。

この方法は、VLOOKUP関数以外でも、IF関数やその他の数式で使うときもあるので、覚えておきましょう。

なお、数式の最後に「&""」を付けると、**数式の結果は文字列になります**（33ページ参照）。ですから、VLOOKUP関数の結果を数値として使いたいときには使わないようにしましょう。たとえば、「VLOOKUP関数で表示した金額」を合計したいときに「&""」を使ってしまうと、結果が文字列データになる結果、合計が正しく計算できなくなる場合があります。

# 3-7 表記の違いを関数で補正する

## 表記を統一しないとVLOOKUP関数を活用できない

エクセルでデータを作るときには、同じデータについては常に同じ表記をすることが鉄則です。もし、同じデータに対して様々な表記が混在していると、エクセルでの処理は段違いに難しくなります。

たとえば、次のようにA列～C列の売上明細の右（D列）に入金期日を表示させたい場面を考えてみましょう。このとき、「株式会社スカイ」「(株) スカイ」「スカイ」など複数の表記が混在していると、単にVLOOKUP関数を使っただけでは、取引先名に対応する入金期日を表示させることができません。そこで、これらの表記を統一する必要があります。

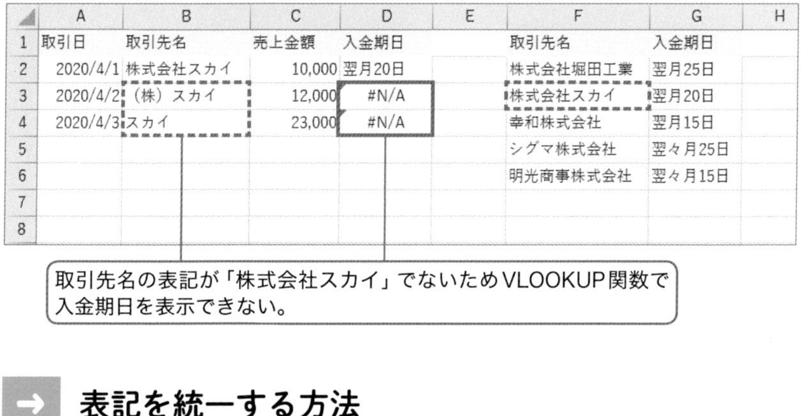

| | A | B | C | D | E | F | G | H |
|---|---|---|---|---|---|---|---|---|
| 1 | 取引日 | 取引先名 | 売上金額 | 入金期日 | | 取引先名 | 入金期日 | |
| 2 | 2020/4/1 | 株式会社スカイ | 10,000 | 翌月20日 | | 株式会社堀田工業 | 翌月25日 | |
| 3 | 2020/4/2 | （株）スカイ | 12,000 | #N/A | | 株式会社スカイ | 翌月20日 | |
| 4 | 2020/4/3 | スカイ | 23,000 | #N/A | | 幸和株式会社 | 翌月15日 | |
| 5 | | | | | | シグマ株式会社 | 翌々月25日 | |
| 6 | | | | | | 明光商事株式会社 | 翌々月15日 | |
| 7 | | | | | | | | |
| 8 | | | | | | | | |



## 表記を統一する方法

残念ながら、表記を統一する万能な方法はありません。そこで、下記のような手段を組み合わせて表記を統一していくことになります。

### フィルターや置換で表記を統一する

フィルターで特定の行を抽出して修正したり、置換を使って特定の表現を修正したりします。手作業なので手間はかかりますが、柔軟に表記を統一することができます。

### SUBSTITUTE関数を使う

SUBSTITUTE関数を使って、ある単語を別の単語に変換することができます。たとえば、B2セルに次の数式を入れると、「(株)」を「株式会社」に変換できます。

```
=SUBSTITUTE(A2, "（株）", "株式会社")
```

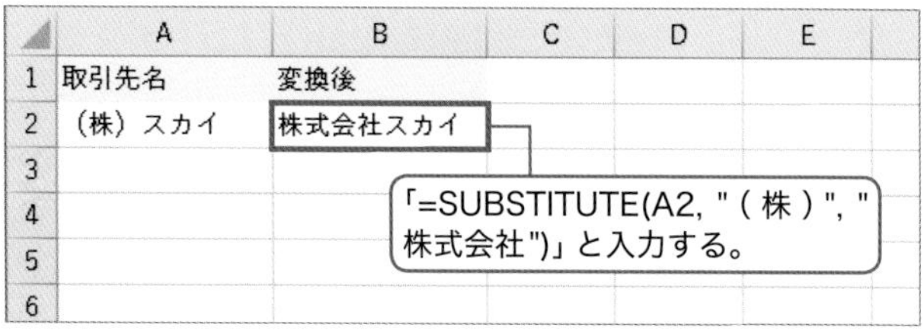


置換をしたい項目が複数あるときには、その数だけSUBSTITUTE関数を使わないといけません。たとえば、「(株)」と「㈱」を「株式会社」に変換しようとすると、「=SUBSTITUTE(SUBSTITUTE(A2,"（株）","株式会社"),"㈱","株式会社")」というようにSUBSTITUTE関数を2回使う必要があります。ですから、SUBSTITUTE関数は、変換したいパターン数が少ないときに使うと便利です。

#### Column 字句整形用の関数を使う

以下のような字句整形に使える関数を使って、データを整形することができます。

| 関数名 | 内容 | 例 |
|---|---|---|
| ASC関数 | 半角文字に統一します | 「ヤマダ□タロウ」→「ﾔﾏﾀﾞ_ﾀﾛｳ」 |
| JIS関数 | 全角文字に統一します | 「ﾔﾏﾀﾞ_ﾀﾛｳ」→「ヤマダ□タロウ」 |
| TRIM関数 | 前後の空白を削除し、途中の空白も一つだけに詰めます | 「__ヤマダ__タロウ_」→「ヤマダ_タロウ」 |
| CLEAN関数 | 特殊文字（セル内改行など）を削除します | 「ヤマダ（セル内改行）タロウ」→「ヤマダタロウ」 |

※□:全角空白　_:半角空白

これらの関数は、組み合わせて使うこともできます。たとえば、「=ASC(TRIM(CLEAN(A2)))」という数式を入れると、ASC関数でA2セルの内容を半角に統一するとともに、TRIM関数・CLEAN関数で、ある程度の表記ゆれを取り除いて表示できます。非常に手軽な方法ですが、微妙な違いを吸収しきれないなど限界もあります。あくまで、補助的な手段として割り切って使いましょう。

| | A | B | C | D |
|---|---|---|---|---|
| 1 | 表記 | 半角に統一 | 全角に統一 | |
| 2 | ﾔﾏﾀﾞ ﾀﾛｳ | ﾔﾏﾀﾞ ﾀﾛｳ | ヤマダ　タロウ | |
| 3 | ヤマダ　タロウ | ﾔﾏﾀﾞ ﾀﾛｳ | ヤマダ　タロウ | |
| 4 | 　ヤマダ　　タロウ | ﾔﾏﾀﾞ ﾀﾛｳ | ヤマダ　タロウ | |
| 5 | ヤマダ<br>タロウ | ﾔﾏﾀﾞ ﾀﾛｳ | ヤマダタロウ | |
| 6 | | | | |
| 7 | | | | |

「=ASC(TRIM(CLEAN(A2)))」と入力して、下にコピー・貼り付けする。

「=JIS(TRIM(CLEAN(A2)))」と入力して、下にコピー・貼り付けする。

## 変換表を作ってVLOOKUP関数を使う

「表記ゆれがある状態の元データ」と「統一した表記」との対応表を作っておくと、VLOOKUP関数で表記を統一することができます。次の図では、D～E列に対応表を作り、B2セルに次の数式を入力しています。

```
=IFERROR(VLOOKUP(A2,$D:$E,2,FALSE),A2)
```

| | A | B | C | D | E |
|---|---|---|---|---|---|
| 1 | 取引先名 | VLOOKUPで変換 | | 元データ | 統一後 |
| 2 | 株式会社スカイ | 株式会社スカイ | | （株）スカイ | 株式会社スカイ |
| 3 | （株）スカイ | 株式会社スカイ | | スカイ | 株式会社スカイ |
| 4 | スカイ | 株式会社スカイ | | | |
| 5 | | | | | |
| 6 | | | | | |
| 7 | | | | | |
| 8 | | | | | |
| 9 | | | | | |
| 10 | | | | | |

「=IFERROR(VLOOKUP(A2,$D:$E,2,FALSE),A2)」と入力して、下にコピー・貼り付けする。

B2セルの数式では、次のような処理をしています。

- ①VLOOKUP関数で、取引先名（A2セル）がD列に存在しているかを確認し、存在していれば対応するE列のデータを表示させる。
- ②取引先名（A2セル）がD列に存在しない場合には、IFERROR関数で、A2セルのデータをそのまま表示させる。

| 元データ | VLOOKUP関数の結果 | IFERROR関数の結果（＝最終結果） |
|---|---|---|
| 株式会社スカイ | #N/A | **株式会社スカイ** |
| (株) スカイ | 株式会社スカイ | 株式会社スカイ |
| スカイ | 株式会社スカイ | 株式会社スカイ |

133ページの表については、この方法を使って表記ゆれを直せば、正しく日付を表示させることができます。

| | A | B | C | D | E | F | G | H | I | J | K |
|---|---|---|---|---|---|---|---|---|---|---|---|
| 1 | 取引日 | 取引先名 | 売上金額 | 取引先名統一後 | 入金期日 | | 取引先名 | 入金期日 | | 元データ | 統一後 |
| 2 | 2020/4/1 | 株式会社スカイ | 10,000 | 株式会社スカイ | 翌月20日 | | 株式会社堀田工業 | 翌月25日 | | （株）スカイ | 株式会社スカイ |
| 3 | 2020/4/2 | （株）スカイ | 12,000 | 株式会社スカイ | 翌月20日 | | 株式会社スカイ | 翌月20日 | | スカイ | 株式会社スカイ |
| 4 | 2020/4/3 | スカイ | 23,000 | 株式会社スカイ | 翌月20日 | | 幸和株式会社 | 翌月15日 | | | |
| 5 | | | | | | | シグマ株式会社 | 翌々月25日 | | | |
| 6 | | | | | | | 明光商事株式会社 | 翌々月15日 | | | |

「=IFERROR(VLOOKUP(B2,$J:$K,2,FALSE),B2)」と入力して、下にコピー・貼り付けする。

「=VLOOKUP(D2,$G:$H,2,FALSE)」と入力して、下にコピー・貼り付けする。

Column

## VLOOKUP関数を使うときには数値・文字列の違いに注意

VLOOKUP関数で値の比較をするときには、数値・文字列の区分が違うと別のデータと認識されることに気を付けてください。たとえば、次のように同じ見た目の「1」でも、片方が数値で、片方が文字列の場合、この二つのデータは一致しません。

| | A | B | C | D | E | F |
|---|---|---|---|---|---|---|
| 1 | コード | 名称 | | コード | 名称 | |
| 2 | 1 | 木村　武 | | 1 | 木村　武 | |
| 3 | 1 | #N/A | | 2 | 山岡　ひろ子 | |
| 4 | | | | | | |

96ページで書いた方法で「検索値」と「範囲」の一番左の列のデータを数値か文字列に統一しておきましょう。

# 3-8 段階的に税率が変わる所得税の計算をする

## エクセルで簡易的に税額計算を行う

税額のシミュレーションをするときに、税務申告ソフトを使うと手間がかかるので、エクセルで簡易的に税金計算をする場合があります。ここでは、その例として、個人の所得に応じて所得税額を計算するエクセルシートを作成してみましょう。

所得税額は、所得に応じて、次のように計算します。

| 所得 | | 税額 |
|---|---|---|
| 0円以上 | 1,950,000円未満 | 所得×5% |
| 1,950,000円以上 | 3,300,000円未満 | 所得×10%-97,500 |
| 3,300,000円以上 | 6,950,000円未満 | 所得×20%-427,500 |
| 6,950,000円以上 | 9,000,000円未満 | 所得×23%-636,000 |
| 9,000,000円以上 | 18,000,000円未満 | 所得×33%-1,536,000 |
| 18,000,000円以上 | 40,000,000円未満 | 所得×40%-2,796,000 |
| 40,000,000円以上 | | 所得×45%-4,796,000 |

それでは、B2セルに所得を入力し、その所得に応じた所得税額を計算してみます。D列～F列のように表を作り、B3～B5セルに次のように数式を入力しましょう。

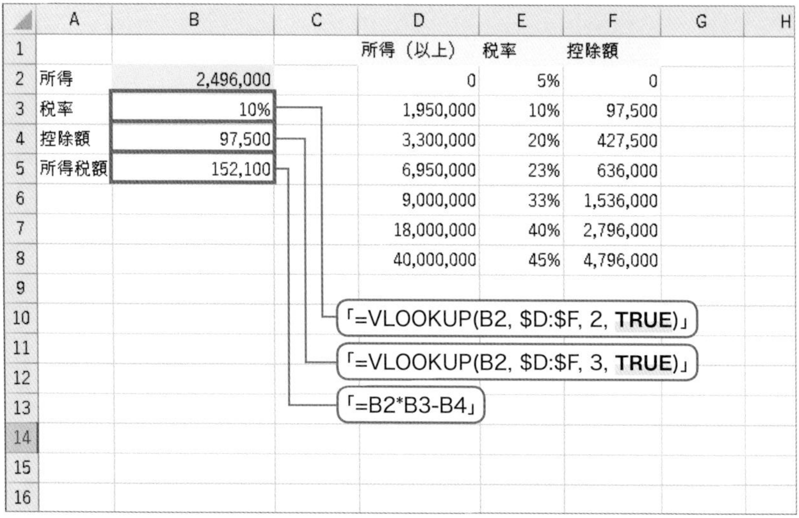

| | A | B | C | D | E | F | G | H |
|---|---|---|---|---|---|---|---|---|
| 1 | | | | 所得（以上） | 税率 | 控除額 | | |
| 2 | 所得 | 2,496,000 | | 0 | 5% | 0 | | |
| 3 | 税率 | 10% | | 1,950,000 | 10% | 97,500 | | |
| 4 | 控除額 | 97,500 | | 3,300,000 | 20% | 427,500 | | |
| 5 | 所得税額 | 152,100 | | 6,950,000 | 23% | 636,000 | | |
| 6 | | | | 9,000,000 | 33% | 1,536,000 | | |
| 7 | | | | 18,000,000 | 40% | 2,796,000 | | |
| 8 | | | | 40,000,000 | 45% | 4,796,000 | | |



D列〜F列には前ページの表の、それぞれの値を転記しています。

- D列：各行の所得の最小値（〇円以上）の部分
- E列：所得に掛ける税率（所得×△%）の部分
- F列：控除額（所得×税率-□）の部分

## → 「検索の型」をTRUEにして段階的な数値を抽出する

今回のように、元の金額に応じて**段階的に**金額や割合を変えるには、次のようにします。

- 1.「②範囲」の一番左の列に、条件の「XX以上」の部分の数字を小さい→大きいの順に入力する
- 2.「④検索の型」をTRUEに指定したVLOOKUP関数を使う

「④検索の型」をTRUEにすることで、検索の方法が**近似値検索**に変わります。近似値検索を使うと「②範囲」の一番左の列の中から、「①検索値」に一致するか、「①検索値」未満で一番近い行を抽出することができます。

## 近似値検索で税率を計算する

それでは、先ほどのB3セルの数式「=VLOOKUP(B2,$D:$F,2,TRUE)」がどう動くかを見てみましょう。たとえば、B2セルに「2,496,000」が入っているときには、指定した値である「①2,496,000」を、「②税率表」の一番左の列から探します。

該当する値がないので、指定した値未満で一番近い「1,950,000」の行の「③税率列」の値が得られます。その結果、B3セルには「10%」と表示されます。

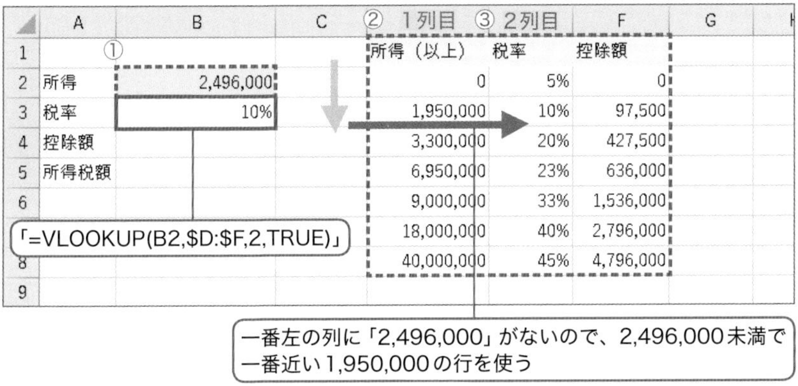


## 控除額と税額を計算する

B4セルの数式「=VLOOKUP(B2,$D:$F,**3**,TRUE)」は、B3セルの数式と列番号が違う以外はまったく同じです。ですから、同じように考えると、「1,950,000」の行の「③控除額」列の値である「97,500」が表示されます。

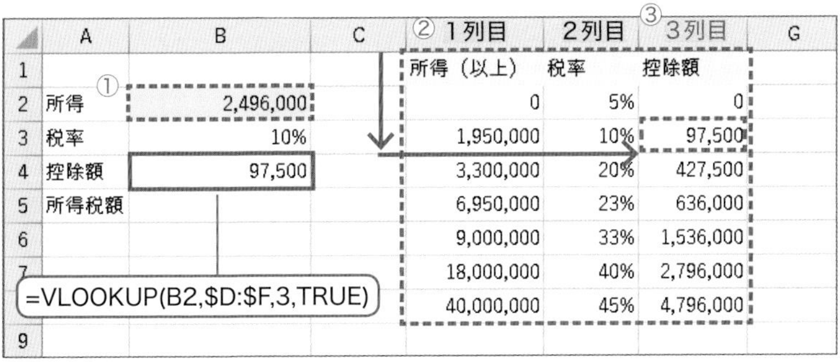

これで、所得税額の計算に必要な情報は揃いました。B5セルの所得税額は、「=B2*B3-B4」（＝所得×税率－控除額）で計算することができます。

| | A | B | C | D | E | F | G |
|---|---|---|---|---|---|---|---|
| 1 | | | | 所得（以上） | 税率 | 控除額 | |
| 2 | 所得 | 2,496,000 | | 0 | 5% | 0 | |
| 3 | 税率 | 10% | | 1,950,000 | 10% | 97,500 | |
| 4 | 控除額 | 97,500 | | 3,300,000 | 20% | 427,500 | |
| 5 | 所得税額 | 152,100 | | 6,950,000 | 23% | 636,000 | |
| 6 | | | | 9,000,000 | 33% | 1,536,000 | |
| 7 | | | | 18,000,000 | 40% | 2,796,000 | |
| 8 | | | | 40,000,000 | 45% | 4,796,000 | |
| 9 | | | | | | | |
| 10 | | | | | | | |

=B2*B3-B4

## Column 日付に応じた処理にも使える

日付は、エクセル内部では数値として取り扱われています。ですから、日付に応じて表示する内容を変えたいときも、今回解説した近似値検索を使うことができます。

たとえば、消費税率は次のように取引日に応じて変わります。

・1989年4月1日以降 3%
・1997年4月1日以降 5%
・2014年4月1日以降 8%
・2019年10月1日以降 10%

今回解説した近似値検索を使うと、取引日を入力したときに該当する消費税率を表示することができます。

| | A | B | C | D | E | F |
|---|---|---|---|---|---|---|
| 1 | 取引日 | 税率 | | 適用開始日 | 税率 | |
| 2 | 2018/5/1 | 8% | | 1989/4/1 | 3% | |
| 3 | 2019/11/2 | 10% | | 1997/4/1 | 5% | |
| 4 | | | | 2014/4/1 | 8% | |
| 5 | | | | 2019/10/1 | 10% | |
| 6 | | | | | | |
| 7 | | | | | | |
| 8 | | | | | | |
| 9 | | | | | | |

「=VLOOKUP(A2,$D:$E,2,TRUE)

## 3-9
# SUMIFS関数で条件に合った値を集計する



### SUMIFS関数とは何か？

SUMIFS関数は、指定した条件に合うデータだけを合計する関数です。この関数を使うことで「〇〇別に金額を集計する」作業を一瞬で行うことができます。

たとえば、次のような作業を簡単に行うことができます。

- 売上明細から、取引先別に売上金額を集計する
- 在庫明細から、商品別に在庫金額を集計する
- 仕訳データから、勘定科目別に金額を集計する（いわゆる試算表です）

次のように、複数の条件を指定した集計表を作ることもできます。

- 売上明細から、取引先別・月別に売上金額を集計する
- 経費明細から、支払期日別・支払先別に支払金額を集計する
- 給与明細から、部門別・月別に給与支給額を集計する

ほとんどすべてのレポートには、何らかの切り口で金額を集計した結果が表示されます。SUMIFS関数を使うと、その集計作業を自動化でき、作業効率を大幅に上げることができます。

### 例1:売上データから取引先別に売上金額を集計する

実際の例を見てみましょう。A～C列に売上明細が入力されているときに、F2セルに、次の金額を表示させたいと思います。

- 「C列」（売上金額）のうち
- 「B列」（取引先名）が「シグマ株式会社」であるものの合計

| | A | B | C | D | E | F | G |
|---|---|---|---|---|---|---|---|
| 1 | 月 | 取引先名 | 売上金額 | | 取引先名 | 売上合計 | |
| 2 | 1月 | 明光商事株式会社 | 10,000 | | シグマ株式会社 | 160,000 | |
| 3 | 1月 | シグマ株式会社 | 20,000 | | | | |
| 4 | 1月 | 幸和株式会社 | 30,000 | | | | |
| 5 | 1月 | 明光商事株式会社 | 40,000 | | | | |
| 6 | 2月 | 株式会社スカイ | 50,000 | | | | |
| 7 | 2月 | シグマ株式会社 | 60,000 | | | | |
| 8 | 2月 | 幸和株式会社 | 70,000 | | | | |
| 9 | 2月 | シグマ株式会社 | 80,000 | | | | |
| 10 | 2月 | 明光商事株式会社 | 90,000 | | | | |
| 11 | | | | | | | |
| 12 | | | | | | | |

「シグマ株式会社」の売上金額を合計して表示する。

この計算を、手作業でするとしたら、次のような手順で作業をすることになります。

### 1　B列が「シグマ株式会社」になっている行にチェックをつけていきます

| | A | B | C | D | E | F | G |
|---|---|---|---|---|---|---|---|
| 1 | 月 | 取引先名 | 売上金額 | | 取引先名 | 売上合計 | |
| 2 | 1月 | 明光商事株式会社 | 10,000 | | シグマ株式会社 | 160,000 | |
| 3 | 1月 | シグマ株式会社 ✓ | 20,000 | | | | |
| 4 | 1月 | 幸和株式会社 | 30,000 | | | | |
| 5 | 1月 | 明光商事株式会社 | 40,000 | | | | |
| 6 | 2月 | 株式会社スカイ | 50,000 | | | | |
| 7 | 2月 | シグマ株式会社 ✓ | 60,000 | | | | |
| 8 | 2月 | 幸和株式会社 | 70,000 | | | | |
| 9 | 2月 | シグマ株式会社 ✓ | 80,000 | | | | |
| 10 | 2月 | 明光商事株式会社 | 90,000 | | | | |
| 11 | | | | | | | |
| 12 | | | | | | | |

**2 チェックが付いた行についてC列の合計を取ります**

| | A | B | C | D | E | F | G |
|---|---|---|---|---|---|---|---|
| 1 | 月 | 取引先名 | 売上金額 | | 取引先名 | 売上合計 | |
| 2 | 1月 | 明光商事株式会社 | 10,000 | | シグマ株式会社 | 160,000 | |
| 3 | 1月 | シグマ株式会社 ✓ | 20,000 | | | | |
| 4 | 1月 | 幸和株式会社 | 30,000 | | | | |
| 5 | 1月 | 明光商事株式会社 | 40,000 | | | | |
| 6 | 2月 | 株式会社スカイ | 50,000 | | | | |
| 7 | 2月 | シグマ株式会社 ✓ | 60,000 | | | | |
| 8 | 2月 | 幸和株式会社 | 70,000 | | | | |
| 9 | 2月 | シグマ株式会社 ✓ | 80,000 | | | | |
| 10 | 2月 | 明光商事株式会社 | 90,000 | | | | |
| 11 | | | | | | | |
| 12 | | | | | | | |

## → 例2:売上データから取引先・月別に売上金額を集計する

もう一つ例を見てみましょう。A～C列の売上明細から、次の金額を表示させることを考えてみましょう。

- 「C列」(売上金額)のうち
- **「A列」(月)が「1月」で**
- 「B列」(取引先名)が「シグマ株式会社」であるものの合計

先ほどの例に比べて「月」に対する条件を付け加えました。

| | A | B | C | D | E | F | G |
|---|---|---|---|---|---|---|---|
| 1 | 月 | 取引先名 | 売上金額 | | 月 | 取引先名 | 売上合計 |
| 2 | 1月 | 明光商事株式会社 | 10,000 | | 1月 | シグマ株式会社 | 20,000 |
| 3 | 1月 | シグマ株式会社 | 20,000 | | | | |
| 4 | 1月 | 幸和株式会社 | 30,000 | | | | |
| 5 | 1月 | 明光商事株式会社 | 40,000 | | | | |
| 6 | 2月 | 株式会社スカイ | 50,000 | | | | |
| 7 | 2月 | シグマ株式会社 | 60,000 | | | | |
| 8 | 2月 | 幸和株式会社 | 70,000 | | | | |
| 9 | 2月 | シグマ株式会社 | 80,000 | | | | |
| 10 | 2月 | 明光商事株式会社 | 90,000 | | | | |
| 11 | | | | | | | |
| 12 | | | | | | | |

「月」を条件に加える。

この計算も、先ほどと同じように手作業で行うときの手順を考えてみましょう。

**1　A列が「1月」になっている行にチェックをつけていきます**

| | A | B | C | D | E | F | G |
|---|---|---|---|---|---|---|---|
| 1 | 月 | 取引先名 | 売上金額 | | 月 | 取引先名 | 売上合計 |
| 2 | 1月 ✓ | 明光商事株式会社 | 10,000 | | 1月 | シグマ株式会社 | 20,000 |
| 3 | 1月 ✓ | シグマ株式会社 | 20,000 | | | | |
| 4 | 1月 ✓ | 幸和株式会社 | 30,000 | | | | |
| 5 | 1月 ✓ | 明光商事株式会社 | 40,000 | | | | |
| 6 | 2月 | 株式会社スカイ | 50,000 | | | | |
| 7 | 2月 | シグマ株式会社 | 60,000 | | | | |
| 8 | 2月 | 幸和株式会社 | 70,000 | | | | |
| 9 | 2月 | シグマ株式会社 | 80,000 | | | | |
| 10 | 2月 | 明光商事株式会社 | 90,000 | | | | |
| 11 | | | | | | | |

**2　B列が「シグマ株式会社」になっている行にチェックをつけていきます**

| | A | B | C | D | E | F | G |
|---|---|---|---|---|---|---|---|
| 1 | 月 | 取引先名 | 売上金額 | | 月 | 取引先名 | 売上合計 |
| 2 | 1月 ✓ | 明光商事株式会社 | 10,000 | | 1月 | シグマ株式会社 | 20,000 |
| 3 | 1月 ✓ | シグマ株式会社 ✓ | 20,000 | | | | |
| 4 | 1月 ✓ | 幸和株式会社 | 30,000 | | | | |
| 5 | 1月 ✓ | 明光商事株式会社 | 40,000 | | | | |
| 6 | 2月 | 株式会社スカイ | 50,000 | | | | |
| 7 | 2月 | シグマ株式会社 ✓ | 60,000 | | | | |
| 8 | 2月 | 幸和株式会社 | 70,000 | | | | |
| 9 | 2月 | シグマ株式会社 ✓ | 80,000 | | | | |
| 10 | 2月 | 明光商事株式会社 | 90,000 | | | | |
| 11 | | | | | | | |

**3　B列、A列の両方にチェックが付いた行についてC列の合計を取ります**

| | A | B | C | D | E | F | G |
|---|---|---|---|---|---|---|---|
| 1 | 月 | 取引先名 | 売上金額 | | 月 | 取引先名 | 売上合計 |
| 2 | 1月 ✓ | 明光商事株式会社 | 10,000 | | 1月 | シグマ株式会社 | 20,000 |
| 3 | 1月 ✓ | シグマ株式会社 ✓ | 20,000 | | | | |
| 4 | 1月 ✓ | 幸和株式会社 | 30,000 | | | | |
| 5 | 1月 ✓ | 明光商事株式会社 | 40,000 | | | | |
| 6 | 2月 | 株式会社スカイ | 50,000 | | | | |
| 7 | 2月 | シグマ株式会社 ✓ | 60,000 | | | | |
| 8 | 2月 | 幸和株式会社 | 70,000 | | | | |
| 9 | 2月 | シグマ株式会社 ✓ | 80,000 | | | | |
| 10 | 2月 | 明光商事株式会社 | 90,000 | | | | |
| 11 | | | | | | | |

SUMIFS関数を使うと、このような集計作業を自動化することができます。

## → SUMIFS関数の書式

SUMIFS関数の書式は、次のとおりです。

```
=SUMIFS(合計対象範囲,条件範囲,条件)
```

①合計対象範囲　②条件範囲　③条件

| 引数 | 意味 |
|---|---|
| ① 合計対象範囲 | 「合計する列」を指定します |
| ② 条件範囲 | 「条件の判定に使う列」を指定します |
| ③ 条件 | 「② 条件範囲」に対する「条件」を指定します |

たとえば、141ページの「例1」であれば、

- ①合計対象範囲：C列
- ②条件範囲：B列
- ③条件：シグマ株式会社（と等しい）

ということになります。エクセルの言葉に直して、SUMIFS関数に入れると、次のようになります。

```
=SUMIFS(C:C, B:B, E2)
```

①C:C　②B:B　③E2

K15

| | A | B | C | D | E | F | G |
|---|---|---|---|---|---|---|---|
| 1 | 月 | 取引先名 | 売上金額 | | 取引先名 | 売上合計 | |
| 2 | 1月 | 明光商事株式会社 | 10,000 | | シグマ株式会社 | 160,000 | |
| 3 | 1月 | シグマ株式会社 | 20,000 | | | | |
| 4 | 1月 | 幸和株式会社 | 30,000 | | | | |
| 5 | 1月 | 明光商事株式会社 | 40,000 | | | | |
| 6 | 2月 | 株式会社スカイ | 50,000 | | | | |
| 7 | 2月 | シグマ株式会社 | 60,000 | | | | |
| 8 | 2月 | 幸和株式会社 | 70,000 | | | | |
| 9 | 2月 | シグマ株式会社 | 80,000 | | | | |
| 10 | 2月 | 明光商事株式会社 | 90,000 | | | | |
| 11 | | | | | | | |

一つめ、二つめの引数は列全体を指定しています。列見出し（1行目）が、引数の範囲に含まれてしまいますが、多くの場合、これで問題は生じません。引数の指定が簡便になるため、積極的に列全体を指定するようにしましょう。

## → 条件を複数指定する場合の書式

SUMIFS関数は条件を複数指定することもできます。条件を複数指定したいときには、「条件範囲」と「条件」をセットで、引数を二つずつ追加していきます。たとえば、条件を一つ追加するときには、次のように、四つめの引数と、五つめの引数を追加します。

```
=SUMIFS(合計対象範囲,条件範囲1,条件1,条件範囲2,条件2)
            ①            ②       ③        ④       ⑤
```

143ページの「例2」を数式化すると、次のようになります。

- ①合計対象範囲：C列
- ②条件範囲1：A列
- ③条件1：1月（と等しい）
- ④条件範囲1：B列
- ⑤条件1：シグマ株式会社（と等しい）

```
=SUMIFS(C:C, A:A, E2, B:B, F2)
        ①    ②    ③   ④    ⑤
```

| | ② A | ④ B | C ① | D | E | F | G |
|---|---|---|---|---|---|---|---|
| 1 | 月 | 取引先名 | 売上金額 | | 月 ③ | 取引先名 ⑤ | 売上合計 |
| 2 | 1月 | 明光商事株式会社 | 10,000 | | 1月 | シグマ株式会社 | 20,000 |
| 3 | 1月 | シグマ株式会社 | 20,000 | | | | |
| 4 | 1月 | 幸和株式会社 | 30,000 | | | | |
| 5 | 1月 | 明光商事株式会社 | 40,000 | | | | |
| 6 | 2月 | 株式会社スカイ | 50,000 | | | | |
| 7 | 2月 | シグマ株式会社 | 60,000 | | | | |
| 8 | 2月 | 幸和株式会社 | 70,000 | | | | |
| 9 | 2月 | シグマ株式会社 | 80,000 | | | | |
| 10 | 2月 | 明光商事株式会社 | 90,000 | | | | |
| 11 | | | | | | | |

Column

### 合計対象範囲、条件範囲に列全体を指定しないとき

合計対象範囲、条件範囲は、列全体を指定しないで、セル範囲を指定することもできます。そのときには、**合計対象範囲と条件範囲の形をまったく同じになるようにセル範囲を指定**してください。

=SUMIFS(C$2:C$10, B$2:B$10, E2)

=SUMIFS(C$2:C$10, A$2:A$10, E2, B$2:B$10, F2)

どちらも、合計対象範囲と条件範囲は「縦9行×横1行」でまったく同じ形をしています。条件を複数指定する場合には、**すべての条件範囲の形を同じにする必要がある**ことに注意してください。

また、SUMIFS関数は、数式をコピーして縦方向に貼り付けることが多いです。そして、そのときには、一つ目の引数（合計対象範囲）、二つ目の引数、四つ目の引数（条件範囲）が変わらないようにする必要があります。

そこで、これらの引数については、数字の前に$マークを付けて、縦方向だけ絶対参照の形で入力します。一つ目の引数は「C$2:C$10」、二つ目の引数は「A$2:A$10」、四つ目の引数は「B$2:B$10」というように$マークを付けましょう。

# 3-10
# 売上明細を様々な切り口で分析する

## SUMIFS関数を使って「○○別○○別に集計をする」

141ページに書いたとおり、SUMIFS関数を使うことで「○○別に集計をする」作業を一瞬で行うことができます。どのように集計をするかパターン別に見ていきましょう。

## 一つの切り口で集計をする

まずは、一つの切り口で集計する方法を考えてみます。145ページの例では、シグマ株式会社の売上高合計を計算しましたが、ここでは、すべての取引先について、取引先別に売上高を集計する表を作成してみましょう。まず、E列に、すべての取引先を入力してください。

| | A | B | C | D | E | F | G |
|---|---|---|---|---|---|---|---|
| 1 | 月 | 取引先名 | 売上金額 | | 取引先名 | 売上合計 | |
| 2 | 1月 | 明光商事株式会社 | 10,000 | | シグマ株式会社 | | |
| 3 | 1月 | シグマ株式会社 | 20,000 | | 株式会社スカイ | | |
| 4 | 1月 | 幸和株式会社 | 30,000 | | 幸和株式会社 | | |
| 5 | 1月 | 明光商事株式会社 | 40,000 | | 明光商事株式会社 | | |
| 6 | 2月 | 株式会社スカイ | 50,000 | | | | |
| 7 | 2月 | シグマ株式会社 | 60,000 | | | | |
| 8 | 2月 | 幸和株式会社 | 70,000 | | | | |
| 9 | 2月 | シグマ株式会社 | 80,000 | | | | |
| 10 | 2月 | 明光商事株式会社 | 90,000 | | | | |
| 11 | | | | | | | |

E列に取引先名を入力する。

その後、F2セルには、次の数式を入力しましょう。

```
=SUMIFS(C:C, B:B, E2)
```

この数式は、145ページで入力した数式とまったく同じです。この数式をコピーして、F3セル以下に貼り付けると、取引先別に売上高を集計することができます。

| | A | B | C | D | E | F | G |
|---|---|---|---|---|---|---|---|
| 1 | 月 | 取引先名 | 売上金額 | | 取引先名 | 売上合計 | |
| 2 | 1月 | 明光商事株式会社 | 10,000 | | シグマ株式会社 | 160,000 | |
| 3 | 1月 | シグマ株式会社 | 20,000 | | 株式会社スカイ | 50,000 | |
| 4 | 1月 | 幸和株式会社 | 30,000 | | 幸和株式会社 | 100,000 | |
| 5 | 1月 | 明光商事株式会社 | 40,000 | | 明光商事株式会社 | 140,000 | |
| 6 | 2月 | 株式会社スカイ | 50,000 | | | | |
| 7 | 2月 | シグマ株式会社 | 60,000 | | | | |
| 8 | 2月 | 幸和株式会社 | 70,000 | | | | |
| 9 | 2月 | シグマ株式会社 | 80,000 | | | | |
| 10 | 2月 | 明光商事株式会社 | 90,000 | | | | |
| 11 | | | | | | | |

F2セルに「=SUMIFS(C:C, B:B, E2)」と入力する。F3セル以下にコピーして貼り付ける。

## 二つの切り口を縦に並べて集計する

先ほどの売上明細を、月別・取引先別に集計してみましょう。まずは、この二つを縦に並べて集計してみます。集計したい月、取引先をE列、F列に入力した状態で、G2セルに次の数式を入力しましょう。

```
=SUMIFS(C:C, A:A, E2, B:B, F2)
```

絶対参照の付け方は、最初の例とまったく同じです。この数式をコピーして、下に貼り付ければ月別・取引先別に売上金額を集計することができます。

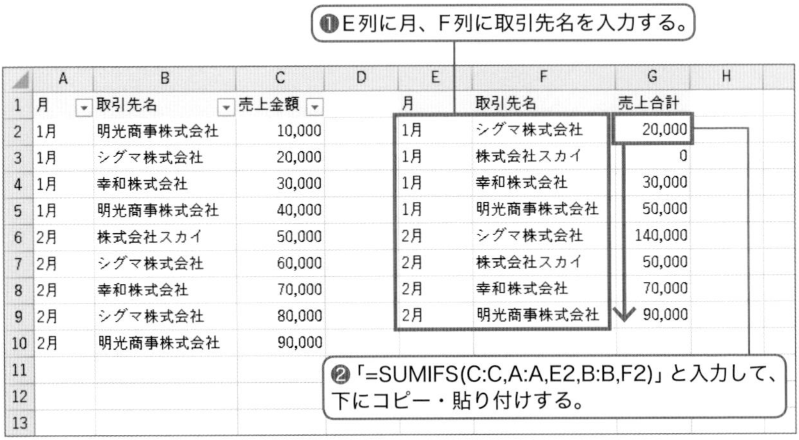


| | A | B | C | D | E | F | G | H |
|---|---|---|---|---|---|---|---|---|
| 1 | 月 | 取引先名 | 売上金額 | | 月 | 取引先名 | 売上合計 | |
| 2 | 1月 | 明光商事株式会社 | 10,000 | | 1月 | シグマ株式会社 | 20,000 | |
| 3 | 1月 | シグマ株式会社 | 20,000 | | 1月 | 株式会社スカイ | 0 | |
| 4 | 1月 | 幸和株式会社 | 30,000 | | 1月 | 幸和株式会社 | 30,000 | |
| 5 | 1月 | 明光商事株式会社 | 40,000 | | 1月 | 明光商事株式会社 | 50,000 | |
| 6 | 2月 | 株式会社スカイ | 50,000 | | 2月 | シグマ株式会社 | 140,000 | |
| 7 | 2月 | シグマ株式会社 | 60,000 | | 2月 | 株式会社スカイ | 50,000 | |
| 8 | 2月 | 幸和株式会社 | 70,000 | | 2月 | 幸和株式会社 | 70,000 | |
| 9 | 2月 | シグマ株式会社 | 80,000 | | 2月 | 明光商事株式会社 | 90,000 | |
| 10 | 2月 | 明光商事株式会社 | 90,000 | | | | | |
| 11 | | | | | | | | |
| 12 | | | | | | | | |
| 13 | | | | | | | | |

## → 二つの切り口でマトリックス型に集計する

今度は、レイアウトを変えてマトリックス型に集計してみましょう。まず、E2～E5セルに取引先、F1～F2セルに月を入力します。

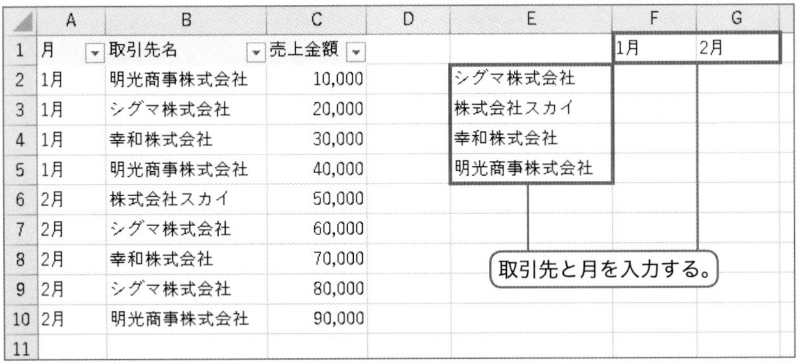


| | A | B | C | D | E | F | G |
|---|---|---|---|---|---|---|---|
| 1 | 月 | 取引先名 | 売上金額 | | | 1月 | 2月 |
| 2 | 1月 | 明光商事株式会社 | 10,000 | | シグマ株式会社 | | |
| 3 | 1月 | シグマ株式会社 | 20,000 | | 株式会社スカイ | | |
| 4 | 1月 | 幸和株式会社 | 30,000 | | 幸和株式会社 | | |
| 5 | 1月 | 明光商事株式会社 | 40,000 | | 明光商事株式会社 | | |
| 6 | 2月 | 株式会社スカイ | 50,000 | | | | |
| 7 | 2月 | シグマ株式会社 | 60,000 | | | | |
| 8 | 2月 | 幸和株式会社 | 70,000 | | | | |
| 9 | 2月 | シグマ株式会社 | 80,000 | | | | |
| 10 | 2月 | 明光商事株式会社 | 90,000 | | | | |
| 11 | | | | | | | |

その後、F2セルに次の数式を入力してください。

```
=SUMIFS($C:$C, $A:$A, F$1, $B:$B, $E2)
```

①$C:$C　②$A:$A　③F$1　④$B:$B　⑤$E2

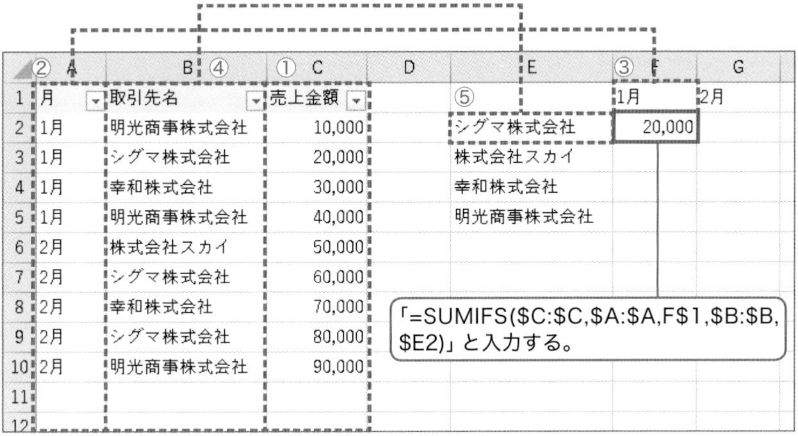

| | ② A | B ④ | ① C | D | E | ③ F | G |
|---|---|---|---|---|---|---|---|
| 1 | 月 | 取引先名 | 売上金額 | | ⑤ | 1月 | 2月 |
| 2 | 1月 | 明光商事株式会社 | 10,000 | | シグマ株式会社 | 20,000 | |
| 3 | 1月 | シグマ株式会社 | 20,000 | | 株式会社スカイ | | |
| 4 | 1月 | 幸和株式会社 | 30,000 | | 幸和株式会社 | | |
| 5 | 1月 | 明光商事株式会社 | 40,000 | | 明光商事株式会社 | | |
| 6 | 2月 | 株式会社スカイ | 50,000 | | | | |
| 7 | 2月 | シグマ株式会社 | 60,000 | | | | |
| 8 | 2月 | 幸和株式会社 | 70,000 | | | | |
| 9 | 2月 | シグマ株式会社 | 80,000 | | | | |
| 10 | 2月 | 明光商事株式会社 | 90,000 | | | | |
| 11 | | | | | | | |
| 12 | | | | | | | |



**マトリックス型の集計は、絶対参照の付け方がポイントです。**

①「$C:$C」、②「$A:$A」、④「$B:$B」は数式をコピーして別のセルに貼り付けたときに、参照先セルを固定したいので、絶対参照を付けています。一方で、③、⑤は、「絶対参照のルール」（62ページ参照）に従っています。数式を入れるE1 ～ G5セルを「表」と考えると、③は表の上端なので「F$1」、⑤は表の左端なので「$E2」と絶対参照をつけています。

あとは、この数式をコピーして、F2 ～ G5セルに貼り付ければ、マトリックス型の集計表ができあがります。

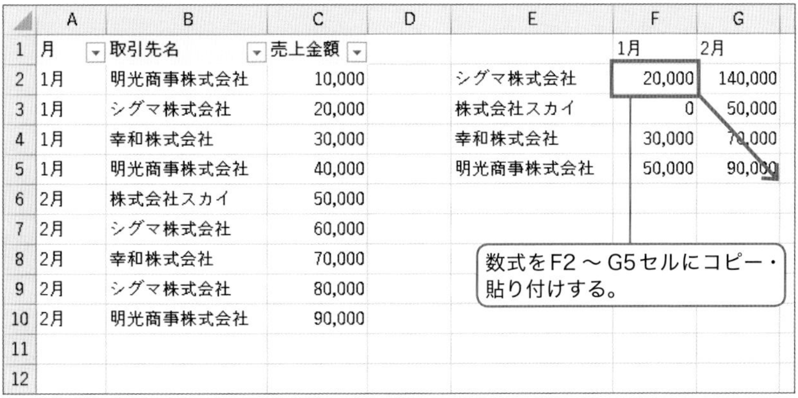

| | A | B | C | D | E | F | G |
|---|---|---|---|---|---|---|---|
| 1 | 月 | 取引先名 | 売上金額 | | | 1月 | 2月 |
| 2 | 1月 | 明光商事株式会社 | 10,000 | | シグマ株式会社 | 20,000 | 140,000 |
| 3 | 1月 | シグマ株式会社 | 20,000 | | 株式会社スカイ | 0 | 50,000 |
| 4 | 1月 | 幸和株式会社 | 30,000 | | 幸和株式会社 | 30,000 | 70,000 |
| 5 | 1月 | 明光商事株式会社 | 40,000 | | 明光商事株式会社 | 50,000 | 90,000 |
| 6 | 2月 | 株式会社スカイ | 50,000 | | | | |
| 7 | 2月 | シグマ株式会社 | 60,000 | | | | |
| 8 | 2月 | 幸和株式会社 | 70,000 | | | | |
| 9 | 2月 | シグマ株式会社 | 80,000 | | | | |
| 10 | 2月 | 明光商事株式会社 | 90,000 | | | | |
| 11 | | | | | | | |
| 12 | | | | | | | |

# 3-11
# 必要な列を付け足して好きな切り口で集計する

## → 月別に集計をしたいときには月列を準備する

SUMIFS関数で集計をするときには、集計したい切り口を「列」で準備する必要があります。たとえば、次の例を見てみましょう。

| | A | B | C | D | E | F | G | H |
|---|---|---|---|---|---|---|---|---|
| 1 | 日付 | 摘要 | 金額 | | | 月 | 合計金額 | |
| 2 | 2020/1/10 | 打ち合わせ | 2,460 | | | 1 | | |
| 3 | 2020/1/15 | 手土産 | 1,860 | | | 2 | | |
| 4 | 2020/1/20 | 印紙購入 | 3,000 | | | 3 | | |
| 5 | 2020/1/25 | 電気代 | 6,240 | | | | | |
| 6 | 2020/2/5 | 切手購入 | 1,680 | | | | | |
| 7 | 2020/2/10 | 打ち合わせ | 3,120 | | | | | |
| 8 | 2020/2/15 | ボールペン | 238 | | | | | |
| 9 | 2020/2/25 | 電気代 | 7,135 | | | | | |
| 10 | 2020/3/1 | 打ち合わせ | 1,240 | | | | | |
| 11 | | | | | | | | |
| 12 | | | | | | | | |
| 13 | | | | | | | | |
| 14 | | | | | | | | |

A列～D列には、経費明細が入っています。この経費明細を月別に集計しようとしても、「月」列がないため、このままでは月別に集計をすることはできません。

そこで、「月」列を追加しましょう。D1セルに「月」と入力して、D2セルに次の数式を入力しましょう。

```
=MONTH(A2)
```

この数式をコピーして、D3セル以下に貼り付けてください。

| | A | B | C | D | E | F | G | H |
|---|---|---|---|---|---|---|---|---|
| 1 | 日付 | 摘要 | 金額 | 月 | | 月 | 合計金額 | |
| 2 | 2020/1/10 | 打ち合わせ | 2,460 | 1 | | 1 | | |
| 3 | 2020/1/15 | 手土産 | 1,860 | 1 | | 2 | | |
| 4 | 2020/1/20 | 印紙購入 | 3,000 | 1 | | 3 | | |
| 5 | 2020/1/25 | 電気代 | 6,240 | 1 | | | | |
| 6 | 2020/2/5 | 切手購入 | 1,680 | 2 | | | | |
| 7 | 2020/2/10 | 打ち合わせ | 3,120 | 2 | | | | |
| 8 | 2020/2/15 | ボールペン | 238 | 2 | | | | |
| 9 | 2020/2/25 | 電気代 | 7,135 | 2 | | | | |
| 10 | 2020/3/1 | 打ち合わせ | 1,240 | 3 | | | | |
| 11 | | | | | | | | |
| 12 | | | | | | | | |

「=MONTH(A2)」と入力して、下にコピー・貼り付けする。

これで、元データの準備ができました。あとは、今までと同じ手順で計算しましょう。G2セルに次の数式を入力してコピー・貼り付けをすれば、月ごとの合計が取得できます。

```
=SUMIFS(C:C,D:D,F2)
        ①   ②   ③
```

| | A | B | ① C | ② D | E | F | G | H |
|---|---|---|---|---|---|---|---|---|
| 1 | 日付 | 摘要 | 金額 | 月 | | ③月 | 合計金額 | |
| 2 | 2020/1/10 | 打ち合わせ | 2,460 | 1 | | 1 | 13,560 | |
| 3 | 2020/1/15 | 手土産 | 1,860 | 1 | | 2 | 12,173 | |
| 4 | 2020/1/20 | 印紙購入 | 3,000 | 1 | | 3 | 1,240 | |
| 5 | 2020/1/25 | 電気代 | 6,240 | 1 | | | | |
| 6 | 2020/2/5 | 切手購入 | 1,680 | 2 | | | | |
| 7 | 2020/2/10 | 打ち合わせ | 3,120 | 2 | | | | |
| 8 | 2020/2/15 | ボールペン | 238 | 2 | | | | |
| 9 | 2020/2/25 | 電気代 | 7,135 | 2 | | | | |
| 10 | 2020/3/1 | 打ち合わせ | 1,240 | 3 | | | | |
| 11 | | | | | | | | |
| 12 | | | | | | | | |

「=SUMIFS(C:C,D:D,F2)」と入力して、下にコピー・貼り付けする。

3-12
# 売上金額を請求先ごとに集計する

## → バラバラの数字をSUMIFS関数で集約する

ここでは、同じ会社に対する売上を複数のコード・名称で管理しているが、請求は会社単位でまとめたいという状況を考えてみましょう。たとえば、売上は「明光商事株式会社本店」「明光商事株式会社大阪支店」と事業所別に管理しているが、請求は「明光商事株式会社」としてまとめて請求したい、というような状況です。

手作業だと手間がかかって大変なので、SUMIFS関数を使って自動で集計してみましょう。

| | A | B | C | D | E | F |
|---|---|---|---|---|---|---|
| 1 | 取引先 | 売上金額 | | | 請求先 | 請求額 |
| 2 | 明光商事株式会社本店 | 1,200,000 | | | 明光商事株式会社 | 2,090,458 |
| 3 | 明光商事株式会社大阪支店 | 890,458 | | | シグマ株式会社 | 123,093 |
| 4 | シグマ株式会社 | 123,093 | | | 幸和株式会社 | 2,560,392 |
| 5 | 幸和株式会社 | 203,498 | | | | |
| 6 | 幸和株式会社習志野倉庫 | 2,356,894 | | | | |
| 7 | | | | | | |

請求先別に請求額を集計する。

## → 「請求先」列を作って集計する

「請求先」別に売上金額を集計したいので、元データに「請求先」欄を付け加えましょう。次のように、「対応」シートに、取引先と請求先の対応表を作っておけば、C列はVLOOKUP関数で自動入力させることができます。

「対応」シート

| | A | B | C | D |
|---|---|---|---|---|
| 1 | 取引先 | 請求先 | | |
| 2 | 明光商事株式会社本店 | 明光商事株式会社 | | |
| 3 | 明光商事株式会社大阪支店 | 明光商事株式会社 | | |
| 4 | シグマ株式会社 | シグマ株式会社 | | |
| 5 | 幸和株式会社 | 幸和株式会社 | | |
| 6 | 幸和株式会社習志野倉庫 | 幸和株式会社 | | |
| 7 | | | | |

取引先と請求先の対応表を作る。

元シートのC2セルには、次の数式を入れています。これで、取引先に対応する請求先を元データに追加することができました。

```
=VLOOKUP(A2,対応!$A:$B,2,FALSE)
```

「集計」シート

「=VLOOKUP(A2,対応!$A:$B,2,FALSE)」と入力して、下にコピー・貼り付けする。

| | A | B | C | D | E | F |
|---|---|---|---|---|---|---|
| 1 | 取引先 | 売上金額 | 請求先 | | 請求先 | 請求額 |
| 2 | 明光商事株式会社本店 | 1,200,000 | 明光商事株式会社 | | 明光商事株式会社 | |
| 3 | 明光商事株式会社大阪支店 | 890,458 | 明光商事株式会社 | | シグマ株式会社 | |
| 4 | シグマ株式会社 | 123,093 | シグマ株式会社 | | 幸和株式会社 | |
| 5 | 幸和株式会社 | 203,498 | 幸和株式会社 | | | |
| 6 | 幸和株式会社習志野倉庫 | 2,356,894 | 幸和株式会社 | | | |
| 7 | | | | | | |
| 8 | | | | | | |
| 9 | | | | | | |

あとは、E列にSUMIFS関数を入れるだけです。E2セルには、次の数式を入力しましょう。あとは、この数式をコピーして、下に貼り付ければ、請求額の集計は完了です。

```
=SUMIFS(B:B, C:C, E2)
         ①    ②   ③
```

「集計」シート

①: B列　②: C列　③: E2

| | A | B | C | D | E | F |
|---|---|---|---|---|---|---|
| 1 | 取引先 | 売上金額 | 請求先 | | 請求先 | 請求額 |
| 2 | 明光商事株式会社本店 | 1,200,000 | 明光商事株式会社 | | 明光商事株式会社 | 2,090,458 |
| 3 | 明光商事株式会社大阪支店 | 890,458 | 明光商事株式会社 | | シグマ株式会社 | 123,093 |
| 4 | シグマ株式会社 | 123,093 | シグマ株式会社 | | 幸和株式会社 | 2,560,392 |
| 5 | 幸和株式会社 | 203,498 | 幸和株式会社 | | | |
| 6 | 幸和株式会社習志野倉庫 | 2,356,894 | 幸和株式会社 | | | |
| 7 | | | | | | |
| 8 | | | | | | |
| 9 | | | | | | |
| 10 | | | | | | |
| 11 | | | | | | |
| 12 | | | | | | |
| 13 | | | | | | |
| 14 | | | | | | |

「=SUMIFS(B:B,C:C,E2)」と入力して、下にコピー・貼り付けする。

# 3-13 勘定科目残高の月別比較表を作成する

## → 元データをコピペするだけでは行がずれる

次のように、「6月」シート、「7月」シートに入力されている勘定科目残高を、横に並べて月別に比較する表を作成してみましょう。

「6月」シート

| | A | B | C |
|---|---|---|---|
| 1 | 勘定科目 | 金額 | |
| 2 | 売上高 | 100,000 | |
| 3 | 売上原価 | 30,000 | |
| 4 | 給料 | 15,000 | |
| 5 | 賞与 | 30,000 | |
| 6 | 家賃 | 10,000 | |
| 7 | 雑費 | 14,000 | |
| 8 | | | |
| 9 | | | |

「7月」シート

| | A | B | C |
|---|---|---|---|
| 1 | 勘定科目 | 金額 | |
| 2 | 売上高 | 105,000 | |
| 3 | 売上原価 | 31,000 | |
| 4 | 給料 | 15,200 | |
| 5 | 家賃 | 10,000 | |
| 6 | 修繕費 | 5,000 | |
| 7 | 雑費 | 13,500 | |
| 8 | | | |
| 9 | | | |

▶

「月次比較表」シート

| | A | B | C | D |
|---|---|---|---|---|
| 1 | 勘定科目 | 6月 | 7月 | |
| 2 | 売上高 | 100,000 | 105,000 | |
| 3 | 売上原価 | 30,000 | 31,000 | |
| 4 | 給料 | 15,000 | 15,200 | |
| 5 | 賞与 | 30,000 | 0 | |
| 6 | 家賃 | 10,000 | 10,000 | |
| 7 | 修繕費 | 0 | 5,000 | |
| 8 | 雑費 | 14,000 | 13,500 | |
| 9 | | | | |

「6月」シートと「7月」シートを比べると、使われている勘定科目に違いがあります。たとえば、賞与は「6月」シートにだけ、修繕費は「7月」シートにだけ出てきています。そのため、単に毎月のデータを横に並べただけでは、正しい表になりません。また、行数が多くなると、手作業で行を揃えるのも大変です。

## → 月別比較表のセルにそれぞれ数式を入れる

そこで、SUMIFS関数を使って、表を作成してみましょう。B2セル、C2セルに、それぞれ次の数式を入力しましょう。

```
=SUMIFS('6月'!B:B, '6月'!A:A,A2)
```

```
=SUMIFS('7月'!B:B, '7月'!A:A,A2)
```

「月次比較表」シート

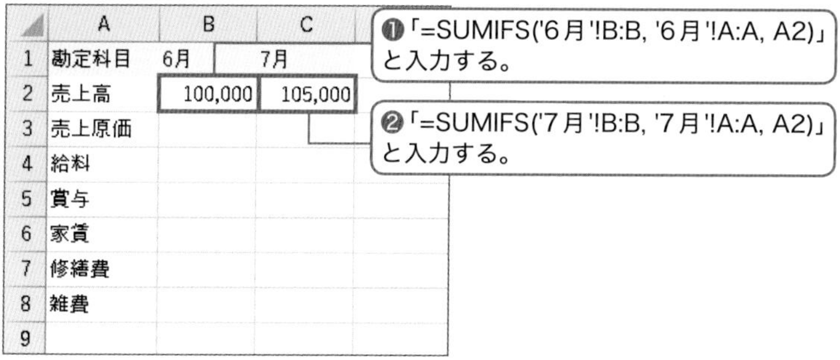


たとえば、B2セルでは、

- 金額（「6月」シートのB列）のうち
- 勘定科目（「6月」シートのA列）が「売上高」（「月次比較表」シートのA2セル）であるものの合計

を計算しています。

C2セルも、参照先シートが「7月」になっているだけで、考え方はまったく同じです。あとは、この数式をコピーして、下に貼り付けることで、勘定科目の月別比較表を作ることができます。

「月次比較表」シート

| | A | B | C | D |
|---|---|---|---|---|
| 1 | 勘定科目 | 6月 | 7月 | |
| 2 | 売上高 | 100,000 | 105,000 | |
| 3 | 売上原価 | 30,000 | 31,000 | |
| 4 | 給料 | 15,000 | 15,200 | |
| 5 | 賞与 | 30,000 | 0 | |
| 6 | 家賃 | 10,000 | 10,000 | |
| 7 | 修繕費 | 0 | 5,000 | |
| 8 | 雑費 | 14,000 | 13,500 | |
| 9 | | | | |

数式を下にコピー・貼り付けする。

## → 一つの数式で済むように元データの形を変える

先ほどのB2セルの数式は、B列には貼り付けることができますが、C列に貼り付けても正しく計算できません。

そこで、次の「元」シートのように、元データを1シートにまとめましょう。それに合わせてB2セルの数式を修正すると、B2セルの数式をB列、C列の両方に貼り付けられるようになります。

「元」シート

| | A | B | C | D |
|---|---|---|---|---|
| 1 | 勘定科目 | 金額 | 月 | |
| 2 | 売上高 | 100,000 | 6月 | |
| 3 | 売上原価 | 30,000 | 6月 | |
| 4 | 給料 | 15,000 | 6月 | |
| 5 | 賞与 | 30,000 | 6月 | |
| 6 | 家賃 | 10,000 | 6月 | |
| 7 | 雑費 | 14,000 | 6月 | |
| 8 | 売上高 | 105,000 | 7月 | |
| 9 | 売上原価 | 31,000 | 7月 | |
| 10 | 給料 | 15,200 | 7月 | |
| 11 | 家賃 | 10,000 | 7月 | |
| 12 | 修繕費 | 5,000 | 7月 | |
| 13 | 雑費 | 13,500 | 7月 | |

元データを1シートにまとめる

一つのシートにまとめるときには、**新しく「月」列を作り、何月かがわかる情報（6月、7月）を入れる**のがポイントです。

あとは、SUMIFS関数で、この表を勘定科目別、月別に集計しましょう。B2セルに次の数式を入れてください。その後、この数式をコピーして、B2～C8セルに貼り付けてください。

```
=SUMIFS(元!$B:$B, 元!$A:$A, $A2, 元!$C:$C, B$1)
        ①         ②         ③    ④         ⑤
```

「月次比較表」シート

| | A | B | C | D |
|---|---|---|---|---|
| 1 | ②勘定科目 | 金額 ① | 月 ④ | |
| 2 | 売上高 | 100,000 | 6月 | |
| 3 | 売上原価 | 30,000 | 6月 | |
| 4 | 給料 | 15,000 | 6月 | |
| 5 | 賞与 | 30,000 | 6月 | |
| 6 | 家賃 | 10,000 | 6月 | |
| 7 | 雑費 | 14,000 | 6月 | |
| 8 | 売上高 | 105,000 | 7月 | |
| 9 | 売上原価 | 31,000 | 7月 | |
| 10 | 給料 | 15,200 | 7月 | |
| 11 | 家賃 | 10,000 | 7月 | |
| 12 | 修繕費 | 5,000 | 7月 | |
| 13 | 雑費 | 13,500 | 7月 | |
| 14 | | | | |

| | A | B ⑤ | C |
|---|---|---|---|
| 1 | 勘定科目 | 6月 | 7月 |
| 2 | ③売上高 | 100,000 | 105,000 |
| 3 | 売上原価 | 30,000 | 31,000 |
| 4 | 給料 | 15,000 | 15,200 |
| 5 | 賞与 | 30,000 | 0 |
| 6 | 家賃 | 10,000 | 10,000 |
| 7 | 修繕費 | 0 | 5,000 |
| 8 | 雑費 | 14,000 | 13,500 |
| 9 | | | |
| 10 | | | |
| 11 | | | |
| 12 | | | |

「=SUMIFS(元!$B:$B,元!$A:$A,$A2,元!$C:$C,B$1)」と入力して、下にコピー・貼り付けする。

B2セルの数式では、次のような計算をしています。

- 金額（「元」シートのB列）のうち
- 勘定科目（「元」シートのA列）が「売上高」（A2セル）で、かつ、
- **月（「元」シートのC列）が「6月」（B1セル）であるもの**の合計

今回の集計表は、マトリックス型の表なので、一つ目の引数「元!$B:$B」、二つ目の引数「元!$A:$A」、四つ目の引数「元!$C:$C」は絶対参照を付けます。さらに、**三つめの引数は「$A2」、五つめの引数は「B$1」と「$」を付けるのがポイント**です（151ページ参照）。こうしておけば、この数式をコピーしてB2～C8セルに貼り付けることができます。

# 3-14

# 在庫の増減明細を作成する

## → 三つの表から在庫増減表を作成する

次のような、期初在庫、入庫明細、出庫明細から、この期間中の在庫増減表を作成したいと思います。

「期初」シート

| | A | B | C | D | E |
|---|---|---|---|---|---|
| 1 | 日付 | 商品コード | 商品名 | 数量 | |
| 2 | 2019/9/30 | A001 | 緑茶 | 1200 | |
| 3 | 2019/9/30 | A002 | 麦茶 | 1000 | |
| 4 | 2019/9/30 | A003 | ウーロン茶 | 1198 | |
| 5 | | | | | |
| 6 | | | | | |

「入庫」シート

| | A | B | C | D | E |
|---|---|---|---|---|---|
| 1 | 日付 | 商品コード | 商品名 | 数量 | |
| 2 | 2019/10/2 | A001 | 緑茶 | 3,330 | |
| 3 | 2019/10/9 | A001 | 緑茶 | 3,467 | |
| 4 | 2019/10/16 | A003 | ウーロン茶 | 3,220 | |
| 5 | 2019/10/30 | A002 | 麦茶 | 933 | |
| 6 | 2019/10/30 | A003 | ウーロン茶 | 1,772 | |
| 7 | 2019/11/6 | A001 | 緑茶 | 4,153 | |
| 8 | 2019/11/6 | A002 | 麦茶 | 3,199 | |
| 9 | 2019/11/20 | A003 | ウーロン茶 | 3,040 | |
| 10 | 2019/11/27 | A002 | 麦茶 | 2,959 | |
| 11 | 2019/12/4 | A002 | 麦茶 | 5,012 | |
| 12 | 2019/12/4 | A003 | ウーロン茶 | 1,642 | |
| 13 | 2019/12/11 | A001 | 緑茶 | 4,186 | |
| 14 | | | | | |
| 15 | | | | | |

「出庫」シート

| | A | B | C | D | E |
|---|---|---|---|---|---|
| 1 | 日付 | 商品コード | 商品名 | 数量 | |
| 2 | 2019/10/2 | A001 | 緑茶 | 1,090 | |
| 3 | 2019/10/5 | A001 | 緑茶 | 2,196 | |
| 4 | 2019/10/12 | A001 | 緑茶 | 3,591 | |
| 5 | 2019/10/19 | A003 | ウーロン茶 | 3,165 | |
| 6 | 2019/11/2 | A003 | ウーロン茶 | 1,583 | |
| 7 | 2019/11/3 | A002 | 麦茶 | 1,011 | |
| 8 | 2019/11/6 | A001 | 緑茶 | 4,193 | |
| 9 | 2019/11/8 | A002 | 麦茶 | 2,985 | |
| 10 | 2019/11/24 | A003 | ウーロン茶 | 2,885 | |
| 11 | 2019/11/30 | A002 | 麦茶 | 2,850 | |
| 12 | 2019/12/3 | A002 | 麦茶 | 2,296 | |
| 13 | 2019/12/5 | A003 | ウーロン茶 | 1,618 | |
| 14 | 2019/12/7 | A002 | 麦茶 | 2,609 | |
| 15 | 2019/12/13 | A001 | 緑茶 | 4,011 | |
| 16 | | | | | |
| 17 | | | | | |
| 18 | | | | | |

「集計表」シート

| | A | B | C | D | E | F | G |
|---|---|---|---|---|---|---|---|
| 1 | | | | | | | |
| 2 | | | 期初 | 入庫 | 出庫 | 期末 | |
| 3 | A001 | 緑茶 | 1,200 | 15,136 | 15,081 | 1,255 | |
| 4 | A002 | 麦茶 | 1,000 | 12,103 | 11,751 | 1,352 | |
| 5 | A003 | ウーロン茶 | 1,198 | 9,674 | 9,251 | 1,621 | |
| 6 | | 合計 | 3,398 | 36,913 | 36,083 | 4,228 | |
| 7 | | | | | | | |
| 8 | | | | | | | |
| 9 | | | | | | | |
| 10 | | | | | | | |

C3～F6セルに数式を入力して三つの表から在庫増減表を作成する。

## → 列ごとにSUMIFS関数を入れて集計をする

期初、入庫、出庫データが別々のシートに入力されているので、「集計表」シートのC列～E列に数式を入れて、その数式を5行目までコピー・貼り付けをしましょう。F列と6行目には、SUM関数を入れて各列の合計を計算しています。

| セル | 数式 |
| --- | --- |
| C3セル | =SUMIFS(**期初**!D:D, **期初**!B:B, A3) |
| D3セル | =SUMIFS(**入庫**!D:D, **入庫**!B:B, A3) |
| E3セル | =SUMIFS(**出庫**!D:D, **出庫**!B:B, A3) |
| F3セル | =C3+D3-E3 |
| C6セル | =SUM(C3:C5) |

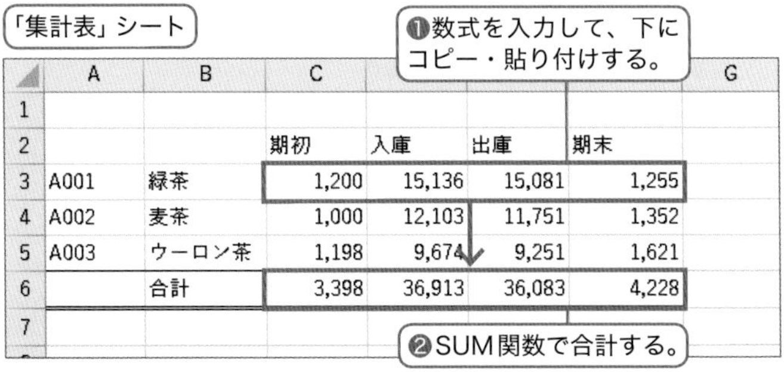


たとえば、C3セルの「=SUMIFS(期初!D:D,期初!B:B,A3)」という数式では、以下の計算をしています。

- 数量（「期初」シートのD列）のうち
- 商品コード（「期初」シートのB列）が「A001」（A3セル）であるものの合計

同様にD3セルでは入庫シート、E3セルでは出庫シートに対して、同じ計算をしています。

これでも、計算自体はできているのですが、各列ごとに数式を入力しなおす必要があり手間がかかるのが難点です。そこで、次の項では、数式の入力が一回で済む方法を考えてみます。

**Column**

### 引数の入力時に挿入される「シート名」は最後に削除しよう

今回の数式を入力していくと、三つめの引数を入力するときにも、「集計!A3」と自動的にシート名が挿入されてしまいます。面倒ですが、いったん数式を入力後、**手動でシート名を削除してください。**

なお、シート名を消すのは、**数式をすべて入力し終わってから**にしましょう。特に、シート名を消したい箇所が複数ある場合、自動的にシート名が挿入される都度シート名を消さずに、**数式を入力し終わってから、まとめてシート名を消すと手間がかかりません。**

## → 集計しやすいようにデータをまとめて符号を整える

今回の元データ「期初」「入庫」「出庫」は、列のレイアウトがまったく同じです。こういう場合には、元データを一つの表にまとめると、数式を一回入力すれば済むので簡単です。そこで、新たに「集約」シートを作り、「期初」「入庫」「出庫」シートのデータを一つの表にまとめましょう。

一つの表にまとめるときに、意識したほうがいいポイントが二つあります。一つめのポイントは、どのシートのデータか分かるように「区分」列を作ることです。今回は、各行に「期初」「入庫」「出庫」と入力しておきます。

二つめのポイントは、集計したい数量・金額に符号をうまくつけて、最終目的となる数値を足し算だけで計算できるようにすることです（64ページ参照）。今回は、「期初」「入庫」データはプラス、「出庫」データはマイナスの符号を付け、「期末」在庫数量を足し算だけで計算できるようにします。

「集約」シート

❶期初、入庫、出庫シートのデータを縦につなげる。

| | A | B | | | |
|---|---|---|---|---|---|
| 1 | 日付 | 商品コード | 商品名 | 数量 | 区分 |
| 2 | 2019/9/30 | A001 | 緑茶 | 1200 | 期初 |
| 3 | 2019/9/30 | A002 | 麦茶 | 1000 | 期初 |
| 4 | 2019/9/30 | A003 | ウーロン茶 | 1198 | 期初 |
| 5 | 2019/10/2 | A001 | 緑茶 | 3,330 | 入庫 |
| 6 | 2019/10/9 | A001 | 緑茶 | 3,467 | 入庫 |
| 7 | 2019/10/16 | A003 | ウーロン茶 | 3,220 | 入庫 |
| 8 | 2019/10/30 | A002 | 麦茶 | 933 | 入庫 |
| 9 | 2019/10/30 | A003 | ウーロン茶 | 1,772 | 入庫 |
| 10 | 2019/11/6 | A001 | 緑茶 | 4,153 | 入庫 |
| 11 | 2019/11/6 | A002 | 麦茶 | 3,199 | 入庫 |
| 12 | 2019/11/20 | A003 | ウーロン茶 | 3,040 | 入庫 |
| 13 | 2019/11/27 | A002 | 麦茶 | 2,959 | 入庫 |
| 14 | 2019/12/4 | A002 | 麦茶 | 5,012 | 入庫 |
| 15 | 2019/12/4 | A003 | ウーロン茶 | 1,642 | 入庫 |
| 16 | 2019/12/11 | A001 | 緑茶 | 4,186 | 入庫 |
| 17 | 2019/10/2 | A001 | 緑茶 | -1,090 | 出庫 |
| 18 | 2019/10/5 | A001 | 緑茶 | -2,196 | 出庫 |
| 19 | 2019/10/12 | A001 | 緑茶 | -3,591 | 出庫 |

❷「区分」列を作る。

❸符号を変える。

こうしておくと、C3セルに下記の数式を入れて、**その数式をコピー・貼り付けするだけで、C3～E5セルすべての金額を計算することができます**。

=SUMIFS(集約!$D:$D, 集約!$B:$B, **$A3**, 集約!$E:$E, **C$2**)
①　②　③　④　⑤

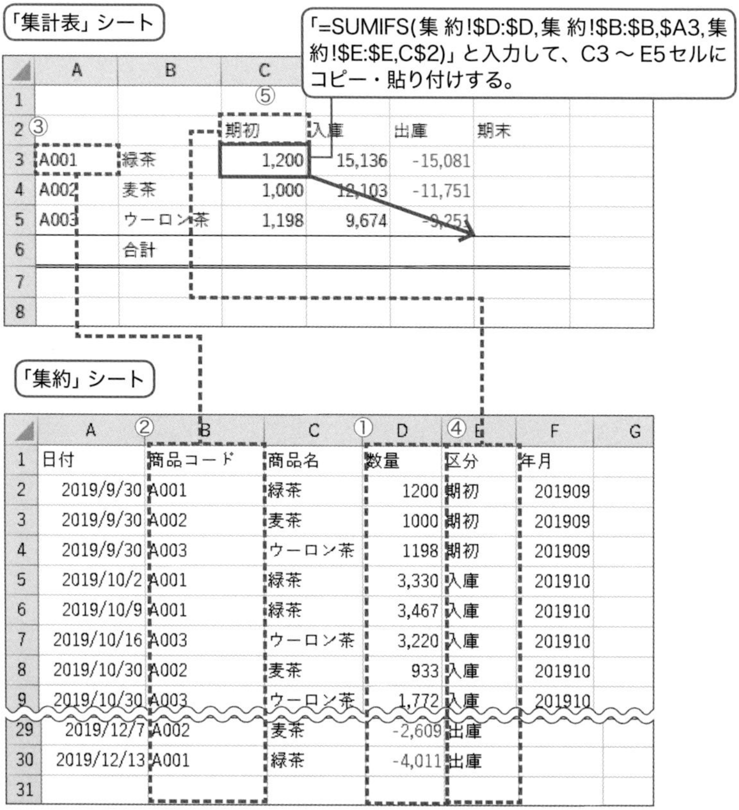


C3セルの数式は、

- 数量（「集約」シートのD列）のうち
- 商品コード（「集約」シートのB列）が「A001」（A3セル）、かつ、
- 区分（「集約」シートのD列）が「期初」（C2セル）であるものの合計

を計算しています。今回は、SUMIFS関数でマトリックス型の集計をしているので、絶対参照の付け方は151ページ、159ページとまったく同じです。

「期初」「入庫」「出庫」の三つを「入出庫区分」と表現すると、**今回の表は商品別・入出庫区分別の集計表**と考えられます。ですから、**元データに「商品」列と「(入出庫)区分」列を準備しておくことで**、今回の表を一気に作ることができるのです。



## → 入出庫数量を符号付で表して期末在庫を簡単に計算する

次に、6行目の「合計金額」やF列の「期末」在庫をどう計算するか考えてみます。これらの行・列は、次のようにSUM関数を使って計算をすることができます。

| セル | 数式 |
|---|---|
| F3セル | =SUM(C3:E3) |
| C6セル | =SUM(C3:C5) |

数式を入力したら、次のように数式をコピーして貼り付けてください。

- F3セルの数式をコピーして、F4～F5セルに貼り付け
- C6セルの数式をコピーして、D6～F6セルに貼り付け

「集計表」シート

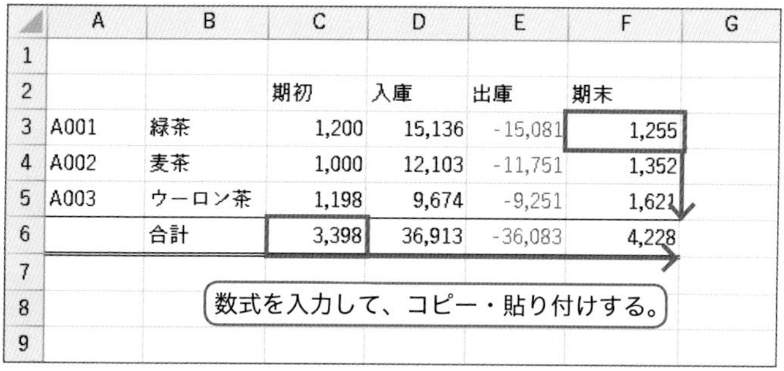


| | A | B | C | D | E | F | G |
|---|---|---|---|---|---|---|---|
| 1 | | | | | | | |
| 2 | | | 期初 | 入庫 | 出庫 | 期末 | |
| 3 | A001 | 緑茶 | 1,200 | 15,136 | -15,081 | 1,255 | |
| 4 | A002 | 麦茶 | 1,000 | 12,103 | -11,751 | 1,352 | |
| 5 | A003 | ウーロン茶 | 1,198 | 9,674 | -9,251 | 1,621 | |
| 6 | | 合計 | 3,398 | 36,913 | -36,083 | 4,228 | |
| 7 | | | | | | | |
| 8 | | | | | | | |
| 9 | | | | | | | |

出庫数量をマイナスの数値で入力したため、**期末在庫数量を単純なSUM関数で計算できます**。

# 3-15 COUNTIFS関数でデータの件数を集計する

## ➡ COUNTIFS関数とは何か？

COUNTIFS関数は、指定した条件に合うデータの件数を集計する関数です。この関数を使うと「○○別に件数を集計する」作業を一瞬で行うことができます。

たとえば、次のような作業を簡単に行うことができます。

- 給与明細から、月別に「給与を支給した延べ人数」を集計する
- 売上明細から、取引先別に「売上件数」を集計する

SUMIFS関数と同じように、条件は一つでも複数でも指定することもできます。

## ➡ 例1：「給与を支給した延べ人数」を月別に集計する

実際の例を見てみましょう。A～C列には給与明細が入力されています。そこで、F2セルに年月（A列）が「202001」であるものの件数を表示させたいと思います。

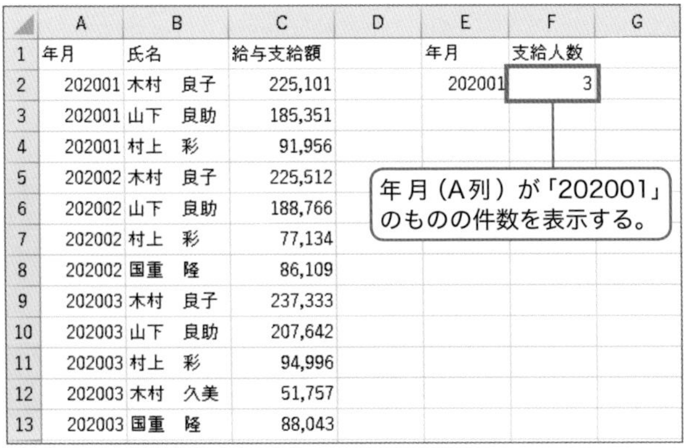

| | A | B | C | D | E | F | G |
|---|---|---|---|---|---|---|---|
| 1 | 年月 | 氏名 | 給与支給額 | | 年月 | 支給人数 | |
| 2 | 202001 | 木村　良子 | 225,101 | | 202001 | 3 | |
| 3 | 202001 | 山下　良助 | 185,351 | | | | |
| 4 | 202001 | 村上　彩 | 91,956 | | | | |
| 5 | 202002 | 木村　良子 | 225,512 | | | | |
| 6 | 202002 | 山下　良助 | 188,766 | | | | |
| 7 | 202002 | 村上　彩 | 77,134 | | | | |
| 8 | 202002 | 国重　隆 | 86,109 | | | | |
| 9 | 202003 | 木村　良子 | 237,333 | | | | |
| 10 | 202003 | 山下　良助 | 207,642 | | | | |
| 11 | 202003 | 村上　彩 | 94,996 | | | | |
| 12 | 202003 | 木村　久美 | 51,757 | | | | |
| 13 | 202003 | 国重　隆 | 88,043 | | | | |

この計算を、手作業でするとしたら、次のような手順で作業をすることになります。

- ①A列が「202001」になっている行にチェックをつけていきます。
- ②チェックの数を数えます。

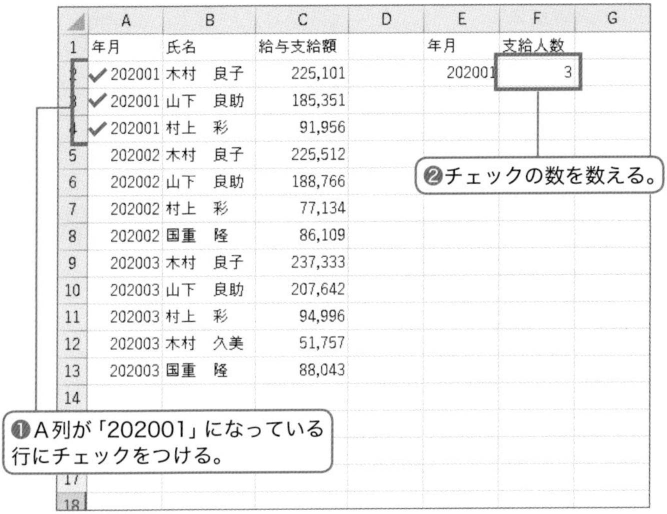

| | A | B | C | D | E | F | G |
|---|---|---|---|---|---|---|---|
| 1 | 年月 | 氏名 | 給与支給額 | | 年月 | 支給人数 | |
| 2 | 202001 | 木村　良子 | 225,101 | | 202001 | 3 | |
| 3 | 202001 | 山下　良助 | 185,351 | | | | |
| 4 | 202001 | 村上　彩 | 91,956 | | | | |
| 5 | 202002 | 木村　良子 | 225,512 | | | | |
| 6 | 202002 | 山下　良助 | 188,766 | | | | |
| 7 | 202002 | 村上　彩 | 77,134 | | | | |
| 8 | 202002 | 国重　隆 | 86,109 | | | | |
| 9 | 202003 | 木村　良子 | 237,333 | | | | |
| 10 | 202003 | 山下　良助 | 207,642 | | | | |
| 11 | 202003 | 村上　彩 | 94,996 | | | | |
| 12 | 202003 | 木村　久美 | 51,757 | | | | |
| 13 | 202003 | 国重　隆 | 88,043 | | | | |



COUNTIFS関数を使うと、このような集計作業を自動化することができます。

## COUNTIFS関数の書式

COUNTIFS関数の書式は、次のとおりです。

```
=COUNTIFS(条件範囲,条件)
           ①       ②
```

| 引数 | 意味 |
|---|---|
| ① 条件範囲 | 「条件の判定に使う列」を指定します |
| ② 条件 | 「① 条件範囲」に対する「条件」を指定します |

たとえば、前ページの「例1」であれば、A列が「202001」になっている件数を集計したいので、条件範囲と条件は、次のようになります。

- 条件範囲：A列
- 条件：202001（と等しい）

エクセルの言葉に直して、COUNTIFS関数に入れると、次のようになります。

```
=COUNTIFS(A:A, E2)
          ①   ②
```

SUMIFS関数と比べると、**一つ目の引数（合計対象範囲）がCOUNTIFS関数にはありません**が、他の引数の意味は、まったく同じです。

| | A ① | B | C | D | E ② | F | G |
|---|---|---|---|---|---|---|---|
| 1 | 年月 | 氏名 | 給与支給額 | | 年月 | 支給人数 | |
| 2 | 202001 | 木村　良子 | 225,101 | | 202001 | 3 | |
| 3 | 202001 | 山下　良助 | 185,351 | | | | |
| 4 | 202001 | 村上　彩 | 91,956 | | | | |
| 5 | 202002 | 木村　良子 | 225,512 | | | | |
| 6 | 202002 | 山下　良助 | 188,766 | | | | |
| 7 | 202002 | 村上　彩 | 77,134 | | | | |
| 8 | 202002 | 国重　隆 | 86,109 | | | | |
| 9 | 202003 | 木村　良子 | 237,333 | | | | |
| 10 | 202003 | 山下　良助 | 207,642 | | | | |
| 11 | 202003 | 村上　彩 | 94,996 | | | | |
| 12 | 202003 | 木村　久美 | 51,757 | | | | |
| 13 | 202003 | 国重　隆 | 88,043 | | | | |
| 14 | | | | | | | |
| 15 | | | | | | | |
| 16 | | | | | | | |
| 17 | | | | | | | |

一つめ、二つめの引数は列全体を指定しています。これもSUMIFS関数のときとまったく同じです。

## → 指定した切り口に一致する件数を集計する

COUNTIFS関数を使うと○○別○○別に件数を集計することができます。SUMIFS関数を使うと指定した切り口別に**合計**を集計できましたが、COUNTIFS関数を使うと指定した切り口別の**件数**を集計できるのです。

たとえば、先ほどのシートで、年月別に支給人数を集計してみましょう。まず、集計したい切り口となる項目を入力します。E3セルに「202002」、E4セルに「202003」と入力しましょう。あとは、先ほど入力したF2セルの数式をコピーして、F3～F4セルに貼り付ければ、年月別の支給人数の集計ができます。

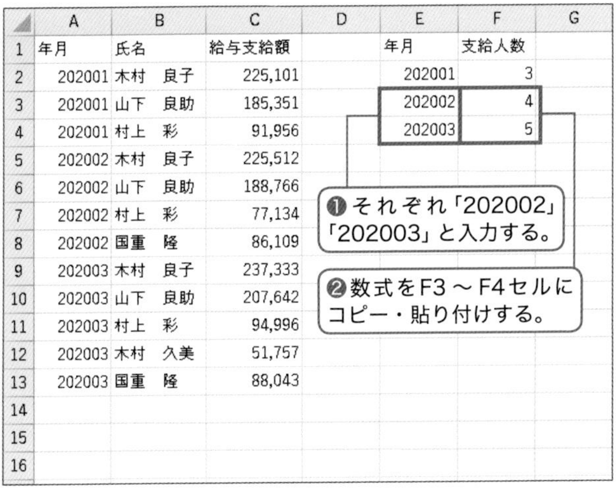

| | A | B | C | D | E | F | G |
|---|---|---|---|---|---|---|---|
| 1 | 年月 | 氏名 | 給与支給額 | | 年月 | 支給人数 | |
| 2 | 202001 | 木村　良子 | 225,101 | | 202001 | 3 | |
| 3 | 202001 | 山下　良助 | 185,351 | | 202002 | 4 | |
| 4 | 202001 | 村上　彩 | 91,956 | | 202003 | 5 | |
| 5 | 202002 | 木村　良子 | 225,512 | | | | |
| 6 | 202002 | 山下　良助 | 188,766 | | | | |
| 7 | 202002 | 村上　彩 | 77,134 | | | | |
| 8 | 202002 | 国重　隆 | 86,109 | | | | |
| 9 | 202003 | 木村　良子 | 237,333 | | | | |
| 10 | 202003 | 山下　良助 | 207,642 | | | | |
| 11 | 202003 | 村上　彩 | 94,996 | | | | |
| 12 | 202003 | 木村　久美 | 51,757 | | | | |
| 13 | 202003 | 国重　隆 | 88,043 | | | | |
| 14 | | | | | | | |
| 15 | | | | | | | |
| 16 | | | | | | | |

# 3-16
# 顧客区分別の売上件数を計算する

## SUMIFS関数で合計、COUNTIFS関数で件数を計算する

次のように売上明細があるときに、SUMIFS関数とCOUNTIFS関数を使って顧客区分別に売上金額と件数を集計し、平均単価を計算したいと思います。

| | A | B | C | D | E | F | G | H | I |
|---|---|---|---|---|---|---|---|---|---|
| 1 | 売上日 | 売上金額 | 区分 | | 区分 | 売上金額 | 件数 | 平均単価 | |
| 2 | 2020/3/1 | 3,900 | 新規 | | 新規 | 17,600 | 4 | 4,400 | |
| 3 | 2020/3/1 | 6,800 | 既存 | | 既存 | 39,000 | 5 | 7,800 | |
| 4 | 2020/3/1 | 4,900 | 新規 | | | | | | |
| 5 | 2020/3/1 | 7,800 | 既存 | | | | | | |
| 6 | 2020/3/2 | 7,800 | 既存 | | | | | | |
| 7 | 2020/3/2 | 3,900 | 新規 | | | | | | |
| 8 | 2019/3/2 | 6,800 | 既存 | | | | | | |
| 9 | 2019/3/2 | 4,900 | 新規 | | | | | | |
| 10 | 2019/3/2 | 9,800 | 既存 | | | | | | |
| 11 | | | | | | | | | |

区分ごとに売上金額・件数・平均単価を求める。

### 合計金額はSUMIFS関数で計算する

F2セルに次の数式を入れます。

```
=SUMIFS(B:B,C:C,E2)
```

この数式では、以下の計算をしています。

- 売上金額列（B列）のうち
- 区分列（C列）が「新規」（E2セル）であるものの合計

この数式をコピーして、下に貼り付けると、合計金額が計算できます。

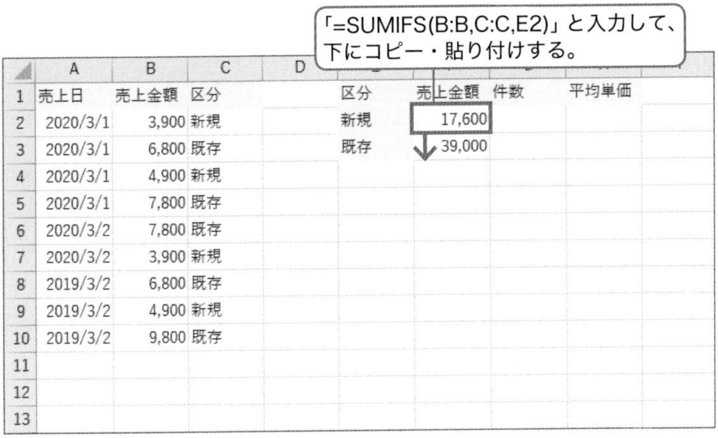


| | A | B | C | D | E | F | G | H |
|---|---|---|---|---|---|---|---|---|
| 1 | 売上日 | 売上金額 | 区分 | | 区分 | 売上金額 | 件数 | 平均単価 |
| 2 | 2020/3/1 | 3,900 | 新規 | | 新規 | 17,600 | | |
| 3 | 2020/3/1 | 6,800 | 既存 | | 既存 | 39,000 | | |
| 4 | 2020/3/1 | 4,900 | 新規 | | | | | |
| 5 | 2020/3/1 | 7,800 | 既存 | | | | | |
| 6 | 2020/3/2 | 7,800 | 既存 | | | | | |
| 7 | 2020/3/2 | 3,900 | 新規 | | | | | |
| 8 | 2019/3/2 | 6,800 | 既存 | | | | | |
| 9 | 2019/3/2 | 4,900 | 新規 | | | | | |
| 10 | 2019/3/2 | 9,800 | 既存 | | | | | |
| 11 | | | | | | | | |
| 12 | | | | | | | | |
| 13 | | | | | | | | |

## 件数はCOUNTIFS関数で計算する

G2セルに次の数式を入れます。

```
=COUNTIFS(C:C,E2)
```

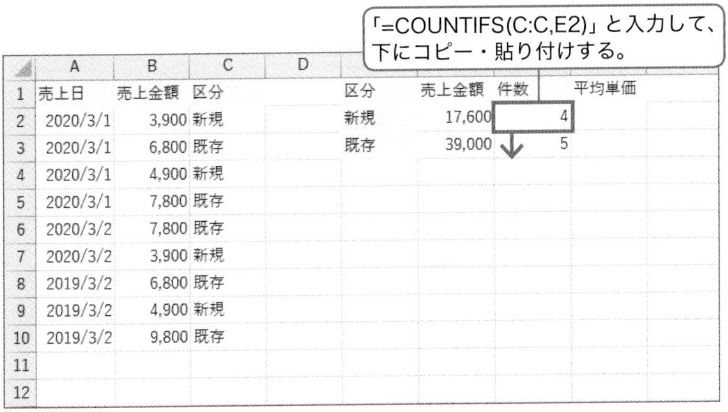


| | A | B | C | D | E | F | G | H |
|---|---|---|---|---|---|---|---|---|
| 1 | 売上日 | 売上金額 | 区分 | | 区分 | 売上金額 | 件数 | 平均単価 |
| 2 | 2020/3/1 | 3,900 | 新規 | | 新規 | 17,600 | 4 | |
| 3 | 2020/3/1 | 6,800 | 既存 | | 既存 | 39,000 | 5 | |
| 4 | 2020/3/1 | 4,900 | 新規 | | | | | |
| 5 | 2020/3/1 | 7,800 | 既存 | | | | | |
| 6 | 2020/3/2 | 7,800 | 既存 | | | | | |
| 7 | 2020/3/2 | 3,900 | 新規 | | | | | |
| 8 | 2019/3/2 | 6,800 | 既存 | | | | | |
| 9 | 2019/3/2 | 4,900 | 新規 | | | | | |
| 10 | 2019/3/2 | 9,800 | 既存 | | | | | |
| 11 | | | | | | | | |
| 12 | | | | | | | | |

この数式では区分列（C列）が「新規」（E2セル）であるものの合計を計算しています。この数式をコピーして、下に貼り付けると、件数が計算できます。

SUMIFS関数の数式と比較すると、SUMIFS関数の一つめの引数がないだけで、あとはまったく同じです。

## 平均単価は割り算で計算する

H2セルには「=F2/G2」と入力します。この数式をコピーして、下に貼り付けると平均単価が計算できます。

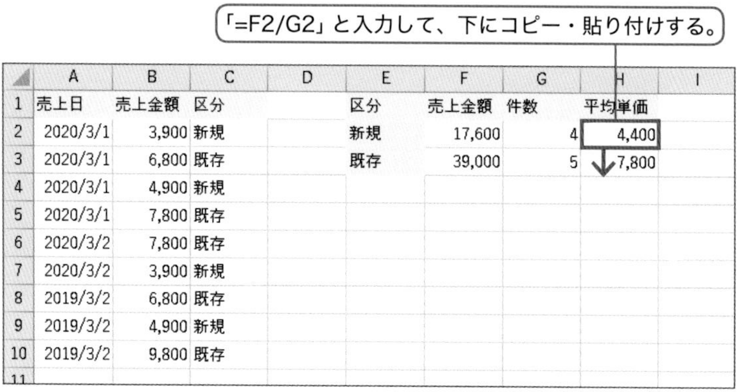


| | A | B | C | D | E | F | G | H | I |
|---|---|---|---|---|---|---|---|---|---|
| 1 | 売上日 | 売上金額 | 区分 | | 区分 | 売上金額 | 件数 | 平均単価 | |
| 2 | 2020/3/1 | 3,900 | 新規 | | 新規 | 17,600 | 4 | 4,400 | |
| 3 | 2020/3/1 | 6,800 | 既存 | | 既存 | 39,000 | 5 | 7,800 | |
| 4 | 2020/3/1 | 4,900 | 新規 | | | | | | |
| 5 | 2020/3/1 | 7,800 | 既存 | | | | | | |
| 6 | 2020/3/2 | 7,800 | 既存 | | | | | | |
| 7 | 2020/3/2 | 3,900 | 新規 | | | | | | |
| 8 | 2019/3/2 | 6,800 | 既存 | | | | | | |
| 9 | 2019/3/2 | 4,900 | 新規 | | | | | | |
| 10 | 2019/3/2 | 9,800 | 既存 | | | | | | |
| 11 | | | | | | | | | |

# Chapter 4

# 仕訳データを会計ソフトにインポートする

# 4-1
# エクセルで仕訳データを作成する

## エクセルで仕訳データを作成する全体像

### エクセルで仕訳データを作成するメリット

弥生会計に限らず、会計ソフトは全般的に、**仕訳の入力・編集がしにくい傾向にあります**。特に会計ソフトに慣れていない人が入力する場合には、仕訳をエクセルで作成できれば、それだけで作業効率が上がります。

また、仕訳の基礎データをエクセル（あるいは後で説明するCSVデータ）で入手できれば、それをエクセル上で加工することで、手間をかけずに仕訳データを作成することができます。そこで、エクセルで仕訳データを作成し、弥生会計にインポートする仕組みを作ってみましょう。

### インポート用フォーマットを作成する手順

最初から多機能・便利な仕組みを作るのは大変です。そこで、次のように、最初は最低限の機能を持つシートを作り、少しずつ改良を加えていきます。

#### 1. 弥生会計にインポートできるシートを作る

まず、インポート用CSVデータの仕様書に従って、シートを作ります。そのシートに、**手入力で仕訳データを入れて**、弥生会計にインポートしてみましょう。

この段階では、弥生会計に取り込めることの確認が最優先です。そのため、数式は使わず、手作業でデータを入力していきます。

#### 2. 仕訳入力用シートを別途作成する

インポート用のシートにそのまま入力すると、仕訳と直接関係のない項目を入力する必要があるなど使い勝手がよくありません。そこで、インポート用のシートとは別に、仕訳入力用のシートを作ります。シートをインポート用と入力用に分けることで、作業効率が上がります。

### 3. 様々な形式のデータからインポートデータを自動生成する

通常、入力する仕訳の大半は、現金・預金の入出金データです。そこで、出納帳形式のデータから、直接インポート用のデータを作成する仕組みを作ってみます。これができると、入出金データの取り込み時にエクセルでの加工作業が不要になり、元データをコピペするだけで仕訳データができあがるので、業務量を大きく減らせます。

同様に、売上データや給与データから、直接インポート用のデータを作成する仕組みも作ってみましょう。

## → CSVデータとは何か？

### CSVデータは「カンマで区切られた値」

会計ソフトにデータを取り込むためには、会計ソフトが指定した形式でデータを作る必要があります。弥生会計の場合には、**CSV形式**でデータを作ります。

CSVというのは、Comma Separated Valueの略で、その名の通り「カンマで区切られた値」という意味です。そして、CSV形式のデータが入ったファイルを「CSVデータ」と呼びます。

CSVデータの例

```
"2000",3,"","R.02/04/02","普通預金","みずほ銀行","","対象外",133865,0,"売掛金","
"2000",4,"","R.02/04/02","普通預金","みずほ銀行","","対象外",64311,0,"売掛金","（株
"2000",632,"","R.02/04/07","消耗品費","","","課対仕入内8%",20235,1498,"現金","","",""
"2000",5,"","R.02/04/09","通信費","","","課対仕入内8%",13330,987,"普通預金","みずほ
"2000",6,"","R.02/04/09","通信費","","","課対仕入内8%",8075,598,"普通預金","みずほ
"2000",7,"","R.02/04/09","車両費","","","課対仕入内8%",19010,1408,"普通預金","みず
"2000",8,"","R.02/04/09","普通預金","みずほ銀行","","対象外",178237,0,"売掛金","
"2000",9,"","R.02/04/10","普通預金","みずほ銀行","","対象外",1730724,0,"売掛金","
"2000",633,"","R.02/04/11","交際費","","","課対仕入内8%",4743,351,"現金","","","対
"2000",634,"","R.02/04/14","会議費","","","課対仕入内8%",319,23,"現金","","","対象
"2000",635,"","R.02/04/14","会議費","","","課対仕入内8%",3560,263,"現金","","","対
"2000",636,"","R.02/04/15","会議費","","","課対仕入内8%",4508,333,"現金","","","対
"2000",637,"","R.02/04/15","消耗品費","","","課対仕入内8%",12825,950,"現金","","",
```

### エクセルのようなデータを表現できる

CSVデータは文字だけのデータですが、改行で行を、カンマで列を表現することができます。行・列が表現できるという意味では、CSVデータとエクセルシートは、ほとんど同じものと考えられます。

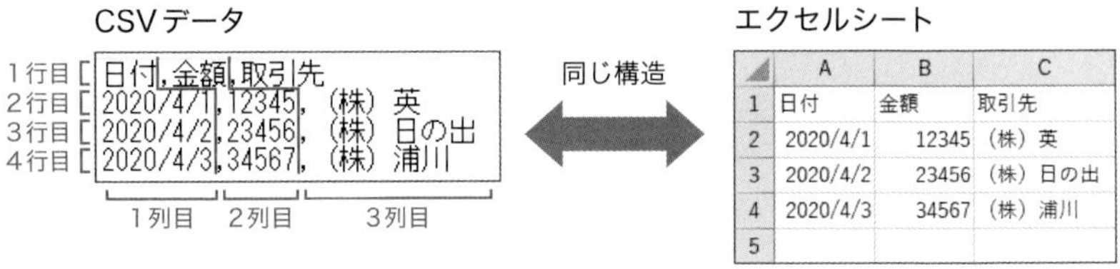


### CSVデータは値の情報だけ保存する

一方で、**CSVデータは、エクセルのデータとは違う「単なる文字のデータ」であることは常に意識しておきましょう**。

CSVデータには、エクセルとは違い、書式、数式や複数シートの情報を保存する仕組みがありません。そのため、エクセルシートをCSVデータとして出力すると、**ある一つのシートの、値の情報だけが保存されます**。

## → CSVデータを使うための準備

### 「拡張子」がファイルを開くときの挙動を決める

実際にCSVデータを使うときには、「拡張子」という仕組みを知っておく必要があります。

拡張子は、**ファイルの種類を識別する文字**で、ファイル名の末尾に「.」に続けて入力されます。たとえば、「仕訳入力用フォーマット.xlsx」というファイル名であれば「xlsx」の部分を拡張子と呼びます。

拡張子は、ファイルをダブルクリックしたときに起動するソフトウエアを決める役割を持っています。たとえば、拡張子がxlsxであればエクセル、txtであればメモ帳が起動します。

**Column**

**CSVデータをエクセルで開くのは避けよう**

拡張子が「.csv」のCSVファイルをダブルクリックすると、CSV形式のデータはエクセルのシート形式に自動変換されエクセルが起動します。ところが、この**自動変換で、意図せず内容が変わってしまい、トラブルの原因となる場合があります**。ですから、**CSVファイルは、エクセルで開かずメモ帳で開く**ことをおすすめします。

拡張子が「.csv」のCSVファイルの内容をメモ帳で確認したいときには、エクスプローラー上で開きたいファイルを右クリックして「プログラムから開く」→「メモ帳」を選択してください（「メモ帳」が出てこない場合には、「別のプログラムを選択」から「メモ帳」を選択してください）。

## 拡張子を表示させる

Windowsの標準設定では、エクスプローラーでファイル一覧を表示したときに拡張子が表示されません。今後、CSVデータを操作する場合には、拡張子を表示しておかないと不便なため、拡張子を表示させるように設定を変更しておきましょう。

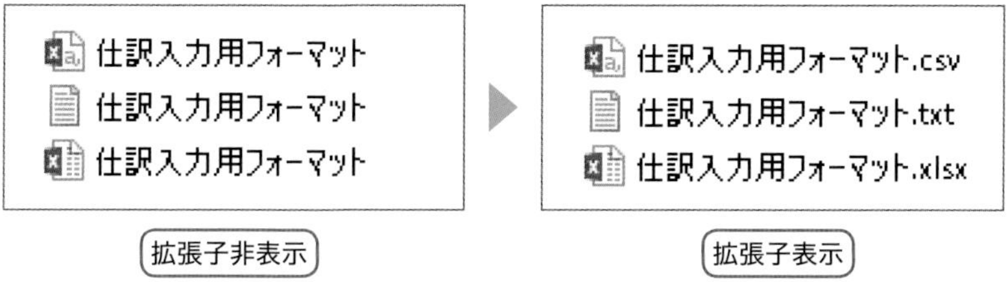


拡張子の表示設定はエクスプローラー上で行います。エクスプローラーのメニューから「表示」をクリックして、「ファイル名拡張子」にチェックを入れてください。これで、拡張子が表示されます。

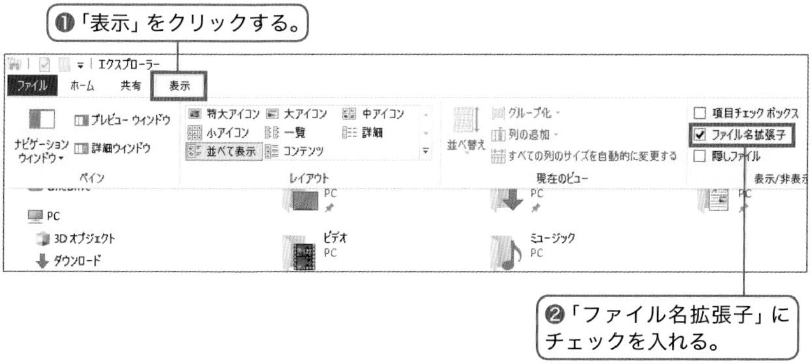


なお、拡張子をむやみに変更すると、そのファイルがうまく開けなくなる場合があります。特別な理由がない限り、拡張子は変更しないようにしましょう。

4-2

# インポートできるデータ形式を調べる

## → インポート用データの構造を把握する

### 弥生会計のヘルプページでCSVデータの様式を調べる

それでは、実際にCSVデータを作成していきましょう。まずは、弥生会計のヘルプページ（https://support.yayoi-kk.co.jp/subcontents.html?page_id=18545）を見て、CSVデータの様式を調べてみましょう。

最初におさえるべき重要なポイントは三つあります。

### 各行・各列にどういう情報を入れるかを確認する

このページの表では、1行で一つの仕訳データを表すことを前提として、一つの仕訳データごとに、各列に何を入力すればいいかが説明されています。1～25までの欄があることからわかるように、横に25列分のデータが必要になります。たとえば、1列目は「識別フラグ」、2列目は「伝票No.」、そして最後の25列目には「調整」を入れることになります。このようなデータを、仕訳行数分だけ縦に繰り返していきます。

| 列 | 1列目 | 2列目 | 3列目 | 4列目 | 5列目 | … | 25列目 |
|---|---|---|---|---|---|---|---|
| 名称 | 識別フラグ | 伝票No. | 決算 | 取引日付 | 借方勘定科目 | | 調整 |
| データ例 | 2000 | | | 2020/4/1 | 現金 | | no |

### 絶対に入力が必要な項目を確認する

表に書かれている25列のうち、**絶対に入力する必要があるのは、条件欄に「必須」と書かれている以下の10項目だけ**です。

- 「識別フラグ」「取引日付」
- 「借方勘定項目」「借方税区分」「借方金額」

- 「貸方勘定項目」「貸方税区分」「貸方金額」
- 「タイプ」「調整」

その他の項目は、必要がなければ、入力する必要はありません。小規模な会社であれば、上記に加えて「借方補助科目」「貸方補助科目」と「摘要」を入力すれば十分な場合がほとんどでしょう。

## コメント行の形式を確認する

弥生会計の仕訳データをインポートするときに、各行1列目の先頭の文字を「#」にすると、その行はインポート時には無視されます（コメント行と呼びます）。この機能を使うと、CSV出力用のシートで「列名」を表示できたり、CSVデータを効率的に作れるようになります。

### Column データをエクスポートして内容を見る

仕様書を見ても準備すべきデータを想像しにくいときは、弥生会計に入力したデータをエクスポートしてみましょう。弥生会計のメニューから「帳簿・伝票」→「仕訳日記帳」をクリックして、仕訳日記帳を開きます。「全期間」を指定して、全仕訳を表示させた状態で、メニューから「ファイル」→「エクスポート」をクリックします。「エクスポート」ウィンドウが表示されたら、書式を「弥生インポート形式」を選択してください。出力先を選択して「OK」をクリックすると仕訳データをエクスポートすることができます。

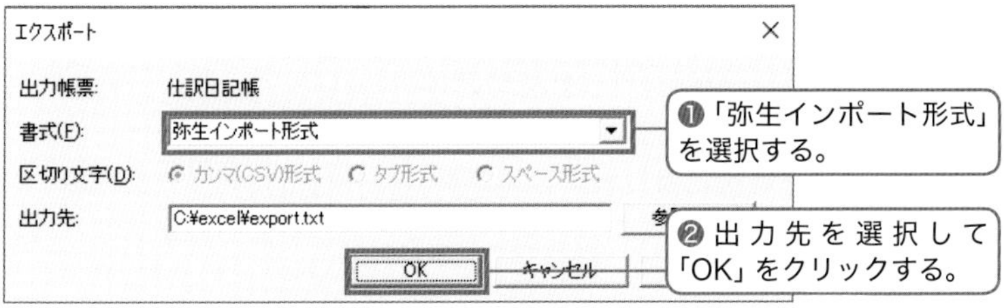


このデータは、そのまま弥生会計にインポートすることができます。ですから、このエクスポートしたデータを見れば、どのようなデータを作ればいいか、ある程度見当がつきます。

ただし、このようにしてエクスポートしたデータは、**インポートに最適な形式になっていません**。エクスポートしたデータは、あくまで、参考として使うように心がけてください。

# → 仕訳データを作るときのポイント

## すべての仕訳を「1:1の仕訳データ」にする

弥生会計で直接仕訳を入力する方法は「1:1の仕訳データ」「出金伝票」「入金伝票」「振替伝票」の四つがあります。

この四つの方法のどの方法で取込むかは、インポートデータの1列目の「識別フラグ」、20列目の「タイプ」で指定します。

| 区分 | 識別フラグ（1列目） | タイプ（20列目） |
|---|---|---|
| 1:1の仕訳データ | 2000 | 0 |
| 出金伝票 | 2111 | 1 |
| 入金伝票 | 2111 | 2 |
| 振替伝票 | 先頭行:2110、中間行:2100、最終行:2101 | 3 |

エクセルから仕訳データをインポートするときには、基本的には「1:1の仕訳データ」を使うようにしましょう。そうすることで、すべての行について、識別フラグは「2000」、タイプは「0」を指定すれば済むので、簡単にインポートデータを作ることができます。

## 税区分は常に「込」で、税率を明記する

税区分の指定方法は、課税方式別税区分・税計算区分一覧のページ（https://support.yayoi-kk.co.jp/faq_Subcontents.html?page_id=18111）に書かれています。

たとえば、原則課税の課税事業者が、本体価格10,000円＋消費税額1,000円という「税率10%の課税売上取引」を入力するときを考えてみます。この仕訳の「貸方部分」を入力するには、次の4通りの方法があります。

| | 11列目 | 14列目 | 15列目 | 16列目 |
|---|---|---|---|---|
| 入力の種類 | 貸方勘定科目 | 貸方税区分 | 貸方金額 | 貸方税金額 |
| 1.税込入力 | 売上高 | 課税売上**込**10% | 11000 | （空欄） |
| 2.内税入力 | 売上高 | 課税売上**内**10% | 11000 | 1000 |
| 3.外税入力 | 売上高 | 課税売上**外**10% | 10000 | 1000 |
| 4.別記入力 | 売上高 | 課税売上**別**10% | 10000 | （空欄） |
| | 仮受消費税 | 対象外 | 1000 | |

「税込入力」を使うと、弥生会計への直接入力時と同じように、税込金額から消費税額を自動計算することができます。ですから、特別な理由がない限りは、「1.税込入力」を使いましょう。

課税仕入についても「課対仕入**込**10%」「課対仕入**込**軽減8%」など、税込入力の税区分を使いましょう。

また、インポート時に税区分の税率を省略すると5%扱いになってしまいます。実務的には、**常に税区分に税率を指定する必要がある**ことに注意してください。

Column

### 免税事業者、簡易課税適用事業者の場合

免税事業者の場合、**税区分に何を入力しても、自動的に「対象外」に読み替えられます。** ですから、税区分は、すべて「対象外」を指定してもいいですし、課税事業者の場合と同じように税区分を入力しても支障はありません。課税事業者のときと同じように税区分を入力しておくと、仕訳入力**後**に、消費税設定で事業者区分を「課税」に切り替えた場合、自動的に、元々入力した税区分に戻ります。ですから、**税区分の自動入力の仕組みができあがっている場合など、税区分の入力に手間がかからないときには、課税事業者と同じように税区分を入力しておくことをおすすめします。**

簡易課税を適用する事業者の場合、「課税売上込10%」の税区分は「(事業区分が不明な) 税率10%の売上」として取り扱われます。事業区分を指定したい場合には、「課税売上込**三**10%」「課税売上込**四**10%」「課税売上込**四**軽減8%」のように**事業区分を漢数字で指定してください。**

# 4-3 CSV出力用シートにデータを直接入力する

## → シートの準備をする

それでは、CSVファイルに出力するためのシートを準備していきます。

まずは、「列見出し」を入力します。「列見出し」は、インポートデータとして弥生会計に取り込むとエラーになってしまうため、**「列見出し」を入力する行がコメント扱いになるようにデータを作りましょう**。

### ヘルプページを加工して列見出し情報を作る

各列ごとに、列見出しを手入力してもいいのですが、面倒なので、先ほど紹介した、弥生会計のヘルプページ（https://support.yayoi-kk.co.jp/subcontents.html?page_id=18545）の情報を加工して入力しましょう。

#### ヘルプページの表をエクセルにコピーする

ヘルプページを開いたら、表の中身をコピーします。**表の左端の「1」と書かれている部分（＝2行目の最初の列）から**、表の最後までコピーをします。

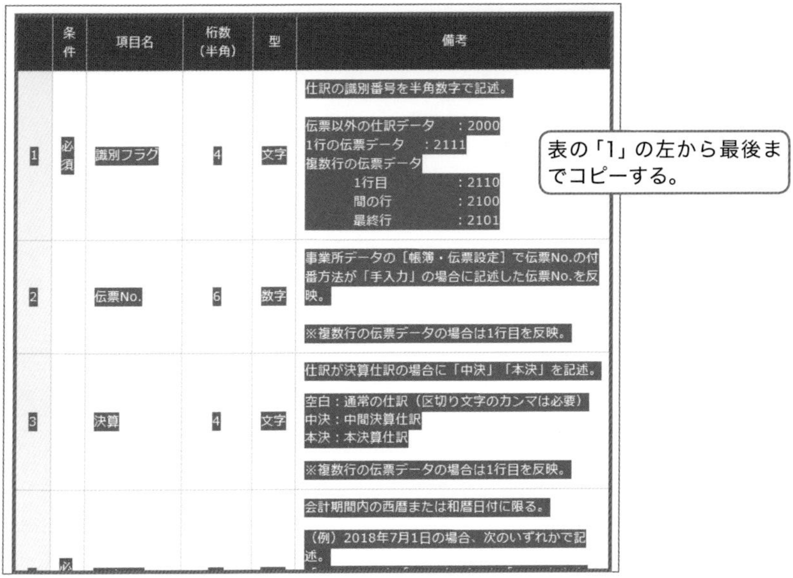

| | 条件 | 項目名 | 桁数（半角） | 型 | 備考 |
|---|---|---|---|---|---|
| 1 | 必須 | 識別フラグ | 4 | 文字 | 仕訳の識別番号を半角数字で記述。<br>伝票以外の仕訳データ　: 2000<br>1行の伝票データ　: 2111<br>複数行の伝票データ<br>1行目　: 2110<br>間の行　: 2100<br>最終行　: 2101 |
| 2 | | 伝票No. | 6 | 数字 | 事業所データの［帳簿・伝票設定］で伝票No.の付番方法が「手入力」の場合に記述した伝票No.を反映。<br>※複数行の伝票データの場合は1行目を反映。 |
| 3 | | 決算 | 4 | 文字 | 仕訳が決算仕訳の場合に「中決」「本決」を記述。<br>空白：通常の仕訳（区切り文字のカンマは必要）<br>中決：中間決算仕訳<br>本決：本決算仕訳<br>※複数行の伝票データの場合は1行目を反映。 |
| | 必 | | | | 会計期間内の西暦または和暦日付に限る。<br>（例）2018年7月1日の場合、次のいずれかで記述。 |



コピーしたデータをエクセルに貼り付けます。「貼り付けのオプション」から「貼り付け先の書式に合わせる」（右側のアイコン）を選択してください。

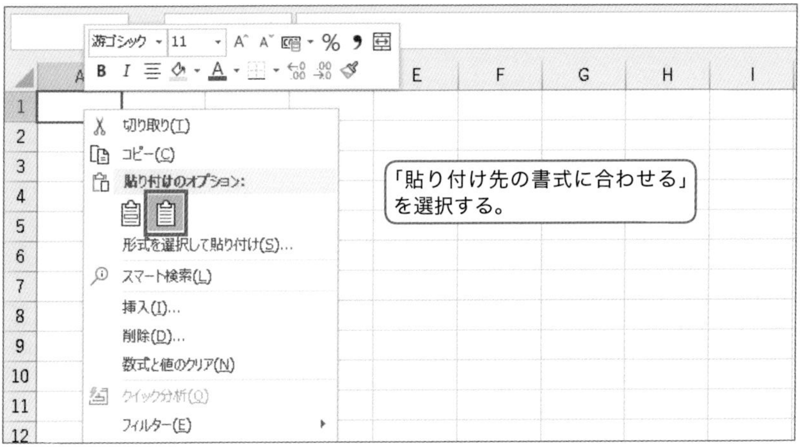

## ◎ フィルターで必要な行を抽出する

その後、フィルターで必要な行のみ抽出します。シート全体を選択してフィルターをかけたら、C列で「▼」ボタンをクリックします。「(空白セル)」のチェックをはずして「OK」をクリックすると、空欄が非表示になります。その後、B1セルからC79セル（C列の最終行）を選択したら、右クリック→「コピー」を選択してコピーします。

シート全体を選択してフィルターをかける。

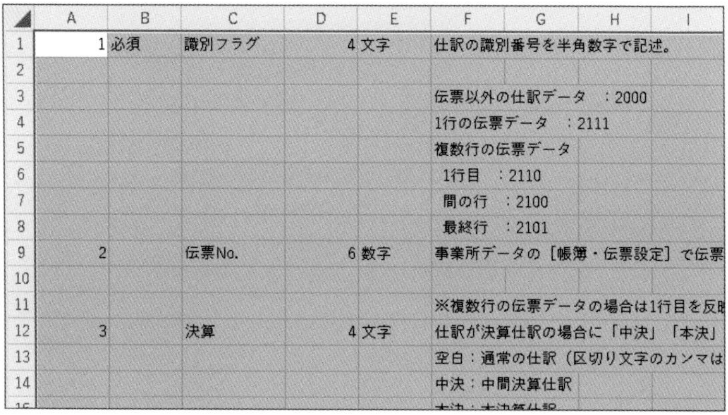


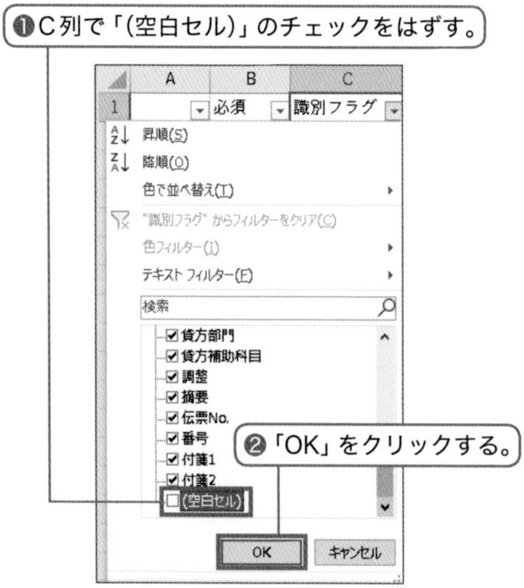

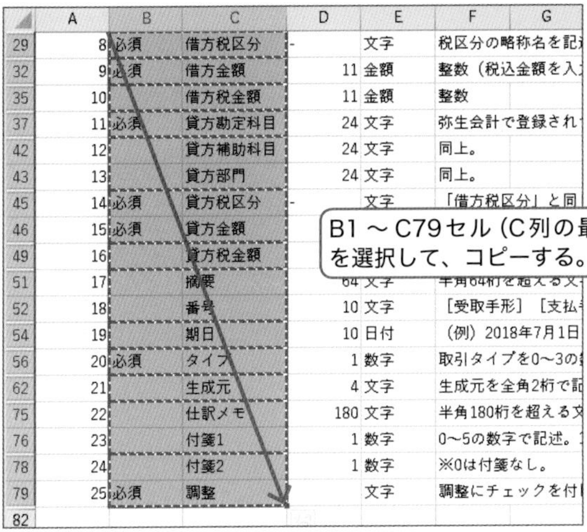


## ◯ 行列を入れ替えて貼り付ける

別ブックに行・列を入れ替えて貼り付けをします。新しいブックを開きましょう。1行目は空行のままにしておき、2行目～3行目に貼り付けます（1行目は、後で使うので空欄のままにしておきます）。

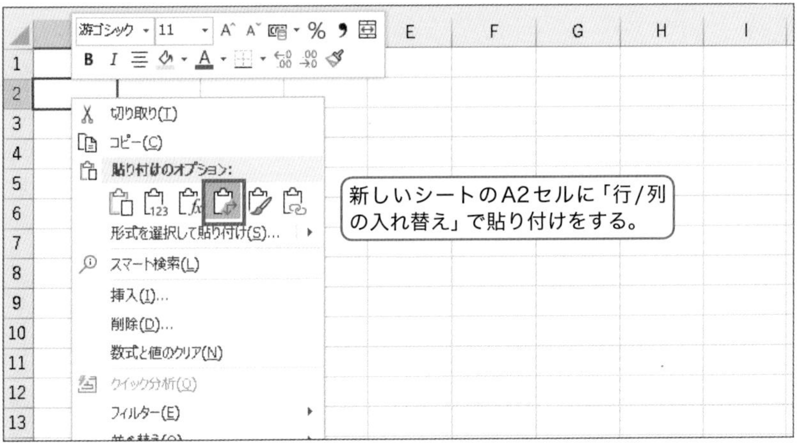


最後に、1行目～3行目をコメント行として扱うためにA1セル、A2セル、A3セルの先頭に「#」を挿入しましょう。

| | A | B | C | D |
|---|---|---|---|---|
| 1 | # | | | |
| 2 | #必須 | | | 必須 |
| 3 | #識別フラ | 伝票No. | 決算 | 取引日付 |
| 4 | | | | |

先頭に「#」を挿入する。

これで、列見出しの準備ができました。

## → 必要な項目を手入力する

### CSV出力用シートを整える

次に、実際に必要な項目を手入力していきましょう。今回は、必須項目の他、ほとんどの会社で必要になる「借方補助科目」「貸方補助科目」「摘要」を入力してきます。

必要に応じて列幅を調整するとともに、**入力しない列（B列～C列、G列、J列、M列、P列、R列～S列、U列～X列）を非表示にして**、見やすくしておきましょう。

入力しない列を非表示にする。

| | A | D | E | F | H | I | K | L | N | O | Q | T | Y |
|---|---|---|---|---|---|---|---|---|---|---|---|---|---|
| 1 | # | | | | | | | | | | | | |
| 2 | #必須 | 必須 | 必須 | | 必須 | 必須 | 必須 | | 必須 | 必須 | | 必須 | 必須 |
| 3 | #識別フラグ | 取引日付 | 借方勘定科目 | 借方補助科目 | 借方税区分 | 借方金額 | 貸方勘定科目 | 貸方補助科目 | 貸方税区分 | 貸方金額 | 摘要 | タイプ | 調整 |
| 4 | | | | | | | | | | | | | |

なお、**不要な列を削除してはいけません**。不要な列を削除してしまうと、列がずれて、正しくCSVファイルを作ることができません。あくまで、非表示にするだけに留めておいてください。

### 普段入力する項目を入力する

最初に、通常の弥生会計使用時に入力する、下記の項目を入力してみましょう。

- 取引日付
- 借方勘定科目、借方補助科目
- 借方金額
- 貸方勘定科目、貸方補助科目
- 貸方金額
- 摘要

入力する内容は、弥生会計に直接入力するときと変わりません。たとえば、「2020/4/1」付で、「普通預金（補助科目：みずほ銀行）10,000／売上高（補助科目なし）10,000、摘要：売上入金」という取引を入力すると、次のようになります。

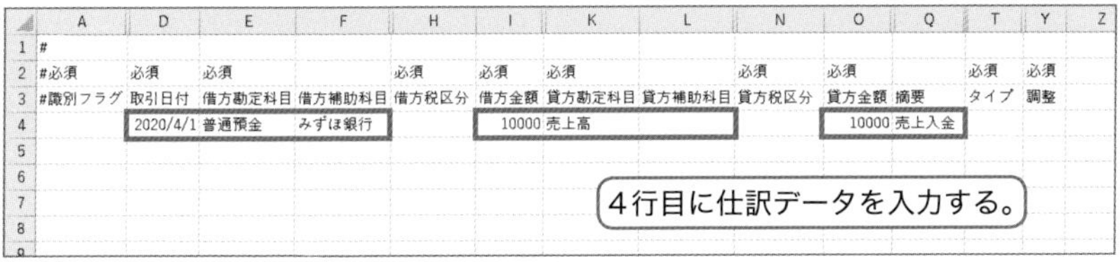


なお、**表示形式をむやみに変えると、CSVファイル作成時に誤動作の原因になる場合があります**。日付以外の列は、表示形式を「標準」にしておきましょう。念のため、D列の日付の表示形式が「年4桁/月2桁/日2桁」形式になっていること、I列の借方金額とO列の貸方金額の表示形式が「標準」になっていることを確認してください。

## 税区分を入力する

弥生会計に、直接仕訳を入力するときとは異なり、CSV取り込みシートに入力するときには、**税区分を手で入力する必要があります**。

今回は、借方税区分には「対象外」、貸方税区分には「課税売上**込**10%」と入力しましょう。

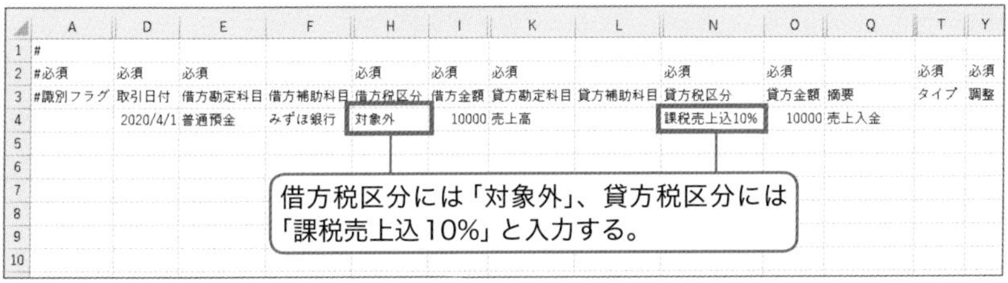


180ページで触れたように、課税売上については「込」の税区分を使い、税率を入力することを、再度確認してください。

## 「識別フラグ」「タイプ」「調整」のデータを入力する

これで、仕訳に直接関係するデータの入力は終わりましたが、**必須項目であ**

**る「識別フラグ」「タイプ」「調整」列が、空欄のままになっています。**

この三つの列には、**仕訳の内容に関係なく、次の値を入力しましょう。**

| 項目 | 入力すべき内容 | 意味 |
|---|---|---|
| 識別フラグ | 2000 | 1:1 仕訳を意味するコード（180ページ参照） |
| タイプ | 0 | |
| 調整 | no | 「調整」欄にチェックを入れない |

これで、仕訳データができあがりました。

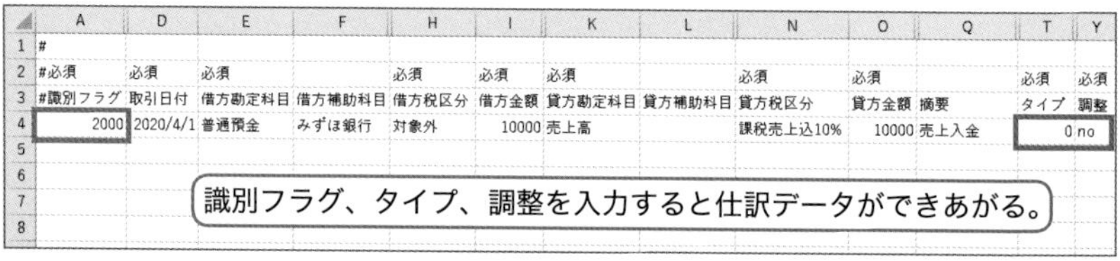

| | A | D | E | F | H | I | K | L | N | O | Q | T | Y |
|---|---|---|---|---|---|---|---|---|---|---|---|---|---|
| 1 | # | | | | | | | | | | | | |
| 2 | #必須 | 必須 | 必須 | | 必須 | 必須 | 必須 | | 必須 | 必須 | | 必須 | 必須 |
| 3 | #識別フラグ | 取引日付 | 借方勘定科目 | 借方補助科目 | 借方税区分 | 借方金額 | 貸方勘定科目 | 貸方補助科目 | 貸方税区分 | 貸方金額 | 摘要 | タイプ | 調整 |
| 4 | 2000 | 2020/4/1 | 普通預金 | みずほ銀行 | 対象外 | 10000 | 売上高 | | 課税売上込10% | 10000 | 売上入金 | 0 | no |
| 5 | | | | | | | | | | | | | |
| 6 | | | | | | | | | | | | | |
| 7 | | | | | | | | | | | | | |
| 8 | | | | | | | | | | | | | |



## → CSVファイルを作成する

### 事前にエクセル形式で保存し、すぐにファイルを閉じよう

CSVファイルを作成するときには、次のようなトラブルが起こりがちです。

#### トラブル1：CSV保存時にシート名が変わってしまう

CSV保存をすると、シート名が出力ファイル名に置き換わってしまいます。

変化前

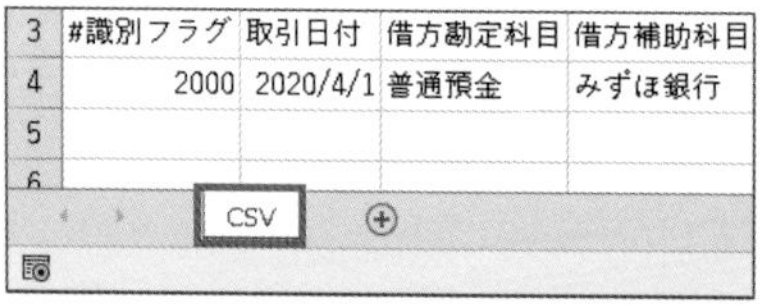

| | | | | |
|---|---|---|---|---|
| 3 | #識別フラグ | 取引日付 | 借方勘定科目 | 借方補助科目 |
| 4 | 2000 | 2020/4/1 | 普通預金 | みずほ銀行 |
| 5 | | | | |
| 6 | | | | |



変化後

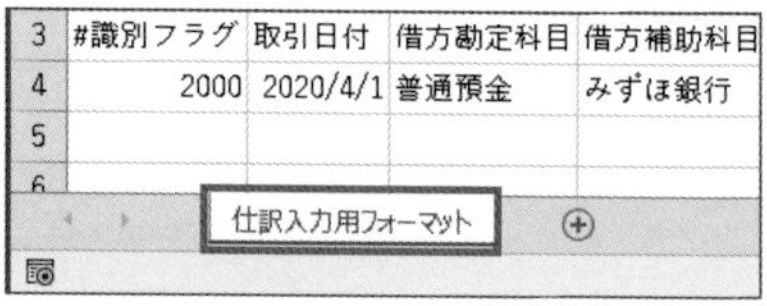

| | | | | |
|---|---|---|---|---|
| 3 | #識別フラグ | 取引日付 | 借方勘定科目 | 借方補助科目 |
| 4 | 2000 | 2020/4/1 | 普通預金 | みずほ銀行 |
| 5 | | | | |
| 6 | | | | |



#### トラブル2：ファイルを閉じないと弥生会計で取り込めない

エクセルで開いているファイルを、弥生会計で取り込むことはできません。取り込もうとするとエラーが発生して、「他のアプリケーションで使用されているため、インポートできません。」とメッセージが表示されます。

### トラブル3：CSVファイルは書式や数式、他シートの情報を反映しない

CSVファイルには、**「指定したシート」の「値」しか保存されません**。事前にエクセルとして保存しておかないと、元々のエクセルファイルに入っていた**書式や数式、他シートの情報が消えてしまいます**。

### トラブル4：修正が元のエクセルファイルに反映されない

CSVファイル出力後に、エクセルでデータを修正して上書き保存すると、CSVファイルとして上書き保存されるため、**その修正は元のエクセルファイルには反映されません**。

このようなトラブルは、**事前に通常のエクセルの形式でファイルを保存し、CSVファイル出力後すぐにファイルを閉じることで防げます**。

## CSVファイルを作成する

それでは、CSVファイルを作成していきます。あらかじめ、エクセルファイルを保存して、次に進んでください。

### 名前をつけて保存

CSV化したいシートを開いた状態で、リボンから「ファイル」→「名前を付けて保存」を選択します。そして、ファイルの保存形式で、**「CSV(コンマ区切り)(*.csv)」を選択**してください。

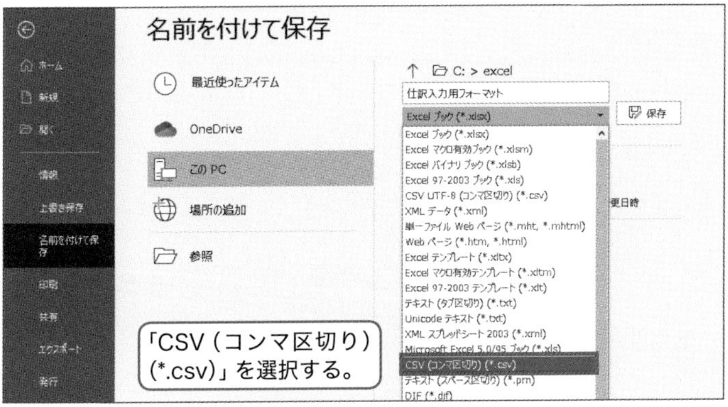


なお、上のほうに「CSV **UTF-8**（コンマ区切り）(*.csv)」というよく似ている形式があります。**これを選んで保存するとインポートが失敗するので、選ばない**

**ようにしてください**。

Column

## 警告メッセージの意味と対応

「保存」をクリックすると、次のような警告が表示される場合があります。これは、先述した**選択したシートだけしか保存されない**ことに対する警告です。「OK」をクリックして、CSVファイルとして保存しましょう。

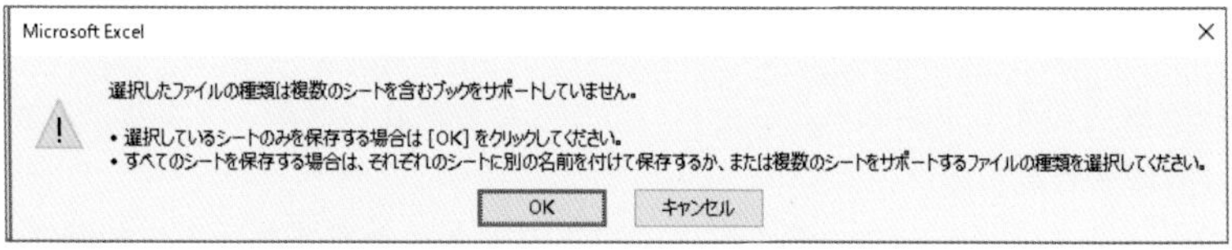


## CSVファイル保存後、いったんファイルを閉じる

CSVファイルの保存が終わると、画面上部に次の画面のように「セルの書式設定や数式などがCSVファイルには保存されていない」旨のメッセージが表示される場合があります。事前にエクセルファイルとして保存していれば問題ありませんので、このメッセージは無視するか、「次回から表示しない」をクリックしましょう。

後続処理の支障にならないように、このファイルをいったん閉じましょう。ファイルを閉じると、次のようなメッセージが表示されます。CSVファイルは作成済みですので、**「保存しない」をクリックして、閉じましょう**。

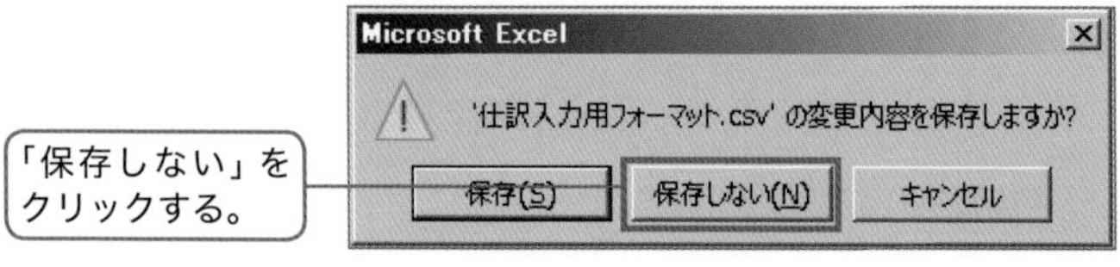


もし、エクセルファイルを再度編集したいときには、元のエクセルファイルを開き直してください。

## 弥生会計にインポートデータを取り込む

それでは、実際に弥生会計に取り込んでみましょう。弥生会計で、先ほど保存したエクセルファイルを選択して取り込んでみます。

あらかじめ、弥生会計で、下記の設定で事業所データを作成してください。

- 勘定科目体系は「法人/一般」
- 決算期は「第1期」
- 期首日は「R02/04/01」
- 製造原価に関する科目を使用「しない」
- 中間決算整理仕訳を「行わない」
- 電子帳簿保存を「行わない」
- 消費税申告は「本則課税・税抜」

なお、法人名や保存先などは、自由に設定してください。

### インポートメニューを起動する

弥生会計のメニューから「帳簿・伝票」→「仕訳日記帳」を表示させます。そこで、メニューから「ファイル」→「インポート」を選択しましょう。

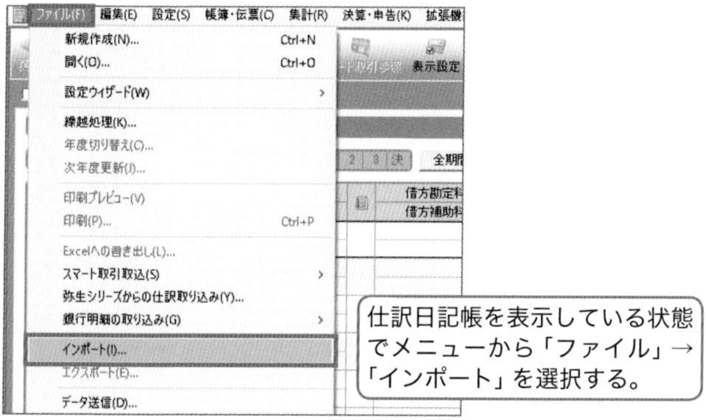


### CSVファイルを選択する

「参照」を押すと、ファイルの選択ウィンドウが表示されます。

最初、ファイルの種類は「テキストファイル(*.txt)」が選択されているので、さきほど作成したCSVファイルが表示されません。**表示するファイルの種類を「すべてのファイル(*.*)」に変更してから**、CSVファイルを選択してください。

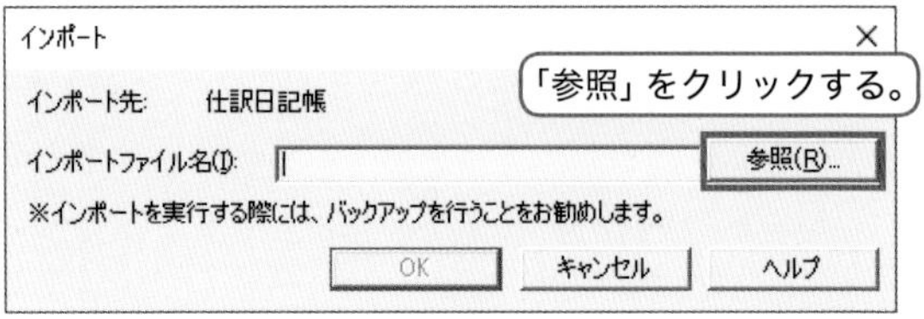


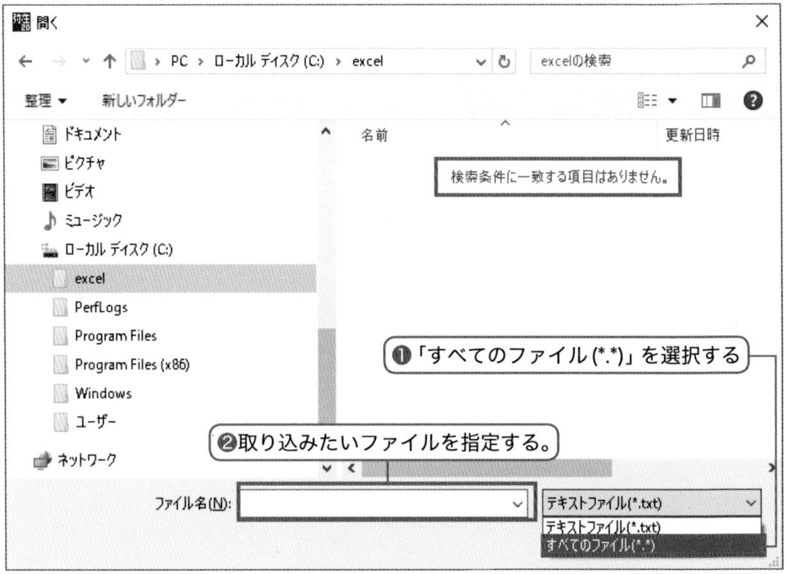


ファイルを選択すると、インポートファイル名欄に、選択したCSVファイルの場所（ファイルパス）が入力されます。「OK」をクリックして次に進みましょう。

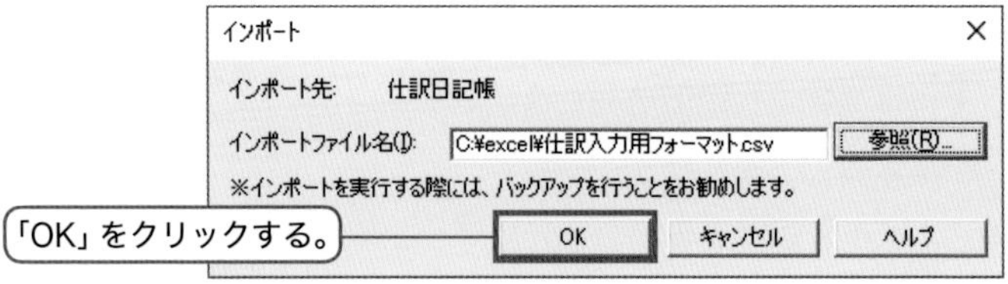


### ○ 存在しない勘定科目・補助科目を登録する

CSVデータに入力されている勘定科目・補助科目で、弥生会計に未登録のものがある場合、どう処理するかを確認するウィンドウが表示されます。今回は、取り込み補助科目名に「普通預金/みずほ銀行」、方法列に「作成」と書かれていることを確認したら、「OK」をクリックして、そのまま進みましょう。

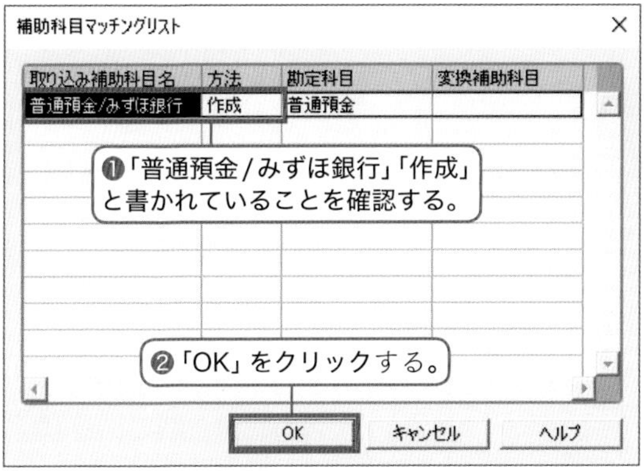


Column

**項目の自動変換に頼るのは避けよう**

この画面では、CSVデータに入力されている補助科目が弥生会計に存在していない場合、弥生会計の登録済補助科目に変換することもできます。たとえば、CSVデータで「みずほ」と入力されているが、弥生会計には「みずほ銀行」という補助科目しか登録されていない場合には、「みずほ」を「みずほ銀行」に変換して取り込むこともできます。

ただ、補助科目の割り当て・変換などの処理は、通常、エクセルシート側でも行われています。それに加えて、ここで変換をかけてしまうと、変換処理をする箇所が分散してしまい、管理が大変です。ですから、この画面で変換をすることはおすすめしません。後々のトラブルを防ぐため、いったんインポートを中断し、**元のエクセルファイルの表記を、弥生会計の正式表記に合わせて修正して、再度インポート処理を行う**ようにしましょう。

## インポート完了

インポートが完了すると、「インポートは正常に終了しました。」とメッセージが表示されます。仕訳日記帳で、仕訳データが取り込まれたことを確認してください。

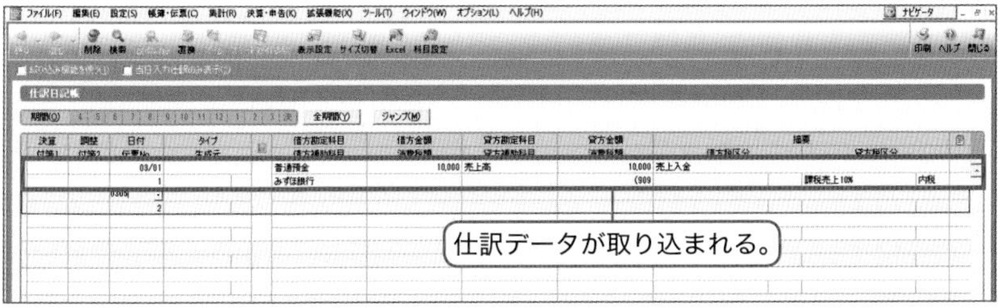

# 4-4 CSV出力用シートと入力用シートを分ける

## シートを分けてデータを転記する仕組みを作る

### 入力用シートを分けるメリット

前節で作成したCSV出力用シートにデータを入力していけば、弥生会計に仕訳データを取り込むことができます。ただ、実際に使うときには、次の三つの理由で、入力用シートを別途作ることをおすすめしています。

#### 非表示列を使わないで済む

出力用シートでは一部の列が非表示になっています。しかし、シートに非表示列があると、コピー・貼り付けがしにくく不便です。

#### 常に同じ値を入力する項目を省ける

入力用シートを分けておけば、識別フラグ・タイプ・調整など常に同じ値を入力する項目を、CSV出力用シートに転記するときに自動的に補えます。そのため、入力用シートに表示する必要がありません。

#### 税区分を自動入力しやすくなる

インポート時には税区分は省略できません。しかし、入力用シートを分けることで、税区分を自動入力する仕組みが整えやすくなります。

### 入力用シートを準備する

それでは、実際に入力用のシートを作ってみましょう。ここでは、以下のようなシンプルな仕組みのシートを作ってみます。

- 必要最小限の列を準備した入力用シートを作り、そこから、CSV出力用シートに転記する

- 識別フラグ・タイプ・調整 を自動的に入力する

## ◎ CSV出力シートの列を再表示する

まず、さきほど作成したCSV出力用シートの**シート名を「CSV」に変更し、すべての列を再表示しておきましょう**。

「CSV」シート

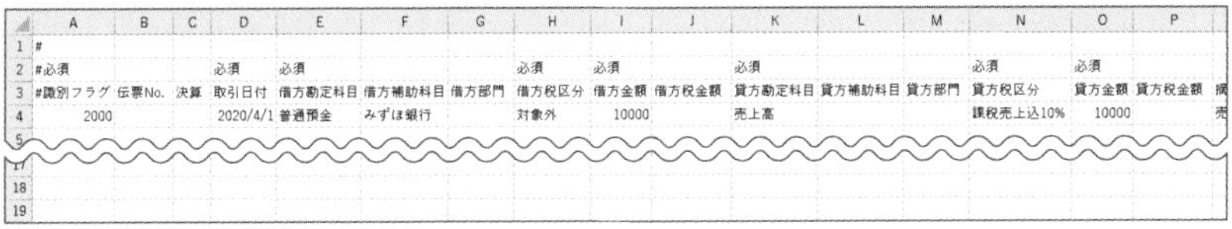


## ◎「入力」シートを作る

次に、入力用のシートを作成します。新規シートを作成し、シート名を「入力」にしましょう。その後、次のように入力してください。

- ①3行目のA～I列に、「取引日付」「借方勘定科目」「借方補助科目」「借方税区分」「貸方勘定科目」「貸方補助科目」「貸方税区分」「金額」「摘要」と入力してください。
- ②4行目のA～I列に、「2020/4/1」「普通預金」「みずほ銀行」「対象外」「売上高」「(空欄)」「課税売上込10%」「10,000」「売上入金」と入力してください(F4セルは、何もせずに空欄にしいておいてください)。入力している内容は、前節でCSVシートに入力したものと同じです。
- ③A列(取引日付列)の表示形式を「日付(年4桁/月2桁/日2桁)」、H列(金額列)の表示形式を「カンマ区切り」に設定してください。

「入力」シート

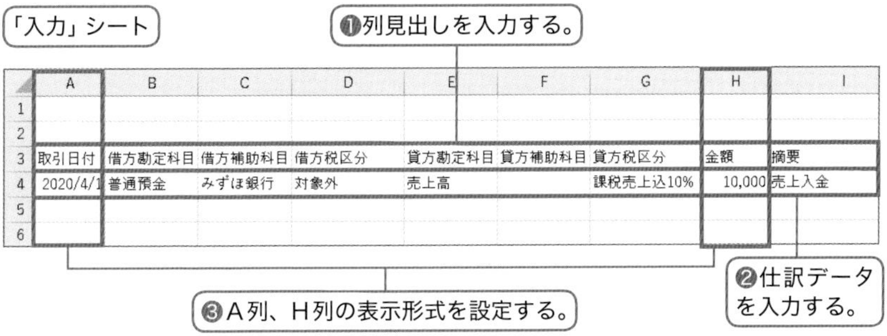

1:1仕訳を前提としているため、**「借方金額」は「貸方金額」と常に等しくなります**。そのため、金額列は一つしか準備していません。

また、「CSV」シートと行の構成を合わせるため、あえて3行目に列見出しを入力し、4行目以降に仕訳データを入力するようにしています。こうしておくことで、転記時には、4行目→4行目、5行目→5行目など、同じ行に転記をすることになるので、数式がわかりやすくなります。

### ウィンドウ枠を固定し、フィルターを設定する

ここで、「入力」シートを使いやすくするように、ウィンドウ枠を固定し、フィルターを設定しておきましょう。A3セルを選択した状態でメニューから「データ」→「フィルター」をクリックしましょう。3行目の各列に▼マークが出てきてフィルターがかけられる状態になります(44ページ参照)。

さらに、A4セルを選択して、メニューから「表示」→「ウィンドウ枠の固定」→「ウィンドウ枠の固定」を選ぶと、下に移動しても、1～3行目が常に表示されるようになります。

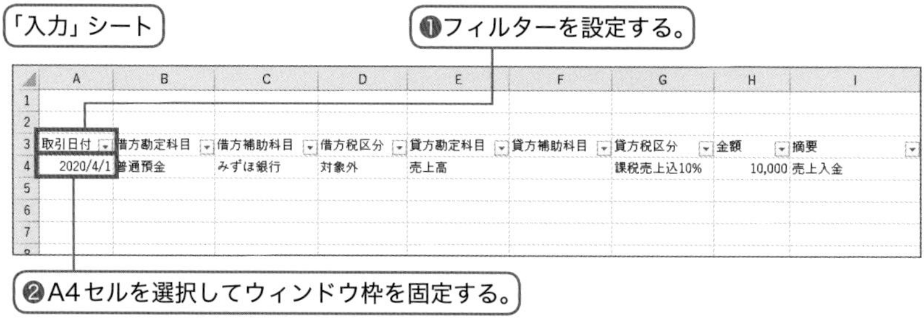


## CSV出力用シートに転記する仕組みを作る

### 日付や金額は「単純な転記」をする

それでは、「入力」シートに入力された項目を「CSV」シートに転記をしていきます。まずは、**「CSV」シート4行目に入力されている値を全部消して**、以下の数式を入れていきましょう。

| 内容 | 「CSV」シートのセル | 入力する数式 |
|---|---|---|
| 取引日付 | D4セル | =入力!A4 |
| 借方金額 | I4セル | =入力!H4 |
| 貸方金額 | O4セル | =入力!H4 |

数式を見るとわかるとおり、**何も細工をしていない単純な転記**です。これで、「入力」シートの日付・金額を「CSV」シートの該当セルに転記することができます。

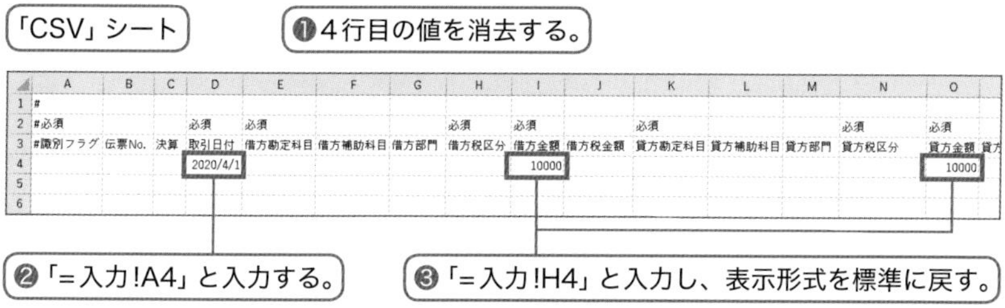


なお、I4セル、O4セルに数式を入力したときに、表示形式がカンマ区切り形式になる場合があります。そのときには、**表示形式を標準に戻しておいてください**。

### ◎ 文字列データは末尾に「&""」を付ける

「CSV」シートの勘定科目（E列、K列）、補助科目（F列、L列）、税区分（H列、N列）、摘要（Q列）のような**文字データが入る列については、数式の末尾に「&""」を付けて転記をします**。各列の4行目に、次の数式を入力してみましょう。

| 内容 | 「CSV」シートのセル | 入力する数式 |
|---|---|---|
| 借方勘定科目 | E4セル | =入力!B4&"" |
| 借方補助科目 | F4セル | =入力!C4&"" |
| 借方税区分 | H4セル | =入力!D4&"" |
| 貸方勘定科目 | K4セル | =入力!E4&"" |
| 貸方補助科目 | L4セル | =入力!F4&"" |
| 貸方税区分 | N4セル | =入力!G4&"" |
| 摘要 | Q4セル | =入力!I4&"" |

たとえば、「CSV」シートのL4セル（貸方勘定科目）には、「=入力!F4&""」と入力しています。こうしておくことで、空欄が空欄のまま転記されます。なお、Q4セルに入力する数式の参照先はH4セルではなくI4セルである点に注意しましょう。

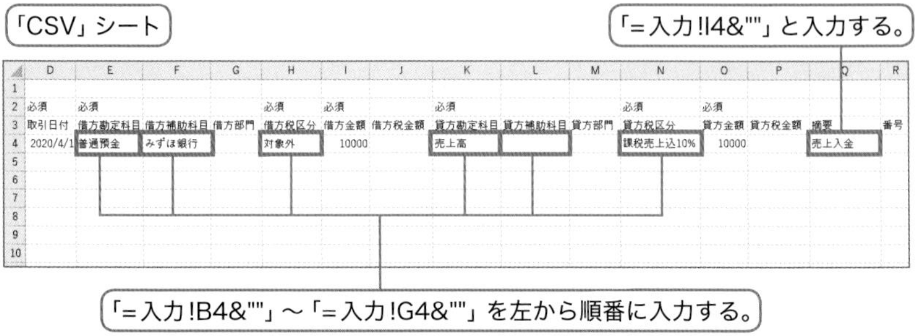


## Column 末尾に「&""」を付けないとどうなる？

「CSV」シートのL4セルの末尾に「&""」を付けず、単に「=入力!F4」と入力すると、「入力」シートのF4セルが空欄の場合に「0」と表示されてしまいます。エクセルは、数式の計算結果が「空欄」のときには、計算結果を「数値」として認識して「空欄」が「0」に変化してしまうのです。数式の最後に「&」（=文字列の結合）を使うと、この数式の計算結果が「文字列」であると認識され、計算結果は「空欄」になります。

## その他の項目を入力する

まだ入力されていない必須入力項目に、値を入力していきます。まず、タイプ（T列）に「0」、調整（Y列）に「no」と直接入力しましょう。

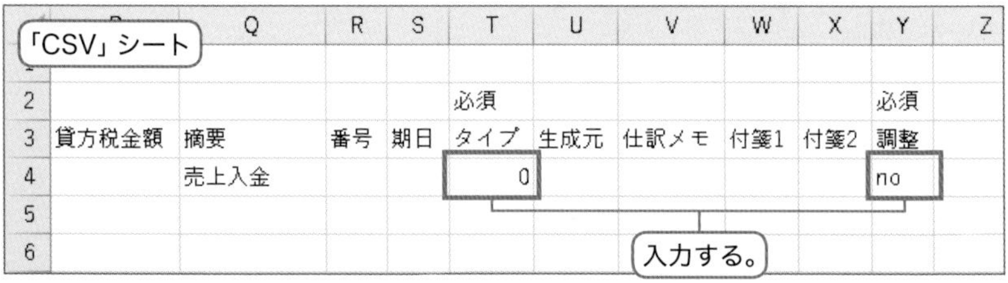


最後に、識別フラグ（A列）です。この列には、本来は、単に「2000」と入力すればいいところです。ただ、先頭の列なので、**この行をコメントとして取り扱うべきか判断する数式を入力**します。

A4セルには次の数式を入力しましょう。

```
=IF(AND(D4>0,I4>0),2000,"#")
        ①          ②    ③
```

この数式は次のような意味があります。

| 引数 | 意味 |
|---|---|
| ① | D4セル（日付）、I4セル（借方金額）が両方とも0より大きいかどうかを確かめます。**D4セルに日付が入力されている場合、D4セルの値は0より大きいと判定されることに注意してください** |
| ② | 日付、借方金額の両方が入力されている場合には、通常の仕訳データとして扱うため「2000」を入力します |
| ③ | 日付、借方金額のどちらかが入力されていない場合、**この行を取り込まないようにします**。そこで、この行をコメント行として扱うために「#」を表示させます |

これで、CSV出力用シートへの転記が完了しました。先ほどと同様、ブックをいったん保存しましょう。その後、CSV出力し、弥生会計に取り込めることを確認してください。最初に仕訳インポートをしたデータにインポートを行うと、最初に取り込んだものとまったく同じ明細が、もう1件表示されます。

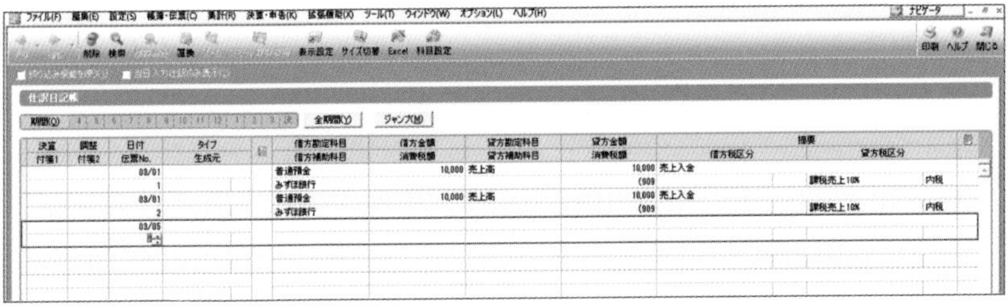

データが取り込まれる。

## 複数行の仕訳インポートに対応する

ここまで準備できれば、複数行の入力に対応するのは簡単です。「CSV」シートのA4セル～Y4セルをコピーして、A4～Y1003セルに貼り付けましょう。

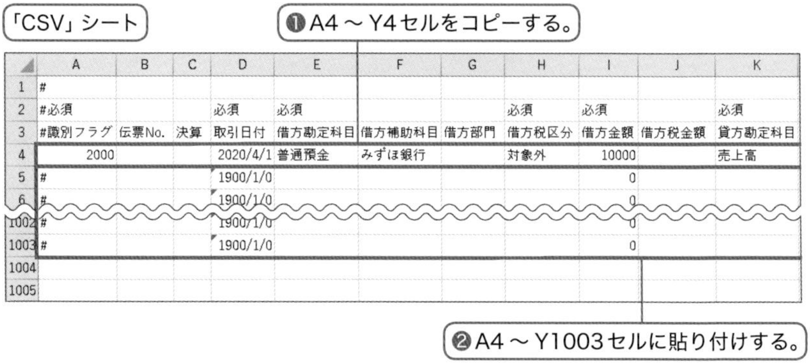


これで、「入力」シートに入れた仕訳を最大1,000行分、「CSV」シートに転記することができるようになりました。「入力」シートに入力されていない行については、「CSV」シートのA列に「#」と入力されていることを確認してください。

## → 数式が壊れないための工夫

### 想定を超える行数を入れるとエラーになる

「CSV」シートにコピーした数式の行数よりも、「入力」シートに入力した仕訳の行数が多い場合、その部分の仕訳は取り込むことができません。たとえば、「CSV」シートに数式を1,000件分しかコピーしていない場合、**1,001件目以降の仕訳は取り込まれません**。「CSV」シートの数式を十分下までコピーするようにしてください。

### シート保護で転記エラーを防ぐ

「入力」シートで行の挿入・削除をすると、「CSV」シートに転記する数式が壊れてしまいます。そこで、シートを保護して、行の挿入・削除ができないように操作を制限しましょう。また、シート保護をすると同時に「CSV」シートに転記される行にだけ仕訳データを入力できるように設定をしていきます。

#### ◎ 入力可能セルのロックをはずす

まず、入力できるセルを指定します。「入力」シートのA4 ～ I1003セルまでを選択します。右クリックをして、右クリックメニューから「セルの書式設定」をクリックしましょう。

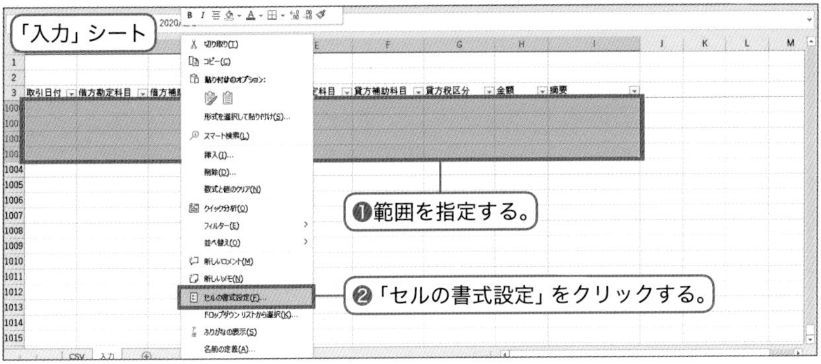


「セルの書式設定」ウィンドウで、「保護」タブを選択したら、「ロック」のチェックをはずして「OK」をクリックしてください。

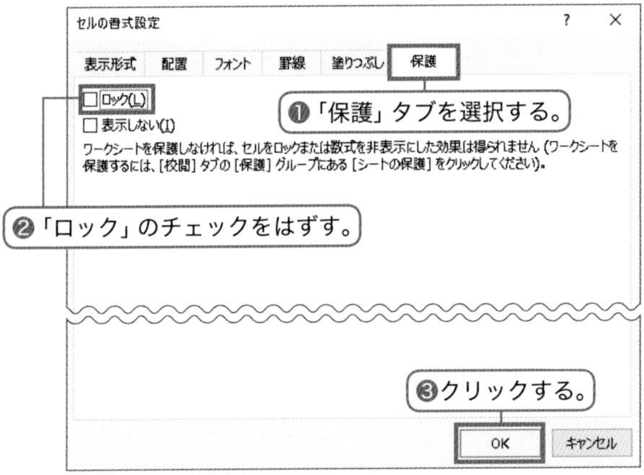


ロックのチェックをはずしたセルは、シート保護をかけた状態でも、編集ができるようになります。

また、シート保護とは直接関係ありませんが、入力できる範囲を明確化するために、今選択しているセルに背景色を付けておきましょう。

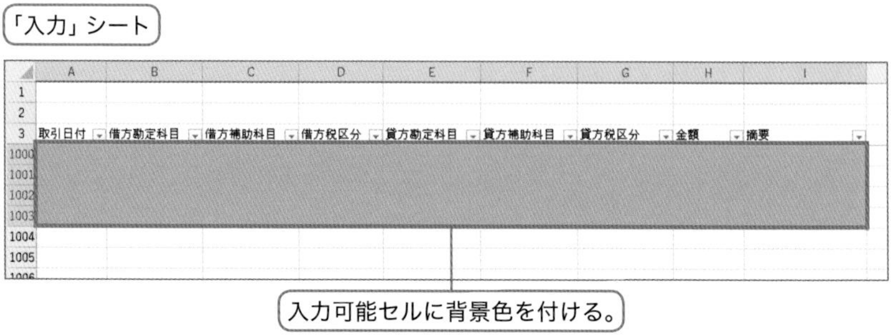


## ◎ シートを保護する

それでは、実際にシートの保護をしていきます。メニューから「校閲」→「シートの保護」をクリックしてください。

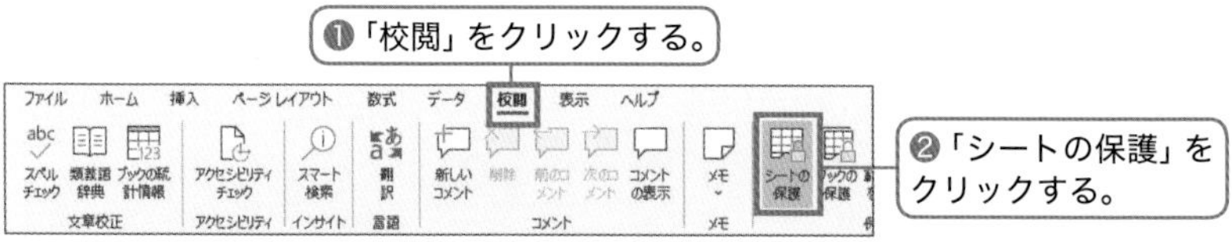


ここで、下記の図のようにチェックを入れて、「OK」をクリックしてください。

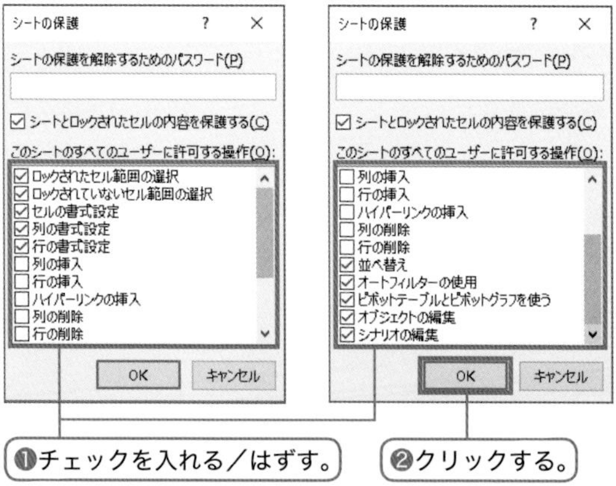


これで、「入力」シートでは、ロックを解除したA4～I1003セル以外は入力できず、さらに行や列の挿入・削除もできないようになります。エクセルのバージョンによっては、シートをロックするとシート名のところにカギマークが表示されます。

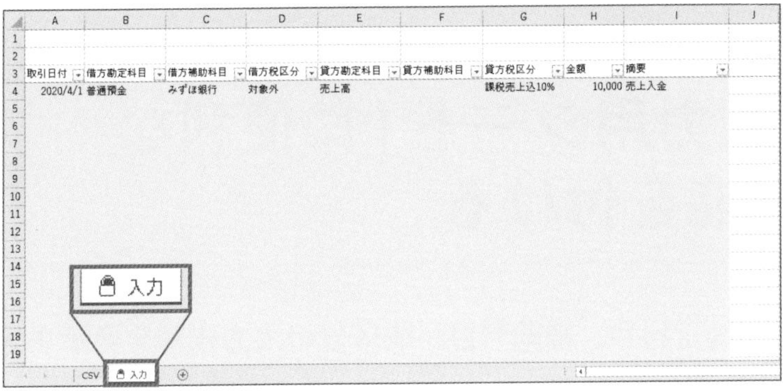


### 「CSV」シートも保護する

「CSV」シートは、一切変更する必要がないので、同じようにシートの保護をしておきましょう。

「CSV」シートを表示した状態で、メニューから「校閲」→「シートの保護」をクリックします。先ほどと同じ項目にチェックを入れて「OK」をクリックしてください。「CSV」シートではセルの「ロック」をはずしていないので、すべてのセルに入力できなくなります。

## シート保護を解除する

シートが保護されていると、シートのレイアウトを変えることができません。シートに改良を加えるときには、次の手順でシート保護を解除してください。

シートの保護を解除するには、メニューから再度「校閲」をクリックし、「シート保護の解除」をクリックしましょう。これで、シート保護が解除され、通常通り入力できるようになります。

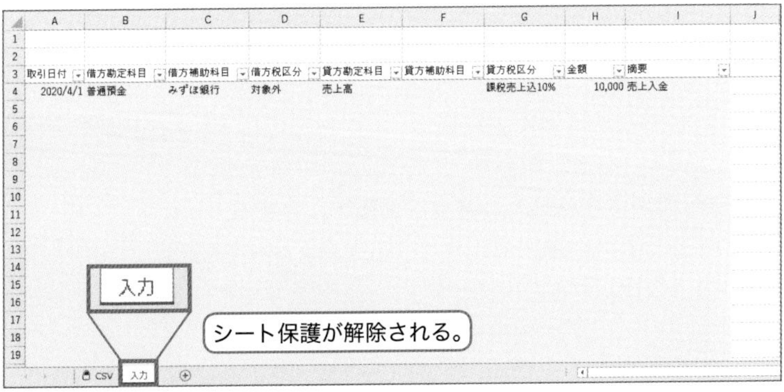

4-5
# 「入力用シート」に便利な機能を付ける

## → 勘定科目、補助科目、税区分の入力候補を表示させる

### 税区分に入力規則を設定する

前節で作った「入力用」シートに、いくつか機能を追加していきましょう。まず最初に、勘定科目、補助科目、税区分をドロップダウンリストから入力できる機能を付け加えます。

まずは、この三つの中で、一番単純で簡単な「税区分」をドロップダウンリストから入力できるようにしてみましょう。今回は、テーブルと名前定義を組み合わせて、税区分が増えたときに、表示される選択肢が連動して増えるように設定をしていきます。

「入力」シート

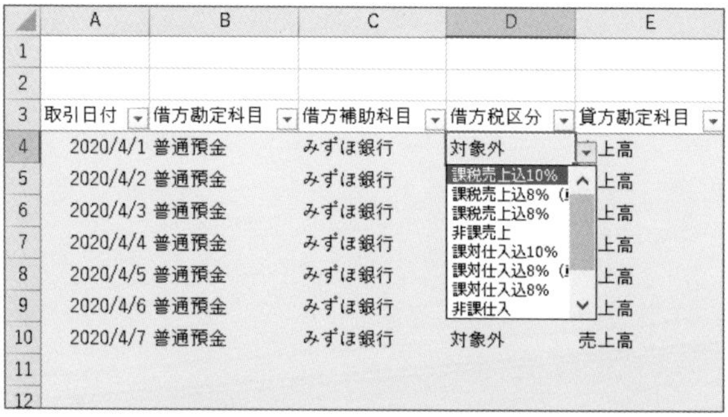


ドロップダウンリストで入力できるようにする。

#### ○「税区分」シートを作成し、必要な情報を入力する

まず、税区分の一覧表を作成します。「税区分」シートを作成し、A1セルに「税区分」、A2セル以降にドロップダウンリストに表示する税区分を入力しましょう。

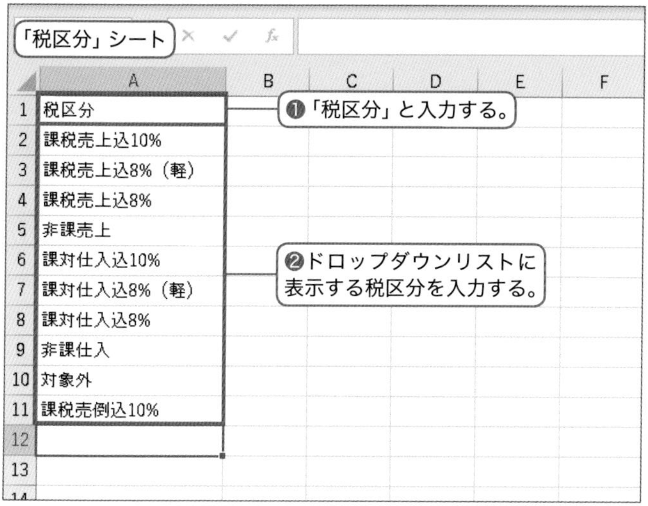


## ◯ 税区分一覧表をテーブル化する

この表をテーブルに変換しましょう。A1セルを選択して、メニューから「挿入」→「テーブル」をクリックします。「テーブルの作成」ウィンドウが表示されたら、**「先頭行をテーブルの見出しとして使用する」にチェックを入れて**、OKをクリックしてください。

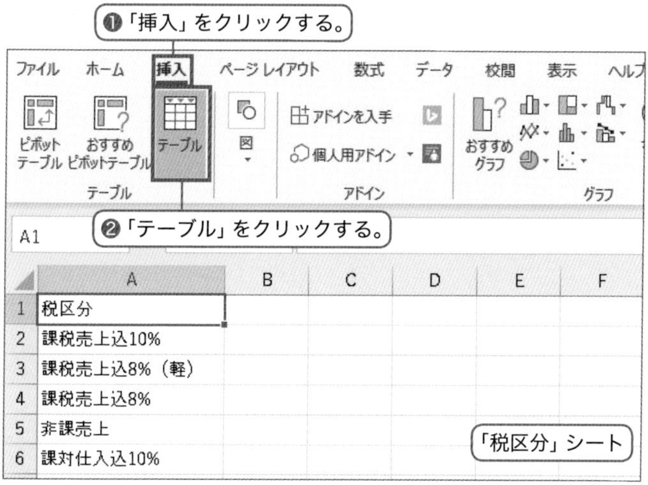

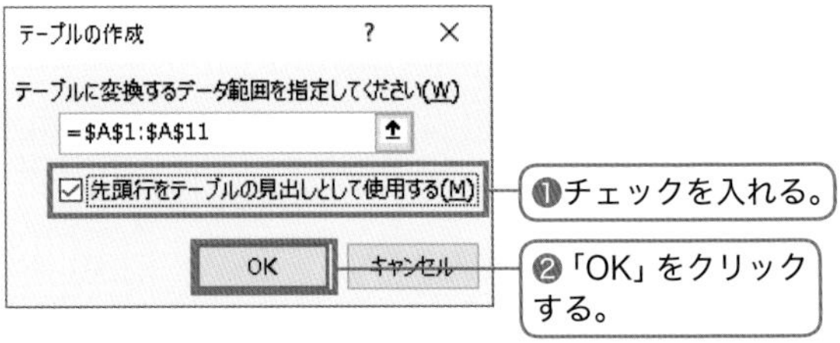


「税区分」シート

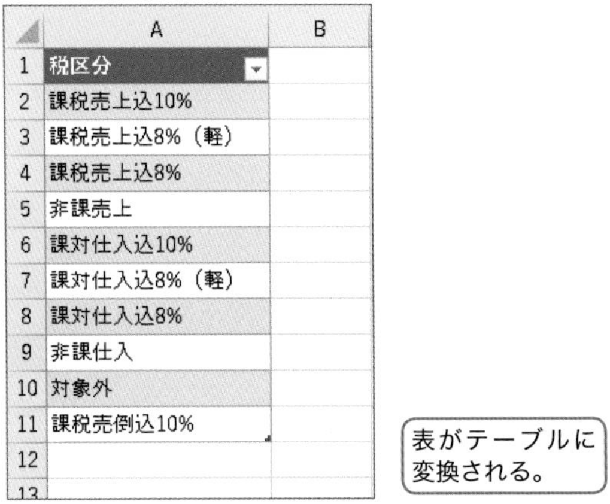


### ◎ 税区分一覧に名前を付ける

次に、税区分が入力されているセル範囲に「名前」を付けます。税区分が入力されている **A2** ～ A11セルを選択して、メニューから「数式」→「名前の定義」をクリックします。名前に「税区分一覧」と入力して、「OK」をクリックしましょう。

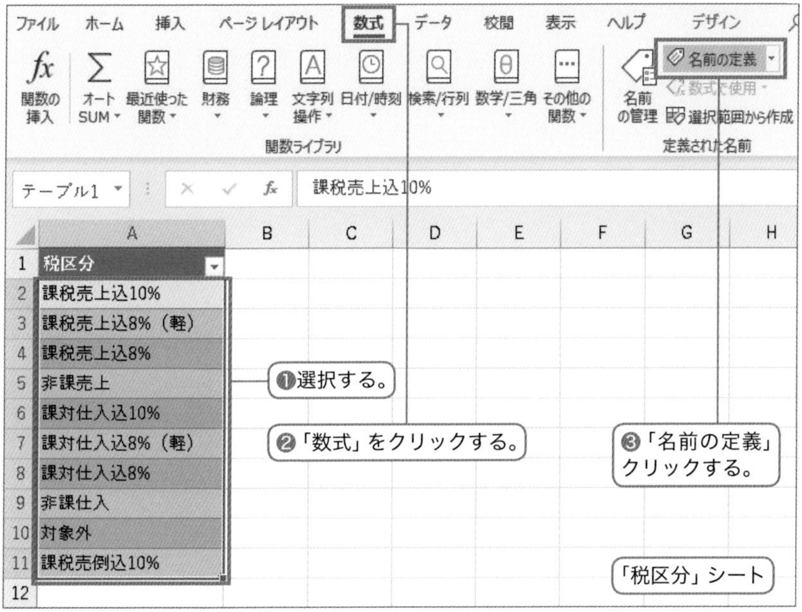

これで、A2セル～A11セルを「税区分一覧」という名前で参照できるようになりました。テーブルと名前を組み合わせることで、**税区分の数が増えた場合に、「税区分一覧」という名前の参照範囲も自動で広がります**。

### ○ 入力規則を設定する

続けて、「入力」シートの借方税区分・貸方税区分列に入力規則を設定します。なお、「入力」シートが保護されていると、今回の操作はできません。203ページの手順で、**シートの保護をはずしてから、次の操作をしてください。**

まず、**D4セルを選択し Ctrl + Shift + ↓ を何回か押して**、「入力」シートのD4～D1048576セル（最下行）まで選択しましょう。その状態で、メニューから「データ」→「データの入力規則」をクリックします。「入力値の種類」は「リスト」を選択し、元の値欄に「=税区分一覧」と入力してください（先頭に「=」を入力しているか再確認してください）。入力が終わったら「OK」をクリックしてください。

「入力」シート

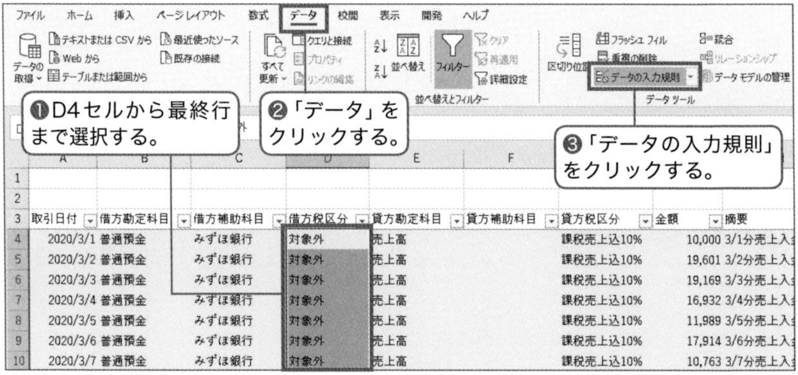

これで、D列に入力規則が設定され、ドロップダウンリストから入力候補を選択できるようになりました。

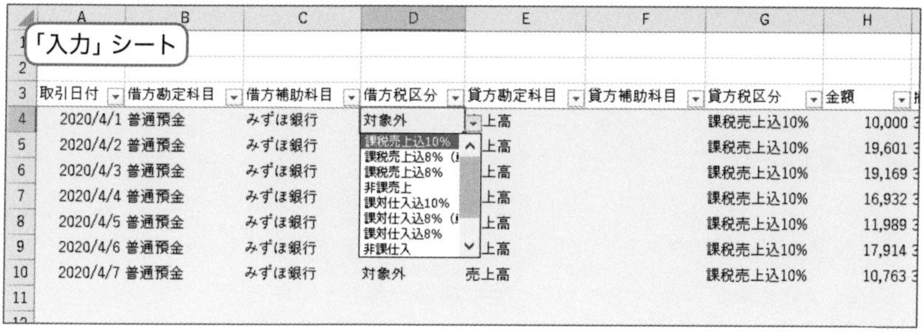


同じように、G4 ～ G1048576セルにも入力規則を設定しましょう。**D列をコピーして、G列に「形式を選択して貼り付け」で入力規則を貼り付けましょう**。

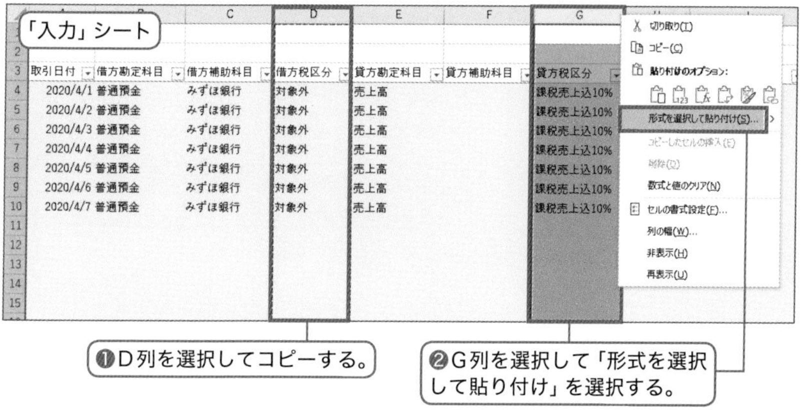


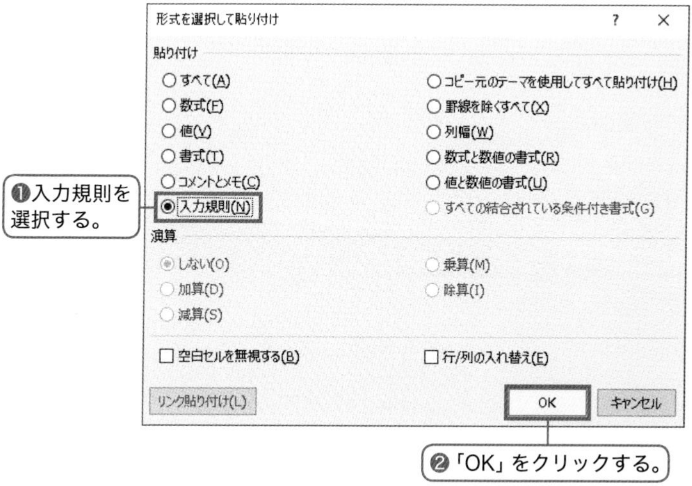

これで、G列でもドロップダウンリストから入力候補が選択できるようになります。

## 勘定科目の入力規則を作る

「勘定科目」の入力規則は、「税区分」とまったく同じ手順で作ることができます。「**勘定科目**」シートを作成し、入力可能な勘定科目を入力したらテーブル化します。その後、**A2セル**から最後のセルに「**勘定科目一覧**」という名前を付けましょう。

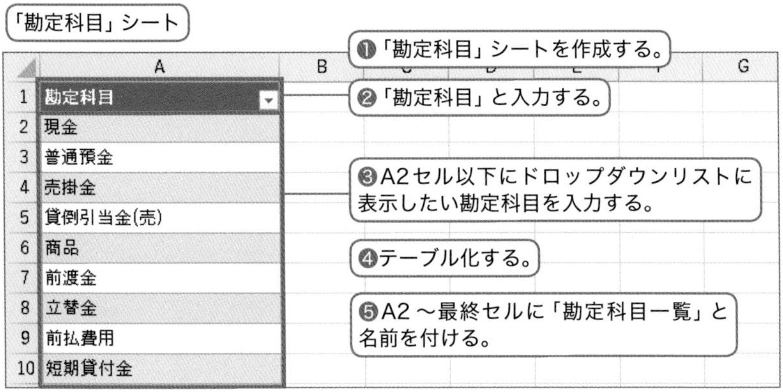


その後、「入力」シートのB4～B1048576セルに入力規則を設定し、B列の入力規則をE列に設定します。

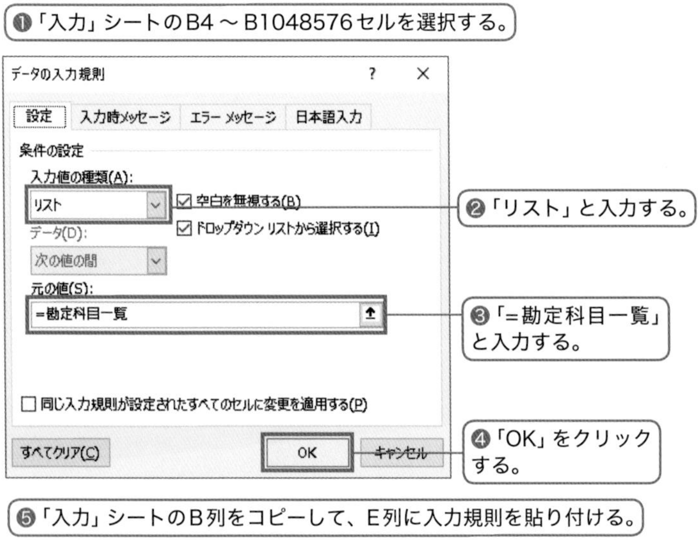

なお、ドロップダウンリストから選ぶときに、絞り込みをかけることはできません。たとえば、先頭が「消」で始まる勘定科目だけを表示することはできません。ですから、一覧表に入力する勘定科目、補助科目の数は、できるだけ少なくしておきましょう。

### 補助科目の入力規則を作る

補助科目については、本来は、勘定科目と補助科目の組み合わせで検索できるようにすれば便利です。ただ、このような設定をするのは少し大変なので、今回は、勘定科目と同じように、補助科目の一覧からドロップダウンリストで選べるように設定しましょう。

作成方法は、まったく同じです。「補助科目」シートを作成後、入力可能な補助科目を入力→テーブル化→A2セルから最後のセルに「**補助科目一覧**」と名前を付けましょう。その後、「入力」シートのC4～C1048576セルに入力規則で、入力値の種類欄に「リスト」、元の値欄に「=補助科目一覧」と設定しましょう。その後、C列の入力規則をF列に設定します。

**Column**
**リストに存在しない項目を入力したい場合**

入力規則を設定するときに、「データの入力規則」ウィンドウの「エラーメッセージ」タブで、「無効なデータが入力されたらエラーメッセージを表示する」のチェックをはずしましょう。これで、リストに存在しない項目を入力してもエラーが出なくなります。

# 4-6 インポート時のトラブルを減らすコツ

## コピー・貼り付けをうまく活用する

### 過去のデータはできるだけコピー・貼り付けで入力する

過去に同じような仕訳を入力したことがあるときには、できるだけ、過去の仕訳データをコピー・貼り付けで入力するようにしましょう。

特に、摘要など、入力規則を設定していない列は、コピー・貼り付けで入力しましょう。手入力すると、様々な表記が混在してしまい、後々仕訳データを使って分析をするときに、手間が大幅に増えてしまいます。

### 「値貼り付け」「数式貼り付け」を使う

コピー・貼り付け時に、通常の貼り付けを使うと、書式や入力規則が上書きされてしまいます。

特に、データを、**違う列にコピー・貼り付けをするときには、注意が必要です**。たとえば、勘定科目列のデータをコピーして、補助科目列に通常の貼り付けをしてしまうと、**入力規則が勘定科目列のものに変わってしまいます**。

貼り付けるときには、書式や入力規則が壊れないように、「値貼り付け」「数式貼り付け」を使いましょう。

## セルや行の挿入・削除・切り取りは避ける

### 数式が壊れる操作を避ける

前節までで作成したフォーマットでは、「入力」シートでセルや行の挿入、削除や切り取りをすると「CSV」シートに転記する数式が壊れてしまいます。また、200ページで解説した手順で、シートの保護をしていれば、これらの操作はできません。

もし、セルや行の挿入、削除や切り取りをしたいというときには、下記のように操作をしましょう。

### ◎ セルの切り取り・貼り付けをしたいとき

セルの切り取り・貼り付け（＝内容の移動）をしたいときには、**切り取りをせず**、セルのコピー・貼り付けの後に値を消去しましょう。たとえば、209ページで完成させたような表で、C4セルに入力すべき内容をC5セルに誤って入力してしまった場合を考えてみます。

このとき、C5セルの内容をC4セルに移動するときには、C5セルを**コピー**してC4セルに貼り付け後、C5セルの内容を消去してください。

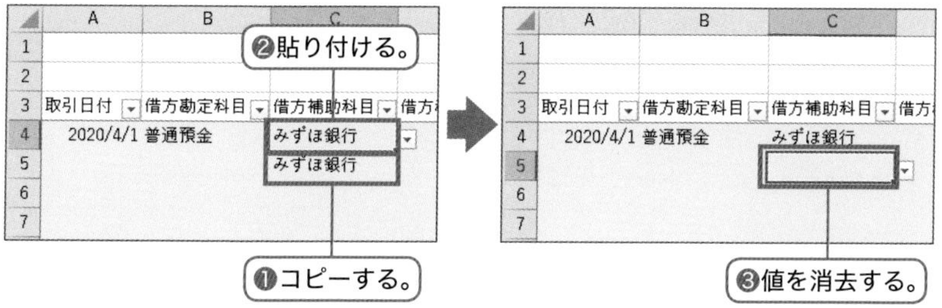


### ◎ 行の挿入をしたいとき

入力できるのはA列〜I列だけなので、行を挿入する代わりに、A列〜I列の内容を下にずらしましょう。

たとえば、次のような表があるときに5行目と6行目の間に行を2行挿入する場合を考えます。

| | A | B | C | D | E | F | G | H | I | J |
|---|---|---|---|---|---|---|---|---|---|---|
| 1 | | | | | | | | | | |
| 2 | | | | | | | | | | |
| 3 | 取引日付 | 借方勘定科目 | 借方補助科目 | 借方税区分 | 貸方勘定科目 | 貸方補助科目 | 貸方税区分 | 金額 | 摘要 | |
| 4 | 2020/4/1 | 普通預金 | みずほ銀行 | 対象外 | 売上高 | | 課税売上込10% | 10,000 | 4/1分売上入金 | |
| 5 | 2020/4/2 | 普通預金 | みずほ銀行 | 対象外 | 売上高 | | 課税売上込10% | 19,601 | 4/2分売上入金 | |
| 6 | 2020/4/5 | 普通預金 | みずほ銀行 | 対象外 | 売上高 | | 課税売上込10% | 11,989 | 4/5分売上入金 | |
| 7 | 2020/4/6 | 普通預金 | みずほ銀行 | 対象外 | 売上高 | | 課税売上込10% | 17,914 | 4/6分売上入金 | |
| 8 | 2020/4/7 | 普通預金 | みずほ銀行 | 対象外 | 売上高 | | 課税売上込10% | 10,763 | 4/7分売上入金 | |
| 9 | | | | | | | | | | |
| 10 | | | | | | | | | | |
| 11 | | | | | | | | | | |

最初に、A6〜I8セル（最下行のI列のセル）を選択してコピーします。次に、A8セルを選択して貼り付けます。これで、A6セル以降の内容が下に2行ずれて、A8セル以降に貼り付けられます。

この段階では、元々の6行目、7行目の内容が8行目、9行目にも重複して入力されています。そこで、A6～I7セルの値を消去しましょう。これで、2行挿入したのと同じ結果になります。

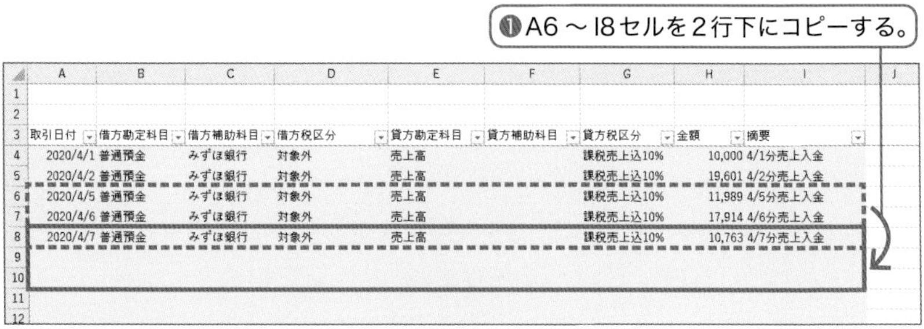


| | A | B | C | D | E | F | G | H | I | J |
|---|---|---|---|---|---|---|---|---|---|---|
| 1 | | | | | | | | | | |
| 2 | | | | | | | | | | |
| 3 | 取引日付 | 借方勘定科目 | 借方補助科目 | 借方税区分 | 貸方勘定科目 | 貸方補助科目 | 貸方税区分 | 金額 | 摘要 | |
| 4 | 2020/4/1 | 普通預金 | みずほ銀行 | 対象外 | 売上高 | | 課税売上込10% | 10,000 | 4/1分売上入金 | |
| 5 | 2020/4/2 | 普通預金 | みずほ銀行 | 対象外 | 売上高 | | 課税売上込10% | 19,601 | 4/2分売上入金 | |
| 6 | 2020/4/5 | 普通預金 | みずほ銀行 | 対象外 | 売上高 | | 課税売上込10% | 11,989 | 4/5分売上入金 | |
| 7 | 2020/4/6 | 普通預金 | みずほ銀行 | 対象外 | 売上高 | | 課税売上込10% | 17,914 | 4/6分売上入金 | |
| 8 | 2020/4/7 | 普通預金 | みずほ銀行 | 対象外 | 売上高 | | 課税売上込10% | 10,763 | 4/7分売上入金 | |
| 9 | | | | | | | | | | |
| 10 | | | | | | | | | | |
| 11 | | | | | | | | | | |
| 12 | | | | | | | | | | |

▼

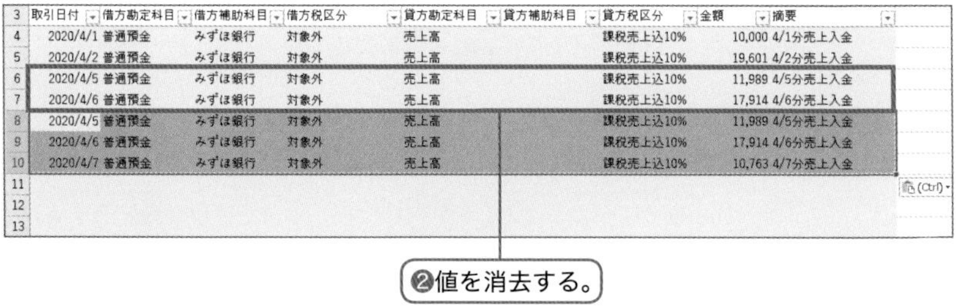

| 3 | 取引日付 | 借方勘定科目 | 借方補助科目 | 借方税区分 | 貸方勘定科目 | 貸方補助科目 | 貸方税区分 | 金額 | 摘要 |
|---|---|---|---|---|---|---|---|---|---|
| 4 | 2020/4/1 | 普通預金 | みずほ銀行 | 対象外 | 売上高 | | 課税売上込10% | 10,000 | 4/1分売上入金 |
| 5 | 2020/4/2 | 普通預金 | みずほ銀行 | 対象外 | 売上高 | | 課税売上込10% | 19,601 | 4/2分売上入金 |
| 6 | 2020/4/5 | 普通預金 | みずほ銀行 | 対象外 | 売上高 | | 課税売上込10% | 11,989 | 4/5分売上入金 |
| 7 | 2020/4/6 | 普通預金 | みずほ銀行 | 対象外 | 売上高 | | 課税売上込10% | 17,914 | 4/6分売上入金 |
| 8 | 2020/4/5 | 普通預金 | みずほ銀行 | 対象外 | 売上高 | | 課税売上込10% | 11,989 | 4/5分売上入金 |
| 9 | 2020/4/6 | 普通預金 | みずほ銀行 | 対象外 | 売上高 | | 課税売上込10% | 17,914 | 4/6分売上入金 |
| 10 | 2020/4/7 | 普通預金 | みずほ銀行 | 対象外 | 売上高 | | 課税売上込10% | 10,763 | 4/7分売上入金 |
| 11 | | | | | | | | | |
| 12 | | | | | | | | | |
| 13 | | | | | | | | | |



今回は、**2行挿入したかったので、A6セルから見て2行下のA8セル**に貼り付けました。もし、3行挿入したいのであれば3行下のA9セルに、4行挿入したいのであれば4行下のA10セルに貼り付けてください。

### ◎ 行の削除をしたいとき

次の表では、7行目～8行目に重複した内容を入力してしまっています。そこで、7行目と8行目を削除したいと思います。

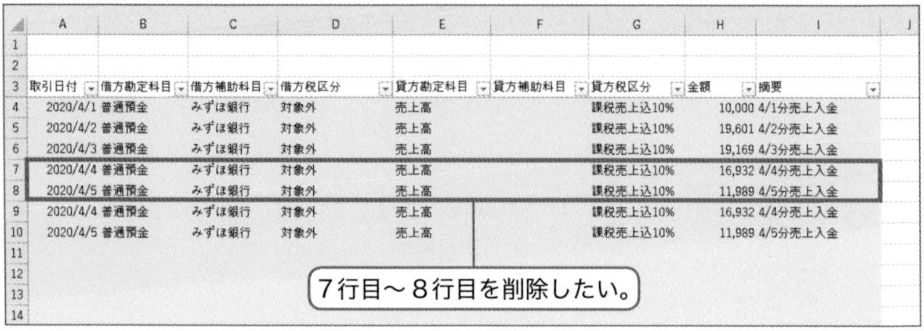

| | A | B | C | D | E | F | G | H | I | J |
|---|---|---|---|---|---|---|---|---|---|---|
| 1 | | | | | | | | | | |
| 2 | | | | | | | | | | |
| 3 | 取引日付 | 借方勘定科目 | 借方補助科目 | 借方税区分 | 貸方勘定科目 | 貸方補助科目 | 貸方税区分 | 金額 | 摘要 | |
| 4 | 2020/4/1 | 普通預金 | みずほ銀行 | 対象外 | 売上高 | | 課税売上込10% | 10,000 | 4/1分売上入金 | |
| 5 | 2020/4/2 | 普通預金 | みずほ銀行 | 対象外 | 売上高 | | 課税売上込10% | 19,601 | 4/2分売上入金 | |
| 6 | 2020/4/3 | 普通預金 | みずほ銀行 | 対象外 | 売上高 | | 課税売上込10% | 19,169 | 4/3分売上入金 | |
| 7 | 2020/4/4 | 普通預金 | みずほ銀行 | 対象外 | 売上高 | | 課税売上込10% | 16,932 | 4/4分売上入金 | |
| 8 | 2020/4/5 | 普通預金 | みずほ銀行 | 対象外 | 売上高 | | 課税売上込10% | 11,989 | 4/5分売上入金 | |
| 9 | 2020/4/4 | 普通預金 | みずほ銀行 | 対象外 | 売上高 | | 課税売上込10% | 16,932 | 4/4分売上入金 | |
| 10 | 2020/4/5 | 普通預金 | みずほ銀行 | 対象外 | 売上高 | | 課税売上込10% | 11,989 | 4/5分売上入金 | |
| 11 | | | | | | | | | | |
| 12 | | | | | | | | | | |
| 13 | | | | | | | | | | |
| 14 | | | | | | | | | | |

行の挿入と同じく、入力できるのはA列～I列だけなので、行を削除する代わりに、A列～I列の内容を上にずらします。

まず、削除したい行のすぐ下の行である9行目を選択します。A9セルを選択し、Ctrl+Shift+→を何回か押してA9セル～I9セルを選択しましょう。その後、Ctrl+Shift+↓を1回または複数回押して表の最終行まで移動します。**さらに、Shift+↓を2回押して、最終行の2行下まで選択してコピーしてください。**

このように、**削除したい行数分、余計に行を選択するのがポイント**です。今回は、7行目と8行目の合計2行分を削除したいので、2行余計に選択してください。あとは、A7セルを選択して貼り付けをすれば、A9セル以降の内容が上に2行ずれて、A7セル以降に貼り付けられます。

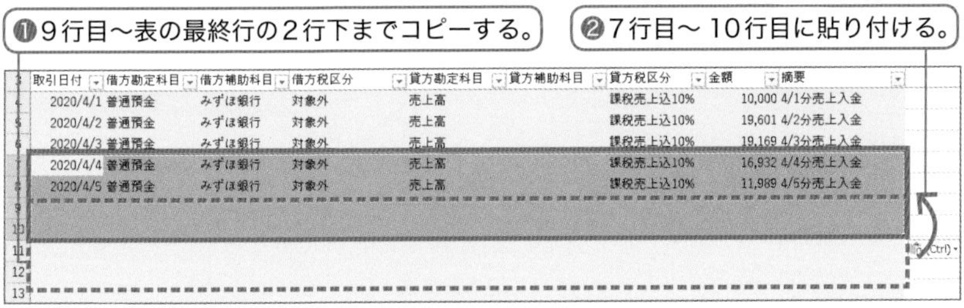


最終行の2行下まで選択していたおかげで、最後の2行は自動的に空行になっています。

## 小数やセル内改行は事前に取り除く

### 端数は関数で処理する

「入力」シートに仕訳データを入力するときに、数式で金額を計算する場合には、必ず関数で端数処理をするようにしましょう。たとえば、金額欄に「100000/7*3」の計算をした結果を入力したい場合、そのまま「=100000/7*3」と入れず、「=ROUND(100000/7*3,0)」など、関数で端数処理をするようにしましょう。

端数処理をしないと、CSVデータに端数処理前の「42857.14」と出力される場合があり、このまま弥生会計に取り込むとエラーになります。

また、端数処理をした結果にも注意が必要です。たとえば、単にROUND関数で按分計算をすると、按分後の合計が、元々の金額に一致しない場合があることに注意しましょう（100ページ参照）。

### 余計な改行データは削除する

入力するデータに改行文字が入っていると、CSVデータ作成時に不具合が起きる可能性があります。特に、摘要欄に改行文字が入らないように注意してください。

もし、「入力」シートに改行が入っているデータを、転記する場合には、CLEAN関数を使って改行文字を消しましょう（134ページ参照）。

## 仕訳の取り込み失敗に備える

### 仕訳取込前に、弥生会計のバックアップを取っておく

弥生会計に仕訳データをインポートしたときに、**取り込んだ仕訳だけを指定して削除する方法はありません**。そのため、仕訳取り込み前に、弥生会計データのバックアップを取っておきましょう。バックアップデータがあれば、仕訳を間違えて取り込んでしまっても、元の状態に戻すことができます。

### 同じ仕訳データを複数回取り込まない仕組みを作る

同じ仕訳データを複数回取り込むと、**仕訳が二重に登録されてしまいます**。そこで、仕訳を二重に取り込むリスクを減らすために、運用ルールを決めておきましょう。たとえば、「前月のデータを月初に取り込む」というように、取り込む期間とタイミングを決めておけば、二重に仕訳を取り込むリスクを大きく減らせるでしょう。

極端な例ですが、エクセルシートに1年分の全仕訳を入れることにすると、運用は単純になります。その場合、毎回、仕訳を全削除して、仕訳インポートをすれば、**常にエクセルシートと弥生会計のデータは整合した状態になり、二重に仕訳を取り込むリスクはなくなります**。

# Chapter 5

# 様々なデータを会計ソフトにインポートする

# 5-1 様々な一覧表からデータをインポートする仕組みを作る

## 仕訳帳形式でデータをインポートする

### CSVデータを元データから自動生成する

仕訳の「元データとして使う資料」は、仕訳帳形式になっていないことが一般的です。たとえば、現金入出金・預金入出金データは、仕訳帳形式ではなく、元帳（出納帳）形式になっていることが一般的です。また、売上明細、仕入明細、賃金台帳、経費明細など、取引の種類別に一覧表を作成している場合も、ほとんどの場合、仕訳帳形式になっていません。

このような表から、仕訳帳形式に手作業で入力し直すのは面倒です。そこで、これらの表から、直接インポートデータを作成できるようにしましょう。

今回は、次の3パターンについて、インポートデータを作成する方法を解説していきます。

### 「一覧表の1行」から「一つの仕訳」を作成する

一番簡単なのは、**「一覧表の1行」から「一つの仕訳」を作成する場合**です。たとえば、現金出納帳・預金出納帳の1行から一つの仕訳を作成する場合や、売上高の明細1件ごとに一つの仕訳を作成する場合が当てはまります。

仕訳データ（一部）

| 取引日付 | 借方補助科目 | 借方金額 |
|---|---|---|
| 2020/5/29 | 大森物産株式会社 | 43,724 |
| 2020/6/15 | 株式会社ひまわり | 2,790 |

←

元データ

| 売上日 | 取引先 | 単価 | 数量 | 金額 |
|---|---|---|---|---|
| 2020/5/29 | 大森物産株式会社 | 68 | 643 | 43,724 |
| 2020/6/15 | 株式会社ひまわり | 45 | 62 | 2,790 |

元データ 例1：預金出納帳

| | A | B | C | D | E | F | G | H |
|---|---|---|---|---|---|---|---|---|
| 1 | | | | 親科目 | 普通預金 | 楽天銀行 | 対象外 | |
| 2 | | | | | | | | |
| 3 | 取引日付 | 出金 | 入金 | 摘要 | 相手勘定科目 | 相手補助科目 | 相手税区分 | 残高 |
| 4 | | | 864,000 | 期首残高 | | | | 864,000 |
| 5 | 2020/4/15 | 220,000 | | カ）アリマ | 仕入高 | 株式会社有馬 | 課対仕入込10% | 644,000 |
| 6 | 2020/4/25 | 98,430 | | ヤマダタカシ | 給料手当 | | 対象外 | 545,570 |
| 7 | 2020/4/30 | | 450,000 | カ）スカイ | 売上高 | 株式会社スカイ | 課税売上込10% | 995,570 |
| 8 | 2020/5/10 | 97,800 | | キムラ（カ | 消耗品費 | | 課対仕入込10% | 897,770 |
| 9 | 2020/5/15 | | 98,000 | カ）エヌエー | 売上高 | 株式会社エヌエー | 課税売上込10% | 995,770 |
| 10 | | | | | | | | 995,770 |
| 11 | | | | | | | | 995,770 |
| 12 | | | | | | | | 995,770 |
| 13 | | | | | | | | 995,770 |

元データ 例2：売上明細

| | A | B | C | D | E | F | G | H | I |
|---|---|---|---|---|---|---|---|---|---|
| 1 | 売上日 | 取引先 | 商品 | 摘要 | 単価 | 数量 | 金額 | | |
| 2 | 2020/5/29 | 大森物産株式会社 | 緑茶 | | 68 | 643 | 43,724 | | |
| 3 | 2020/6/15 | 株式会社ひまわり | ミネラルウォーター | 習志野倉庫宛 | 45 | 62 | 2,790 | | |
| 4 | 2020/6/25 | シマヤ有限会社 | 紅茶 | | 78 | 192 | 14,976 | | |
| 5 | 2020/7/2 | 株式会社エムエム商事 | 炭酸水 | | 62 | 246 | 15,252 | | |
| 6 | 2020/7/15 | アップリンク株式会社 | サイダー | | 64 | 329 | 21,056 | | |
| 7 | | | | | | | | | |
| 8 | | | | | | | | | |
| 9 | | | | | | | | | |
| 10 | | | | | | | | | |
| 11 | | | | | | | | | |
| 12 | | | | | | | | | |

## 「一覧表の1行」から「複数の仕訳」を作成する

「一覧表の1行」から「複数の仕訳」を生成しないといけない場合には、少し大変です。本書では、その中でも比較的簡単な**一覧表の1行から決まった件数の仕訳を作成する場合**の仕訳の作成の仕方を解説します。

仕訳データ（一部）

| 取引日付 | 借方勘定科目 | 借方金額 |
|---|---|---|
| 2021/2/1 | 現金 | 31,800 |
| 2021/2/2 | 現金 | 85,800 |

| | | |
|---|---|---|
| 2021/2/1 | 売掛金 | 18,300 |
| 2021/2/2 | 売掛金 | 15,600 |

元データ

| 日付 | 売上合計 | （現金） | （クレジット） |
|---|---|---|---|
| 1日 | 50,100 | 31,800 | 18,300 |
| 2日 | 101,400 | 85,800 | 15,600 |

たとえば、飲食店やエステサロンなどで、日次で、現金売上とクレジットカード売上をエクセルで管理する「売上日計表」を作成していることがあります。

元データ 例3：売上集計表

| | A | B | C | D | E | F | G |
|---|---|---|---|---|---|---|---|
| 1 | 売上集計表 | | | 2021年2月 | | | |
| 2 | 日付 | 曜日 | 売上金額 | | | 来店者数 | |
| 3 | | | 合計 | 現金 | クレジット | | |
| 4 | 1 | 月 | 70,600 | 58,400 | 12,200 | 10 | |
| 5 | 2 | 火 | 0 | 0 | 0 | 0 | |
| 6 | 3 | 水 | 59,200 | 53,200 | 6,000 | 8 | |
| 7 | 4 | 木 | 73,000 | 42,600 | 30,400 | 10 | |
| 8 | 5 | 金 | 40,400 | 28,000 | 12,400 | 7 | |
| 9 | 6 | 土 | 50,100 | 31,800 | 18,300 | 9 | |
| 10 | 7 | 日 | 101,400 | 85,800 | 15,600 | 14 | |
| 11 | 8 | 月 | 96,800 | 70,400 | 26,400 | 15 | |
| 12 | 9 | 火 | 0 | 0 | 0 | 0 | |
| 13 | 10 | 水 | 85,000 | 45,000 | 40,000 | 11 | |

この列から現金売上の仕訳を作る。

この列からクレジットカード売上の仕訳を作る。

この売上日計表のデータを使って、1日ごとに売上高の仕訳を作成する場合には、1行（＝1日）ごとに現金売上・クレジットカード売上の二つの仕訳を作成する必要があります。

## 一覧表を集計して仕訳を作成する

次のような給与データから、**1か月ごとに合算して**給与の仕訳を計上する場合を考えてみます。この場合には、複数行のデータを集計して、仕訳を作成する必要があります。

仕訳データ（一部）

| 取引日付 | 借方勘定科目 | 借方金額 |
|---|---|---|
| 2020/4/30 | 給料手当 | 606,500 |
| 2020/4/30 | 旅費交通費 | 19,550 |

| | | |
|---|---|---|
| 2020/5/31 | 給料手当 | 625,000 |
| 2020/5/31 | 旅費交通費 | 18,270 |

元データ

| 年月 | 氏名 | 基本給 | 交通費 |
|---|---|---|---|
| 202004 | 木村　良子 | 250,000 | 4,630 |
| 202004 | 山下　良助 | 220,000 | 6,920 |
| 202004 | 村上 彩 | 86,100 | 4,800 |
| 202004 | 木村 久美 | 50,400 | 3,200 |

| | | | |
|---|---|---|---|
| 202005 | 木村　良子 | 250,000 | 4,630 |
| 202005 | 山下　良助 | 220,000 | 6,920 |
| 202005 | 村上 彩 | 71,400 | 3,840 |
| 202005 | 国重 隆 | 83,600 | 2,880 |

元データ 例4:給与データ

| | A | B | C | D | E | F | G | H | I | J | K | L |
|---|---|---|---|---|---|---|---|---|---|---|---|---|
| 1 | 年月 | 氏名 | 基本給 | 交通費 | 残業代 | 支給額合計 | 社会保険料 | 雇用保険料 | 所得税 | 年末調整 | 住民税 | 差引支給額 |
| 2 | 202004 | 木村　良子 | 250,000 | 4,630 | 24,630 | 279,260 | 35,170 | 1,122 | 6,080 | 0 | 11,800 | 225,088 |
| 3 | 202004 | 山下　良助 | 220,000 | 6,920 | 4,690 | 231,610 | 28,220 | 944 | 4,530 | 0 | 8,900 | 189,016 |
| 4 | 202004 | 村上　彩 | 86,100 | 4,800 | 0 | 90,900 | 0 | 0 | 0 | 0 | 0 | 90,900 |
| 5 | 202004 | 木村　久美 | 50,400 | 3,200 | 0 | 53,600 | 0 | 0 | 0 | 0 | 0 | 53,600 |
| 6 | 202005 | 木村　良子 | 250,000 | 4,630 | 21,360 | 275,990 | 35,170 | 1,108 | 6,080 | 0 | 11,800 | 221,832 |
| 7 | 202005 | 山下　良助 | 220,000 | 6,920 | 8,725 | 235,645 | 28,220 | 960 | 4,530 | 0 | 8,900 | 193,035 |
| 8 | 202005 | 村上　彩 | 71,400 | 3,840 | 0 | 75,240 | 0 | 0 | 0 | 0 | 0 | 75,240 |
| 9 | 202005 | 国重　隆 | 83,600 | 2,880 | 0 | 86,480 | 0 | 0 | 0 | 0 | 0 | 86,480 |
| 10 | 202006 | 木村　良子 | 250,000 | 4,630 | 38,420 | 293,050 | 35,170 | 1,177 | 6,080 | 0 | 11,800 | 238,823 |
| 11 | 202006 | 山下　良助 | 220,000 | 6,920 | 24,630 | 251,550 | 28,220 | 1,025 | 4,530 | 0 | 8,900 | 208,875 |
| 12 | 202006 | 村上　彩 | 86,100 | 4,800 | 0 | 90,900 | 0 | 0 | 0 | 0 | 0 | 90,900 |
| 13 | 202006 | 木村　久美 | 50,400 | 3,200 | 0 | 53,600 | 0 | 0 | 0 | 0 | 0 | 53,600 |
| 14 | 202006 | 国重　隆 | 70,400 | 2,560 | 0 | 72,960 | 0 | 0 | 0 | 0 | 0 | 72,960 |
| 15 | | | | | | | | | | | | |

月ごとに集計して仕訳を作る。

この章では、上記のような様々な表から、インポート用CSVデータを作成する方法を紹介していきます。

Column

### 会計システムでの管理単位を決めよう

売上データなどの元データを仕訳に変換する場合には、どの程度集約して入力するかを決めましょう。1件1件の取引を1仕訳として入力すれば、一番細かく管理できますが、データ量は膨大になり、元データの準備・入力に手間取る可能性も出てきます。逆に、月ごとに1仕訳に合算して起票すると、入力は楽ですが、会計システムのデータを使って、細かい分析をできなくなってしまいます。手間と分析のしやすさのバランスを考えて、仕訳の集約単位を決めましょう。もし、迷ったら、後々、仕訳データを分析に活用しやすいように、**できるだけ細かい単位で仕訳データを作成**してください。

5-2

# 出納帳データをインポートする

## 出納帳形式のインポートシートを作るメリット

### 仕訳の大半を占める預金・現金のインポートを効率化できる

実際の仕訳データのほとんどは、預金や現金の入出金取引です。これらの取引データは、通帳や現金出納帳などの、いわゆる「出納帳形式」で作成されてます。これらの取引を、仕訳データの形にせず、出納帳形式のままで取りこむことができれば、業務効率が大きく上がります。

そこで、弥生会計のインポート用シートを、次のような出納帳形式で入力できるような仕組みを作ってみましょう。

| | A | B | C | D | E | F | G | H |
|---|---|---|---|---|---|---|---|---|
| 1 | | | | 親科目 | 普通預金 | 楽天銀行 | 対象外 | |
| 2 | | | | | | | | |
| 3 | 取引日付 | 出金 | 入金 | 摘要 | 相手勘定科目 | 相手補助科目 | 相手税区分 | 残高 |
| 4 | | | 864,000 | 期首残高 | | | | 864,000 |
| 5 | 2020/4/15 | 220,000 | | カ）アリマ | 仕入高 | 株式会社有馬 | 課対仕入込10% | 644,000 |
| 6 | 2020/4/25 | 98,430 | | ヤマダタカシ | 給料手当 | | 対象外 | 545,570 |
| 7 | 2020/4/30 | | 450,000 | カ）スカイ | 売上高 | 株式会社スカイ | 課税売上込10% | 995,570 |
| 8 | 2020/5/10 | 97,800 | | キムラ（カ | 消耗品費 | | 課対仕入込10% | 897,770 |
| 9 | 2020/5/15 | | 98,000 | カ）エヌエー | 売上高 | 株式会社エヌエー | 課税売上込10% | 995,770 |
| 10 | | | | | | | | 995,770 |
| 11 | | | | | | | | 995,770 |

## 出納帳形式のインポートシートを作る

### 仕訳帳形式の入力シートを変形して、出納帳形式に修正する

数式の入力を最小限で抑えるため、前章で作成した仕訳帳形式のエクセルファイルを流用して、出納帳形式のエクセルファイルを作ります。

まず、4-5で作成した仕訳帳形式のエクセルファイルを開きましょう。「入力」シートのシート保護を解除したうえで（203ページ参照）、「入力」シートに修正を加えていきましょう。

### ◎ 借方関連の列を削除する

勘定科目、補助科目、税区分欄は1行に一つしか必要ありません。そこで、借方・貸方どちらかの列を削除してしまいましょう。今回は、借方関連の列を削除します。B列～D列（借方勘定科目、借方補助科目、借方税区分）を「列ごと」削除しましょう。

「入力」シート

| | A | B | C | D | E | F | G | H | I |
|---|---|---|---|---|---|---|---|---|---|
| 1 | | | | | | | | | |
| 2 | | | | | | | | | |
| 3 | 取引日付 | 借方勘定科目 | 借方補助科目 | 借方税区分 | 貸方勘定科目 | 貸方補助科目 | 貸方税区分 | 金額 | 摘要 |
| 4 | 2020/4/1 | 普通預金 | みずほ銀行 | 対象外 | 売上高 | | 課税売上込10% | 10,000 | 4/1分売上入金 |
| 5 | 2020/4/2 | 普通預金 | みずほ銀行 | 対象外 | 売上高 | | 課税売上込10% | 19,601 | 4/2分売上入金 |
| 6 | 2020/4/3 | 普通預金 | みずほ銀行 | 対象外 | 売上高 | | 課税売上込10% | 19,169 | 4/3分売上入金 |

B列～D列を削除する。

この列削除にともない、「CSV」シートのE列、F列、H列の数式が壊れ「#REF!」と表示されますが、数式は後で修正することにして、このまま先に進みます。

### ◎ 金額入力用に2列挿入する

このシートには金額を入力する列を3列分（出金・入金・残高）準備したいので、金額列の右横に列を2列分挿入します。

「入力」シート

| | A | B | C | D | E | F | G |
|---|---|---|---|---|---|---|---|
| 1 | | | | | | | |
| 2 | | | | | | | |
| 3 | 取引日付 | 貸方勘定科目 | 貸方補助科目 | 貸方税区分 | 金額 | 摘要 | |
| 4 | 2020/4/1 | 売上高 | | 課税売上込10% | 10,000 | 4/1分売上入金 | |
| 5 | 2020/4/2 | 売上高 | | 課税売上込10% | 19,601 | 4/2分売上入金 | |
| 6 | 2020/4/3 | 売上高 | | 課税売上込10% | 19,169 | 4/3分売上入金 | |
| 7 | 2020/4/4 | 売上高 | | 課税売上込10% | 16,932 | 4/4分売上入金 | |

2列挿入する。

### ◎ 二つの金額列と摘要列を左に移動する

入力しやすいように列の並び順を変更します。F列～H列（＝先ほど挿入した2列と摘要列）を切り取り、B列を選択して**切り取ったセルの挿入**をしてください。これで、列の順番が変わります。

「入力」シート

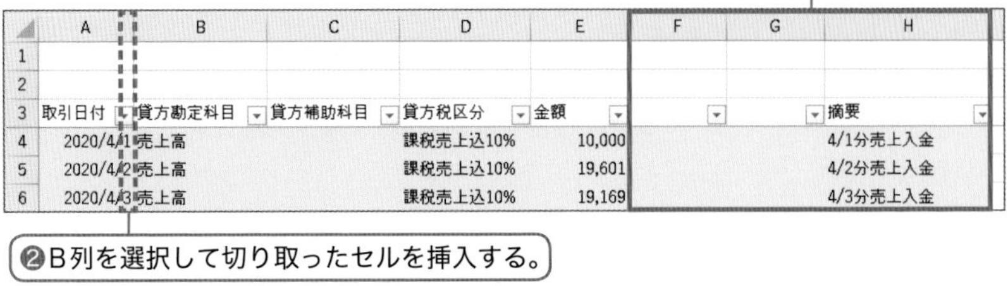


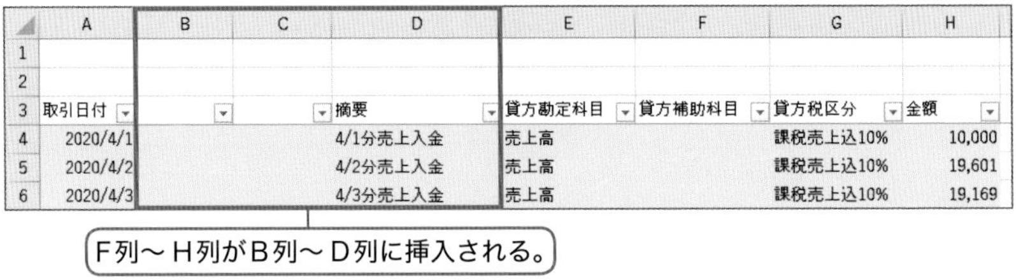


列のレイアウトは、ほぼ完成したので、様式を整えていきます。3行目の列名を次のように変更してください。

| セル | 入力内容 |
|---|---|
| B3セル | 出金 |
| C3セル | 入金 |
| E3セル | **相手**勘定科目 |
| F3セル | **相手**補助科目 |
| G3セル | **相手**税区分 |
| H3セル | 残高 |

「入力」シート

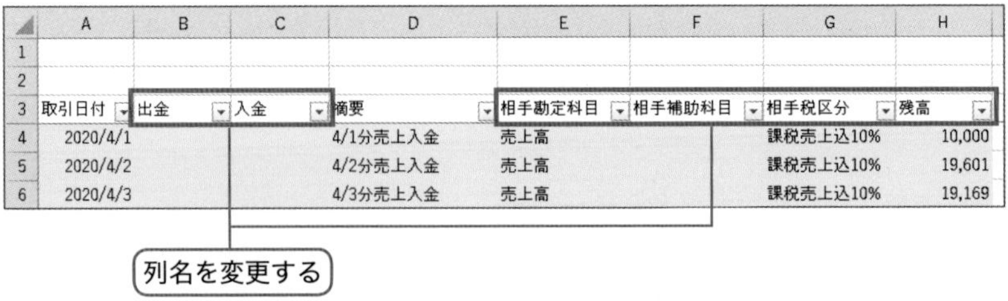


多くの場合、通帳は出金が左側、入金が右側に表示されることが多いため、それに合わせて、出金をB列、入金をC列に配置しています。

## 残高列に数式を入力し、ロックをかける

H列に残高を自動的に表示させるようにしましょう。H4セルに「=SUM(H3,-B4,C4)」と入力し、1003行目まで貼り付けてください。引数の「H3」「-B4」「C4」の間はカンマで区切られていることに注意してください。

この数式は「=H3-B4+C4」とまったく同じ意味です。ただ、今回は、足し算の式を入力するとH3セルに文字列データが入っていることが原因でエラーになってしまいます。そこで、今回はSUM関数を使っています。

最後に、H4～H1003セルを選択し、背景色を「塗りつぶしなし」にして、セルをロックしてください（200ページ参照）。

「入力」シート

❶「=SUM(H3,-B4,C4)」と入力し、H1003セルまでコピー・貼り付けする。

| | A | B | C | D | E | F | G | H | I |
|---|---|---|---|---|---|---|---|---|---|
| 1 | | | | | | | | | |
| 2 | | | | | | | | | |
| 3 | 取引日付 | 出金 | 入金 | 摘要 | 相手勘定科目 | 相手補助科目 | 相手税区分 | 残高 | |
| 4 | 2020/4/1 | | | 4/1分売上入金 | 売上高 | | 課税売上込10% | 0 | |
| 5 | 2020/4/2 | | | 4/2分売上入金 | 売上高 | | 課税売上込10% | 0 | |
| 6 | 2020/4/3 | | | 4/3分売上入金 | 売上高 | | 課税売上込10% | 0 | |
| 1002 | | | | | | | | 0 | |
| 1003 | | | | | | | | 0 | |
| 1004 | | | | | | | | | |

❷H4セル以下の背景色を「塗りつぶしなし」にし、セルをロックする。

これで、「入力」シートの準備は終わりです。

## テストデータを入力して、期首残高を入力する

後で入力する「CSV」シートの数式が正しいか確認しやすくするため、このタイミングで、入力シートにさまざまなパターンのデータを入力しておきましょう。必要に応じて、補助科目一覧シートにも情報を付け足してください。

「入力」シート

期首残高行の取引日付を空欄にする。

| | A | B | C | D | E | F | G | H |
|---|---|---|---|---|---|---|---|---|
| 1 | | | | | | | | |
| 2 | | | | | | | | |
| 3 | 取引日付 | 出金 | 入金 | 摘要 | 相手勘定科目 | 相手補助科目 | 相手税区分 | 残高 |
| 4 | | | 864,000 | 期首残高 | | | | 864,000 |
| 5 | 2020/4/15 | 220,000 | | カ）アリマ | 仕入高 | 株式会社有馬 | 課対仕入込10% | 644,000 |
| 6 | 2020/4/25 | 98,430 | | ヤマダタカシ | 給料手当 | | 対象外 | 545,570 |
| 7 | 2020/4/30 | | 450,000 | カ）スカイ | 売上高 | 株式会社スカイ | 課税売上込10% | 995,570 |
| 8 | 2020/5/10 | 97,800 | | キムラ（カ | 消耗品費 | | 課対仕入込10% | 897,770 |
| 9 | 2020/5/15 | | 98,000 | カ）エヌエー | 売上高 | 株式会社エヌエー | 課税売上込10% | 995,770 |
| 10 | | | | | | | | 995,770 |
| 11 | | | | | | | | 995,770 |

テストデータを入力する。

上記では、4行目に期首残高を入力しています。この行には、取引日付を入力していないことに注目してください。

「CSV」シートのA列の数式では、日付、借方金額の両方が0より大きい場合だけ、仕訳を生成する数式が入っていました（198ページ参照）。そのため、取引日付欄を空欄にしておけば、コメント行扱いになり仕訳が生成されません。

「CSV」シート

| | A | B | C | D | E | F | G | H | I |
|---|---|---|---|---|---|---|---|---|---|
| 1 | # | | | | | | | | |
| 2 | #必須 | | | 必須 | 必須 | | | 必須 | 必須 |
| 3 | #識別フラグ | 伝票No. | 決算 | 取引日付 | 借方勘定科目 | 借方補助科目 | 借方部門 | 借方税区分 | 借方金額 |
| 4 | # | | | 1900/1/0 | #REF! | #REF! | | #REF! | 864000 |
| 5 | 2000 | | | 2020/4/15 | #REF! | #REF! | | #REF! | 644000 |
| 6 | 2000 | | | 2020/4/25 | #REF! | #REF! | | #REF! | 545570 |
| 7 | 2000 | | | 2020/4/30 | #REF! | #REF! | | #REF! | 995570 |

取引日付を入力していないのでコメント扱いになる。

### ◯ 親科目・税区分を指定するセルを作る

出納帳形式のデータを仕訳に変換するためにはこの出納帳をどの勘定科目、補助科目、税区分で記帳するかを指定しないといけません。そこで、E1～G1セルに、出納帳の記帳先となる勘定科目と補助科目、税区分を入力しましょう。以下、これらのことを親勘定科目、親補助科目、親税区分と呼びます。

まず、D1セルに「親科目」、E1セルに「普通預金」、F1セルに「楽天銀行」、G1セルに「対象外」と入力して、E1～G1セルの背景色を薄緑色に設定するとともに、セルの書式設定でロックをはずしましょう。

「入力」シート

❶親科目などの情報を入力する。

| | A | B | C | D | E | F | G | H |
|---|---|---|---|---|---|---|---|---|
| 1 | | | | 親科目 | 普通預金 | 楽天銀行 | 対象外 | |
| 2 | | | | | | | | |
| 3 | 取引日付 | 出金 | 入金 | 摘要 | 相手勘定科目 | 相手補助科目 | 相手税区分 | 残高 |
| 4 | | | 864,000 | 期首残高 | | | | 864,000 |
| 5 | 2020/4/15 | 220,000 | | カ）アリマ | 仕入高 | 株式会社有馬 | 課対仕入込10% | 644,000 |
| 6 | 2020/4/25 | 98,430 | | ヤマダタカシ | 給料手当 | | 対象外 | 545,570 |
| 7 | 2020/4/30 | | 450,000 | カ）スカイ | 売上高 | 株式会社スカイ | 課税売上込10% | 995,570 |

❷E1～G1セルの背景色を薄緑色にする。

## 入金・出金に応じて「CSV」シートに仕訳を生成する

次に、「CSV」シートに数式を入力します。IF関数を使って、**入金取引か出金取**

**引かに応じて**、借方・貸方のそれぞれに記帳する勘定科目などを決めます。

たとえば、普通預金の出納帳で支払手数料の記帳をする場合、出金取引か入金取引かに応じて、次のように借方・貸方の勘定科目を入れ替えます。

| 取引 | 仕訳 |
|---|---|
| 入金取引 | 普通預金／支払手数料 |
| 出金取引 | 支払手数料／普通預金 |

### ○ E4、F4、H4セル（借方勘定科目、補助科目、税区分）

それでは、**「CSV」シートに数式を入れていきます**。「CSV」シートのE4、F4、H4セルに、次の数式を入力しましょう。

| 入力するセル | 数式 | 備考 |
|---|---|---|
| E4セル（借方勘定科目） | =IF(入力!$B4>0,入力!E4,入力!E$1)&"" | |
| F4セル（借方補助科目） | =IF(入力!$B4>0,入力!F4,入力!F$1)&"" | |
| H4セル（借方税区分） | =IF(入力!$B4>0,入力!**G**4,入力!**G**$1)&"" | コピペ不可 |

たとえば、E4セルのIF関数は、次のような意味です。

```
=IF(入力!$B4>0,入力!E4,入力!$E$1)&""
    ①          ②       ③
```

| 引数 | 意味 |
|---|---|
| ① | 入力シートのB4セル（出金金額）が0より大きい |
| ② | そのとき（＝出金取引のとき）には、入力シートの**E4セル**（入力した行の勘定科目）を表示する |
| ③ | それ以外のとき（＝入金取引のとき）は、入力シートの**E1セル**（親科目の勘定科目）を表示する |

IF関数の後に、**転記元が空欄でも対応できるよう「&""」を付け加えています**。また、親勘定科目への参照（「入力!$E$1」）については、数式をコピーして下に貼り付けたときに参照先がずれないように絶対参照を指定しています。

また、E4セルの数式はH4セルに貼り付けられません。面倒ですが、**H4セルに数式を貼り付けた後、手で数式を修正してください**。入力し終わったら、E4～H4セルの数式を、E4～H1003セルに貼り付けておきましょう。

「CSV」シート

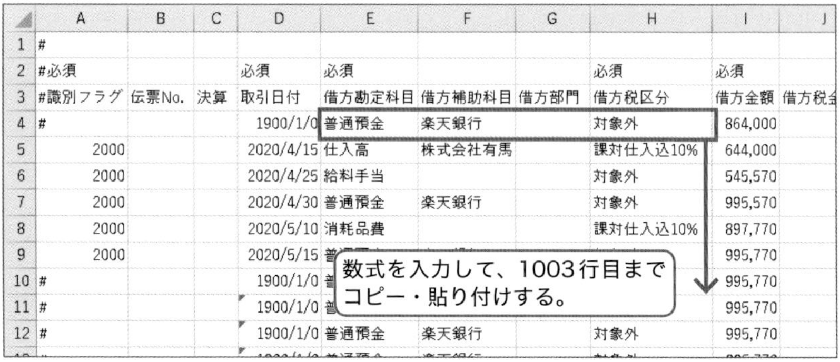


## ◎ K4、L4、N4セル（貸方勘定科目、補助科目、税区分）

同じように、「CSV」シートのK4、L4、N4セルにも数式を入力しましょう。

| 入力するセル | 数式 | 備考 |
|---|---|---|
| K4セル（貸方勘定科目） | =IF(入力!$B4>0,入力!E$1,入力!E4)&"" | |
| L4セル（貸方補助科目） | =IF(入力!$B4>0,入力!F$1,入力!F4)&"" | |
| N4セル（貸方税区分） | =IF(入力!$B4>0,入力!**G**$1,入力!**G**4)&"" | コピペ不可 |

先ほどのE4セル、F4セル、H4セルに入力した数式と比較すると、二つめの引数と三つめの引数が入れ替わっているだけで、あとはまったく同じです。要は、親科目の設定内容を表示するか、各行の内容を表示するかが、**先ほどと逆になっている**わけです。先ほどと同様、N4セルに数式を貼り付けた後、手で数式を修正する必要があることにも注意してください。

入力し終わったら、K4～N4セルの数式を、K4～N1003セルに貼り付けて、貸方側の情報が正しく表示されていることを確認してください。

「CSV」シート

### I4、O4セル（借方金額、貸方金額）

借方金額（「入力」シートのB4セル）、貸方金額（「入力」シートのC4セル）は、どちらかしか入力されません。ですから、この二つのセルの金額を足せば、借方金額と貸方金額を計算できます。

| 入金額 | 出金額 | 入金額＋出金額 | 借方金額、貸方金額 |
|---|---|---|---|
| 100 | | =**100+0** | 100 |
| | 100 | =**0+100** | 100 |

そこで、I4セルに「=入力!$B4+入力!$C4」という数式を入力して、それをI4～I1003セルとO4～O1003セルに貼り付けましょう。

「CSV」シート

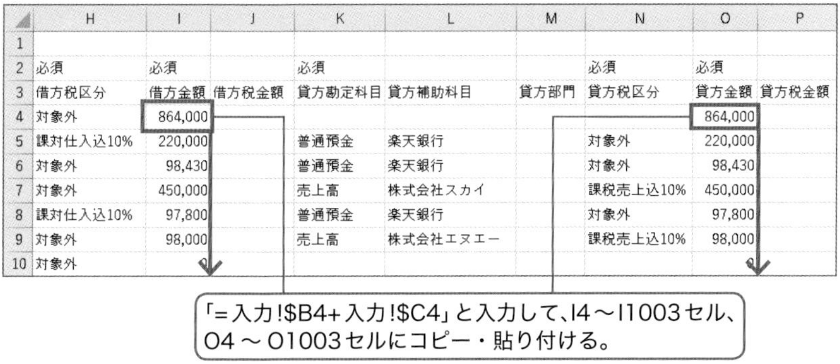

| | H | I | J | K | L | M | N | O | P |
|---|---|---|---|---|---|---|---|---|---|
| 1 | | | | | | | | | |
| 2 | 必須 | 必須 | | 必須 | | | 必須 | 必須 | |
| 3 | 借方税区分 | 借方金額 | 借方税金額 | 貸方勘定科目 | 貸方補助科目 | 貸方部門 | 貸方税区分 | 貸方金額 | 貸方税金額 |
| 4 | 対象外 | 864,000 | | | | | | 864,000 | |
| 5 | 課対仕入込10% | 220,000 | | 普通預金 | 楽天銀行 | | 対象外 | 220,000 | |
| 6 | 対象外 | 98,430 | | 普通預金 | 楽天銀行 | | 対象外 | 98,430 | |
| 7 | 対象外 | 450,000 | | 売上高 | 株式会社スカイ | | 課税売上込10% | 450,000 | |
| 8 | 課対仕入込10% | 97,800 | | 普通預金 | 楽天銀行 | | 対象外 | 97,800 | |
| 9 | 対象外 | 98,000 | | 売上高 | 株式会社エヌエー | | 課税売上込10% | 98,000 | |
| 10 | 対象外 | 0 | | | | | | 0 | |



これで、CSVシートは完成です。識別フラグ、摘要などその他の列の数式は、そのまま使えるので変更をする必要はありません。

「入力」シートにデータを入力すると、自動的に「CSV」シートに値が転記され、インポート用のフォーマットができあがります。「CSV」シートを、CSVファイルとして保存して、弥生会計に取り込んでください。

# 5-3 仕訳パターンを工夫して業務効率を上げる

## → 業務に合う仕訳パターンを考える

### 入力する仕訳の形によって業務効率が大きく変わる

あまり、明確な形で言われることはありませんが、入力する仕訳の形によって業務効率は大きく変わります。特に、出納帳形式でデータを入力するときには、**どういう仕訳を入力するか次第で業務効率が大きく変わります**。ここでは、いくつか考えるべきポイントを紹介していきます。

### 預金口座間の振替取引の場合

複数の預金口座がある場合、預金口座ごとに今回のエクセルブックを準備すれば、全口座の記帳ができます。ただし、口座間の資金移動を二重に記帳しないように注意が必要です。

たとえば、みずほ銀行・楽天銀行の2行に口座を持っていて、2020/4に、みずほ銀行から楽天銀行に1,000,000円の振替をしたときを考えてみます。このとき、次のように、みずほ銀行・楽天銀行のシート両方に、この取引を素直に入力すると、振替取引が二重に記帳されてしまいます。

1　みずほ銀行のエクセルシート

| 日付 | 出金 | 入金 | 相手科目 | 相手補助科目 |
|---|---|---|---|---|
| 2020/4 | 1,000,000 | | 普通預金 | 楽天銀行 |

この「みずほ銀行のエクセルシート」からCSVデータを作り、弥生会計にインポートすると、次の仕訳データが作られます。

（弥生会計の仕訳）

普通預金（楽天銀行）　1,000,000　／　普通預金（みずほ銀行）　1,000,000

### 2 楽天銀行のエクセルシート

| 日付 | 出金 | 入金 | 相手科目 | 相手補助科目 |
|---|---|---|---|---|
| 2020/4 | | 1,000,000 | 普通預金 | みずほ銀行 |

（弥生会計の仕訳）

普通預金（楽天銀行）1,000,000 ／ 普通預金（みずほ銀行）1,000,000

この仕訳は、さきほどの仕訳と全く同じで、二重記帳になってしまいます。こうした場合には、それぞれの**相手科目を「仮受金」にして記帳しましょう。**

あるいは、新規科目を作れるときには、預金振替専用の勘定科目（例：「口座振替仮」）を作って、その勘定科目を相手科目として入力しましょう。そうすることで、万一、預金振替で不一致があった場合にも検出できます。また、仕訳の分析時にも、**総勘定元帳の相手科目で取引内容が把握できる**ので便利です。

たとえば、「口座振替仮」という勘定科目を（流動資産区分に）作成して、相手科目に入力すると、次のようになります。

### 1 みずほ銀行のエクセルシート

| 日付 | 出金 | 入金 | 相手科目 | 相手補助科目 |
|---|---|---|---|---|
| 2020/4 | 1,000,000 | | 口座振替仮 | |

（弥生会計の仕訳）

口座振替仮 1,000,000 ／ 普通預金（みずほ銀行）1,000,000

### 2 楽天銀行のエクセルシート

| 日付 | 出金 | 入金 | 相手科目 | 相手補助科目 |
|---|---|---|---|---|
| 2020/4 | | 1,000,000 | 口座振替仮 | |

（弥生会計の仕訳）

普通預金（楽天銀行）1,000,000 ／ 口座振替仮 1,000,000

このように、仮勘定を使用することで、二重仕訳にならないように仕訳データを入力できます。当然、正しく仕訳が入力されていれば、**「口座振替仮」勘定の残高は0になります。**

## → 1件の預金入出金を複数の仕訳に分割したい場合

次のように、1件の入出金取引に対して、複数の科目に記帳をしなければいけない場面があります。

- 給料の支払　→ 給料、交通費、預り金（源泉所得税）、預り金（社会保険料）
- 外注費の支払 → 外注費、預り金（源泉所得税）
- 売掛金の回収 → 売掛金、支払手数料
- 借入金の返済 → 短期借入金、支払利息

これらの仕訳を1:1仕訳で起票する場合、考えられる仕訳の起票方法は三つあります。それぞれ、長所・短所があるので、状況に応じて使い分けましょう。

| 方法 | 特徴 |
|---|---|
| 1. 別途、振替仕訳を付け足す | 入力方法が直感的だが、消費税の端数に注意が必要 |
| 2. 預金の入出金を複数行に分ける | 預金入出金シートだけで仕訳が完了するので、わかりやすい |
| 3. 専用の仮勘定を経由して仕訳を起票する | 内訳を別途管理している場合には最適 |

**同一取引で、複数の起票パターンが混在すると、分析に手間がかかります。**あらかじめ、各パターンごとに仕訳パターンを固定しましょう。

それでは、具体例を見てみましょう。2020/4/1に、110,000円（本体価格100,000円＋消費税10,000円）の報酬から10,210円を天引きした99,790円を「山田弁護士事務所」あてに支払ったときに、仕訳をどう入力するか考えてみます。

### 1.別途、振替仕訳を付け足す

99,790円を外注費の出金として記帳し、別途、仕訳帳を使って、外注費に10,210円を追加計上します。

#### ○ 普通預金出納帳のエクセルシート

| 日付 | 出金 | 入金 | 相手勘定科目 | 相手税区分 |
|---|---|---|---|---|
| 2020/4/1 | 99,790 | | 外注費 | 課対仕入込10% |

この普通預金出納帳データからCSVデータを作り、弥生会計にインポートすると、次の仕訳データが作られます。

（弥生会計の仕訳）

外注費　　　90,719　／　普通預金　　99,790
仮払消費税等　　9,071

### 仕訳帳のエクセルシート

| 日付 | 借方勘定科目 | 借方税区分 | 貸方勘定科目 | 貸方税区分 | 金額 |
|---|---|---|---|---|---|
| 2020/4/1 | 外注費 | 課対仕入込10% | 預り金 | 対象外 | 10,210 |

（弥生会計の仕訳）

外注費　　　9,282　／　預り金　　10,210
仮払消費税等　　928

この方法を使うと、外注費の計上が二つの仕訳に分かれるので、帳簿が見にくくなります。さらに、**消費税の課税事業者の場合には、消費税の端数処理が2回に分けて行われる結果、消費税額がずれてしまう**可能性もあります。実際、上の例では、仮払消費税等の合計が、本来あるべき金額から1円ずれています。

ですから、外注費・売上高などの費用・収益科目の計上にはこの方法は不向きです。売掛金の回収、借入金の返済などの取引に使いましょう。

## 2.預金の入出金を複数行に分ける

99,790円の出金を「110,000円の出金と10,210円の入金」に分けて記帳します。

### 普通預金出納帳のエクセルシート

| 日付 | 出金 | 入金 | 相手勘定科目 | 相手税区分 |
|---|---|---|---|---|
| 2020/4/1 | 110,000 | | 外注費 | 課対仕入込10% |
| 2020/4/1 | | 10,210 | 預り金 | 対象外 |

（弥生会計の仕訳）

外注費　　　100,000　／　普通預金　　110,000
仮払消費税等　　10,000

普通預金　　　10,210　／　預り金　　10,210

この方法は、銀行預金入力用のシートに入力するだけで記帳が完結するので、わかりやすいです。一方で、エクセルでインポート用データを作成するときに、

**1件の出金を複数行に分けて記帳しないといけません**。入出金の金額を手作業で分割する必要があるので、ミスが起こりやすいという欠点があります。

### 3.専用の仮勘定を使う

預金口座間の振替取引と同様、専用の仮勘定を使う方法です。預金入出金の記帳に手間がかからず、本来の勘定への振替もれにも気づきやすい、総勘定元帳の相手科目で取引内容が把握できるなどのメリットがあります。一方で、仮勘定から本来の勘定への振替仕訳を別途入力しなければならない点がデメリットです。

ここでは、勘定科目「外注費仮」を販売管理費の一項目として作成しています。

#### 普通預金出納帳のエクセルシート

| 日付 | 出金 | 入金 | 相手勘定科目 | 相手税区分 |
|---|---|---|---|---|
| 2020/4/1 | 99,790 | | 外注費仮 | **対象外** |

（弥生会計の仕訳）

外注費仮　99,790　／　普通預金　99,790

#### 仕訳帳のエクセルシート

| 日付 | 借方勘定科目 | 借方税区分 | 貸方勘定科目 | 貸方税区分 | 金額 |
|---|---|---|---|---|---|
| 2020/4/1 | 外注費 | 課対仕入込10% | 外注費仮 | 対象外 | 110,000 |
| 2020/4/1 | 外注費仮 | 対象外 | 預り金 | 対象外 | 10,210 |

（弥生会計の仕訳）

外注費　100,000　／　外注費仮　110,000
仮払消費税等　10,000

外注費仮　10,210　／　預り金　10,210

## → 固定資産・有価証券売却取引を1:1仕訳で記帳する

### 入金と簿価振替を別の仕訳で入力するのがポイント

固定資産や有価証券の売却取引は、一見複雑そうですが、流れを整理することで、1:1仕訳の形で表現することができます。ポイントは、**入金取引と、簿価を振り替える取引**を別々の仕訳として入力することです。

例として、期首簿価500,000円の車両を、2020年4月1日に660,000円（本体価格600,000円＋消費税率10%）で売却したときの仕訳を考えてみます。

まずは入金取引です。預金出納帳の入力様式を使い、預金の入金として処理をします。たとえば、出納帳形式で入力する場合には、**入金額660,000円に消費税が課税されます**ので、消費税区分を「課税売上込10%」にして記帳しましょう。

### ◎ 普通預金出納帳のエクセルシート

| 日付 | 出金 | 入金 | 相手勘定科目 | 相手税区分 |
|---|---|---|---|---|
| 2020/4 | | 660,000 | 固定資産売却益 | **課税売上込10%** |

（弥生会計の仕訳）

| | | | | |
|---|---|---|---|---|
| 普通預金 | 660,000 | ／ | 固定資産売却益 | 600,000 |
| | | | 仮受消費税等 | 60,000 |

次に簿価振替取引です。仕訳帳の入力様式を使って、売却した固定資産の簿価を固定資産売却益勘定に振り替えます。単なる簿価振替なので消費税は課税対象外であることに注意してください。

### ◎ 仕訳帳のエクセルシート

| 日付 | 借方勘定科目 | 借方税区分 | 貸方勘定科目 | 貸方税区分 | 金額 |
|---|---|---|---|---|---|
| 2020/4/1 | 固定資産売却益 | 対象外 | 車両運搬具 | 対象外 | 800,000 |
| 2020/4/1 | 減価償却累計額 | 対象外 | 固定資産売却益 | 対象外 | 300,000 |

この普通預金出納帳データからCSVデータを作り、弥生会計にインポートすると、次の仕訳データが作られます。

（弥生会計の仕訳）

| | | | | |
|---|---|---|---|---|
| 固定資産売却益 | 800,000 | ／ | 車両運搬具 | 800,000 |
| 減価償却累計額 | 300,000 | ／ | 固定資産売却益 | 300,000 |

先ほどの仕訳（固定資産売却益が貸方に600,000円）と差し引きすると、固定資産売却益の差引額は100,000円（消費税抜）になります。

なお、減価償却累計額を車両運搬具勘定から直接控除している場合には、上記仕訳の減価償却累計額を車両運搬具に置き換えてください。

# 5-4 出納帳形式のインポートシートを工夫する

## → 元データを貼り付けるだけで仕訳を作成させる

### 入力する手間を省力化する二つの工夫

5-2で作成した出納帳形式の入力フォームは便利ですが、インターネットバンキングから出力した入出金のCSVデータを加工して入力する必要があるなど、やや面倒な点も残ります。そこで、先ほどのシートを改良して、次の機能を持たせてみましょう。

- 1.摘要から勘定科目、補助科目、税区分を自動導出する仕組みを作る
- 2.銀行のCSVデータに合わせた様式を作る

これらの機能を付け加えることで、インターネットバンキングから出力した入出金のCSVデータを貼り付けるだけで、インポート用のCSVデータができるようになります。

## → 摘要から各項目を自動導出する仕組みを作る

### 作業の概要

先ほど作った出納帳形式のインポートシートに、摘要に応じて、勘定科目、補助科目、税区分を自動導出する仕組みを付け加えます。

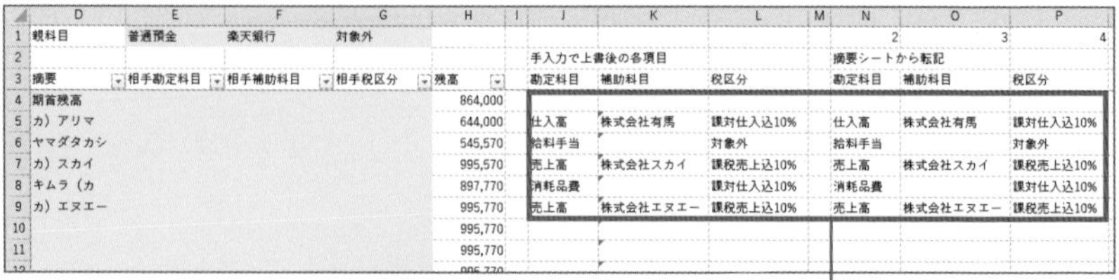


| | D | E | F | G | H | I | J | K | L | M | N | O | P |
|---|---|---|---|---|---|---|---|---|---|---|---|---|---|
| 1 | 親科目 | 普通預金 | 楽天銀行 | 対象外 | | | | | | | 2 | 3 | 4 |
| 2 | | | | | | | 手入力で上書後の各項目 | | | | 摘要シートから転記 | | |
| 3 | 摘要 | 相手勘定科目 | 相手補助科目 | 相手税区分 | 残高 | | 勘定科目 | 補助科目 | 税区分 | | 勘定科目 | 補助科目 | 税区分 |
| 4 | 期首残高 | | | | 864,000 | | | | | | | | |
| 5 | カ）アリマ | | | | 644,000 | | 仕入高 | 株式会社有馬 | 課対仕入込10% | | 仕入高 | 株式会社有馬 | 課対仕入込10% |
| 6 | ヤマダタカシ | | | | 545,570 | | 給料手当 | | 対象外 | | 給料手当 | | 対象外 |
| 7 | カ）スカイ | | | | 995,570 | | 売上高 | 株式会社スカイ | 課税売上込10% | | 売上高 | 株式会社スカイ | 課税売上込10% |
| 8 | キムラ（カ | | | | 897,770 | | 消耗品費 | | 課対仕入込10% | | 消耗品費 | | 課対仕入込10% |
| 9 | カ）エヌエー | | | | 995,770 | | 売上高 | 株式会社エヌエー | 課税売上込10% | | 売上高 | 株式会社エヌエー | 課税売上込10% |
| 10 | | | | | 995,770 | | | | | | | | |
| 11 | | | | | 995,770 | | | | | | | | |

次のような流れで作業をしていきます。

- 1.「摘要」と「相手勘定科目、相手補助科目、相手税区分」の対応表を作る
- 2.「摘要」に応じた相手勘定科目などをいったん転記する
- 3.相手勘定科目などが手入力されている場合には、その内容で上書きする
- 4.「3」の相手勘定科目などをCSVシートに転記

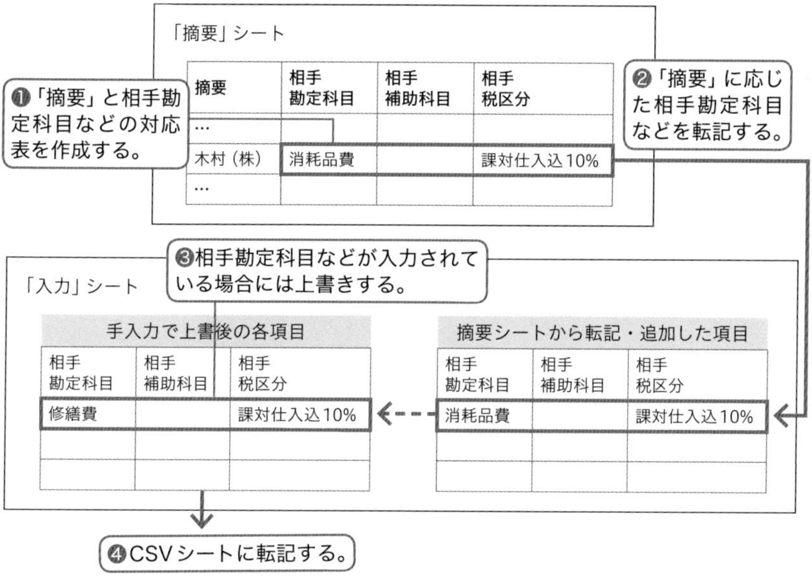


## 摘要と相手勘定科目などの対応表を作る

それでは、手順を説明していきます。まず、摘要の一覧表を作っていきます。作る手順は、204ページで書いた税区分一覧などとまったく同じです。

- 1.新規シートを作成し、シート名を「摘要」と名前を変更
- 2.A1 ～ D1セルに「摘要」「勘定科目」「補助科目」「税区分」と入力
- 3.A1セルを選択し、メニューから「挿入」→「テーブル」をクリック
- 4.テーブルの作成ウィンドウで**「先頭行を見出しとして使用する」にチェックを入れて「OK」をクリック**
- 5.A2 ～ D2セルに（テーブルにデータが入っている場合はA2セル～ D列の最終行まで）「摘要一覧」と名前を付ける

あとは、A2セル以下に、摘要とそれに対応する勘定科目、補助科目、税区分を入力してください。ここでは、225ページで入力したテストデータのD5～G9セルの内容をコピーして、「摘要」シートのA2セルに値貼り付けています。また、204ページと同じように、勘定科目、補助科目、税区分については入力規則を設定しましょう。今回のようにテーブル化している場合には、2行目からテーブルの最後の行を選択して入力規則を設定してください。

❶新規シートを作成し、シート名を「摘要」に変更する。

| | A | B | C | D | E |
|---|---|---|---|---|---|
| 1 | 摘要 | 勘定科目 | 補助科目 | 税区分 | |
| 2 | カ）アリマ | 仕入高 | 株式会社有馬 | 課対仕入込10% | |
| 3 | ヤマダタカシ | 給料手当 | | 対象外 | |
| 4 | カ）スカイ | 売上高 | 株式会社スカイ | 課税売上込10% | |
| 5 | キムラ（カ | 消耗品費 | | 課対仕入込10% | |
| 6 | カ）エヌエー | 売上高 | 株式会社エヌエー | 課税売上込10% | |
| 7 | | | | | |

❷見出しを入力してテーブル化し、摘要などを入力する。

## 摘要に対応する勘定科目などを「入力」シートに表示する

今度は、「入力」シートを修正していきます。N列～P列に、摘要に対応する勘定科目、補助科目、税区分を摘要テーブルから探して表示します。

最初に、列見出しを入れます。N2セルに「摘要シートから転記」、N3セルに「勘定科目」、O3セルに「補助科目」、P3セルに「税区分」と入力しましょう。また、数式を入力する事前準備として、N1～P1セルに「2」「3」「4」と入力しておきましょう。

「入力」シート

| | M | N | O | P | Q |
|---|---|---|---|---|---|
| 1 | | 2 | 3 | 4 | |
| 2 | | 摘要シートから転記 | | | |
| 3 | | 勘定科目 | 補助科目 | 税区分 | |
| 4 | | | | | |

N2～P3セルに列見出し、N1～P1セルに「2」「3」「4」と入力する。

それでは、数式を入力します。N4セルに次の数式を入力しましょう。

```
=IFERROR(VLOOKUP($D4,摘要一覧,N$1,FALSE),"")&""
                  ①     ②      ③
```

N4セルの数式の意味は、次のとおりです。

| 引数 | 意味 |
|---|---|
| ① | D4セルを |
| ② | 摘要一覧の一番左の列から探して |
| ③ | 該当行のN1セル番目（=2列目）の列の内容を表示する |

あとは、N4セルの数式をコピーして、N4～P1003セルに貼り付けましょう。これで、摘要に応じて勘定科目、補助科目、税区分が表示されます。

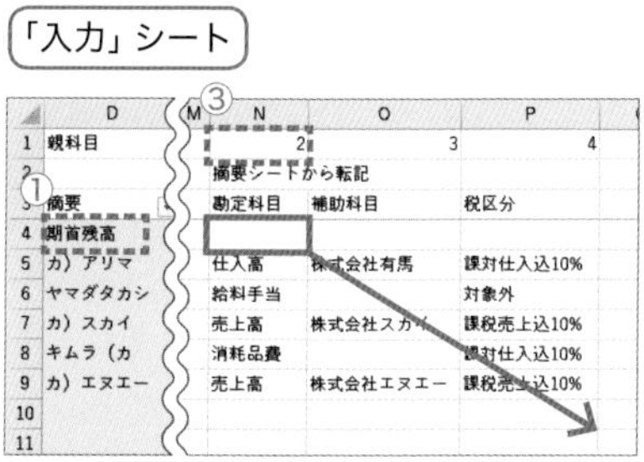


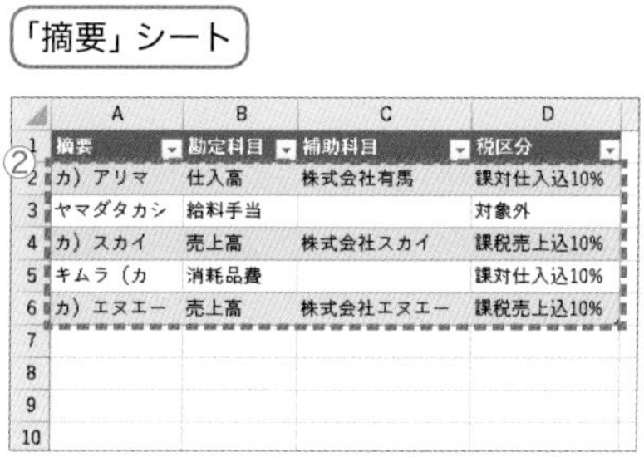


「=IFERROR(VLOOKUP($D4,摘要一覧,N$1,FALSE),"")&""」と入力し、N4～P1003セルにコピー・貼り付けする。

今回は、N4～P4セルに、摘要に対応する複数の情報（勘定科目、補助科目、税区分）を表示させるため、列番号をN1～P1セルに書き出して、複合参照を使った指定をしています（120ページで解説した方法です）。摘要シートに該当する摘要がない場合の#N/A!エラーに備えてIFERROR関数を使っています（121ページ参照）。さらに、勘定科目・補助科目・税区分が空欄だった場合に0が表示されるのを防ぐため数式末尾に「&""」を付けています（33ページ参照）。

N4セルの数式のコピー・貼り付けは、ショートカットキーを使うと簡単です。まず、N4セルを選択してコピーした後、**N4セルを選択したままの状態で Ctrl + Shift + End を押してください**。N4～P1003セルが選択されるので、そのまま Ctrl + V で貼り付けてください。

あとは、E5～G9セルの値を消去しましょう。前ページの手順でD5～G9セルの内容を摘要シートに貼り付けていれば、N列～P列には摘要シートの入力内容が表示されるのでN列～P列の表示内容は変わりません。

## 手入力を反映させた状態の勘定科目などを表示する

J列～L列には、N列～P列の内容を転記しますが、E列～G列に手入力された場合には、その内容で上書きします。そして、J列～L列の勘定科目・補助科目・税区分を「CSV」シートに転記していきます（全体像は236ページ下のキャプチャと237ページの図を参照してください）。

現時点では、「CSV」シートのE列、F列、H列、K列、L列、N列の数式は「入力」シートのE4～G1003セルを参照しています。これを、次の手順でJ4～L1003セルを参照するように一括で修正してしまいます。

### 切り取り＋貼り付けで数式を一括修正

「入力」シートのE4～G1003セルを選択して**切り取り**、J4セルを選択して貼り付けてください。E列～G列を参照している数式が、すべてJ列～L列を参照するように変更されます。

その後、J4～L1003セルが選択されている状態になっているので、そのまま**コピー**をして、E4セルを選択して（通常）の貼り付けをしてください。

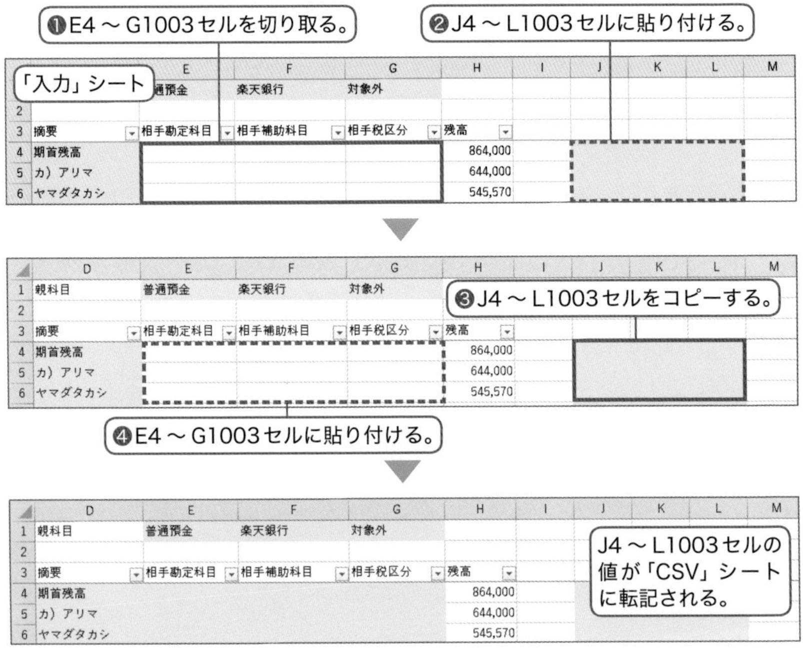

この作業によって、今までE4～G1003セルを参照していた「CSV」シートの数式が、J4～L1003セルを参照するように変更されました。

## J列～L列の入力規則を削除

E4～G1003セルを切り取って、J4～L1003セルに貼り付けをした影響で、Q列～S列に不要な値が入力され、入力規則と背景色が設定されています。そこで、J列～L列**全体**を選択して、メニューから「ホーム」→「クリア」→「すべてクリア」をクリックしてください。

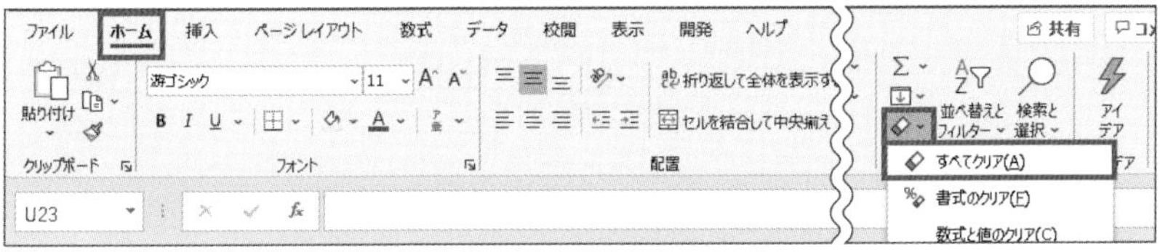


J列～L列を選択して、メニューから「ホーム」→「クリア」→「すべてクリア」をクリックする。

これで、J列～L列の値、書式のすべてが消去されました。そして、次項でJ列～L列に入力する勘定科目・補助科目・税区分が「CSV」シートに転記されることになります。

## 列見出しと数式の入力

J2セルとS2セルに「手入力で上書後の各項目」、J3セルに「勘定科目」、K3セルに「補助科目」、L3セルに「税区分」と入れます。そして、J4～L4セルには次の数式を入力してください。

| 入力するセル | 数式 | 意味 |
|---|---|---|
| J4セル（勘定科目） | =IF(E4="",N4,E4)&"" | E4セルが空欄のときはN4セル、それ以外のときはE4セルを表示する |
| K4セル（補助科目） | =IF(**AND(E4="",F4="")**,O4,F4)&"" | E4セル、F4セルの**両方が**空欄のときはO4セル、それ以外のときはF4セルを表示する |
| L4セル（税区分） | =IF(G4="",P4,G4)&"" | G4セルが空欄のときはP4セル、それ以外のときはG4セルを表示する |

数式の末尾に「&""」を付け、空欄の場合は空欄のまま表示させるようにしています。

J4セルの数式は、L4セルには貼り付けられますが、K4セルに貼り付けることはできません。面倒ですが、K4セルの数式は手入力してください。

その後、1003行目まで数式をコピーして貼り付けましょう。これで、摘要テーブルの内容をE～G列の内容で上書きすることができるようになります。

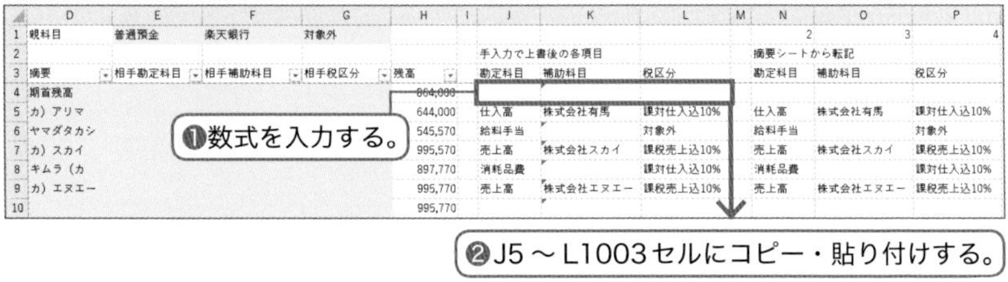

| | D | E | F | G | H | I | J | K | L | M | N | O | P |
|---|---|---|---|---|---|---|---|---|---|---|---|---|---|
| 1 | 親科目 | 普通預金 | 楽天銀行 | 対象外 | | | | | | | 2 | 3 | 4 |
| 2 | | | | | | | 手入力で上書後の各項目 | | | | 摘要シートから転記 | | |
| 3 | 摘要 | 相手勘定科目 | 相手補助科目 | 相手税区分 | 残高 | | 勘定科目 | 補助科目 | 税区分 | | 勘定科目 | 補助科目 | 税区分 |
| 4 | 期首残高 | | | | 864,000 | | | | | | | | |
| 5 | カ）アリマ | | | | 644,000 | | 仕入高 | 株式会社有馬 | 課対仕入込10% | | 仕入高 | 株式会社有馬 | 課対仕入込10% |
| 6 | ヤマダタカシ | | | | 545,570 | | 給料手当 | | 対象外 | | 給料手当 | | 対象外 |
| 7 | カ）スカイ | | | | 995,570 | | 売上高 | 株式会社スカイ | 課税売上込10% | | 売上高 | 株式会社スカイ | 課税売上込10% |
| 8 | キムラ（カ | | | | 897,770 | | 消耗品費 | | 課対仕入込10% | | 消耗品費 | | 課対仕入込10% |
| 9 | カ）エヌエー | | | | 995,770 | | 売上高 | 株式会社エヌエー | 課税売上込10% | | 売上高 | 株式会社エヌエー | 課税売上込10% |
| 10 | | | | | 995,770 | | | | | | | | |



さて、それでは数式の解説をしていきます。

J4セルには、IF関数を使ってE4セル（手入力された勘定科目）が空欄のときはN4セル（摘要から転記された勘定科目）、それ以外のときにはE4セルの値を表示しています。

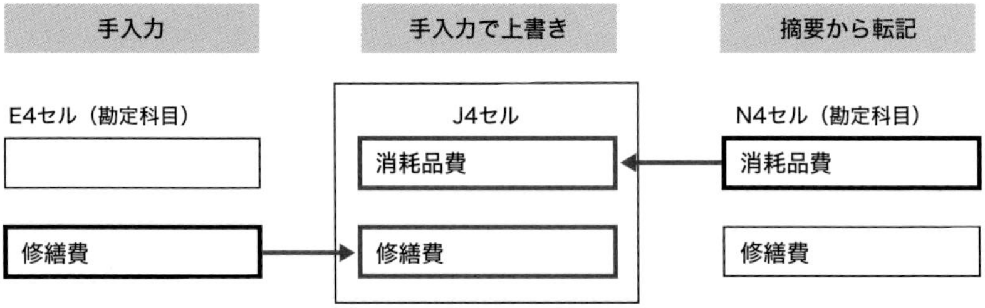


E4セルに値が入力されているかどうかでJ4セルの内容が変わる

L4セルの税区分の数式も、考え方は、まったく同じです。

K4セルには、J4セル・L4セルとは違い、やや複雑な数式が入っています。K4セルでは、IF関数を使って、E4セルとF4セル（手入力された補助科目）の両方が空欄のときはO4セル（摘要から転記された補助科目）、それ以外のときにはF4セルの値を表示しています。E4セルだけに値が入力されているパターンで、**手入力で勘定科目を変更したときに補助科目をリセットするため**に、このような複雑な数式を組んでいます。

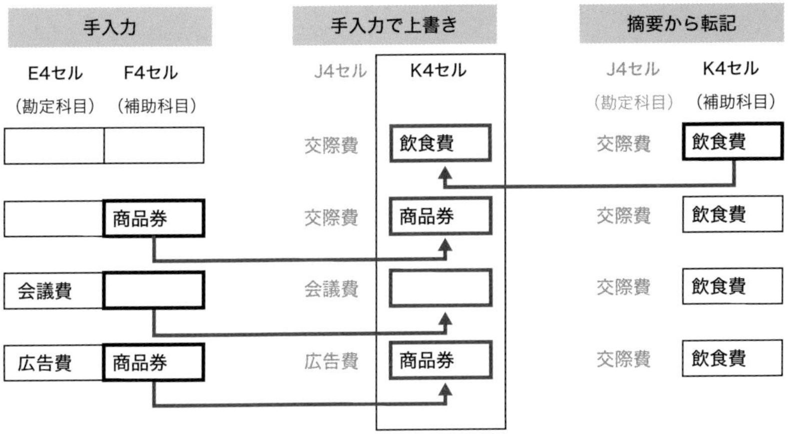


E4・F4セルに値が入力されているかどうかでK4セルの内容が変わる

これで、摘要から勘定科目、補助科目、税区分を入力する仕組みは完成です。「CSV」シートから仕訳データを作成して、弥生会計にインポートできることを確かめてください。

## 銀行のCSVデータに様式を合わせる

### ジャパンネット銀行様式に合わせる

先ほどのインポートシートを、取り込む銀行の様式に合わせると、より使いやすくなります。たとえば、次のようなジャパンネット銀行のCSVデータに、取り込みシートの様式を合わせて、コピー・貼り付けするだけで仕訳データを生成できるようにしてみましょう。

| | A | B | C | D | E | F | G | H | I | J | K | L |
|---|---|---|---|---|---|---|---|---|---|---|---|---|
| 1 | 操作日(年) | 操作日(月) | 操作日(日) | 操作時刻(時) | 操作時刻(分) | 操作時刻(秒) | 取引順番号 | 摘要 | お支払金額 | お預り金額 | 残高 | メモ |
| 2 | 2020 | 4 | 1 | 1 | 56 | 29 | 101 | 決算お利息 3月分 | | 4 | 5323467 | |
| 3 | 2020 | 4 | 15 | 10 | 15 | 6 | 101 | 振込 カ）ヨシダヤ | 324600 | | 4998867 | |
| 4 | 2020 | 4 | 15 | 10 | 15 | 6 | 102 | 振込手数料 | 275 | | 4998592 | |
| 5 | 2020 | 4 | 18 | 12 | 46 | 50 | 101 | セブンATM | 500000 | | 4498592 | |
| 6 | 2020 | 4 | 30 | 13 | 20 | 12 | 101 | 振込 カ）カイシン | | 243500 | 4742092 | |
| 7 | 2020 | 5 | 1 | 1 | 50 | 46 | 101 | 決算お利息 4月分 | | 4 | 4742096 | |
| 8 | | | | | | | | | | | | |

先ほど作成したエクセルファイルを改良していきます。まず、「入力」シートの列を切り取り・挿入で加工してジャパンネット銀行の様式にできるだけ合わせます。それから、手作業で必要な調整を加えて仕上げます。

## 「入力」シートを開く

まず、先ほど作成した出納帳の「入力」シートを開きます。E1 〜 G1セルに「普通預金」「JNB銀行」「対象外」と記入し、A4 〜 G1003セルの値を消去します。また、残高を計算するH4 〜 H1003セルの数式も、今回は必要ないので消去しましょう。

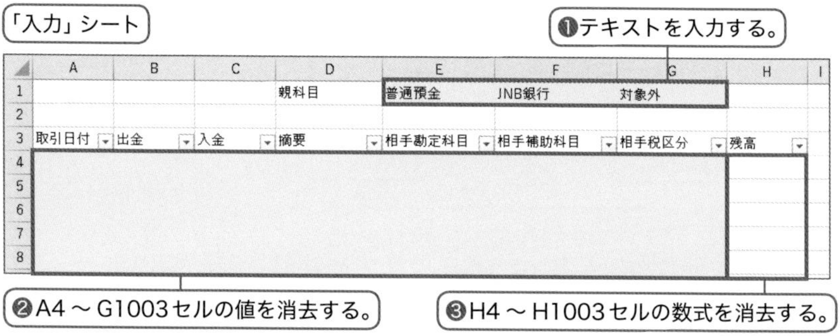


## 列の切り取り・挿入で様式を合わせる

「CSV」シートの数式を壊さないように、以下の手順で「入力」シートのレイアウトをジャパンネット銀行のCSVデータに合わせます。

- 1.D列（摘要列）を切り取って、B列（出金列）を選択して挿入
- 2.H列（残高列）を切り取ってE列（相手勘定科目列）を選択して挿入
- 3.A列（取引日付列）を切り取ってI列を選択して挿入
- 4.E列を選択して、E列の左に列を挿入
- 5.A列〜 G列を選択して、A列の左に7列挿入

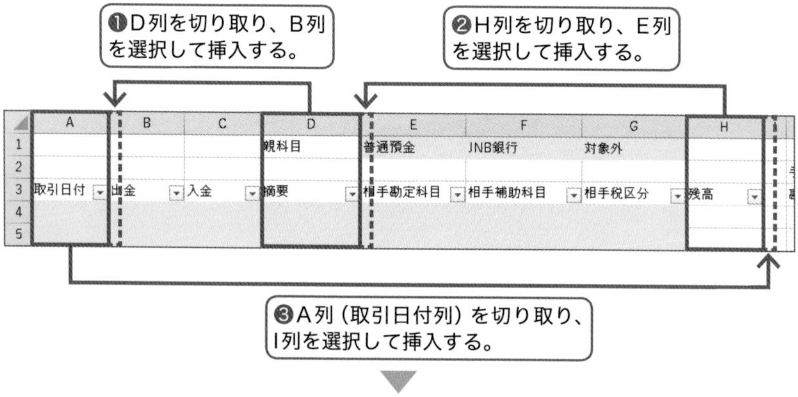

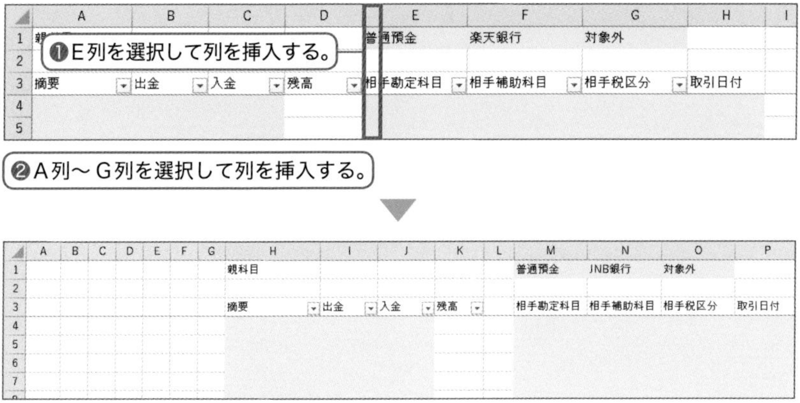


これで、ジャパンネット銀行のCSVデータ（243ページ参照）とA列～L列までのレイアウトが同じになりました。

## 「入力」シートの表示を整え、テストデータを入力する

入力シートや見出しを整えていきます。まず、A4～O1003セルの背景色を薄緑色にします。

また、P4～P1003セル（取引日付）列については、メニューから「ホーム」→「クリア」→「すべてクリア」を選択して、背景色やその他の書式を全部消去しておきましょう。また、列の切り取り・挿入でレイアウトを整えたため、H1セルに「親科目」と表示されています。そこで、H1セルを切り取り、K1セルなど、見やすい場所に貼り付けて移動させましょう。

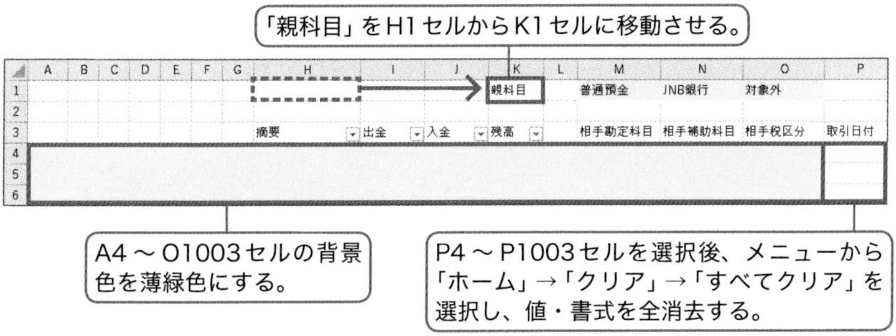


次に、3行目の見出しを設定しつつ、テストデータを入力しましょう。エクスプローラで、ジャパンネット銀行のCSVデータをダブルクリックしてエクセルで

開きましょう。そして、A1セル～最終セル（今回のデータだとL7セル）をコピーして、先ほど作成したシートのA**3**セルに**値貼り付け**をしてください。

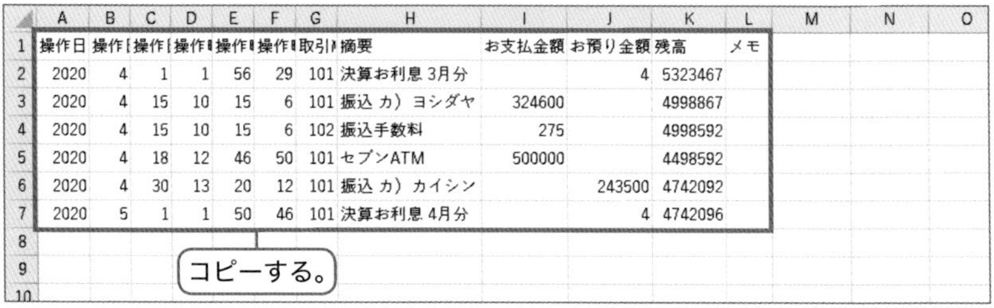


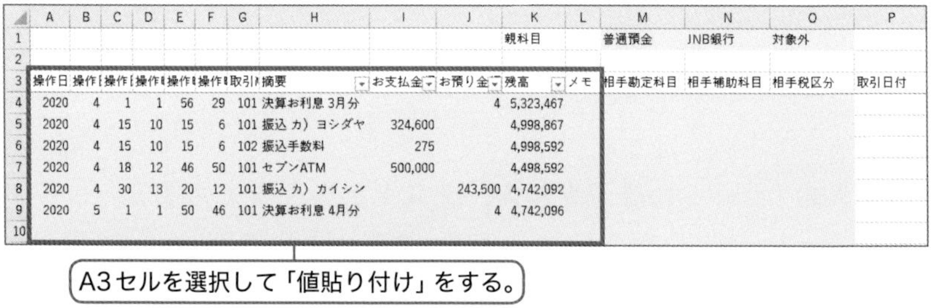


これで、見出しを設定しつつ、テストデータも入力できました。

## 日付の入力を年・月・日別々に入力できるように修正する

最後に、P列に数式を入力して、日付を自動計算するようにしましょう。P4セルに「=IFERROR(**DATE(A4,B4,C4)**,0)」と入力します。

「43831」など、日付のシリアル値が表示されている場合には、書式設定で日付形式を選択して日付が表示されるようにしてください。

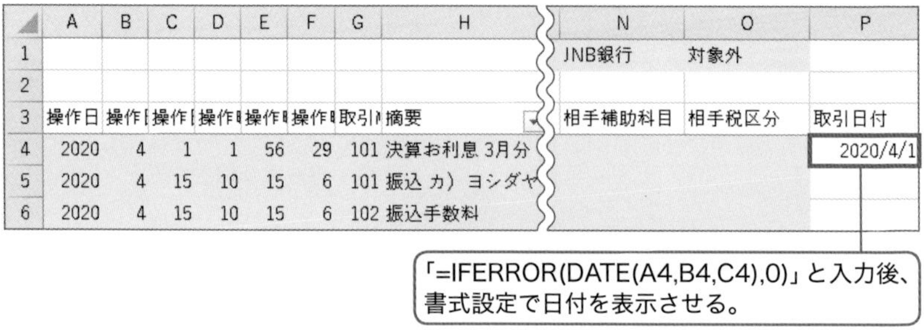

この数式では、DATE関数を使って、「入力」シートの「A4セル」年、「B4セル」月、「C4セル」日の、日付データを作っています。ただし、A4～C4セルが空欄の場合、DATE関数の計算結果はエラーになってしまいます。そこで、その場合にはIFERROR関数を使って0（＝表示上は1900/1/0と表示されます）になるようにしています。あとは、この数式をコピーして、P5～P1003セルに貼り付けてください。

| | A | B | C | D | E | F | G | H | I | J | K | L | M | N | O | P | Q |
|---|---|---|---|---|---|---|---|---|---|---|---|---|---|---|---|---|---|
| 1 | | | | | | | | | | | 親科目 | | 普通預金 | JNB銀行 | 対象外 | | |
| 2 | | | | | | | | | | | | | | | | | |
| 3 | 操作日 | 操作 | 操作 | 操作 | 操作 | 操作 | 取引 | 摘要 | お支払金 | お預り金 | 残高 | メモ | 相手勘定科目 | 相手補助科目 | 相手税区分 | 取引日付 | |
| 4 | 2020 | 4 | 1 | 1 | 56 | 29 | 101 | 決算お利息 3月分 | | 4 | 5,323,467 | | | | | 2020/4/1 | |
| 5 | 2020 | 4 | 15 | 10 | 15 | 6 | 101 | 振込 カ）ヨシダヤ | 324,600 | | 4,998,867 | | | | | 2020/4/15 | |
| 6 | 2020 | 4 | 15 | 10 | 15 | 6 | 102 | 振込手数料 | 275 | | 4,998,592 | | | | | 2020/4/15 | |
| 7 | 2020 | 4 | 18 | 12 | 46 | 50 | 101 | セブンATM | 500,000 | | 4,498,592 | | | | | 2020/4/18 | |
| 8 | 2020 | 4 | 30 | 13 | 20 | 12 | 101 | 振込 カ）カイシン | | 243,500 | 4,742,092 | | | | | 2020/4/30 | |
| 9 | 2020 | 5 | 1 | 1 | 50 | 46 | 101 | 決算お利息 4月分 | | 4 | 4, | | | | | 2020/5/1 | |
| 10 | | | | | | | | | | | | | | | | 1900/1/0 | |
| 1002 | | | | | | | | | | | | | | | | 1900/1/0 | |
| 1003 | | | | | | | | | | | | | | | | 1900/1/0 | |

P5～P1003セルにコピー・貼り付けする。

これで、「入力」シートの準備は完了です。

## 実際に使ってみる

それでは、実際にこのシートを使ってみましょう。「CSV」シートは、何も手を加えていませんが、「入力」シートを切り取り・貼り付け・列の挿入で整形したため、「CSV」シートの数式は壊れておらず、そのまま使える状態になっています。

必要に応じて「補助科目」シートに補助科目を追加した後、「摘要」シートのA列に、今回出てきた摘要を入力し、B～D列に対応する勘定科目、補助科目、税区分を入力しましょう。「CSV」シートに、仕訳データが生成されます。

「摘要」シート

| | A | B | C | D |
|---|---|---|---|---|
| 1 | 摘要 | 勘定科目 | 補助科目 | 税区分 |
| 2 | 決算お利息 3月分 | 受取利息 | | 非課売上 |
| 3 | 振込 カ）ヨシダヤ | 仕入高 | 株式会社吉田屋 | 課対仕入込10% |
| 4 | 振込手数料 | 支払手数料 | | 課対仕入込10% |
| 5 | セブンATM | 長期借入金 | | 対象外 |
| 6 | 振込 カ）カイシン | 売上高 | 株式会社海信 | 課税売上込10% |
| 7 | 決算お利息 4月分 | 受取利息 | | 非課売上 |
| 8 | | | | |

「入力」シート

| | H | P | Q | R | S | T | U | V | W | X |
|---|---|---|---|---|---|---|---|---|---|---|
| 1 | | | | | | | | 2 | 3 | 4 |
| 2 | | | | 手入力で上書後の各項目 | | | | 摘要シートから転記 | | |
| 3 | 摘要 | 取引日付 | | 勘定科目 | 補助科目 | 税区分 | | 勘定科目 | 補助科目 | 税区分 |
| 4 | 決算お利息 3月分 | 2020/4/1 | | 受取利息 | | 非課売上 | | 受取利息 | | 非課売上 |
| 5 | 振込 カ）ヨシダヤ | 2020/4/15 | | 仕入高 | 株式会社吉田屋 | 課対仕入込10% | | 仕入高 | 株式会社吉田屋 | 課対仕入込10% |
| 6 | 振込手数料 | 2020/4/15 | | 支払手数料 | | 課対仕入込10% | | 支払手数料 | | 課対仕入込10% |
| 7 | セブンATM | 2020/4/18 | | 長期借入金 | | 対象外 | | 長期借入金 | | 対象外 |
| 8 | 振込 カ）カイシン | 2020/4/30 | | 売上高 | 株式会社海信 | 課税売上込10% | | 売上高 | 株式会社海信 | 課税売上込10% |
| 9 | 決算お利息 4月分 | 2020/5/1 | | 受取利息 | | 非課売上 | | 受取利息 | | 非課売上 |
| 10 | | 1900/1/0 | | | | | | | | |
| 1002 | | 1900/1/0 | | | | | | | | |
| 1003 | | 1900/1/0 | | | | | | | | |
| 1004 | | | | | | | | | | |

「摘要」シートから、摘要に応じた勘定科目などが転記される。

「CSV」シート

| | A | B | C | D | E | F | G | H | I | J | K | L | M | N | O |
|---|---|---|---|---|---|---|---|---|---|---|---|---|---|---|---|
| 1 | # | | | | | | | | | | | | | | |
| 2 | #必須 | | | 必須 | 必須 | | | 必須 | 必須 | | 必須 | | | 必須 | 必須 |
| 3 | #識別フラグ | 伝票No. | 決算 | 取引日付 | 借方勘定科目 | 借方補助科目 | 借方部門 | 借方税区分 | 借方金額 | 借方税金額 | 貸方勘定科目 | 貸方補助科目 | 貸方部門 | 貸方税区分 | 貸方金額 |
| 4 | 2000 | | | 2020/4/1 | 普通預金 | JNB銀行 | | 対象外 | 4 | | 受取利息 | | | 非課売上 | 4 |
| 5 | 2000 | | | 2020/4/15 | 仕入高 | 株式会社吉田屋 | | 課対仕入込10% | 324,600 | | 普通預金 | JNB銀行 | | 対象外 | 324,60 |
| 6 | 2000 | | | 2020/4/15 | 支払手数料 | | | 課対仕入込10% | 275 | | 普通預金 | JNB銀行 | | 対象外 | 27 |
| 7 | 2000 | | | 2020/4/18 | 長期借入金 | | | 対象外 | 500,000 | | 普通預金 | JNB銀行 | | 対象外 | 500,00 |
| 8 | 2000 | | | 2020/4/30 | 普通預金 | JNB銀行 | | 対象外 | 243,500 | | 売上高 | 株式会社海信 | | 課税売上込10% | 243,50 |
| 9 | 2000 | | | 2020/5/1 | 普通預金 | JNB銀行 | | 対象外 | 4 | | 受取利息 | | | 非課売上 | 4 |

「CSV」シートにインポート用データが作成される。

# 5-5 売上明細から インポートデータを作成する

## 「1行のデータ」から「一つの仕訳」を作成する

売上取引をエクセルで管理している場合、そのデータを直接弥生会計に取り込めると便利です。そこで、売上明細から直接インポート用のCSVデータを作成してみましょう。今回は、「売上明細1行」から「一つの仕訳」を作成する方法を紹介していきます。

売上明細データ

| | A | B | C | D | E | F | G | H | I |
|---|---|---|---|---|---|---|---|---|---|
| 1 | 売上日 | 取引先 | 商品 | 摘要 | 単価 | 数量 | 金額 | | |
| 2 | 2020/5/29 | 大森物産株式会社 | 緑茶 | | 68 | 643 | 43,724 | | |
| 3 | 2020/6/15 | 株式会社ひまわり | ミネラルウォーター | 習志野倉庫宛 | 45 | 62 | 2,790 | | |
| 4 | 2020/6/25 | シマヤ有限会社 | 紅茶 | | 78 | 192 | 14,976 | | |
| 5 | 2020/7/2 | 株式会社エムエム商事 | 炭酸水 | | 62 | 246 | 15,252 | | |
| 6 | 2020/7/15 | アップリンク株式会社 | サイダー | | 64 | 329 | 21,056 | | |
| 7 | | | | | | | | | |
| 8 | | | | | | | | | |

▼

インポート用データ

| | A | B | C | D | E | F | G | H | I | J | K | L | M | N | O |
|---|---|---|---|---|---|---|---|---|---|---|---|---|---|---|---|
| 1 | # | | | | | | | | | | | | | | |
| 2 | #必須 | | | 必須 | 必須 | | | 必須 | 必須 | | 必須 | | | 必須 | 必須 |
| 3 | #識別フラグ | 伝票No. | 決算 | 取引日付 | 借方勘定科目 | 借方補助科目 | 借方部門 | 借方税区分 | 借方金額 | 借方税金額 | 貸方勘定科目 | 貸方補助科目 | 貸方部門 | 貸方税区分 | 貸方金額 |
| 4 | # | | | ####### | 売掛金 | 大森物産株式会社 | | 対象外 | 0 | | 売上高 | | | 課税売上込 | 0 |
| 5 | 2000 | | | ####### | 売掛金 | 株式会社ひまわり | | 対象外 | 2,790 | | 売上高 | | | 課税売上込 | 2,790 |
| 6 | 2000 | | | ####### | 売掛金 | シマヤ有限会社 | | 対象外 | 14,976 | | 売上高 | | | 課税売上込 | 14,976 |
| 7 | # | | | 2020/4/2 | 売掛金 | 株式会社エムエム商事 | | 対象外 | 0 | | 売上高 | | | 課税売上込 | 0 |
| 8 | # | | | ####### | 売掛金 | アップリンク株式会社 | | 対象外 | 0 | | 売上高 | | | 課税売上込 | 0 |
| 9 | # | | | 1900/1/0 | 売掛金 | | | 対象外 | 0 | | 売上高 | | | 課税売上込 | 0 |
| 10 | # | | | 1900/1/0 | 売掛金 | | | 対象外 | 0 | | 売上高 | | | 課税売上込 | 0 |
| 11 | # | | | 1900/1/0 | 売掛金 | | | 対象外 | 0 | | 売上高 | | | 課税売上込 | 0 |
| 12 | # | | | 1900/1/0 | 売掛金 | | | 対象外 | 0 | | 売上高 | | | 課税売上込 | 0 |

今回作成するエクセルブックでは、**転記する日付の「範囲」を指定して、その日付内の仕訳だけをCSVファイルとして出力する**ようにします。

## → エクセルシートを作るときの方針

現金・預金科目以外の入力シートを作る場合には、「仕訳帳形式」のブックをベースにするとわかりやすいことが多いです。

そこで、今回は、4-5で作成した、仕訳帳のブックをベースにして、①「売上」シートを作成し、②「入力」シートに数式を入力します。「売上」シートに売上データをコピー・貼り付けすれば、CSVデータができあがるような仕組みを作っていきます。

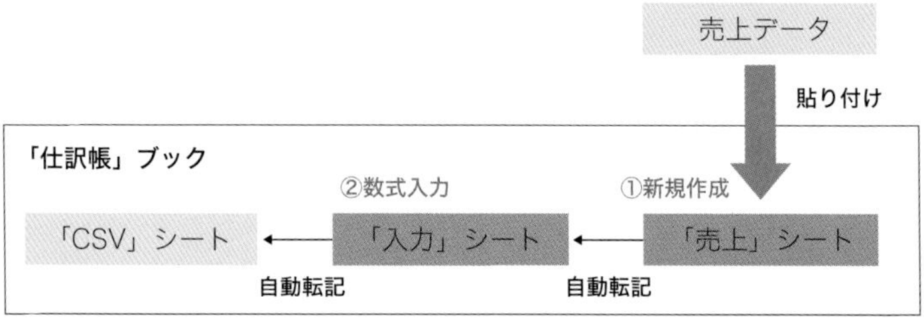


## → 「売上明細」シートを作成する

まず、仕訳帳のブックに、下記のような「売上明細」シートを付け加えます。

「売上明細」シート

| | A | B | C | D | E | F | G | H |
|---|---|---|---|---|---|---|---|---|
| 1 | 仕訳作成期間 | 2020/6/1 | ～ | 2020/6/30 | | | | |
| 2 | | | | | | | | |
| 3 | 売上日 | 取引先 | 商品 | 摘要 | 単価 | 数量 | 金額 | 転記対象 |
| 4 | 2020/5/29 | 大森物産株式会社 | 緑茶 | | 68 | 643 | 43,724 | × |
| 5 | 2020/6/15 | 株式会社ひまわり | ミネラルウォーター | 習志野倉庫宛 | 45 | 62 | 2,790 | ○ |
| 6 | 2020/6/25 | シマヤ有限会社 | 紅茶 | | 78 | 192 | 14,976 | ○ |
| 7 | 2020/7/2 | 株式会社エムエム商事 | 炭酸水 | | 62 | 246 | 15,252 | × |
| 8 | 2020/7/15 | アップリンク株式会社 | サイダー | | 64 | 329 | 21,056 | × |
| 9 | | | | | | | | × |

以下、このシートを作る手順を見ていきましょう。

### 転記期間の指定し、売上明細を入力する

売上明細を転記する「期間」を指定して、**その期間の仕訳だけ**を転記するようにします。そこで、次のように入力しましょう。

| | |
|---|---|
| A1セル | 仕訳作成期間 |
| B1セル | 2020/6/1（※転記したい月初の日付） |
| C1セル | ～ |
| D1セル | =EOMONTH(B1,0) |

D1セルのEOMONTH関数は、月末の日付を計算する関数で、B**1セルで入力された日付の、月末日付が表示されます**。B1セルは、都度入力する必要があるので、背景色を薄緑色にしておきましょう。

「売上明細」シート

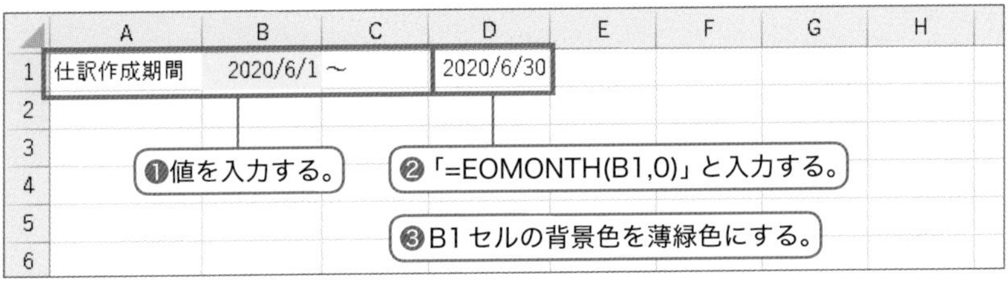

| | A | B | C | D | E | F | G | H |
|---|---|---|---|---|---|---|---|---|
| 1 | 仕訳作成期間 | 2020/6/1 | ～ | 2020/6/30 | | | | |
| 2 | | | | | | | | |
| 3 | | | | | | | | |
| 4 | | | | | | | | |
| 5 | | | | | | | | |
| 6 | | | | | | | | |



次に、「入力」シートに合わせて、3行目に売上明細の見出し、4行目以下に売上明細を入力します。今回は、あらかじめ作成してある売上明細をそのままコピーして、**3**行目以下に貼り付けましょう。

さらに、「入力」シートに合わせて、**4**行目～1003行目までを入力可能な領域としましょう。A4～G1003セルを薄緑色に設定するとともに、ロックを解除してください。

「売上明細」シート

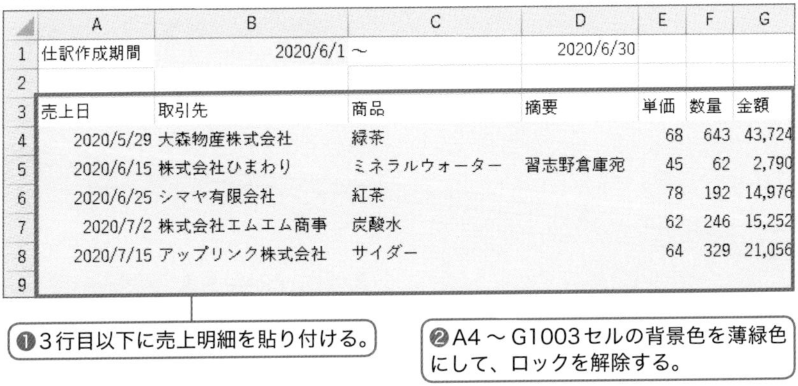

| | A | B | C | D | E | F | G |
|---|---|---|---|---|---|---|---|
| 1 | 仕訳作成期間 | 2020/6/1 | ～ | 2020/6/30 | | | |
| 2 | | | | | | | |
| 3 | 売上日 | 取引先 | 商品 | 摘要 | 単価 | 数量 | 金額 |
| 4 | 2020/5/29 | 大森物産株式会社 | 緑茶 | | 68 | 643 | 43,724 |
| 5 | 2020/6/15 | 株式会社ひまわり | ミネラルウォーター | 習志野倉庫宛 | 45 | 62 | 2,790 |
| 6 | 2020/6/25 | シマヤ有限会社 | 紅茶 | | 78 | 192 | 14,976 |
| 7 | 2020/7/2 | 株式会社エムエム商事 | 炭酸水 | | 62 | 246 | 15,252 |
| 8 | 2020/7/15 | アップリンク株式会社 | サイダー | | 64 | 329 | 21,056 |
| 9 | | | | | | | |

### 転記対象の行か判定する

H列では、その行が転記対象かを判定します。売上日が仕訳作成期間に含まれる場合「○」、そうでない場合「×」を表示しましょう。H3セルに「転記対象」と入力し、H4セルに下記の数式を入力しましょう。

| セル | 数式 | 補足 |
|---|---|---|
| H4セル | =IF(AND($B$1<=A4,A4<=$D$1),"○","×") | 売上日が仕訳作成期間に含まれる場合「○」、そうでない場合「×」を表示 |

数式を入力したら、H4セルを選択してコピーし、H5～H1003セルに貼り付けてください。

「売上明細」シート

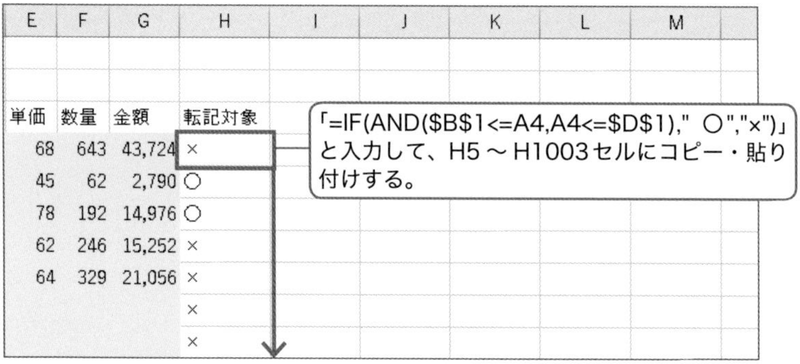


日付同士を比較すると「未来日付のほうが値が大きい」と判定されます（84ページ参照）。

ですから、「AND($B$1<=A4,A4<=$D$1)」という条件は「仕訳作成期間開始日≦売上日」かつ「売上日≦仕訳作成期間終了日」、つまり、**「仕訳作成期間開始日≦売上日≦仕訳作成期間終了日」という条件を表している**ことになります。

ですから、I14セルの数式では仕訳作成期間内の場合には「○」と表示され、そうでない場合には「×」と表示されることになります。

これで、「売上明細」シートの準備は完了です。

## → 「売上明細」シートから「入力」シートに転記をする

以下の数式・値を入力して、「売上明細」シートから「入力」シートに値を転記します。入力規則によりC4セルの数式を入力できないときは、先に入力規則をクリアするか、売上明細に出てくる取引先を補助科目一覧に追加してください。

| セル | 数式 | 補足 |
|---|---|---|
| A4セル | =売上明細!A4 | 「売上日」を転記 |
| B4セル | 売掛金 | |
| C4セル | =売上明細!B4 **&""** | 取引先を転記（「&""」で空欄の場合は空欄のままにする） |
| D4セル | 対象外 | |
| E4セル | 売上高 | |
| F4セル | | （空欄） |
| G4セル | 課税売上込10% | |
| H4セル | =IF(**売上明細!H4 ="○"**,売上明細!G4,**0**) | 転記対象明細の場合は「金額」、そうでない場合は「0」を表示する |
| I4セル | =TRIM(**売上明細!C4&" "&売上明細!D4**) | 商品名、空白、摘要をつなげて表示する（※余計な空白は削除） |

数式を入力したら、コピーして1003行目まで貼り付けてください。

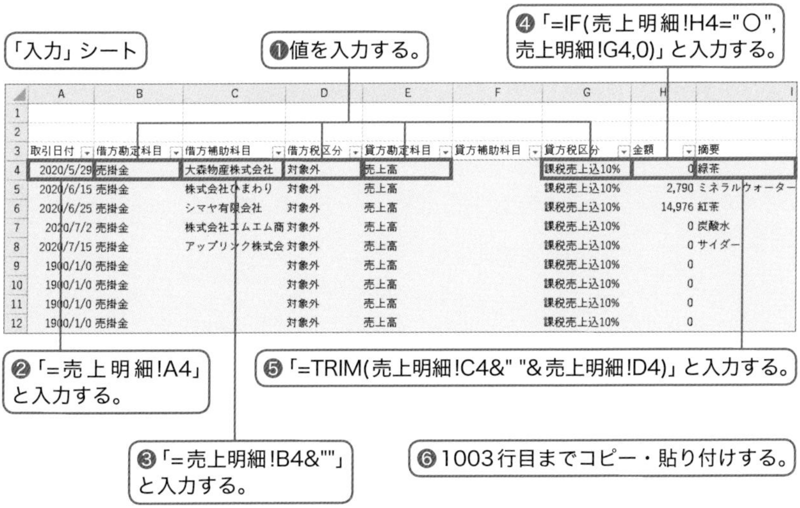


ポイントはH4セル、I4セルです。

H4セルは、売上金額を入力する欄ですが、**売上日が転記対象でない場合には金額を強制的に「0」にしています**。「CSV」シートに、**金額が0の行は出力しない**

数式が入力されているので、金額を「0」にすることで、転記対象ではなくなります（226ページ参照）。

I4セルでは「売上明細!C4&" "&売上明細!D4」という数式で、「商品名・空白・摘要」を結合しています。ただ、摘要が空欄の場合、このままだと「商品名」の後に**空白が残って**しまいます。そこで、TRIM関数を使って、末尾の空白を削除しています。

## →「CSV」シートにデータが作成されたことを確認する

これで、売上明細の入力シートができあがりました。「CSV」シートを見てみると、インポート用のCSVデータができあがっています。また、転記対象である10月の売上明細以外は、A列に「#」と表示され、転記対象外となっていることがわかります。

「CSV」シート

| | A | B | C | D | E | F | G | H | I | J | K |
|---|---|---|---|---|---|---|---|---|---|---|---|
| 1 | # | | | | | | | | | | |
| 2 | #必須 | | | 必須 | 必須 | | | 必須 | 必須 | | 必須 |
| 3 | #識別フラグ | 伝票No. | 決算 | 取引日付 | 借方勘定科目 | 借方補助科目 | 借方部門 | 借方税区分 | 借方金額 | 借方税金額 | 貸方勘定科目 |
| 4 | # | | | 2020/5/29 | 売掛金 | 大森物産株式会社 | | 対象外 | 0 | | 売上高 |
| 5 | 2000 | | | 2020/6/15 | 売掛金 | 株式会社ひまわり | | 対象外 | 2790 | | 売上高 |
| 6 | 2000 | | | 2020/6/25 | 売掛金 | シマヤ有限会社 | | 対象外 | 14976 | | 売上高 |
| 7 | # | | | 2020/7/2 | 売掛金 | 株式会社エムエム商事 | | 対象外 | 0 | | 売上高 |
| 8 | # | | | 2020/7/15 | 売掛金 | アップリンク株式会社 | | 対象外 | 0 | | 売上高 |
| 9 | # | | | 1900/1/0 | 売掛金 | | | 対象外 | 0 | | 売上高 |
| 10 | # | | | 1900/1/0 | 売掛金 | | | 対象外 | 0 | | 売上高 |

10月の売上明細以外はA列に「#」と表示される。

出力用データができあがる。

# 5-6 売上日計表から支払方法別のインポートデータを作成する

## 「1行のデータ」から「複数の仕訳」を作成する

### 1日ごとに売上高の仕訳を複数計上する

飲食店などでは、一般的に「売上集計表」を作成して管理します。そこで、その売上集計表のデータから、インポートデータを作成してみましょう。今回は、日付ごと・売上種別ごと（現金・クレジットカード）に、仕訳データを作成します。つまり、今回は、**1行のデータから二つの仕訳を作成する**ことになります。

売上集計表

| | A | B | C | D | E | F | G | H |
|---|---|---|---|---|---|---|---|---|
| 1 | 売上集計表 | | | 2021年2月 | | | | |
| 2 | 日付 | 曜日 | 売上金額 | | | 来店者数 | | |
| 3 | | | 合計 | 現金 | クレジット | | | |
| 4 | 1 | 月 | 70,600 | 58,400 | 12,200 | 10 | | |
| 5 | 2 | 火 | 0 | 0 | 0 | 0 | | |
| 6 | 3 | 水 | 59,200 | 53,200 | 6,000 | 8 | | |
| 7 | 4 | 木 | 73,000 | 42,600 | 30,400 | 10 | | |
| 30 | 27 | 土 | 59,200 | 34,200 | 25,000 | 11 | | |
| 31 | 28 | 日 | 78,600 | 56,700 | 21,900 | 12 | | |
| 32 | | | | | | | | |
| 33 | | | | | | | | |
| 34 | | | | | | | | |
| 35 | 合計 | | 1,468,500 | 976,800 | 491,700 | 223 | | |

日付ごとに、現金売上とクレジットカード売上の仕訳データを作成する

今回は、4-5で作成した「仕訳帳」のエクセルブックをベースにして、①「売上」シートを作成し、②「入力」シートに数式を入力していきます。

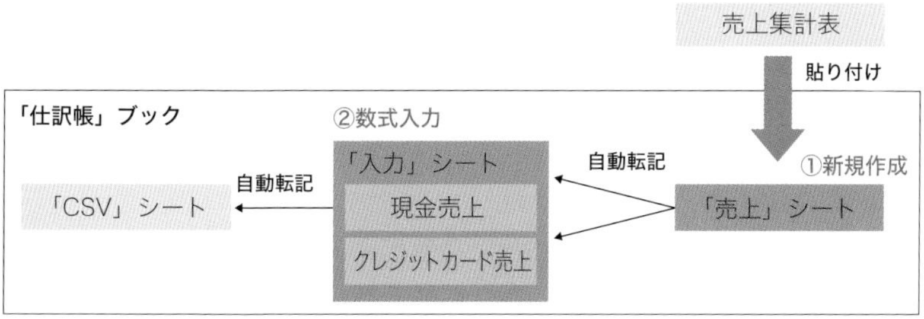

## 仕訳帳形式のエクセルブックに、売上集計表をコピーする

最初に、仕訳帳形式のエクセルブックに売上集計表のシートをコピーして、シート名を「売上」にしましょう。

「入力」シートには、次の図のように、二つに分けて仕訳を転記していきます。

- 「入力」シートの4行目〜34行目までに「現金」取引の仕訳
- 「入力」シートの35行目〜65行目までに「クレジットカード」取引の仕訳

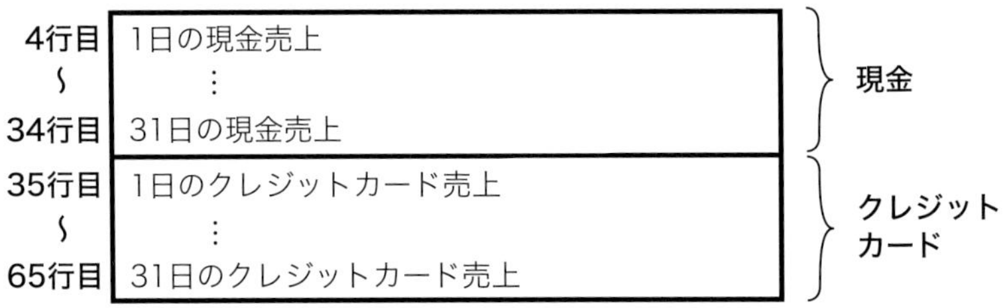


## 「日付」データを転記する

最初に「入力」シートのA列（日付）を入力していきます。「売上」シートには、D1セルに年月（文字列データで「2021年2月」）、A4セル〜A34セルに日付（「1」〜「28」。最後の3行は空欄）が入力されています。そこで、これらの値を使って、日付データを作成します。

| | A | B | C | D | E | F | G |
|---|---|---|---|---|---|---|---|
| 1 | 売上集計表 | | | 2021年2月 | | | |
| 2 | 日付 | 曜日 | 売上金額 | | | 来店者数 | |
| 3 | | | 合計 | 現金 | クレジット | | |
| 4 | 1 | 月 | 70,600 | 58,400 | 12,200 | 10 | |
| 5 | 2 | 火 | 0 | 0 | 0 | 0 | |
| 6 | 3 | 水 | 59,200 | 53,200 | 6,000 | 8 | |
| 7 | 4 | 木 | 73,000 | 42,600 | 30,400 | 10 | |



### A4セルに数式を入力

「入力」シートのA4セルに次の数式を入力してください。

```
=IFERROR((売上!$D$1&売上!A4&"日")*1,"")
```

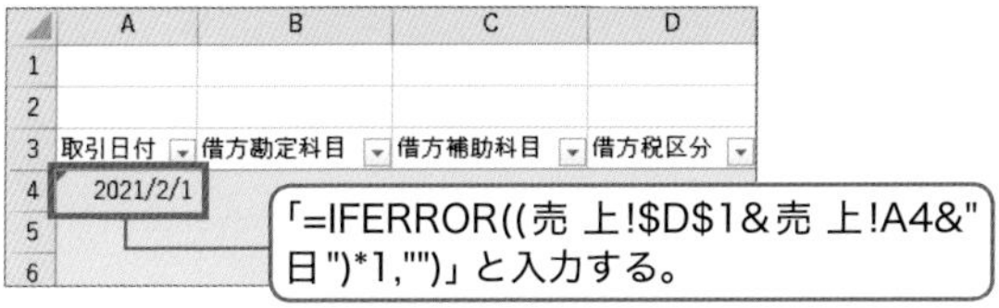


この数式では、まず、次の三つを結合しています。

- 売上シートのD1セル（「2021年2月」）
- 売上シートのA4セル（「1」）
- 「日」という文字データ

その結果、「2021年2月1日」という**文字列データ**ができあがります。

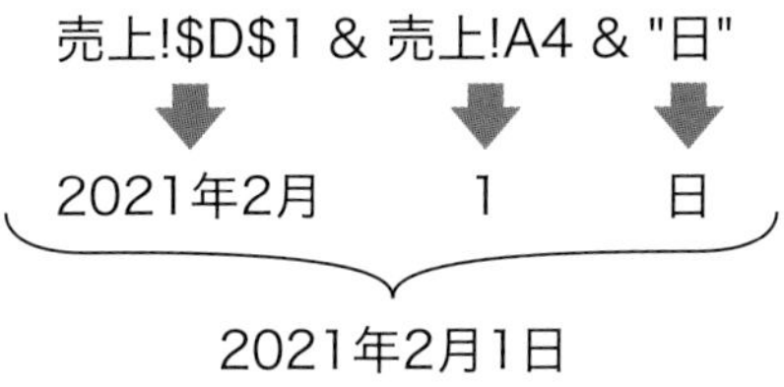


この文字列データに「*1」という数式で「1を掛ける」と、この文字列データが日付データ（数値）に変換されます（33ページ参照）。

最後に、うまく日付が変換されなかったときのために、IFERROR関数を使って、エラーが生じたときは空欄にしています。たとえば、今回は、2月31日が存在していないため、31日の行が空欄になっています。この行を上記数式で処理すると、「2021年2月日」というように日付が入っていないデータができてしまい、「*1」で日付に変換するときにエラーになってしまいます。

そこで、IFERROR関数で囲んで、エラーの場合には「空欄」になるようにしています。

### ○ A5セル～A34セルにコピー・貼り付けして月末までの日付を生成

この数式をコピーして、A5～A34セルに貼り付けてください。これで、2月1日～2月28日までの日付が生成されます。**31日まで存在する月に備えて、「31日」の日付が入るはずの34行目まで貼り付け**をするようにしてください。

また、A35セルに「=A4」と入力後、その数式をコピーしてA36～A65セルに貼り付けてください。これで、2月1日～2月28日の日付が2回分作成されます。

「売上」シート

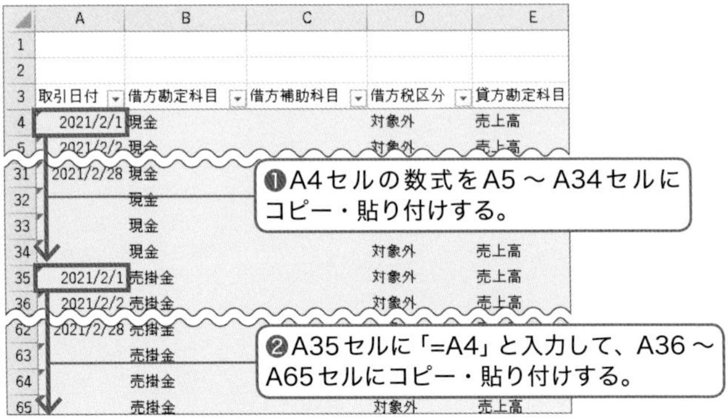


## 勘定科目・補助科目を入力する

次のように、勘定科目欄に手入力しましょう。

| | B列<br>（借方勘定科目） | D列<br>（借方税区分） | E列<br>（貸方勘定科目） | G列<br>（貸方税区分） |
|---|---|---|---|---|
| 5行目～34行目 | 現金 | 対象外 | 売上高 | 課税売上込10% |
| 35行目～65行目 | 売掛金 | 売掛金対象外 | 売上高 | 課税売上込10% |

「売上」シート

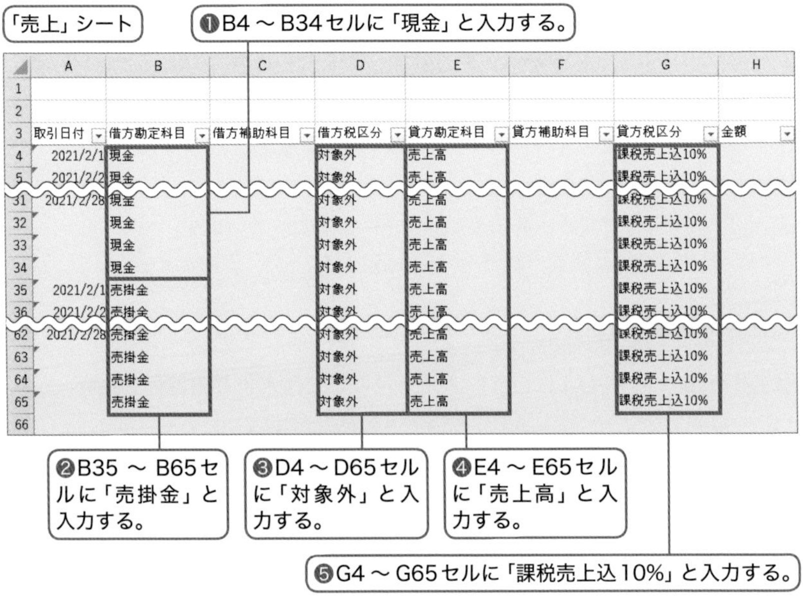

補助科目を付けるときには、勘定科目と同じように補助科目を入力してください。

## 金額を入力する

H4セルに「=売上!D4」と入力して、2月1日の現金売上を転記します。その数式をコピーして、H5～H34セルに貼り付けましょう。同様に、H35セルに「=売上!E4」と入力し、2月1日のクレジットカード売上を転記しましょう。その数式をコピーして、H36～H65セルに貼り付けてください。

「売上」シート

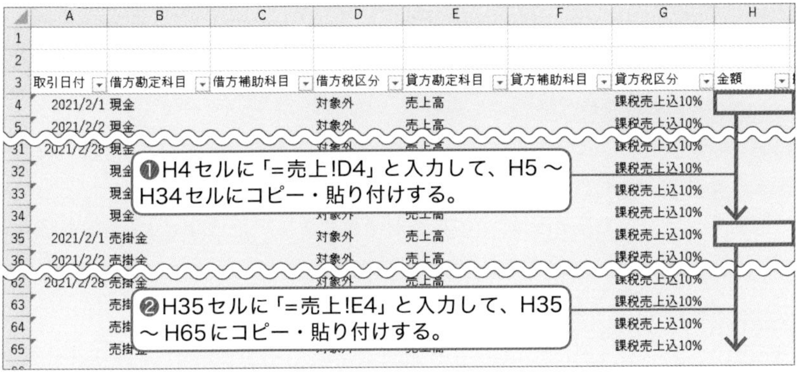


## 摘要を入力する

摘要には売上年月日を入力していきます。

まず、I4セルに「=TEXT(A4,"YYYY/M/D売上")」と入力しましょう。その後、数式をコピーしてI65セルまで貼り付けてください。

「売上」シート

| | A | B | C | D | E | F | G | H | I | J |
|---|---|---|---|---|---|---|---|---|---|---|
| 1 | | | | | | | | | | |
| 2 | | | | | | | | | | |
| 3 | 取引日付 | 借方勘定科目 | 借方補助科目 | 借方税区分 | 貸方勘定科目 | 貸方補助科目 | 貸方税区分 | 金額 | 摘要 | |
| 4 | 2021/2/1 | 現金 | | 対象外 | 売上高 | | 課税売上込10% | 58,400 | 2021/2/1売上 | |
| 5 | 2021/2/2 | 現金 | | 対象外 | 売上高 | | 課税売上込10% | 0 | 2021/2/2売上 | |
| 31 | 2021/2/28 | 現金 | | 対象外 | 売上高 | | 課税売上込10% | 56,700 | 2021/2/28売上 | |
| 32 | | 現金 | | 対象外 | 売上高 | | 課税売上込10% | 0 | | |
| 33 | | 現金 | | 対象外 | 売上高 | | 課税売上込10% | 0 | | |
| 34 | | 現金 | | 対象外 | 売上高 | | 課税売上込10% | 0 | | |
| 35 | 2021/2/1 | 売掛金 | | 対象外 | 売上高 | | 課税売上込10% | 12,200 | 2021/2/1売上 | |
| 36 | 2021/2/2 | 売掛金 | | 対象外 | 売上高 | | 課税売上込10% | 0 | 2021/2/2売上 | |
| 62 | 2021/2/28 | 売掛金 | | 対象外 | 売上高 | | 課税売上込10% | 21,900 | 2021/2/28売上 | |
| 63 | | 売掛金 | | 対象外 | 売上高 | | 課税売上込10% | 0 | | |
| 64 | | 売掛金 | | 対象外 | 売上高 | | 課税売上込10% | 0 | | |
| 65 | | 売掛金 | | 対象外 | 売上高 | | 課税売上込10% | 0 | | |
| 66 | | | | | | | | | | |

I4セルに「=TEXT(A4,"YYYY/M/D売上")」と入力して、I5～I65セルにコピー・貼り付けする。

なお、A列の値を使う場合に、単に「=A4&"売上"」という数式を入れると、思い通りの表示にならないことに注意が必要です。**日付データから文字列データを作る場合には、必ずTEXT関数を使う**ようにしましょう。

これで、売上日計表の仕訳への変換ができるようになりました。「CSV」シートの内容をCSVデータとして出力して、弥生会計に取り込んでください。

「CSV」シート

| | A | B | C | D | E | F | G | H | I | J | K | L | M | N | O | |
|---|---|---|---|---|---|---|---|---|---|---|---|---|---|---|---|---|
| 1 | # | | | | | | | | | | | | | | | |
| 2 | #必須 | | | 必須 | 必須 | | | 必須 | 必須 | | 必須 | | | 必須 | 必須 | |
| 3 | #識別フラグ | 伝票No. | 決算 | 取引日付 | 借方勘定科目 | 借方補助科目 | 借方部門 | 借方税区分 | 借方金額 | 借方税金額 | 貸方勘定科目 | 貸方補助科目 | 貸方部門 | 貸方税区分 | 貸方金額 | 貸方 |
| 4 | 2000 | | | 2021/2/1 | 現金 | | | 対象外 | 58,400 | | 売上高 | | | 課税売上込10% | 58,400 | |
| 5 | # | | | 2021/2/2 | 現金 | | | 対象外 | 0 | | 売上高 | | | 課税売上込10% | 0 | |
| 6 | 2000 | | | 2021/2/3 | 現金 | | | 対象外 | 53,200 | | 売上高 | | | 課税売上込10% | 53,200 | |
| 7 | 2000 | | | 2021/2/4 | 現金 | | | 対象外 | 42,600 | | 売上高 | | | 課税売上込10% | 42,600 | |
| 8 | 2000 | | | 2021/2/5 | 現金 | | | 対象外 | 28,000 | | 売上高 | | | 課税売上込10% | 28,000 | |
| 9 | 2000 | | | 2021/2/6 | 現金 | | | 対象外 | 31,800 | | 売上高 | | | 課税売上込10% | 31,800 | |
| 10 | 2000 | | | 2021/2/7 | 現金 | | | 対象外 | 85,800 | | 売上高 | | | 課税売上込10% | 85,800 | |
| 11 | 2000 | | | 2021/2/8 | 現金 | | | 対象外 | 70,400 | | 売上高 | | | 課税売上込10% | 70,400 | |
| 12 | # | | | 2021/2/9 | 現金 | | | 対象外 | 0 | | 売上高 | | | 課税売上込10% | 0 | |
| 13 | 2000 | | | 2021/2/10 | 現金 | | | 対象外 | 45,000 | | 売上高 | | | 課税売上込10% | 45,000 | |

# 5-7 給与データをインポートする仕組みを作る

## → 給与明細データを集計して仕訳データを作成する

次のような給与明細データから、仕訳データを作成してみます。

| | A | B | C | D | E | F | G | H | I | J | K | L | M |
|---|---|---|---|---|---|---|---|---|---|---|---|---|---|
| 1 | 年月 | 氏名 | 基本給 | 交通費 | 残業代 | 支給額合計 | 社会保険料 | 雇用保険料 | 所得税 | 年末調整 | 住民税 | 差引支給額 | |
| 2 | 202004 | 木村　良子 | 250,000 | 4,630 | 24,630 | 279,260 | 35,170 | 1,122 | 6,080 | 0 | 11,800 | 225,088 | |
| 3 | 202004 | 山下　良助 | 220,000 | 6,920 | 4,690 | 231,610 | 28,220 | 944 | 4,530 | 0 | 8,900 | 189,016 | |
| 4 | 202004 | 村上　彩 | 86,100 | 4,800 | 0 | 90,900 | 0 | 0 | 0 | 0 | 0 | 90,900 | |
| 5 | 202004 | 木村　久美 | 50,400 | 3,200 | 0 | 53,600 | 0 | 0 | 0 | 0 | 0 | 53,600 | |
| 6 | | | | | | | | | | | | | |

今回は、仕訳を見ただけでは各人別の給与額がわからなくなるように、**1ヶ月合算で給与の仕訳を起票する方法**を紹介します。4-5で作成した「仕訳帳」のエクセルブックをベースにして、①「給与明細」シートを新規作成し、②「入力」シートに数式を入力していきます。

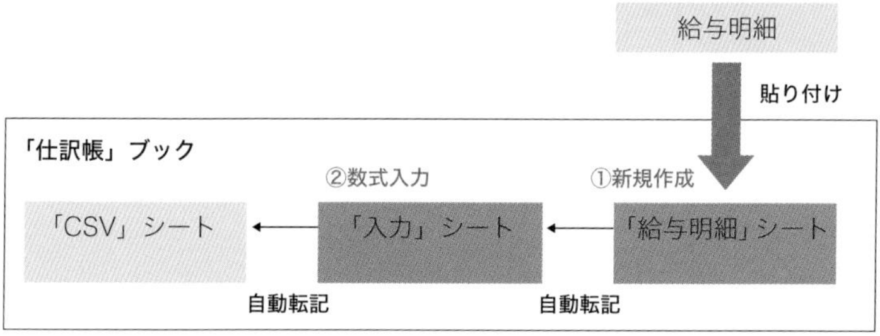


## → 給与計上仕訳のインポートデータを作る

今回は、「月末締め翌月25日払い」の給与について、次のような仕訳を起票する前提で、**給与計上時の仕訳を作成するインポートシートを作成**していきます。

### 給与計上時の仕訳（例：4月30日）

| 区分 | 仕訳（括弧内は補助科目） |
|---|---|
| 給料 | 給料手当（なし）　　／未払費用（給料手当） |
| 交通費 | 旅費交通費（なし）　／未払費用（給料手当） |
| 残業代 | 給料手当（なし）　　／未払費用（給料手当） |
| 健康保険・厚生年金 | 未払費用（給料手当）／預り金（社会保険料） |
| 雇用保険 | 未払費用（給料手当）／預り金（雇用保険料） |
| 源泉所得税 | 未払費用（給料手当）／預り金（源泉所得税） |
| 源泉所得税（年末調整） | 未払費用（給料手当）／預り金（源泉所得税） |
| 住民税 | 未払費用（給料手当）／預り金（住民税） |

預り金の仕訳は、本来は給与支給時に計上すべきです。ただ、仕訳計上業務を単純化するため、今回は給与計上のタイミングで預り金の計上を行います。

### 給与支給時の仕訳（例：5月25日）

実際に支払ったときには、「未払費用（給料手当）　／　普通預金」という仕訳を起票します。この仕訳は、多くの場合、預金出納帳経由で入力されます。そのため、今回は、この部分の仕訳は作成しません。

## SUM関数を使って仕訳データを集計する

### 固定項目を手入力する

それでは、実際に仕訳を作成していきます。4-5で作成した「仕訳帳」入力用のブックに、給与明細のシートをコピーして、シート名を「給与明細」に変更しましょう。

| 年月 | 氏名 | 基本給 | 交通費 | 残業代 | 支給額合計 | 社会保険料 | 雇用保険料 | 所得税 | 年末調整 | 住民税 | 差引支給額 |
|---|---|---|---|---|---|---|---|---|---|---|---|
| 202004 | 木村　良子 | 250,000 | 4,630 | 24,630 | 279,260 | 35,170 | 1,122 | 6,080 | 0 | 11,800 | 225,088 |
| 202004 | 山下　良助 | 220,000 | 6,920 | 4,690 | 231,610 | 28,220 | 944 | 4,530 | 0 | 8,900 | 189,016 |
| 202004 | 村上　彩 | 86,100 | 4,800 | 0 | 90,900 | 0 | 0 | 0 | 0 | 0 | 90,900 |
| 202004 | 木村　久美 | 50,400 | 3,200 | 0 | 53,600 | 0 | 0 | 0 | 0 | 0 | 53,600 |

次に「入力」シートに必要な情報を入力していきます。「入力」シートのB列〜G列、I列は、変化しないので、先ほどの表の仕訳を手入力しましょう。摘要も適当に入力します。もし、入力規則の制約で勘定科目や補助科目が入力できない場合には、勘定科目一覧・補助科目一覧に登録するか、入力規則を解除しておいてください。

「入力」シート

| | A | B | C | D | E | F | G | H | I | J |
|---|---|---|---|---|---|---|---|---|---|---|
| 1 | | | | | | | | | | |
| 2 | | | | | | | | | | |
| 3 | 取引日付 | 借方勘定科目 | 借方補助科目 | 借方税区分 | 貸方勘定科目 | 貸方補助科目 | 貸方税区分 | 金額 | 摘要 | |
| 4 | | 給料手当 | | 対象外 | 未払費用 | 給料手当 | 対象外 | | 基本給 | |
| 5 | | 旅費交通費 | | 課対仕入込10% | 未払費用 | 給料手当 | 対象外 | | 交通費 | |
| 6 | | 給料手当 | | 対象外 | 未払費用 | 給料手当 | 対象外 | | 残業代 | |
| 7 | | 未払費用 | 給料手当 | 対象外 | 預り金 | 社会保険料 | 対象外 | | 社会保険料 | |
| 8 | | 未払費用 | 給料手当 | 対象外 | 預り金 | 雇用保険料 | 対象外 | | 雇用保険料 | |
| 9 | | 未払費用 | 給料手当 | 対象外 | 預り金 | 源泉所得税 | 対象外 | | 所得税 | |
| 10 | | 未払費用 | 給料手当 | 対象外 | 預り金 | 源泉所得税 | 対象外 | | 年末調整 | |
| 11 | | 未払費用 | 給料手当 | 対象外 | 預り金 | 住民税 | 対象外 | | 住民税 | |
| 12 | | | | | | | | | | |
| 13 | | | | | | | | | | |
| 14 | | | | | | | | | | |

仕訳・摘要を入力する。

## 日付を入力する

次に、A列の日付を入力します。A4セルには、以下の数式を入力しましょう。

```
=DATE(LEFT(給与明細!$A$2,4),RIGHT(給与明細!$A$2,2)+1,0)
```

これで、給与明細シートA2セルに入力された年月の月末日付を取得できます。

あとは、A4セルの数式をコピーして、A5〜A11セルに貼り付けてください。これで、A列に日付が入力されます。

「入力」シート

| | A | B | C | D | E | F | G | H | I | J |
|---|---|---|---|---|---|---|---|---|---|---|
| 1 | | | | | | | | | | |
| 2 | | | | | | | | | | |
| 3 | 取引日付 | 借方勘定科目 | 借方補助科目 | 借方税区分 | 貸方勘定科目 | 貸方補助科目 | 貸方税区分 | 金額 | 摘要 | |
| 4 | 2020/4/30 | 給料手当 | | 対象外 | 未払費用 | 給料手当 | 対象外 | | 基本給 | |
| 5 | | 旅費交通費 | | 課対仕入込10% | 未払費用 | 給料手当 | 対象外 | | 交通費 | |
| 6 | | 給料手当 | | 対象外 | 未払費用 | 給料手当 | 対象外 | | 残業代 | |
| 7 | | 未払費用 | 給料手当 | 対象外 | 預り金 | 社会保険料 | 対象外 | | 社会保険料 | |
| 8 | | 未払費用 | 給料手当 | 対象外 | 預り金 | 雇用保険料 | 対象外 | | 雇用保険料 | |
| 9 | | 未払費用 | 給料手当 | 対象外 | 預り金 | 源泉所得税 | 対象外 | | 所得税 | |
| 10 | | 未払費用 | 給料手当 | 対象外 | 預り金 | 源泉所得税 | 対象外 | | 年末調整 | |
| 11 | | 未払費用 | 給料手当 | 対象外 | 預り金 | 住民税 | 対象外 | | 住民税 | |
| 12 | | | | | | | | | | |
| 13 | | | | | | | | | | |
| 14 | | | | | | | | | | |
| 15 | | | | | | | | | | |
| 16 | | | | | | | | | | |

「=DATE(LEFT(給与明細!$A$2,4),RIGHT(給与明細!$A$2,2)+1,0)」と入力して、A5〜A11セルにコピー・貼り付けする。

DATE関数の三つの引数は、年・月・日を表します。今回は、LEFT関数・RIGHT関数で、年にA2セルの最初4桁、月にA2セルの最後2桁に1を足したものを指定しています。

| 引数 | 入力された数式 | 意味 |
| --- | --- | --- |
| 年 | LEFT(給与明細!$A$2,4) | 給与明細シートA2セルの「左4桁」 |
| 月 | RIGHT(給与明細!$A$2,2)+1 | 給与明細シートA2セルの「右2桁」+1 |
| 日 | 0 | 0日(=1日の1日前) |

月に1を足して、日に「0」を指定するのがポイントです。これで、指定した年・月の月末日付が計算できます(88ページ参照)。

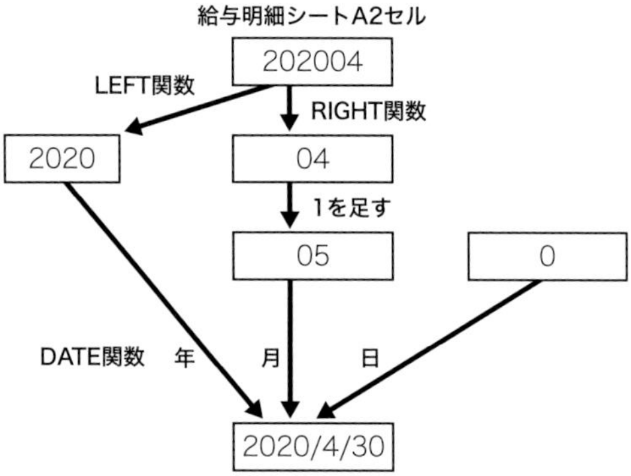


## 金額を集計する

最後に、H列の金額を入力します。H4～H11セルまでに、次の数式を入力しましょう。

| セル | 数式 | 備考 |
| --- | --- | --- |
| H4セル | =SUM(給与明細!C:C) | |
| H5セル | =SUM(給与明細!D:D) | |
| H6セル | =SUM(給与明細!E:E) | |
| H7セル | =SUM(給与明細!**G:G**) | 「F:F」ではありません |
| H8セル | =SUM(給与明細!H:H) | |
| H9セル | =SUM(給与明細!I:I) | |
| H10セル | =SUM(給与明細!J:J) | |
| H11セル | =SUM(給与明細!K:K) | |

たとえば、H4セルの数式は、「給与明細」シートのC列（基本給）すべての合計を取っています。他の数式も、同じように各列の合計を計算しています。

残念ながら、この数式はコピー・貼り付けだけでは正しい数式を入力できません。H4セルの数式をコピーして、H5～H11セルに貼り付けたあと、**手作業で参照先セルを修正してください**。

「入力」シート

| | A | B | C | D | E | F | G | H | I |
|---|---|---|---|---|---|---|---|---|---|
| 1 | | | | | | | | | |
| 2 | | | | | | | | | |
| 3 | 取引日付 | 借方勘定科目 | 借方補助科目 | 借方税区分 | 貸方勘定科目 | 貸方補助科目 | 貸方税区分 | 金額 | 摘要 |
| 4 | 2020/4/30 | 給料手当 | | 対象外 | 未払費用 | 給料手当 | 対象外 | 606,500 | 基本給 |
| 5 | 2020/4/30 | 旅費交通費 | | 課対仕入込10% | 未払費用 | 給料手当 | 対象外 | 19,550 | 交通費 |
| 6 | 2020/4/30 | 給料手当 | | 対象外 | 未払費用 | 給料手当 | 対象外 | 29,320 | 残業代 |
| 7 | 2020/4/30 | 未払費用 | 給料手当 | 対象外 | 預り金 | 社会保険料 | 対象外 | 63,390 | 社会保険料 |
| 8 | 2020/4/30 | 未払費用 | 給料手当 | 対象外 | 預り金 | 雇用保険料 | 対象外 | 2,066 | 雇用保険料 |
| 9 | 2020/4/30 | 未払費用 | 給料手当 | 対象外 | 預り金 | 源泉所得税 | 対象外 | 10,610 | 所得税 |
| 10 | 2020/4/30 | 未払費用 | 給料手当 | 対象外 | 預り金 | 源泉所得税 | 対象外 | 0 | 年末調整 |
| 11 | 2020/4/30 | 未払費用 | 給料手当 | 対象外 | 預り金 | 住民税 | 対象外 | 20,700 | 住民税 |
| 12 | | | | | | | | | |
| 13 | | | | | | | | | |

H4～H11セルそれぞれに数式を手入力する。

これで、数式の入力ができました。必要に応じて、A4セル以外のセルにロックをかけて、シート保護をしておきましょう。

あとは、「CSV」シートにインポート用データができていますので、CSVファイルとして保存して、弥生会計に取り込んでください。

「CSV」シート

| | A | B | C | D | E | F | G | H | I | J | K | L | M | N | O |
|---|---|---|---|---|---|---|---|---|---|---|---|---|---|---|---|
| 1 | # | | | | | | | | | | | | | | |
| 2 | #必須 | | | 必須 | 必須 | | | 必須 | 必須 | | 必須 | | | 必須 | 必須 |
| 3 | #識別フラグ | 伝票No. | 決算 | 取引日付 | 借方勘定科目 | 借方補助科目 | 借方部門 | 借方税区分 | 借方金額 | 借方税金額 | 貸方勘定科目 | 貸方補助科目 | 貸方部門 | 貸方税区分 | 貸方金額 |
| 4 | 2000 | | | 2020/4/30 | 給料手当 | | | 対象外 | 606,500 | | 未払費用 | 給料手当 | | 対象外 | 606,500 |
| 5 | 2000 | | | 2020/4/30 | 旅費交通費 | | | 課対仕入込1 | 19,550 | | 未払費用 | 給料手当 | | 対象外 | 19,550 |
| 6 | 2000 | | | 2020/4/30 | 給料手当 | | | 対象外 | 29,320 | | 未払費用 | 給料手当 | | 対象外 | 29,320 |
| 7 | 2000 | | | 2020/4/30 | 未払費用 | 給料手当 | | 対象外 | 63,390 | | 預り金 | 社会保険料 | | 対象外 | 63,390 |
| 8 | 2000 | | | 2020/4/30 | 未払費用 | 給料手当 | | 対象外 | 2,066 | | 預り金 | 雇用保険料 | | 対象外 | 2,066 |
| 9 | 2000 | | | 2020/4/30 | 未払費用 | 給料手当 | | 対象外 | 10,610 | | 預り金 | 源泉所得税 | | 対象外 | 10,610 |
| 10 | # | | | 2020/4/30 | 未払費用 | 給料手当 | | 対象外 | 0 | | 預り金 | 源泉所得税 | | 対象外 | 0 |
| 11 | 2000 | | | 2020/4/30 | 未払費用 | 給料手当 | | 対象外 | 20,700 | | 預り金 | 住民税 | | 対象外 | 20,700 |
| 12 | # | | | 1900/1/0 | | | | | 0 | | | | | | 0 |
| 13 | # | | | 1900/1/0 | | | | | 0 | | | | | | 0 |

5-8

# 複数月の給与仕訳を一気に起票する

## → 給与仕訳シートを修正して複数月の給与仕訳を起票する

次のように、「給与明細」シートに、複数月の給与データが入力されている場合に、各月ごとにまとめて仕訳化できるように、さきほどのエクセルシートを修正してみましょう。

「給与明細」シート

複数月の給与データから仕訳を作成する。

| | A | B | C | D | E | F | G | H | I | J | K | L | M |
|---|---|---|---|---|---|---|---|---|---|---|---|---|---|
| 1 | 年月 | 氏名 | 基本給 | 交通費 | 残業代 | 支給額合計 | 社会保険料 | 雇用保険料 | 所得税 | 年末調整 | 住民税 | 差引支給額 | |
| 2 | 202004 | 木村　良子 | 250,000 | 4,630 | 24,630 | 279,260 | 35,170 | 1,122 | 6,080 | 0 | 11,800 | 225,088 | |
| 3 | 202004 | 山下　良助 | 220,000 | 6,920 | 4,690 | 231,610 | 28,220 | 944 | 4,530 | 0 | 8,900 | 189,016 | |
| 4 | 202004 | 村上　彩 | 86,100 | 4,800 | 0 | 90,900 | 0 | 0 | 0 | 0 | 0 | 90,900 | |
| 5 | 202004 | 木村　久美 | 50,400 | 3,200 | 0 | 53,600 | 0 | 0 | 0 | 0 | 0 | 53,600 | |
| 6 | 202005 | 木村　良子 | 250,000 | 4,630 | 21,360 | 275,990 | 35,170 | 1,108 | 6,080 | 0 | 11,800 | 221,832 | |
| 7 | 202005 | 山下　良助 | 220,000 | 6,920 | 8,725 | 235,645 | 28,220 | 960 | 4,530 | 0 | 8,900 | 193,035 | |
| 8 | 202005 | 村上　彩 | 71,400 | 3,840 | 0 | 75,240 | 0 | 0 | 0 | 0 | 0 | 75,240 | |
| 9 | 202005 | 国重　隆 | 83,600 | 2,880 | 0 | 86,480 | 0 | 0 | 0 | 0 | 0 | 86,480 | |
| 10 | 202006 | 木村　良子 | 250,000 | 4,630 | 38,420 | 293,050 | 35,170 | 1,177 | 6,080 | 0 | 11,800 | 238,823 | |
| 11 | 202006 | 山下　良助 | 220,000 | 6,920 | 24,630 | 251,550 | 28,220 | 1,025 | 4,530 | 0 | 8,900 | 208,875 | |
| 12 | 202006 | 村上　彩 | 86,100 | 4,800 | 0 | 90,900 | 0 | 0 | 0 | 0 | 0 | 90,900 | |
| 13 | 202006 | 木村　久美 | 50,400 | 3,200 | 0 | 53,600 | 0 | 0 | 0 | 0 | 0 | 53,600 | |
| 14 | 202006 | 国重　隆 | 70,400 | 2,560 | 0 | 72,960 | 0 | 0 | 0 | 0 | 0 | 72,960 | |
| 15 | | | | | | | | | | | | | |

## → 「給与明細」シートの数式を書き換える

まず、「入力」シートのH4～H11セルの数式を次のようにSUMIFS関数に書き換えます。

| セル | 数式 |
|---|---|
| H4セル | =SUMIFS(給与明細!C:C, 給与明細!A:A, TEXT(A4,"yyyymm")) |
| H5セル | =SUMIFS(給与明細!D:D, 給与明細!A:A, TEXT(A5,"yyyymm")) |
| H6セル | =SUMIFS(給与明細!E:E, 給与明細!A:A, TEXT(A6,"yyyymm")) |
| H7セル | =SUMIFS(給与明細!**G:G**, 給与明細!A:A, TEXT(A7,"yyyymm")) |
| H8セル | =SUMIFS(給与明細!H:H, 給与明細!A:A, TEXT(A8,"yyyymm")) |
| H9セル | =SUMIFS(給与明細!I:I, 給与明細!A:A, TEXT(A9,"yyyymm")) |
| H10セル | =SUMIFS(給与明細!J:J, 給与明細!A:A, TEXT(A10,"yyyymm")) |
| H11セル | =SUMIFS(給与明細!K:K, 給与明細!A:A, TEXT(A11,"yyyymm")) |

「入力」シート

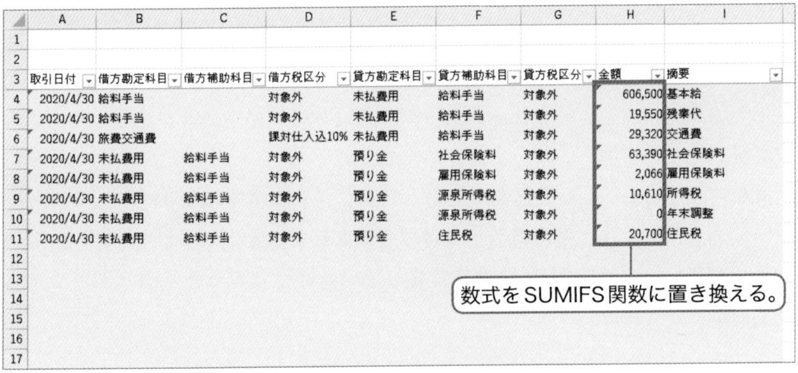

| | A | B | C | D | E | F | G | H | I |
|---|---|---|---|---|---|---|---|---|---|
| 1 | | | | | | | | | |
| 2 | | | | | | | | | |
| 3 | 取引日付 | 借方勘定科目 | 借方補助科目 | 借方税区分 | 貸方勘定科目 | 貸方補助科目 | 貸方税区分 | 金額 | 摘要 |
| 4 | 2020/4/30 | 給料手当 | | 対象外 | 未払費用 | 給料手当 | 対象外 | 606,500 | 基本給 |
| 5 | 2020/4/30 | 給料手当 | | 対象外 | 未払費用 | 給料手当 | 対象外 | 19,550 | 残業代 |
| 6 | 2020/4/30 | 旅費交通費 | | 課対仕入込10% | 未払費用 | 給料手当 | 対象外 | 29,320 | 交通費 |
| 7 | 2020/4/30 | 未払費用 | 給料手当 | 対象外 | 預り金 | 社会保険料 | 対象外 | 63,390 | 社会保険料 |
| 8 | 2020/4/30 | 未払費用 | 給料手当 | 対象外 | 預り金 | 雇用保険料 | 対象外 | 2,066 | 雇用保険料 |
| 9 | 2020/4/30 | 未払費用 | 給料手当 | 対象外 | 預り金 | 源泉所得税 | 対象外 | 10,610 | 所得税 |
| 10 | 2020/4/30 | 未払費用 | 給料手当 | 対象外 | 預り金 | 源泉所得税 | 対象外 | 0 | 年末調整 |
| 11 | 2020/4/30 | 未払費用 | 給料手当 | 対象外 | 預り金 | 住民税 | 対象外 | 20,700 | 住民税 |
| 12 | | | | | | | | | |
| 13 | | | | | | | | | |
| 14 | | | | | | | | | |
| 15 | | | | | | | | | |
| 16 | | | | | | | | | |
| 17 | | | | | | | | | |



H4セルに入力した数式を整理すると、次のようになります。

```
=SUMIFS(給与明細!C:C, 給与明細!A:A, TEXT(A4,"yyyymm"))
             ①             ②              ③
```

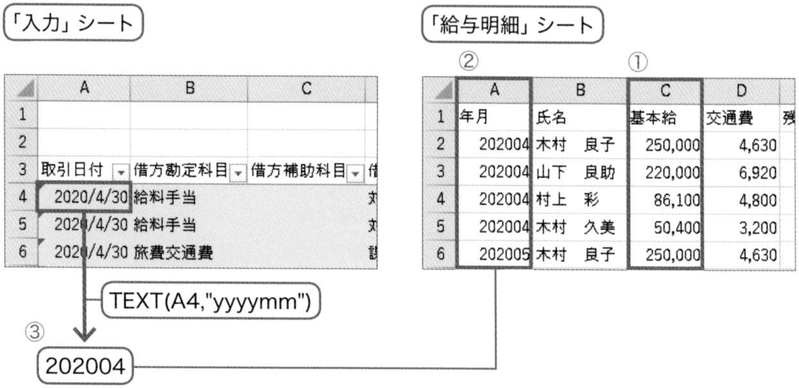


この数式は「給与明細」シートのA列が**指定した年月**の行について、「給与明細」シートのC列の合計を取るという意味です。「②条件範囲」には年4桁、月2桁形式で年月が入力されているため、「③条件」ではTEXT関数を使って、その形式に合わせています。

面倒ですが、H4セルに数式を入力したら、その数式をコピーし、H5～H11セルに貼り付けた後、**手作業で一つ目の引数を打ち換えていってください**。数式の入力が終わったら、**SUM関数で計算していたときとまったく同じ値が表示されている**ことを確認してください。

## → 2か月目の仕訳変換用の数式を作成する

2か月目の数式については、**A列の取引日付だけ手入力が必要です**。A12セルに「=EOMONTH(**A4**,1)」と入力しましょう。

その後、この数式をコピーしA19セルまで貼り付けると、A12～A19セルに、A4～A11セルに入力された日付の翌月末の日付を表示することができます。

「入力」シート

| | A | B | C | D | E | F | G | H |
|---|---|---|---|---|---|---|---|---|
| 1 | | | | | | | | |
| 2 | | | | | | | | |
| 3 | 取引日付 | 借方勘定科目 | 借方補助科目 | 借方税区分 | 貸方勘定科目 | 貸方補助科目 | 貸方税区分 | 金額 |
| 10 | 2020/4/30 | 未払費用 | 給料手当 | 対象外 | 預り金 | 源泉所得税 | 対象外 | 0 |
| 11 | 2020/4/30 | 未払費用 | 給料手当 | 対象外 | 預り金 | 住民税 | 対象外 | 20,700 |
| 12 | 2020/5/31 | | | | | | | |
| 13 | 2020/5/31 | | | | | | | |
| 14 | 2020/5/31 | | | | | | | |
| 15 | 2020/5/31 | | | | | | | |
| 16 | 2020/5/31 | | | | | | | |
| 17 | 2020/5/31 | | | | | | | |
| 18 | 2020/5/31 | | | | | | | |
| 19 | 2020/5/31 | | | | | | | |
| 20 | | | | | | | | |
| 21 | | | | | | | | |

「=EOMONTH(A4,1)」と入力して、A19セルまでコピー・貼り付けする。

あとは、B列～I列を下にコピー・貼り付けをしましょう。B4～I11セルをコピーして、B12（～I19）セルに貼り付ければ、2か月目の仕訳も完成です。

「入力」シート

コピーして貼り付ける。

| | A | B | C | D | E | F | G | H | I |
|---|---|---|---|---|---|---|---|---|---|
| 1 | | | | | | | | | |
| 2 | | | | | | | | | |
| 3 | 取引日付 | 借方勘定科目 | 借方補助科目 | 借方税区分 | 貸方勘定科目 | 貸方補助科目 | 貸方税区分 | 金額 | 摘要 |
| 4 | 2020/4/30 | 給料手当 | | 対象外 | 未払費用 | 給料手当 | 対象外 | 606,500 | 基本給 |
| 5 | 2020/4/30 | 給料手当 | | 対象外 | 未払費用 | 給料手当 | 対象外 | 19,550 | 残業代 |
| 6 | 2020/4/30 | 旅費交通費 | | 課対仕入込10% | 未払費用 | 給料手当 | 対象外 | 29,320 | 交通費 |
| 7 | 2020/4/30 | 未払費用 | 給料手当 | 対象外 | 預り金 | 社会保険料 | 対象外 | 63,390 | 社会保険料 |
| 8 | 2020/4/30 | 未払費用 | 給料手当 | 対象外 | 預り金 | 雇用保険料 | 対象外 | 2,066 | 雇用保険料 |
| 9 | 2020/4/30 | 未払費用 | 給料手当 | 対象外 | 預り金 | 源泉所得税 | 対象外 | 10,610 | 所得税 |
| 10 | 2020/4/30 | 未払費用 | 給料手当 | 対象外 | 預り金 | 源泉所得税 | 対象外 | 0 | 年末調整 |
| 11 | 2020/4/30 | 未払費用 | 給料手当 | 対象外 | 預り金 | 住民税 | 対象外 | 20,700 | 住民税 |
| 12 | 2020/5/31 | 給料手当 | | 対象外 | 未払費用 | 給料手当 | 対象外 | 625,000 | 基本給 |
| 13 | 2020/5/31 | 給料手当 | | 対象外 | 未払費用 | 給料手当 | 対象外 | 18,270 | 残業代 |
| 14 | 2020/5/31 | 旅費交通費 | | 課対仕入込10% | 未払費用 | 給料手当 | 対象外 | 30,085 | 交通費 |
| 15 | 2020/5/31 | 未払費用 | 給料手当 | 対象外 | 預り金 | 社会保険料 | 対象外 | 63,390 | 社会保険料 |
| 16 | 2020/5/31 | 未払費用 | 給料手当 | 対象外 | 預り金 | 雇用保険料 | 対象外 | 2,068 | 雇用保険料 |
| 17 | 2020/5/31 | 未払費用 | 給料手当 | 対象外 | 預り金 | 源泉所得税 | 対象外 | 10,610 | 所得税 |
| 18 | 2020/5/31 | 未払費用 | 給料手当 | 対象外 | 預り金 | 源泉所得税 | 対象外 | 0 | 年末調整 |
| 19 | 2020/5/31 | 未払費用 | 給料手当 | 対象外 | 預り金 | 住民税 | 対象外 | 20,700 | 住民税 |

## → 3か月目以降の数式を入力する

3か月目以降の数式は、2か月目の数式全体をコピーして、貼り付けましょう。A12～I19セルをコピーして、A20セル以降、必要な月数分だけ貼り付けてください。たとえば、12か月分貼り付けておけば、12か月分の仕訳をまとめて起票できるようになります。

「入力」シート

コピーして貼り付ける。

| | A | B | C | D | E | F | G | H | I |
|---|---|---|---|---|---|---|---|---|---|
| 1 | | | | | | | | | |
| 2 | | | | | | | | | |
| 3 | 取引日付 | 借方勘定科目 | 借方補助科目 | 借方税区分 | 貸方勘定科目 | 貸方補助科目 | 貸方税区分 | 金額 | 摘要 |
| 12 | 2020/5/31 | 給料手当 | | 対象外 | 未払費用 | 給料手当 | 対象外 | 625,000 | 基本給 |
| 13 | 2020/5/31 | 給料手当 | | 対象外 | 未払費用 | 給料手当 | 対象外 | 18,270 | 残業代 |
| 14 | 2020/5/31 | 旅費交通費 | | 課対仕入込10% | 未払費用 | 給料手当 | 対象外 | 30,085 | 交通費 |
| 15 | 2020/5/31 | 未払費用 | 給料手当 | 対象外 | 預り金 | 社会保険料 | 対象外 | 63,390 | 社会保険料 |
| 16 | 2020/5/31 | 未払費用 | 給料手当 | 対象外 | 預り金 | 雇用保険料 | 対象外 | 2,068 | 雇用保険料 |
| 17 | 2020/5/31 | 未払費用 | 給料手当 | 対象外 | 預り金 | 源泉所得税 | 対象外 | 10,610 | 所得税 |
| 18 | 2020/5/31 | 未払費用 | 給料手当 | 対象外 | 預り金 | 源泉所得税 | 対象外 | 0 | 年末調整 |
| 19 | 2020/5/31 | 未払費用 | 給料手当 | 対象外 | 預り金 | 住民税 | 対象外 | 20,700 | 住民税 |
| 20 | 2020/6/30 | 給料手当 | | 対象外 | 未払費用 | 給料手当 | 対象外 | 676,900 | 基本給 |
| 21 | 2020/6/30 | 給料手当 | | 対象外 | 未払費用 | 給料手当 | 対象外 | 22,110 | 残業代 |
| 22 | 2020/6/30 | 旅費交通費 | | 課対仕入込10% | 未払費用 | 給料手当 | 対象外 | 63,050 | 交通費 |
| 23 | 2020/6/30 | 未払費用 | 給料手当 | 対象外 | 預り金 | 社会保険料 | 対象外 | 63,390 | 社会保険料 |
| 24 | 2020/6/30 | 未払費用 | 給料手当 | 対象外 | 預り金 | 雇用保険料 | 対象外 | 2,202 | 雇用保険料 |
| 25 | 2020/6/30 | 未払費用 | 給料手当 | 対象外 | 預り金 | 源泉所得税 | 対象外 | 10,610 | 所得税 |
| 26 | 2020/6/30 | 未払費用 | 給料手当 | 対象外 | 預り金 | 源泉所得税 | 対象外 | 0 | 年末調整 |
| 27 | 2020/6/30 | 未払費用 | 給料手当 | 対象外 | 預り金 | 住民税 | 対象外 | 20,700 | 住民税 |

CSVシートを見ると、仕訳が適切に生成されていることがわかります。たとえば、金額が0の行は、A列が「#」と入力され、コメント扱いになっています。

「CSV」シート

| | A | B | C | D | E | F | G | H | I | J | K | L | M | N | O |
|---|---|---|---|---|---|---|---|---|---|---|---|---|---|---|---|
| 1 | # | | | | | | | | | | | | | | |
| 2 | #必須 | | | 必須 | 必須 | | | 必須 | 必須 | | 必須 | | | 必須 | 必須 |
| 3 | #識別フラグ | 伝票No. | 決算 | 取引日付 | 借方勘定科目 | 借方補助科目 | 借方部門 | 借方税区分 | 借方金額 | 借方税金額 | 貸方勘定科目 | 貸方補助科目 | 貸方部門 | 貸方税区分 | 貸方金額 |
| 4 | 2000 | | | 2020/4/30 | 給料手当 | | | 対象外 | 606,500 | | 未払費用 | 給料手当 | | 対象外 | 606,500 |
| 5 | 2000 | | | 2020/4/30 | 給料手当 | | | 対象外 | 19,550 | | 未払費用 | 給料手当 | | 対象外 | 19,550 |
| 6 | 2000 | | | 2020/4/30 | 旅費交通費 | | | 課対仕入込10% | 29,320 | | 未払費用 | 給料手当 | | 対象外 | 29,320 |
| 7 | 2000 | | | 2020/4/30 | 未払費用 | 給料手当 | | 対象外 | 63,390 | | 預り金 | 社会保険料 | | 対象外 | 63,390 |
| 8 | 2000 | | | 2020/4/30 | 未払費用 | 給料手当 | | 対象外 | 2,066 | | 預り金 | 雇用保険料 | | 対象外 | 2,066 |
| 9 | 2000 | | | 2020/4/30 | 未払費用 | 給料手当 | | 対象外 | 10,610 | | 預り金 | 源泉所得税 | | 対象外 | 10,610 |
| 10 | # | | | 2020/4/30 | 未払費用 | 給料手当 | | 対象外 | 0 | | 預り金 | 源泉所得税 | | 対象外 | 0 |
| 11 | 2000 | | | 2020/4/30 | 未払費用 | 給料手当 | | 対象外 | 20,700 | | 預り金 | 住民税 | | 対象外 | 20,700 |
| 12 | 2000 | | | 2020/5/31 | 給料手当 | | | 対象外 | 625,000 | | 未払費用 | 給料手当 | | 対象外 | 625,000 |
| 13 | 2000 | | | 2020/5/31 | 給料手当 | | | 対象外 | 18,270 | | 未払費用 | 給料手当 | | 対象外 | 18,270 |
| 14 | 2000 | | | 2020/5/31 | 旅費交通費 | | | 課対仕入込10% | 30,085 | | 未払費用 | 給料手当 | | 対象外 | 30,085 |
| 15 | 2000 | | | 2020/5/31 | 未払費用 | 給料手当 | | 対象外 | 63,390 | | 預り金 | 社会保険料 | | 対象外 | 63,390 |
| 16 | 2000 | | | 2020/5/31 | 未払費用 | 給料手当 | | 対象外 | 2,068 | | 預り金 | 雇用保険料 | | 対象外 | 2,068 |
| 17 | 2000 | | | 2020/5/31 | 未払費用 | 給料手当 | | 対象外 | 10,610 | | 預り金 | 源泉所得税 | | 対象外 | 10,610 |
| 18 | # | | | 2020/5/31 | 未払費用 | 給料手当 | | 対象外 | 0 | | 預り金 | 源泉所得税 | | 対象外 | 0 |
| 19 | 2000 | | | 2020/5/31 | 未払費用 | 給料手当 | | 対象外 | 20,700 | | 預り金 | 住民税 | | 対象外 | 20,700 |
| 20 | 2000 | | | 2020/6/30 | 給料手当 | | | 対象外 | 676,900 | | 未払費用 | 給料手当 | | 対象外 | 676,900 |
| 21 | 2000 | | | 2020/6/30 | 給料手当 | | | 対象外 | 22,110 | | 未払費用 | 給料手当 | | 対象外 | 22,110 |
| 22 | 2000 | | | 2020/6/30 | 旅費交通費 | | | 課対仕入込10% | 63,050 | | 未払費用 | 給料手当 | | 対象外 | 63,050 |
| 23 | 2000 | | | 2020/6/30 | 未払費用 | 給料手当 | | 対象外 | 63,390 | | 預り金 | 社会保険料 | | 対象外 | 63,390 |

# Chapter 6

# 会計ソフトから データをエクスポートして 活用する

# 6-1 会計ソフトのデータをエクスポートする

## 弥生会計から詳細なデータをエクスポートする

弥生会計からは、様々なデータを弥生会計の外で使える形にデータを出力することができます。この**データを出力することをエクスポートと呼びます**。たとえば、次のようなデータをエクスポートすることができます。

- 総勘定元帳・補助元帳
- 仕訳日記帳
- 残高試算表（年間推移）
- 補助残高一覧表（年間推移）
- 消費税集計表
- 勘定科目一覧、補助科目一覧など

一般的には、**元データとして、仕訳日記帳や総勘定元帳などできるだけ細かいデータを使うほうが、精緻な分析ができます**。ただ、仕訳日記帳は、借方・貸方の仕訳が1行に表示されるデータの構造が分析には不向きです。そのため、この章では、最初に総勘定元帳を元データに使った分析手法を紹介していきます。

総勘定元帳だとデータ量が多すぎてエクセルでの分析に時間がかかりすぎる場合や、明細からデータを集計するのでは工程が複雑になってしまう場合には、残高試算表（年間推移）、消費税集計表など、ある程度集約されたデータを元データとして使いましょう。

ただし、残高試算表や消費税集計表は、いわゆるデータベースの形ではなく集計表の形をしています。そのため、元データとして少し使いにくい面もあり、加工するには、少し工夫が必要なことに注意しましょう。

## → 弥生会計からエクスポートするときの注意点

弥生会計でデータをエクスポートするには、まず、弥生会計で、出力したい帳票を表示させましょう。たとえば、総勘定元帳をエクスポートしたいときには、メニューから「帳簿・伝票」→「総勘定元帳」で、総勘定元帳を開きましょう。この総勘定元帳の画面から、データのエクスポートを行います。エクスポートするときには、次の3通りの方法があります。

| メニュー操作 | 動作 | 取り込み易さ | 元データとしての使いやすさ | 注意点 |
|---|---|---|---|---|
| 「ファイル」→「Excelへの書き出し」 | エクセルシートに直接出力 | ◎ | △ | 下記二つと出力レイアウトが違う |
| 「ファイル」→「エクスポート」 | タブ区切り形式で出力 | ○ | ◎ | |
| 同上 | CSV形式で出力 | △ | ◎ | |

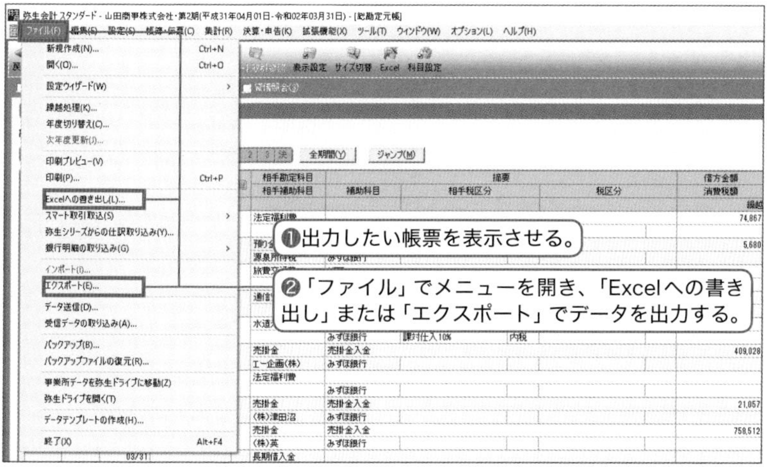


総勘定元帳を含め、多くの場合、この三つのすべての方法で出力できます。ただし、**「Excelへの書き出し」とそれ以外の方法では出力されるデータのレイアウトが違うことに注意が必要です。**

操作自体は、エクセルシートに直接出力するほうが簡単なので、データのレイアウトに問題がなければ、**エクセルに直接出力をするのがおすすめです。**

一方で、そのデータが使いにくい時には、比較的処理が簡単なタブ区切り形式、それも無理なときはCSV形式でデータを出力するようにしましょう。

この章で紹介する例では、**エクセルに直接出力するデータのレイアウトでは加工がしにくいため、主にタブ区切り形式を使ってデータを出力していきます。**

## → 三つの方法ごとのエクスポートの処理手順

### 1. エクセルシートに直接出力する場合の処理の流れ

エクセルシートに直接出力をすると、新しいブックにデータが出力されます。そのまま使うか、必要に応じて、あらかじめ準備したブックにコピー・貼り付けして使ってください。

### 2. タブ区切り形式で出力する場合の処理の流れ

タブ区切り形式というのは、「タブ」と呼ばれる特殊な記号で列を区切られた、文字データから構成されるファイルです。CSV形式とほとんど同じですが、列が「カンマ」ではなく「タブ」で区切られている点が違います。

メモ帳など、多くのソフトでは、「タブ」には、一定間隔で文字を揃える効果があります。たとえば、メモ帳で「タブ」を入れると、その次の文字が8文字ごとの区切りに合わせて表示されます。さきほどの図では「c」「h」「i」の後に「タブ」が入力されているため、次の文字が「8文字ごとの区切り」(=9文字目、17文字目、25文字目)に合わせて表示されています。

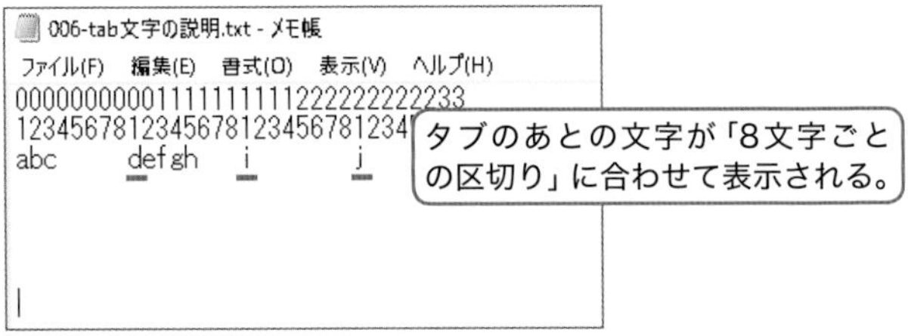


さて、タブ区切り形式のファイルは、拡張子を「.txt」に設定して出力します。そのため、出力したファイルをダブルクリックすると、メモ帳が起動して、ファイルが読み込まれます。

エクセルで、このデータを処理するためには、まずメモ帳でCSVファイルを開いて、Ctrl+Aでファイル全体を選択し、Ctrl+Cでコピーしてください。そして、エクセルを開き、貼り付けたいシートのA1セルを選択してCtrl+Vで貼り付けましょう。これで、データが自動的に展開され、各セルに貼り付けられます。

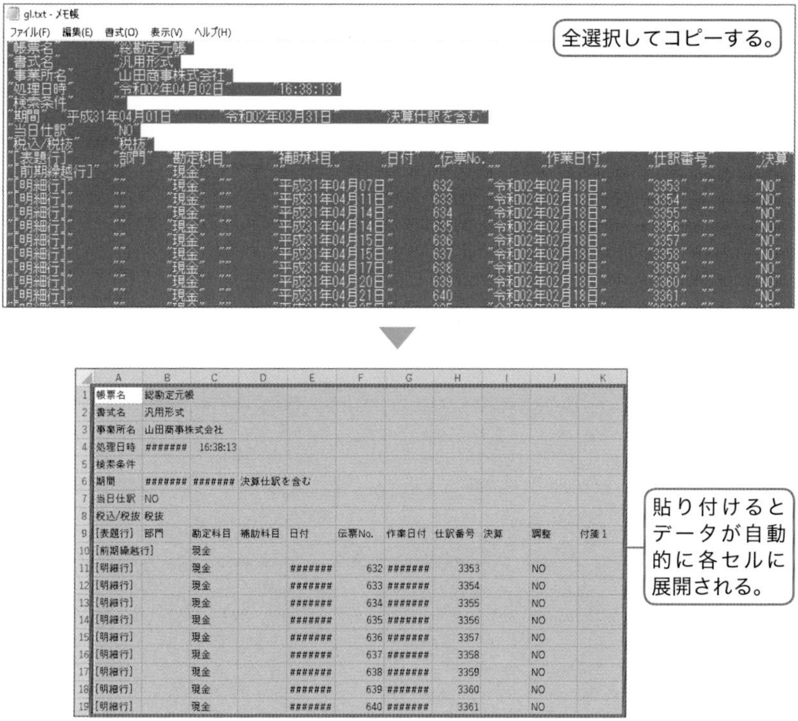


なお、「1-2-3」「00001」などデータを貼り付けたときに変化してしまう値が含まれている場合には、あらかじめ、セルの表示形式を文字列形式に変更しておきましょう。そうすることで、データを文字列形式で貼り付けることができます。

### 3.CSV形式で出力する場合の処理の流れ

弥生会計からCSV形式で出力をする場合、タブ区切り形式の場合と同様、ファイルの拡張子は「.txt」になっています。そのため、出力したファイルをダブルクリックすると、メモ帳でファイルが読み込まれます。エクセルで、このデータを扱うためには、次のように操作をしていきましょう。

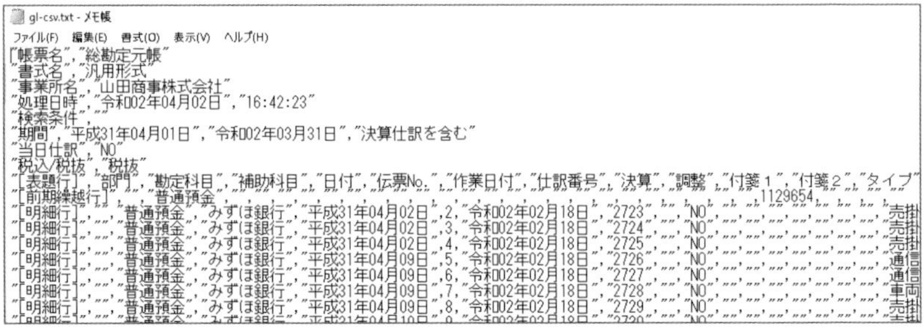


## メモ帳のデータをエクセルに貼り付ける

メモ帳でCSVファイルを開いたら、Ctrl+Aで、すべての文字を選択して、Ctrl+Cでコピーしてください。エクセルを開き、貼り付けたいシートのA1セルを選択してCtrl+Vで貼り付けましょう。すると、**カンマで区切られたデータがA列に入力されます**。

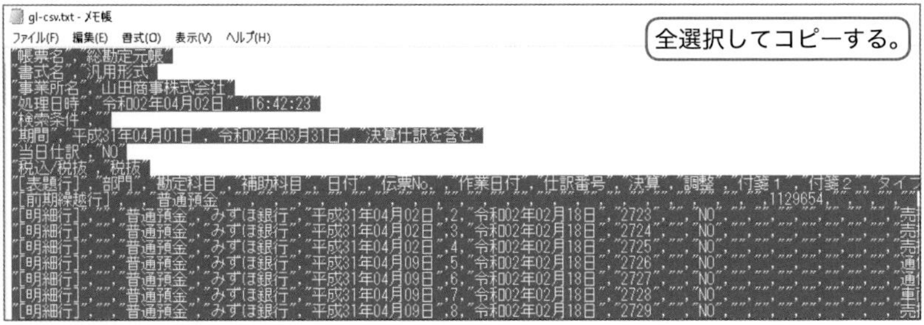


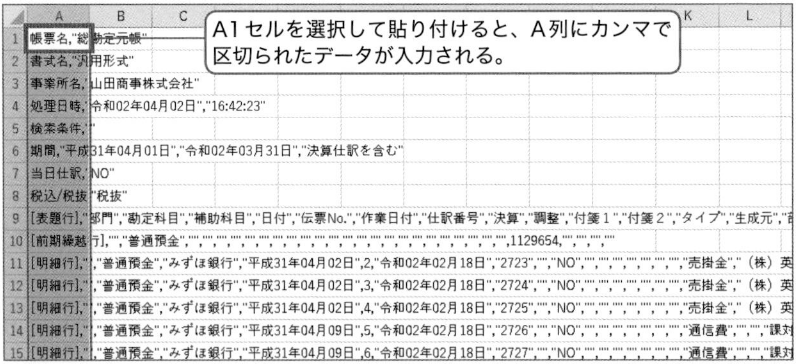


通常は、A列にしかデータが入力されませんが、エクセル起動後、次の「区切

り位置」の操作を行っていた場合には、自動的に各セルに展開された状態になります。

### カンマ区切りデータを各セルに展開する

貼り付け直後のA列のデータが選択されている状態で、メニューから「データ」→「区切り位置」を選択しましょう。「区切り位置指定ウィザード - 1/3」ウィンドウが表示されるので、「カンマやタブなどの区切り文字によってフィールドごとに区切られたデータ」が選択されていることを確認して、「次へ」をクリックします。

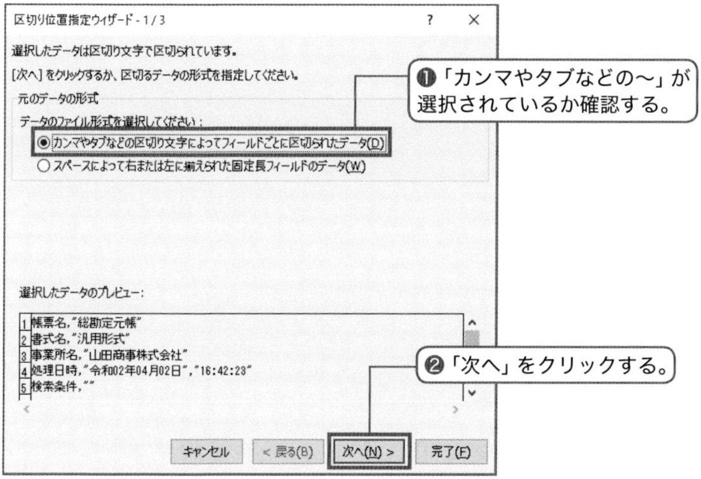


「区切り位置指定ウィザード - 2/3」ウィンドウで、区切り文字欄の「カンマ」にチェックを入れましょう。データのプレビュー画面で、縦線で区切られていることを確認して「次へ」をクリックしてください。「完了」をクリックすれば、データをエクセルに取り込むことができます。

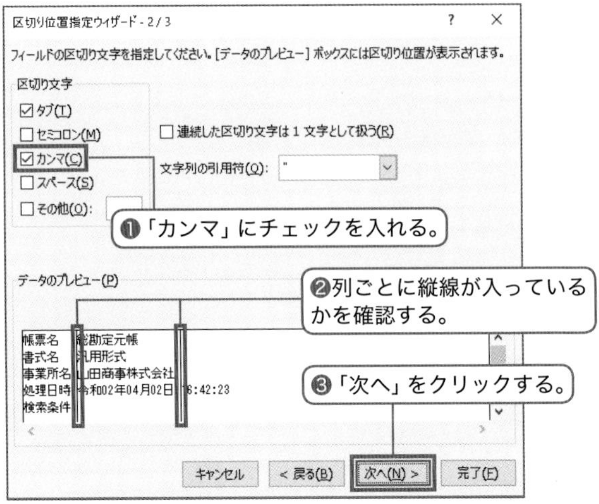
区切り位置指定ウィザード - 2 / 3
フィールドの区切り文字を指定してください。[データのプレビュー] ボックスには区切り位置が表示されます。
区切り文字
タブ(T)
セミコロン(M)
カンマ(C)
スペース(S)
その他(O):
連続した区切り文字は 1 文字として扱う(R)
文字列の引用符(Q):
❶「カンマ」にチェックを入れる。
データのプレビュー(P)
❷列ごとに縦線が入っているかを確認する。
帳票名
総勘定元帳
書式名
汎用形式
事業所名
山田商事株式会社
処理日時
令和02年04月02日
16:42:23
検索条件
❸「次へ」をクリックする。
キャンセル
< 戻る(B)
次へ(N) >
完了(F)

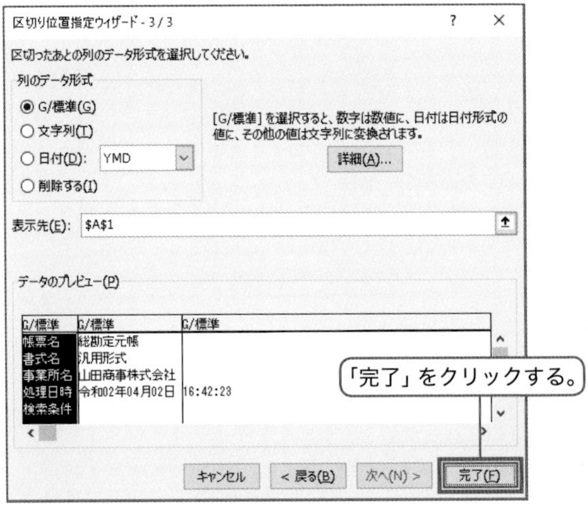
区切り位置指定ウィザード - 3 / 3
区切ったあとの列のデータ形式を選択してください。
列のデータ形式
G/標準(G)
文字列(T)
日付(D):
YMD
削除する(I)
[G/標準] を選択すると、数字は数値に、日付は日付形式の値に、その他の値は文字列に変換されます。
詳細(A)...
表示先(E):
$A$1
データのプレビュー(P)
G/標準
G/標準
G/標準
帳票名
総勘定元帳
書式名
汎用形式
事業所名
山田商事株式会社
処理日時
令和02年04月02日
16:42:23
検索条件
「完了」をクリックする。
キャンセル
< 戻る(B)
次へ(N) >
完了(F)

| | A | B | C | D | E | F | G | H | I | J |
|---|---|---|---|---|---|---|---|---|---|---|
| 1 | 帳票名 | 総勘定元帳 | | | | | | | | |
| 2 | 書式名 | 汎用形式 | | | | | | | | |
| 3 | 事業所名 | 山田商事株式会社 | | | | | | | | |
| 4 | 処理日時 | ####### | 16:42:23 | | | | | | | |
| 5 | 検索条件 | | | | | | | | | |
| 6 | 期間 | ####### | ####### | 決算仕訳を含む | | | | | | |
| 7 | 当日仕訳 | NO | | | | | | | | |
| 8 | 税込/税抜 | 税抜 | | | | | | | | |
| 9 | [表題行] | 部門 | 勘定科目 | 補助科目 | 日付 | 伝票No. | 作業日付 | 仕訳番号 | 決算 | 調整 |
| 10 | [前期繰越行] | | 普通預金 | | | | | | | |
| 11 | [明細行] | | 普通預金 | みずほ銀行 | ####### | 2 | ####### | 2723 | | NO |
| 12 | [明細行] | | 普通預金 | みずほ銀行 | ####### | 3 | ####### | 2724 | | NO |
| 13 | [明細行] | | 普通預金 | みずほ銀行 | ####### | 4 | ####### | 2725 | | NO |
| 14 | [明細行] | | 普通預金 | みずほ銀行 | ####### | 5 | ####### | 2726 | | NO |
| 15 | [明細行] | | 普通預金 | みずほ銀行 | ####### | 6 | ####### | 2727 | | NO |
| 16 | [明細行] | | 普通預金 | みずほ銀行 | ####### | 7 | ####### | 2728 | | NO |

**Column**

### 特定の列を文字列として取り込みたいとき

もし「00001」「1-2-3」など、セルに値を入れたときに内容が変わるデータが含まれている列があるときには、その列を「文字列」として取り込みましょう。

このページ上部にキャプチャを入れている「区切り位置指定ウィザード - 3/3」ウィンドウの「データのプレビュー」欄で文字列にしたい列を選択して、「列のデータ形式」を文字列を指定してください。

# 6-2
# 売上の内訳分析を行う

## → エクセルだと売上高の分析の操作がしやすい

弥生会計で売上高の分析を行おうとしても、操作性が悪くて面倒です。そこで、エクセルで売上高の内訳分析をしてみましょう。エクセルを使うと、資料のレイアウト調整なども簡単にできます。今回、売上高の取引先別・月別推移を、次のようなシート構成で作成していきます。

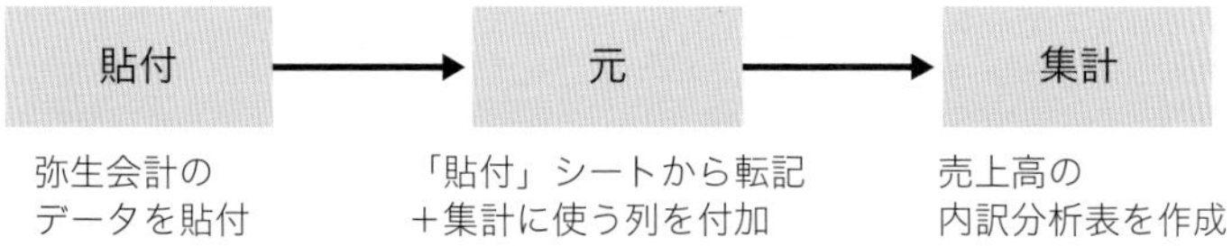


## → 仕訳入力方法により難易度が変わる

エクセルで分析資料を作成するときには、**分析しやすい形に仕訳入力しておくことが非常に重要**です。次のように、仕訳データの形に応じて、集計の難易度は大きく変わります。

| 難易度 | 説明 |
|---|---|
| 易 | 補助科目や部門、相手科目、相手補助科目などの**独立した項目**を元に集計できる |
| 中 | **一定の規則で入力された摘要**を元に集計できる |
| 難 | **不規則な摘要**を元に集計をするしかない |

集計時の手間を省くためには、**仕訳を入力する段階で、「独立した項目」で分析したい切り口の金額が把握できるようにしておくことが非常に重要です。**

それが無理なときには、できるだけ（後述するように）摘要の入力をルール化しておきましょう。逆に、不規則な摘要を元に分析せざるを得ない場合には、分析時に非常に手間がかかることを覚悟しておきましょう。今回は、あらかじめ補助科目に取引先が入力されていることを前提に、売上高の取引先別・月別推移を作成します。

## → 勘定科目の内訳分析は総勘定元帳データを使う

総勘定元帳を、直接、エクセルにエクスポートすると、一つの勘定科目しかエクスポートできず不便です。一方で、「タブ区切り形式」でエクスポートすれば、複数の勘定科目をまとめてエクスポートすることができます。ですから、総勘定元帳を出力するときには「タブ区切り形式」でエクスポートするようにしましょう。

Column

### 仕訳日記帳ではなく総勘定元帳を使う理由

仕訳日記帳は一見「1行1データ」の形をしているように見えますが、実際には、**1行に借方・貸方二つのデータが入っているため、そのままの形では集計・分析に向いていません**。一方で、総勘定元帳は、借方・貸方のそれぞれが別の行に入力されています。そのため、総勘定元帳を元データとして使うと、比較的簡単に仕訳の分析をすることができます。

## → 「貼付」シートに弥生会計のデータを貼り付ける

### 総勘定元帳データをタブ区切り形式でエクスポートする

まずは下準備からはじめます。弥生会計で、総勘定元帳のデータをタブ区切り形式でエクスポートしてみましょう。弥生会計のメニューから「帳簿・伝票」→「総勘定元帳」を選択して総勘定元帳を表示します。**期間をすべて選択した状態**で、メニューから「ファイル」→「エクスポート」を選択しましょう。

「エクスポート」ウィンドウで、「区切り文字」は「タブ形式」、「出力する勘定科目」の「選択」欄は「売上高」を選択してください。

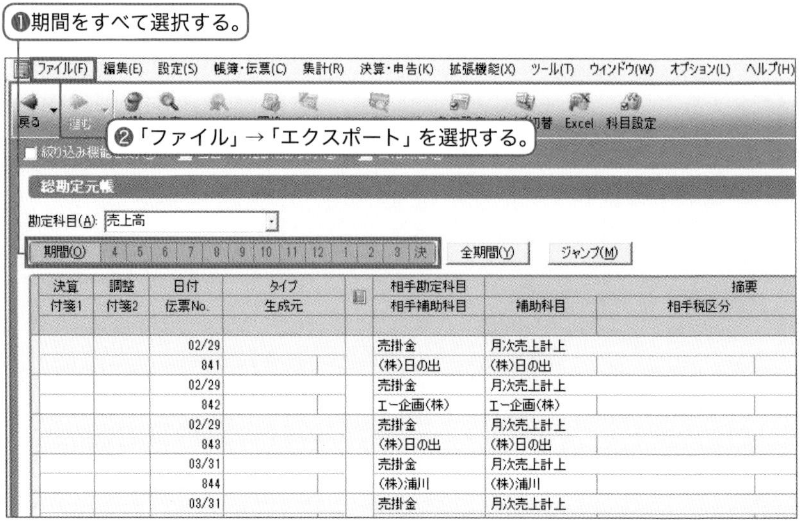


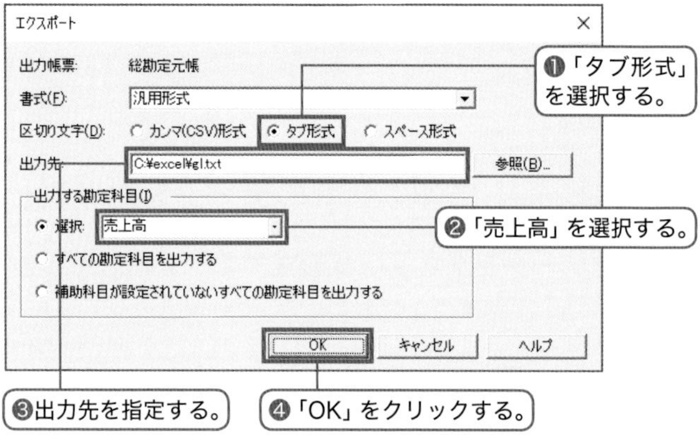


あとは、出力先ファイル名を指定して「OK」をクリックすれば、売上高の総勘定元帳データをエクスポートできます。出力先ファイル名は、好きなファイル名を入力してください。今回の例では、出力先を「c:¥excel¥gl.txt」と指定しています。「エクスポートは正常に終了しました。」というメッセージが表示されたら出力完了です。

## メモ帳でファイルを開いてエクセルに貼り付ける

次に、エクスポートしたファイルをダブルクリックしてメモ帳で開いてください。開いたら、Ctrl+Aで全体を選択して、Ctrl+Cでコピーします。そして、エクセルの新規ブックを開き、A1セルを選択してCtrl+Vで貼り付けましょう。タブ区切り形式のデータをエクセルに貼り付けると、自動的に列の区切りを認識して、エクセルの各セルに値が入力されます。最後に、このシートのシート名を「貼付」に変更しておいてください。

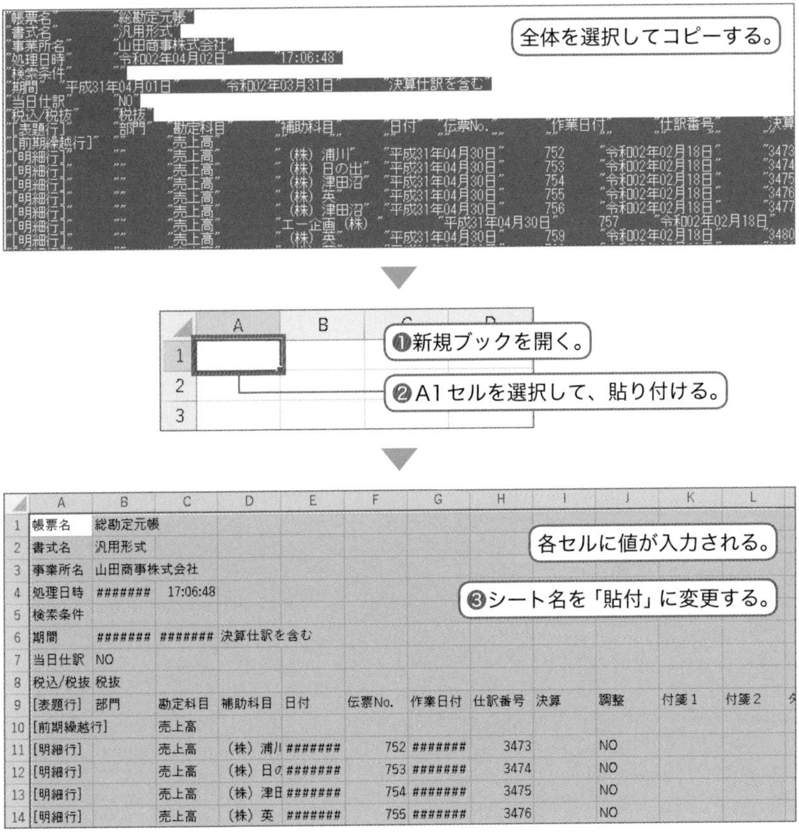

Column

### データを更新するときには

データを貼り付けし直すときには、まず「貼付」シートの全データを消去しましょう。「貼付」シートを選択して、シート左上の「三角」部分を右クリックしてシート全体を選択した後に、右クリックメニューから「数式と値のクリア」をクリックすると、全データが消去されます。その後、メモ帳から、新しいデータを貼り付けなおしてください。

なお、「数式と値のクリア」ではなく「削除」をしてしまうと、**次以降で入力する数式が壊れてしまいます**。必ず、「数式と値のクリア」を使ってください。

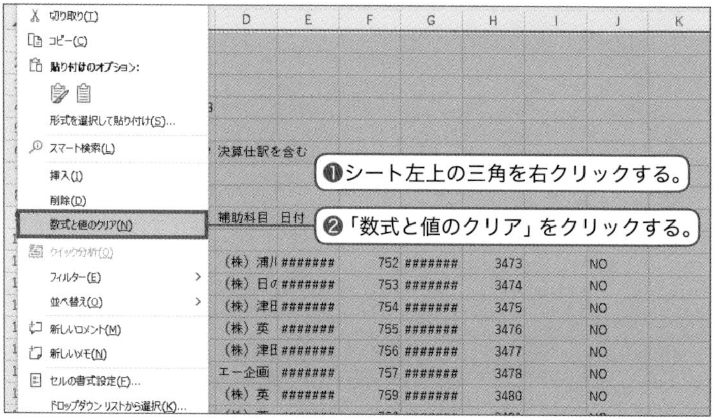


## 金額の集計には「明細行」だけ使う

それでは、今回エクスポートしたデータの中身を確認してみましょう。1行目〜8行目には、出力したデータについての情報が表示されています。A列には[表題行]、[前期繰越行]、[明細行]、[月度合計行]、[累計行]、[翌期繰越行]と入力されており、各行には、それに応じた内容が入力されています。

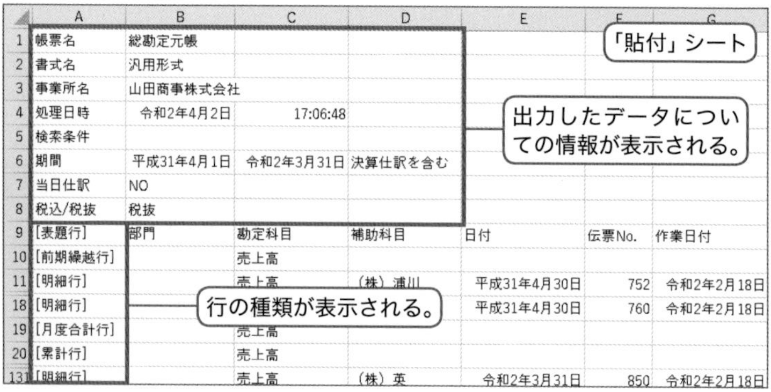

基本的には、**金額の集計には[明細行]だけを使い、その他の行は使いません**。そのため、次のステップで、[明細行]だけが集計に含まれるように、その他の行を除外して転記していきます。

## 「貼付」シートの情報を転記し、集計に使う列を追加する

### 数値・文字列を意識して、別シートに必要なデータを転記する

次に、「貼付」シートのデータを加工していきます。シートを一つ挿入し「元」という名前に変更しましょう。「元」シートには「貼付」シートから、必要な情報だけを転記し、さらに、右側に必要な列を追加していきます。

まず、「元」シートの9行目に列見出しを入力します。「貼付」シートの9行目をコピーして、「元」シートの9行目に貼り付けましょう。その後、「[表題行]」「勘定科目」「補助科目」「日付」「税区分」「相手勘定科目」「相手補助科目」「借方金額」「貸方金額」「摘要」**以外の列を非表示**にします。A、C～E、P、R～S、W、Y、AB列とAF列以降だけを残し、その他の列は非表示にしてしまいましょう。

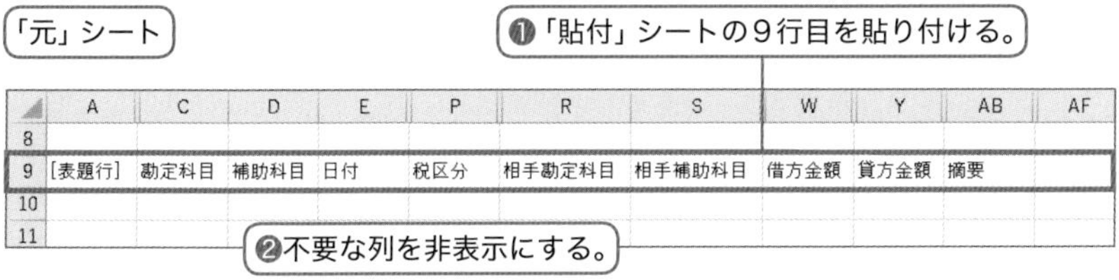


次に、「貼付」シートのデータを転記していきます。まず、A10セル・E10セルに次の数式を入力しましょう。

| セル | 数式 |
|---|---|
| A10セル | =IF(貼付!$A10="[明細行]",貼付!A10,"")&"" |
| E10セル | =IF(貼付!$A10="[明細行]",貼付!E10,**0**) |

A10セルの数式は文字列データ転記用、E10セルの数式は数値データ転記用の数式です。

この二つの数式をコピーして、それぞれ下記のセルに貼り付けてください。

- A10セル → C10、D10、P10、R10、S10、AB10セル
- E10セル → W10、Y10セル

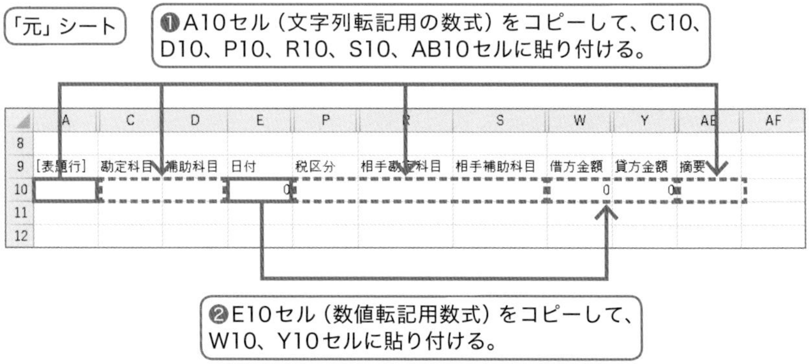


今回の集計では、「貼付」シートのA列が[明細行]の行しか使いません。そこで、IF関数を使って「貼付」シートのA列が[明細行]の場合だけ値を転記しています。A列が[明細行]以外の場合には、集計の邪魔にならないように、A10セルの文字列転記用数式では空文字列(="")、E10セルの数値転記用数式では「0」を表示させています。また、文字列転記用の数式では、転記元が空欄の場合にも空欄のまま表示されるように、数式の末尾に「&""」を付けています。

これらの数式をコピーして、十分下まで貼り付けておきましょう。今回は1000行目まで貼り付けます。10行目全体をコピーして、10～1000行目を選択して貼り付けましょう。また、表示形式を見やすく整えるため、日付列（E列）の表示形式を「日付」形式に直しておきましょう。

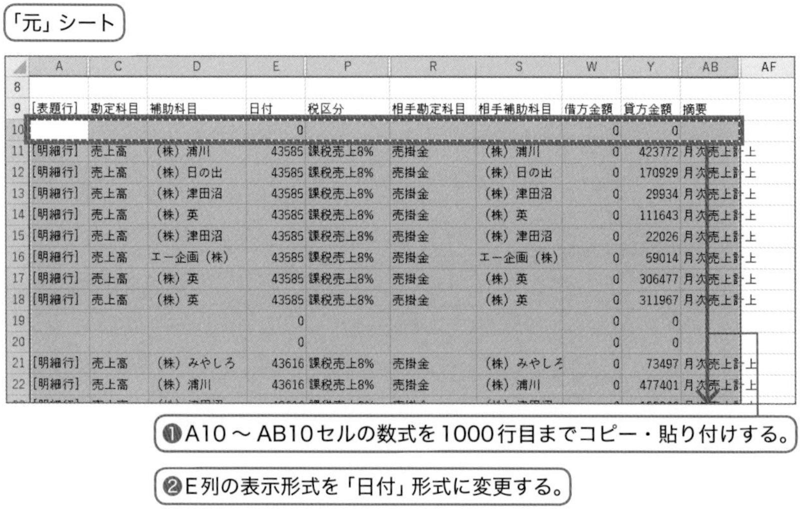

## 必要な情報を付け足す

次に、「元」シートのAF・AG列にSUMIFS関数で集計するために必要な情報を付け足します。まず、AF9、AG9セルに「月」「貸方-借方」と入力しましょう。その後、AF10セル、AG10セルに下記の数式を入力してください。

| セル | 内容 | 数式 |
|---|---|---|
| AF10セル | 月 | =MONTH(E10)&"月" |
| AG10セル | 貸方-借方 | =Y10-W10 |

数式が入力できたら、コピーして、さきほどと同じ行まで貼り付けましょう。10行目全体をコピーして、10～1000行目を選択して貼り付ければ、準備完了です。

「元」シート

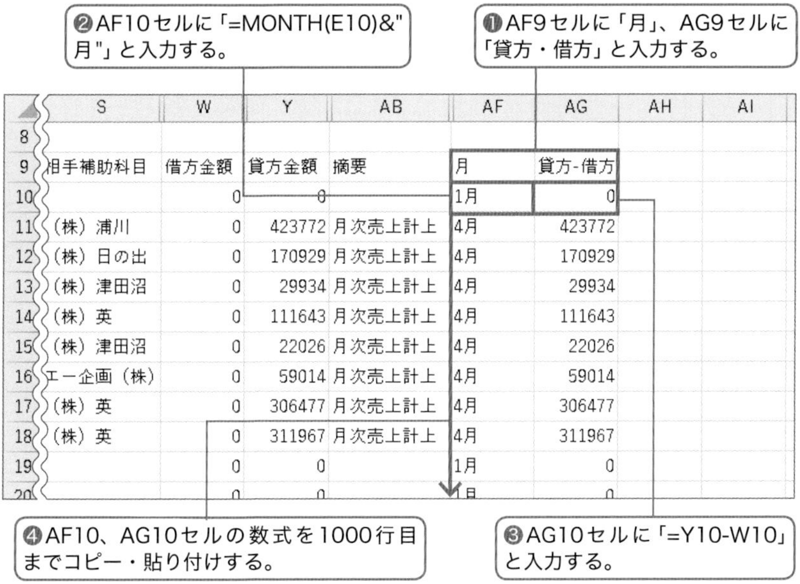


AF列では、MONTH関数の後に「&"月"」を付けることで、「4月」「5月」というデータができあがります。また、AG列では、借方・貸方金額を一つにまとめて、SUMIFS関数で集計しやすい形にしています。売上勘定の場合、貸方金額は「売上のプラス」、借方金額は「売上のマイナス」ですので、「貸方-借方」列の金額を合計すると売上金額を計算することができます。これで準備は完了です。

## 売上高の内訳分析表を作成する

### SUMIFS関数で売上高を集計する

下準備が完了したところで、新しいシートを挿入してSUMIFS関数で集計をしていきます。

新規シートを挿入して、シート名を「集計」にします。そして、A4セルから下に集計したい「補助科目」、B3セルから右に「取引月」を入力します。

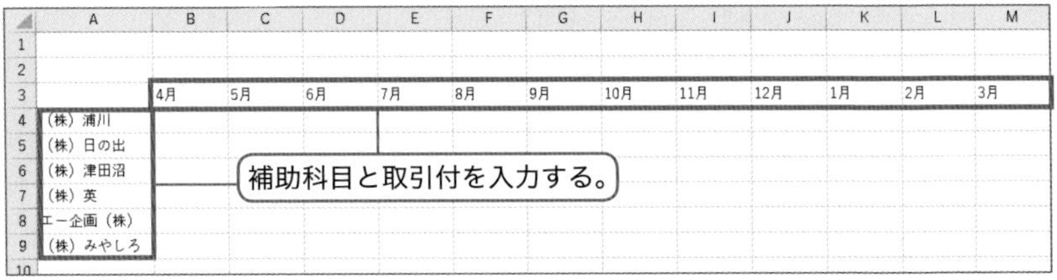


B4セルには、次の数式を入力しましょう。

```
=SUMIFS(元!$AG:$AG,元!$D:$D,$A4,元!$AF:$AF,B$3)
           ①          ②     ③       ④       ⑤
```

上記の数式では、次のような金額を集計しています。

| 引数 | 意味 |
|---|---|
| ① | 貸方-借方（「元」シートのAG列）のうち |
| ② | 補助科目（「元」シートのD列）が |
| ③ | 「（株）英」（A4セル）かつ |
| ④ | 月（「元」シートのAF列）が |
| ⑤ | 「4月」（B3セル）であるものの合計 |

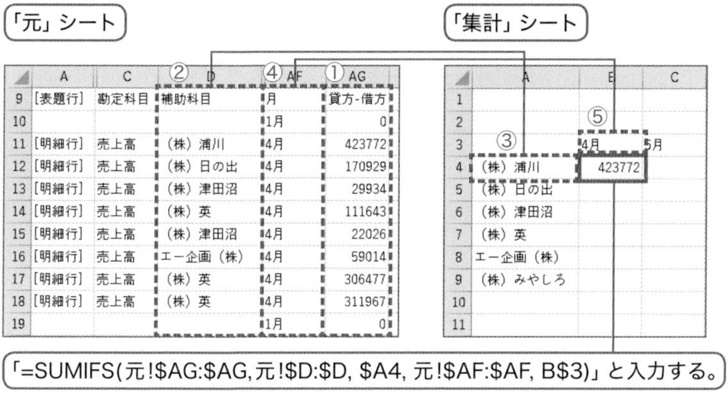

「元」シート

| | A | C | ② D | ④ AF | ① AG |
|---|---|---|---|---|---|
| 9 | [表題行] | 勘定科目 | 補助科目 | 月 | 貸方-借方 |
| 10 | | | | 1月 | 0 |
| 11 | [明細行] | 売上高 | (株) 浦川 | 4月 | 423772 |
| 12 | [明細行] | 売上高 | (株) 日の出 | 4月 | 170929 |
| 13 | [明細行] | 売上高 | (株) 津田沼 | 4月 | 29934 |
| 14 | [明細行] | 売上高 | (株) 英 | 4月 | 111643 |
| 15 | [明細行] | 売上高 | (株) 津田沼 | 4月 | 22026 |
| 16 | [明細行] | 売上高 | エー企画 (株) | 4月 | 59014 |
| 17 | [明細行] | 売上高 | (株) 英 | 4月 | 306477 |
| 18 | [明細行] | 売上高 | (株) 英 | 4月 | 311967 |
| 19 | | | | 1月 | 0 |

「集計」シート

| | A | B | C |
|---|---|---|---|
| 1 | | | |
| 2 | | ⑤ | |
| 3 | ③ | 4月 | 5月 |
| 4 | (株) 浦川 | 423772 | |
| 5 | (株) 日の出 | | |
| 6 | (株) 津田沼 | | |
| 7 | (株) 英 | | |
| 8 | エー企画 (株) | | |
| 9 | (株) みやしろ | | |
| 10 | | | |
| 11 | | | |

「=SUMIFS(元!$AG:$AG,元!$D:$D, $A4, 元!$AF:$AF, B$3)」と入力する。

B3セル（表の上端）への参照は「B$3」、A4セル（表の左端）への参照は「$A4」と、絶対参照の付け方のルールに従っていることを確認してください（62ページ参照）。あとは、この数式をコピーして、B4～M8セルに貼り付けましょう。これで、売上高を補助科目別・月別に集計することができました。

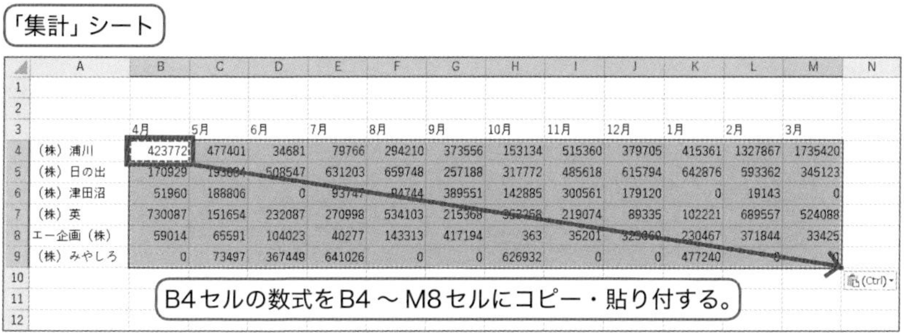

「集計」シート

| | A | B | C | D | E | F | G | H | I | J | K | L | M | N |
|---|---|---|---|---|---|---|---|---|---|---|---|---|---|---|
| 1 | | | | | | | | | | | | | | |
| 2 | | | | | | | | | | | | | | |
| 3 | | 4月 | 5月 | 6月 | 7月 | 8月 | 9月 | 10月 | 11月 | 12月 | 1月 | 2月 | 3月 | |
| 4 | (株) 浦川 | 423772 | 477401 | 34681 | 79766 | 294210 | 373556 | 153134 | 515360 | 379705 | 415361 | 1327867 | 1735420 | |
| 5 | (株) 日の出 | 170929 | [illegible] | 508547 | 631203 | 659748 | 257188 | 317772 | 485618 | 615794 | 642876 | 593362 | 345123 | |
| 6 | (株) 津田沼 | 51960 | 188806 | 0 | 93747 | [illegible] | 389551 | 142885 | 300561 | 179120 | 0 | 19143 | 0 | |
| 7 | (株) 英 | 730087 | 151654 | 232087 | 270998 | 534103 | 215368 | [illegible] | 219074 | 89335 | 102221 | 689557 | 524088 | |
| 8 | エー企画 (株) | 59014 | 65591 | 104023 | 40277 | 143313 | 417194 | 363 | 35201 | [illegible] | 230467 | 371844 | 33425 | |
| 9 | (株) みやしろ | 0 | 73497 | 367449 | 641026 | 0 | 0 | 626932 | 0 | 0 | 477240 | 0 | 0 | |
| 10 | | | | | | | | | | | | | | |
| 11 | | | | | | | | | | | | | | |
| 12 | | | | | | | | | | | | | | |

B4セルの数式をB4～M8セルにコピー・貼り付する。

あとは、下記のように、追加の数式を入力し見た目を整えれば完成です。

- A10セル、N3セルに「合計」と入力
- オートSUMを使って10行目、N列に合計を計算する
- 表のタイトル（「取引先別売上高月次推移表」）をA1セルに入力
- 表の列見出し（3行目）を太字にする
- 表の見出し（3行目、A列）に色を付ける
- B4～N9セルの表示形式をカンマ区切り形式に指定
- 10行目に上罫線、下二重線を引く

「集計」シート

取引先別売上高月次推移表

| 取引先 | 4月 | 5月 | 6月 | 7月 | 8月 | 9月 | 10月 | 11月 | 12月 | 1月 | 2月 | 3月 | 合計 |
|---|---|---|---|---|---|---|---|---|---|---|---|---|---|
| （株）浦川 | 423,772 | 477,401 | 34,681 | 79,766 | 294,210 | 373,556 | 153,134 | 515,360 | 379,705 | 415,361 | 1,327,867 | 1,735,42 | 6,210,233 |
| （株）日の出 | 170,929 | 193,884 | 508,547 | 631,203 | 659,748 | 257,188 | 317,772 | 485,618 | 615,794 | 642,876 | 593,362 | 345,12 | 5,422,044 |
| （株）津田沼 | 51,960 | 188,806 | 0 | 93,747 | 94,744 | 389,551 | 142,885 | 300,561 | 179,120 | 0 | 19,143 | 0 | 1,460,517 |
| （株）英 | 730,087 | 151,654 | 232,087 | 270,998 | 534,103 | 215,368 | 353,258 | 219,074 | 89,335 | 102,221 | 689,557 | 524,08 | 4,111,830 |
| エー企画（株） | 59,014 | 65,591 | 104,023 | 40,277 | 143,313 | 417,194 | 363 | 35,201 | 323,060 | 230,467 | 371,844 | 33,42 | 1,823,772 |
| （株）みやしろ | 0 | 73,497 | 367,449 | 641,026 | 0 | 0 | 626,932 | 0 | 0 | 477,240 | 0 | 0 | 2,186,144 |
| 合計 | 1,435,762 | 1,150,833 | 1,246,787 | 1,757,017 | 1,726,118 | 1,652,857 | 1,594,344 | 1,555,814 | 1,587,014 | 1,868,165 | 3,001,773 | 2,638,05 | 21,214,540 |

縦計・横計を計算する。

書式・見出しなど、レイアウトを整える。

Column

## 同じシートへの参照は、数式入力後に削除しよう

数式を入力するときに、他のシートへの参照を入力すると、その後のセル参照入力時に、自動的にシート名が挿入される場合があります。たとえば、289ページの「=SUMIFS(元!$AG:$AG, 元!$D:$D, $A4, 元!$AF:$AF, B$3)」という数式を入力するときに、三つ目の引数「$A4」が「集計!$A4」になる場合があります。**これを放置すると不具合が出る場合があるので**、「集計!」の部分は削除してください。

ただ、シート名を引数入力直後に削除するのは手間がかかります。そこで、「=SUMIFS(元!$AG:$AG, 元!$D:$D, **集計!**$A4, 元!$AF:$AF, **集計!**B$3)」のように、余分なシート名が入力された状態でも構わないので、いったん数式の入力を完了しましょう。その後、余分な「**集計!**」の部分を削除するようにしてください。

# 6-3 摘要欄の内容別に売上高を分析をする

## → 規則性のある摘要を使って売上高を分析する

補助科目など独立した項目で分析できない場合、摘要欄を使って分析をすることが多いです。ここでは、**摘要欄に「取引先名（半角空白）（任意の文字）」というルールで摘要が入力されている**場合に、売上高の分析資料を作ってみましょう。

先ほど作成したブックの「元」シートと「集計」シートを改良して、摘要欄の情報を使って売上高の分析資料を作っていきます。

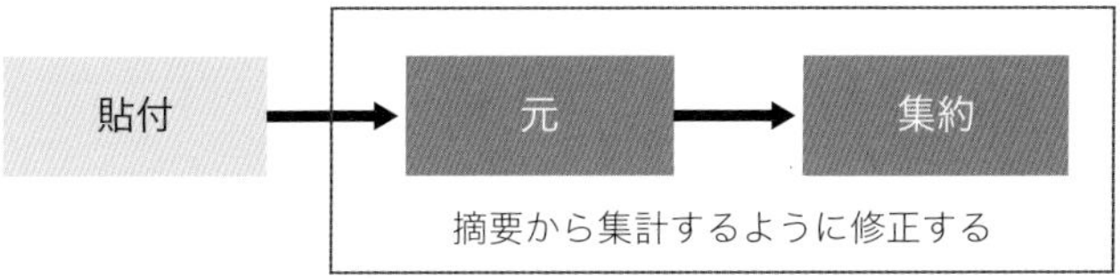


まず、前ページで作成した補助科目別に売上を分析するブックを開き、「貼付」シートに今回のデータを貼り付けましょう。「元」シートを見ると、「貼付」シートの情報が転記されています。

「元」シート

| | A | C | D | E | W | Y | AB | AF | AG |
|---|---|---|---|---|---|---|---|---|---|
| 8 | | | | | | | | | |
| 9 | [表題行] | 勘定科目 | 補助科目 | 日付 | 借方金額 | 貸方金額 | 摘要 | 月 | 貸方-借方 |
| 10 | | | | 1900/1/0 | 0 | 0 | | 1 | 0 |
| 11 | [明細行] | 売上高 | | 2019/4/30 | 0 | 423772 | （株）浦川 2019年4月商品売上 | 4 | 423772 |
| 12 | [明細行] | 売上高 | | 2019/4/30 | 0 | 170929 | （株）日の出 2019年4月商品売上 | 4 | 170929 |
| 13 | [明細行] | 売上高 | | 2019/4/30 | 0 | 29934 | （株）津田沼 2019年4月商品売上 | 4 | 29934 |
| 14 | [明細行] | 売上高 | | 2019/4/30 | 0 | 111643 | （株）英 2019年4月商品売上 | 4 | 111643 |
| 15 | [明細行] | 売上高 | | 2019/4/30 | 0 | 22026 | （株）津田沼 2019年4月商品売上 | 4 | 22026 |
| 16 | [明細行] | 売上高 | | 2019/4/30 | 0 | 59014 | エー企画（株） 2019年4月商品売上 | 4 | 59014 |
| 17 | [明細行] | 売上高 | | 2019/4/30 | 0 | 306477 | （株）英 2019年4月商品売上 | 4 | 306477 |
| 18 | [明細行] | 売上高 | | 2019/4/30 | 0 | 311967 | （株）英 2019年4月商品売上 | 4 | 311967 |
| 19 | | | | 1900/1/0 | 0 | 0 | | 1 | 0 |

「貼付」シートにデータを貼り付けると「元」シートにデータが転記される。

現状では、摘要欄に様々な情報が混在しているため、このままの形では、摘要欄を使って取引先別に売上高を集計することができません。そこで、摘要欄から取引先名だけを取り出して独立した列に表示させましょう。今回のように、摘要欄に「取引先名（半角空白）（任意の文字）」というルールで摘要が入力されている場合には、LEFT関数とFIND関数を組み合わせることで、取引先名部分だけを抽出することができます。

まず、AH9セルに「空白の位置」、AI9セルに「取引先」と入力します。次に、AH10、AI10セルに次のような数式を入れましょう。

| セル | 数式 | 意味 |
|---|---|---|
| AH10セル | =IFERROR(FIND(" ",AB10),1) | AB10セルの中で「半角空白」が何文字目にあるかを表示する。半角空白がない場合（＝エラーの場合）は1を表示する |
| AI10セル | =LEFT(AB10,AH10-1) | AB10セルの左から「AH10セル-1」文字目（＝半角空白の直前）までを抽出する |

あとは、数式をコピー・貼り付けします。10行目をコピーして、11行目～最終行まで貼り付けましょう。

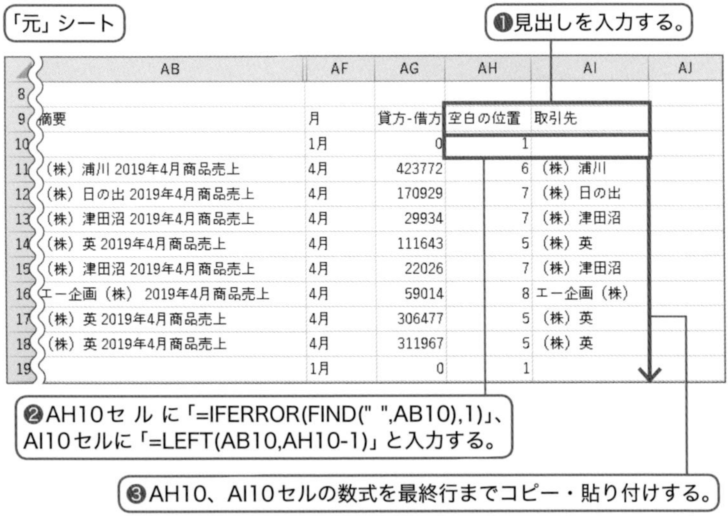


あとは、「集計」シートでB3セルのSUMIFS関数の数式を次のように修正しましょう。

```
=SUMIFS(元!$AG:$AG,元!$D:$D,$A4,元!$AF:$AF, B$3)
```

⬇

```
=SUMIFS(元!$AG:$AG,元!$AI:$AI,$A4,元!$AF:$AF, B$3)
          ①            ②       ③      ④         ⑤
```

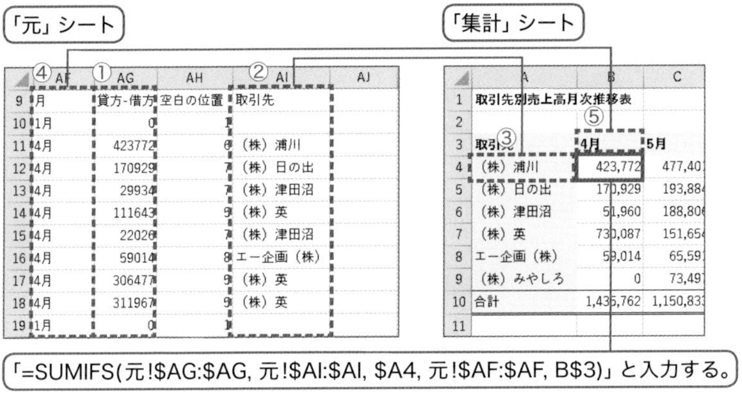


「元」シートで、取引先の情報がD列ではなくAI列に入っていますので、それに合わせて数式を修正しています。あとは、その数式を（合計欄を除く）表全体に貼り付けてください。すでに290ページまでで合計の計算や書式設定は完了しているので、これで集計作業は完了です。

「集計」シート

| | A | B | C | D | E | F | G | H | I | J | K | L | M | N | O |
|---|---|---|---|---|---|---|---|---|---|---|---|---|---|---|---|
| 1 | 取引先別売上高月次推移表 | | | | | | | | | | | | | | |
| 2 | | | | | | | | | | | | | | | |
| 3 | 取引先 | 4月 | 5月 | 6月 | 7月 | 8月 | 9月 | 10月 | 11月 | 12月 | 1月 | 2月 | 3月 | 合計 | |
| 4 | （株）浦川 | 423,772 | 477,401 | 34,681 | 79,766 | 294,210 | 373,556 | 153,134 | 515,360 | 379,705 | 415,361 | 1,327,867 | 1,735,420 | 6,210,233 | |
| 5 | （株）日の出 | 170,929 | 193,884 | 608,547 | 631,203 | 659,748 | 257,188 | 317,772 | 485,618 | 615,794 | 642,876 | 593,362 | 345,123 | 5,422,044 | |
| 6 | （株）津田沼 | 51,960 | 188,806 | 0 | 93,747 | 94,744 | 389,551 | 142,885 | 300,561 | 179,120 | 0 | 19,143 | 0 | 1,460,517 | |
| 7 | （株）英 | 730,087 | 151,654 | 232,087 | 270,998 | 534,103 | 215,368 | [illegible] | 219,074 | 89,335 | 102,221 | 689,557 | 524,088 | 4,111,830 | |
| 8 | エー企画（株） | 59,014 | 65,591 | 104,023 | 40,277 | 143,313 | 417,194 | 363 | 35,201 | [illegible] | 230,467 | 371,844 | 33,425 | 1,823,772 | |
| 9 | （株）みやしろ | 0 | 73,497 | 367,449 | 641,026 | 0 | 0 | 626,932 | 0 | 0 | 477,240 | 0 | 0 | 2,186,144 | |
| 10 | 合計 | 1,435,762 | 1,150,833 | 1,246,787 | 1,757,017 | 1,726,118 | 1,652,857 | 1,594,344 | 1,555,814 | 1,587,014 | 1,868,165 | 3,001,773 | 2,638,656 | 21,214,540 | |
| 11 | | | | | | | | | | | | | | | |
| 12 | | | | | | | | | | | | | | | |

B4セルの数式をB4～M9セルにコピー・貼り付けする。

### Column 摘要から指定した文字数だけ抽出する

摘要の一部分を導出する典型的なパターンはほかにもあります。先頭の〇文字だけ抽出したい場合はLEFT関数、最後の〇文字だけを抽出するにはRIGHT関数を使います。たとえば、AB11セルの先頭3文字を抽出する場合は「=LEFT(AB11,3)」、AB11セルの最後から3文字を抽出する場合は「=RIGHT(AB11,3)」と入力します。

## 規則性がない場合でもSUMIFS関数に集計させる

もし、数式で処理できるような規則性が見つからない場合であっても、**手作業で集計表に金額を転記することだけは止めましょう**。あくまで、転記はSUMIFS関数に任せることが非常に大事です。**手作業でも構わないので、必ずSUMIFS関数の転記に必要な列を追加して**、集計はSUMIFS関数を使うようにしてください（152ページ参照）。

たとえば、下記のように、**摘要列に規則性がない（あるいは、規則があったとしても、数式で抽出するのが難しい）場合には、AH列に取引先名を手で入力してください。**あとは、SUMIFS関数の条件範囲（二つ目の引数や四つ目の引数など）にAH列を指定すれば、自動的に取引先別に集計することができます。

「元」シート

| | AB | AH |
|---|---|---|
| 8 | | |
| 9 | 摘要 | 取引先 |
| 10 | | |
| 11 | 2019年4月商品売上 （株）浦川 | （株）浦川 |
| 12 | （株）日の出 2019年4月商品売上 | （株）日の出 |
| 13 | （株）津田沼 2019年4月商品売上 | （株）津田沼 |
| 14 | 2019年4月商品売上 （株）英 | （株）英 |
| 15 | 2019年4月商品売上 （株）津田沼 | （株）津田沼 |
| 16 | 2019年4月商品売上 エー企画（株） | エー企画（株） |
| 17 | （株）英 2019年4月商品売上 | （株）英 |
| 18 | 2019年4月商品売上 （株）英 | （株）英 |
| 19 | | |

取引先別に集計したいときには、必ず「取引先」列を作る。

# 6-4 売上高の前期比較をする

## データを二つのシートに貼り付けて前期比較をする

ここでは、ある勘定科目について、増減分析をするために、前年の内訳と今年の内訳を比較する方法を紹介します。今回は、6-2で作成した補助科目別に売上を分析するブックの「貼付」「元」シートをコピーして「前期貼付」「前期元」シートを作った後、「集計」シートを作り変えて、前期比較表を作成します。

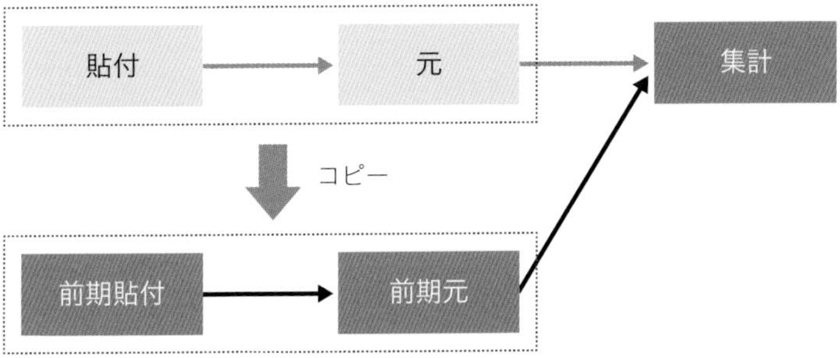


この項で作成したエクセルファイルを開いて、弥生会計の当期の総勘定元帳データを「貼付」シートに、前期の総勘定元帳データを「前期貼付」シートに貼り付けると、次のような比較表が自動で作成されます。

| | A | B | C | D | E | F |
|---|---|---|---|---|---|---|
| 1 | | 当期 | 前期 | 差引 | 増減割合 | |
| 2 | （株）浦川 | 6,210,233 | 4,033,011 | 2,177,222 | 54.0% | |
| 3 | （株）日の出 | 5,422,044 | 5,051,040 | 371,004 | 7.3% | |
| 4 | （株）津田沼 | 1,460,517 | 1,275,422 | 185,095 | 14.5% | |
| 5 | （株）英 | 4,111,830 | 3,858,874 | 252,956 | 6.6% | |
| 6 | エー企画（株） | 1,823,772 | 1,606,911 | 216,861 | 13.5% | |
| 7 | （株）みやしろ | 2,186,144 | 1,948,218 | 237,926 | 12.2% | |
| 8 | 合計 | 21,214,540 | 17,773,476 | 3,441,064 | 19.4% | |
| 9 | | | | | | |

## → 前期のデータ用に「貼付」「元」シートをコピーする

まずは、前期のデータを貼り付ける場所を準備しましょう。「貼付」「元」の二つのシートを、**同時にコピーして**、それぞれの名前を「前期貼付」「前期元」としてください。

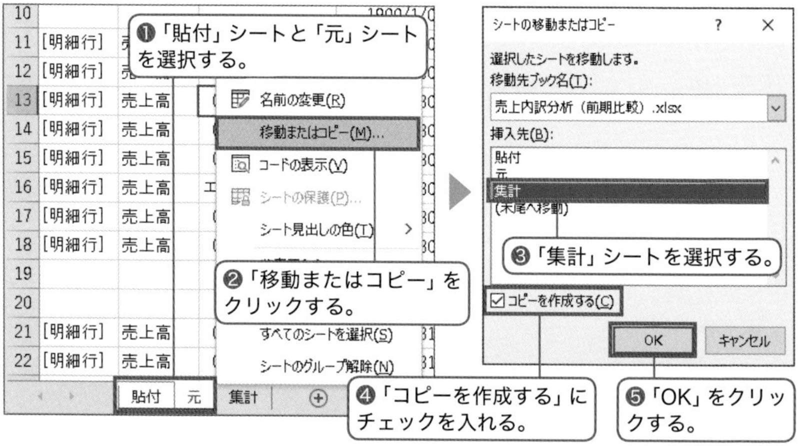


同時にコピーすることで、**「前期元」シートに入力された数式は、すべて「前期貼付」シートを参照するようになります**。ですから、「前期貼付」シートに前期のデータを貼り付けると、そのデータは「前期元」シートに転記されます。

## → 前期・当期の補助科目別売上高を並べて表示する

あとは「集計」シートで前期比較表を作成していきます。今回は、「集計」シートを最初から作り直すので、**いったん「集計」シートの中身を全部削除してください。**

まず、A2セル以下に「補助科目」を入力します。また、B1セルに「当期」、C1セルに「前期」と入力します。そして、B2セル、C2セルには、次の数式を入力しましょう。

| セル | 内容 |
|---|---|
| B2セル | =SUMIFS(元!AG:AG,元!D:D, A2) |
| C2セル | =SUMIFS(**前期元**!AG:AG,**前期元**!D:D, A2) |

B2セル～C2セルをコピーして下に貼り付けると、取引先別に当期、前期の売上金額を集計することができます。

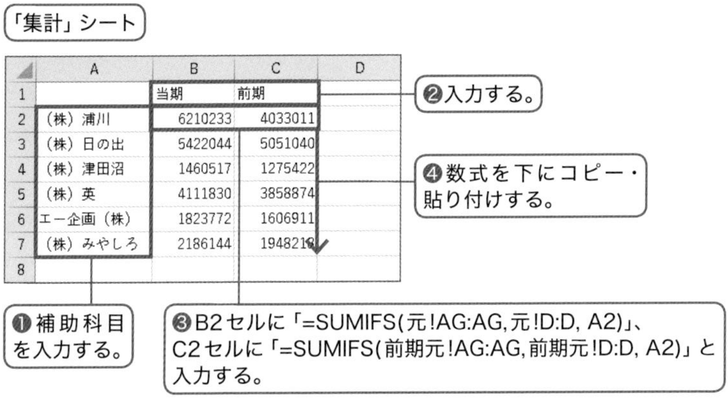


B2セルの数式では、次のような金額を集計しています。

- 貸方-借方（「元」シートのAG列）のうち
- 補助科目（「元」シートのD列）が
- 「（株）浦川」（A2セル）の行の合計額

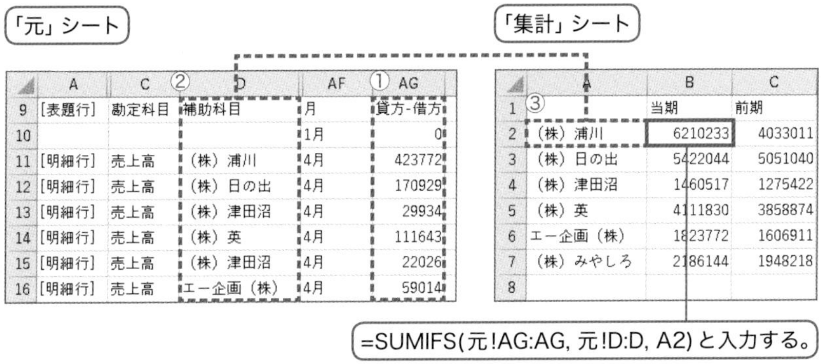


今回は、マトリックス型の集計ではなく、148ページの「一つの切り口で集計をする」方法を使っています。

また、C2セルの数式は、B2セルの数式と比較すると、参照先シートが「元」シートから「前期元」シートに変わっただけで、それ以外はまったく同じです。

あとは、合計欄を加えたり体裁を整えたりすれば作業完了です。D1セルに「差引」、E1セルに「増減割合」、A8セルに「合計」と入力後、下記のように数式を入力してください。

- B8セルに「=SUM(B2:B7)」と入力後、コピーしてC8セルに貼り付け
- D2セルに「=B2-C2」と入力後、コピーしてD3～D8セルに貼り付け
- E2セルに「=D2/C2」と入力後、コピーしてE3～E8セルに貼り付け

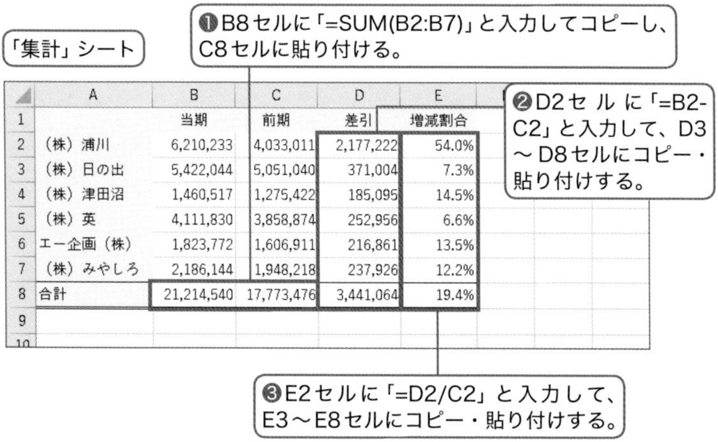

| | A | B | C | D | E |
|---|---|---|---|---|---|
| 1 | | 当期 | 前期 | 差引 | 増減割合 |
| 2 | （株）浦川 | 6,210,233 | 4,033,011 | 2,177,222 | 54.0% |
| 3 | （株）日の出 | 5,422,044 | 5,051,040 | 371,004 | 7.3% |
| 4 | （株）津田沼 | 1,460,517 | 1,275,422 | 185,095 | 14.5% |
| 5 | （株）英 | 4,111,830 | 3,858,874 | 252,956 | 6.6% |
| 6 | エー企画（株） | 1,823,772 | 1,606,911 | 216,861 | 13.5% |
| 7 | （株）みやしろ | 2,186,144 | 1,948,218 | 237,926 | 12.2% |
| 8 | 合計 | 21,214,540 | 17,773,476 | 3,441,064 | 19.4% |
| 9 | | | | | |
| 10 | | | | | |

# 6-5 経費の内訳分析を行う

## → 複数の勘定科目にまたがる分析を行う

経費の内訳分析をする場合も、流れは売上高の分析とほとんど同じです。6-2で作成したブックをベースに、4月と5月の経費の比較をする月次比較表を作成します。今回は、「元」シートと「集計」シートを修正します。

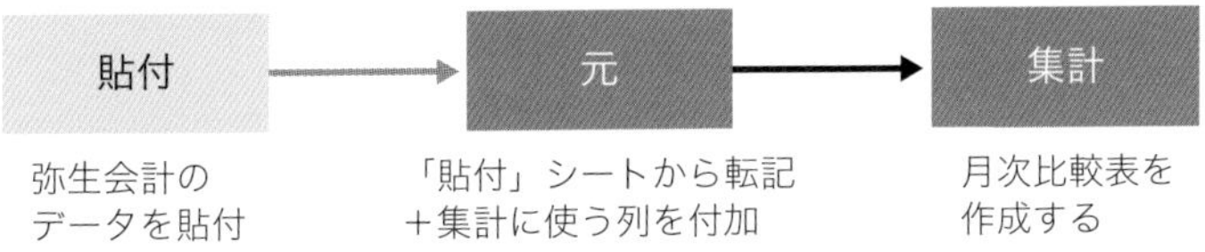


| | A | B | C | D | E | F | G | H |
|---|---|---|---|---|---|---|---|---|
| 1 | 前月比較表 | | | | | | | |
| 2 | | | | | | | | |
| 3 | 勘定科目 | 4月 | 5月 | 前月差額 | 前月比 | | | |
| 4 | 役員報酬 | 350,000 | 350,000 | 0 | 0.0% | | | |
| 5 | 給料手当 | 244,254 | 210,544 | -33,710 | -13.8% | | | |
| 6 | 法定福利費 | 73,831 | 73,831 | 0 | 0.0% | | | |
| 7 | 荷造運賃 | 55,502 | 33,080 | -22,422 | -40.4% | | | |
| 8 | 交際費 | 4,392 | 13,982 | 9,590 | 218.4% | | | |
| 9 | 会議費 | 8,646 | 12,418 | 3,772 | 43.6% | | | |
| 10 | 旅費交通費 | 39,958 | 12,467 | -27,491 | -68.8% | | | |
| 11 | 通信費 | 22,749 | 24,106 | 1,357 | 6.0% | | | |
| 12 | 消耗品費 | 62,525 | 4,764 | -57,761 | -92.4% | | | |
| 13 | 修繕費 | 0 | 9,334 | 9,334 | - | | | |
| 14 | 水道光熱費 | 20,266 | 28,533 | 8,267 | 40.8% | | | |
| 15 | 支払手数料 | 2,825 | 2,626 | -199 | -7.0% | | | |
| 16 | 車両費 | 36,115 | 58,487 | 22,372 | 61.9% | | | |
| 17 | 地代家賃 | 70,000 | 70,000 | 0 | 0.0% | | | |
| 18 | 雑費 | 3,258 | 0 | -3,258 | -100.0% | | | |
| 19 | 販売管理費合計 | 994,321 | 904,172 | -90,149 | -9.1% | | | |
| 20 | | | | | | | | |
| 21 | | | | | | | | |

## → データをエクスポートしてエクセルに取り込む

### 総勘定元帳データをタブ区切り形式でエクスポートする

手順は「売上高」の分析の場合と、ほとんど同じです。弥生会計のメニューから「帳簿・伝票」→「総勘定元帳」を選択して総勘定元帳を表示します。そして、すべての期間を選択した状態で、メニューから「ファイル」→「エクスポート」を選択しましょう。「エクスポート」ウィンドが表示されたら、「区切り文字」を「タブ形式」に設定します。ここまでは、「売上高」の分析と同じですが、今回は、**「出力する勘定科目」で「全ての勘定科目を出力する」を選択**してください。

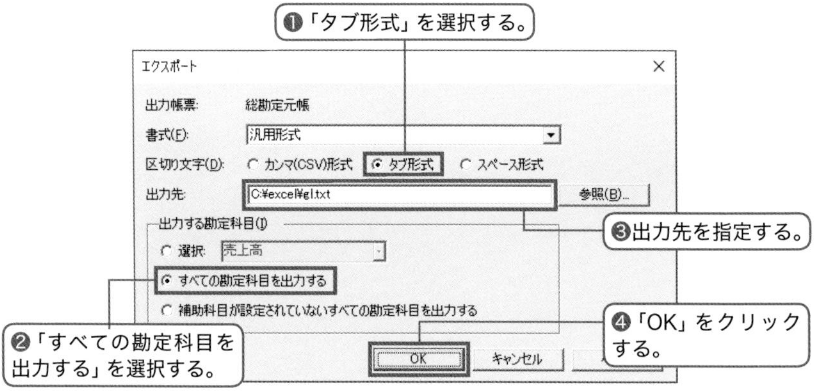


あとは、出力先を指定して「OK」をクリックしてください。これで、**期中に取引がある**全勘定科目の総勘定元帳データをエクスポートすることができます。

### 売上高で作成したブックを流用する

エクスポートしたデータを、6-2で作成した補助科目別に売上を分析するブックの「貼付」シートに貼り付けましょう。

「貼付」シートにエクスポートしたデータを貼り付ける方法は、売上高分析の場合とまったく同じです。エクスポートしたデータをメモ帳で開き、Ctrl＋A、Ctrl＋Cで全体コピー。「貼付」シートにCtrl＋Vで貼り付けてください。

売上分析のときに「元」シートに作成した勘定科目列・月列は、今回の経費分析でも使えます。「貼付」シートにデータを貼り付ければ、「元」シートに、集計に使う情報が自動反映します。

ただし、今回は「売上高」だけでなく全科目を出力しているため、「元」シートの数式の行数が足りなくなっているかもしれません。そこで、必要に応じて、「元」シートの数式を十分な行数分だけ下にコピーしておきましょう。今回は、5000行まで数式を貼り付けておきます。10行目の数式をコピーして、11～5000行まで貼り付けましょう。

「貼付」シート

|  | A | B | C | D | E | F | G | H | I | J | K | L | M |
|---|---|---|---|---|---|---|---|---|---|---|---|---|---|
| 1 | 帳票名 | 総勘定元帳 |  |  |  |  |  |  |  |  |  |  |  |
| 2 | 書式名 | 汎用形式 |  |  |  |  |  |  |  |  |  |  |  |
| 3 | 事業所名 | 山田商事株式会社 |  |  |  |  |  |  |  |  |  |  |  |
| 4 | 処理日時 | ####### | 9:57:36 |  |  |  |  |  |  |  |  |  |  |
| 5 | 検索条件 |  |  |  |  |  |  |  |  |  |  |  |  |
| 6 | 期間 | ####### | ####### | 決算仕訳を含む |  |  |  |  |  |  |  |  |  |
| 7 | 当日仕訳 | NO |  |  |  |  |  |  |  |  |  |  |  |
| 8 | 税込/税抜 | 税抜 |  |  |  |  |  |  |  |  |  |  |  |
| 9 | [表題行] | 部門 | 勘定科目 | 補助科目 | 日付 | 伝票No. | 作業日付 | 仕訳番号 | 決算 | 調整 | 付箋1 | 付箋2 | タイプ |
| 10 | [前期繰越行] |  | 現金 |  |  |  |  |  |  |  |  |  |  |
| 11 | [明細行] |  | 現金 |  | ####### | 632 | ####### | 3353 |  | NO |  |  |  |
| 18 | [明細行] |  | 現金 |  | ####### | 639 | ####### | 3360 |  | NO |  |  |  |
| 19 | [明細行] |  | 現金 |  | ####### | 640 | ####### | 3361 |  | NO |  |  |  |

「貼付」シートにエクスポートしたデータを貼り付ける。

「元」シート

|  | A | C | D | E | P | R | S | W | Y | AB | AF | AG |
|---|---|---|---|---|---|---|---|---|---|---|---|---|
| 8 |  |  |  |  |  |  |  |  |  |  |  |  |
| 9 | [表題行] | 勘定科目 | 補助科目 | 日付 | 税区分 | 相手勘定科目 | 相手補助科目 | 借方金額 | 貸方金額 | 摘要 | 月 | 貸方-借方 |
| 10 |  |  |  | 1900/1/0 |  |  |  | 0 | 0 |  | 1月 | 0 |
| 11 | [明細行] | 現金 |  | 2019/4/7 |  | 消耗品費 |  | 0 | 20235 | ビックカメラテ | 4月 | 20235 |
| 12 | [明細行] | 現金 |  | 2019/4/11 |  | 交際費 |  | 0 | 4743 | 手土産 | 4月 | 4743 |
| 13 | [明細行] | 現金 |  | 2019/4/14 |  | 会議費 |  | 0 | 319 | 打ち合わせ時飲 | 4月 | 319 |
| 14 | [明細行] | 現金 |  | 2019/4/14 |  | 会議費 |  | 0 | 3560 | 会食 | 4月 | 3560 |
| 15 | [明細行] | 現金 |  | 2019/4/15 |  | 会議費 |  | 0 | 4508 | 会食 | 4月 | 4508 |
| 16 | [明細行] | 現金 |  | 2019/4/15 |  | 消耗品費 |  | 0 | 12825 | ヤマダ電機プリ | 4月 | 12825 |
| 17 | [明細行] | 現金 |  | 2019/4/17 |  | 消耗品費 |  | 0 | 1038 | LANケーブル | 4月 | 1038 |
| 18 | [明細行] | 現金 |  | 2019/4/20 |  | 雑費 |  | 0 | 2519 | 書籍代 | 4月 | 2519 |
| 19 | [明細行] | 現金 |  | 2019/4/21 |  | 雑費 |  | 0 | 999 |  | 4月 | 999 |
| 20 | [明細行] | 現金 |  | 2019/4/25 |  | 普通預金 | みずほ銀行 | 50000 | 0 |  | 4月 | -50000 |
| 21 | [明細行] | 現金 |  | 2019/4/26 |  | 会議費 |  | 0 | 948 |  | 4月 | 948 |
| 22 |  |  |  | 1900/1/0 |  |  |  | 0 | 0 |  | 1月 | 0 |

10行目の数式を5000行目までコピー・貼り付けする。

これで元データの準備は完了です。

## → 「集計」シートを作り変えて比較表を作る

### 数式を入力し直して金額を集計する

あとは、「集計」シートで、経費科目の前月比較をする表を作成していきます。**売上高集計で入力した値・数式をすべて消去して**新たに値・数式を入力していきましょう。まず、「集計」シートのA4セル以下に集計したい勘定科目、B3セル・C3セルに集計したい月を入力します。

次に、B4セルに、次のような数式を入力しましょう。

```
=SUMIFS(元!$AG:$AG,元!$C:$C, $A4,元!$AF:$AF, B$3)*-1
```

①　②　③　④　⑤

| 引数 | 意味 |
|---|---|
| ① | 貸方-借方（「元」シートのAG列）のうち |
| ② | **勘定科目**（「元」シートの**C列**）が |
| ③ | 「**給料手当**」（A4セル）かつ |
| ④ | 月（「元」シートのAF列）が |
| ⑤ | 「4月」（B3セル）であるものの合計 |

SUMIFS関数部分は、集計の条件が補助科目から勘定科目に変わった（＝二つ目の引数が「元!$D:$D」から「元!$C:$C」に変わった）以外は、288ページの売上高の集計と同じです。

「集計」シート

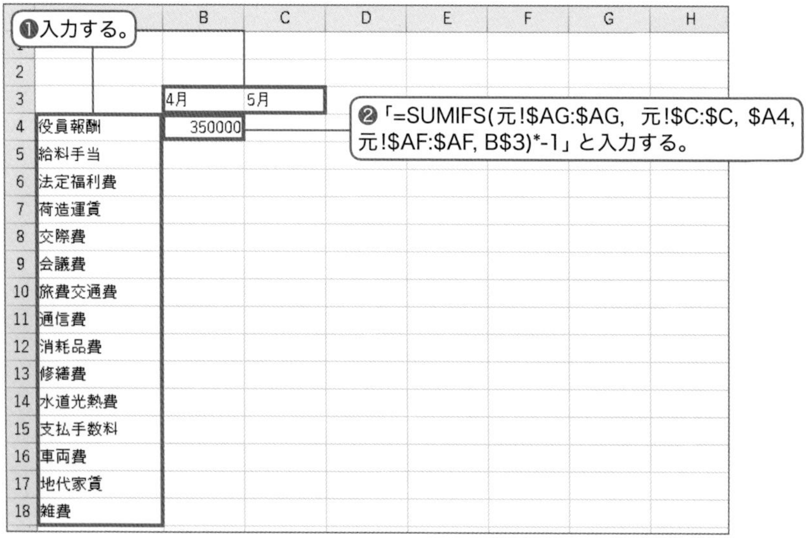

今回の数式では、SUMIFS関数の後に「*-1」で「-1」を掛けているのがポイントです。SUMIFS関数で「貸方-借方」(AG列)を集計しているため、単純に合計を取ると、**貸方**残高の場合にプラスの金額で表示されます。一方で、費用科目は**借方**残高となるため、単に合計をとっただけでは**金額がマイナスで表示されてしまう**のです。そこで、最後に「-1」を掛けて、符号を調整しています。

あとは、B4セルの数式をコピーして、B～C列の最終行まで貼り付けると勘定科目別・月別に金額を集計できます。

「集計」シート

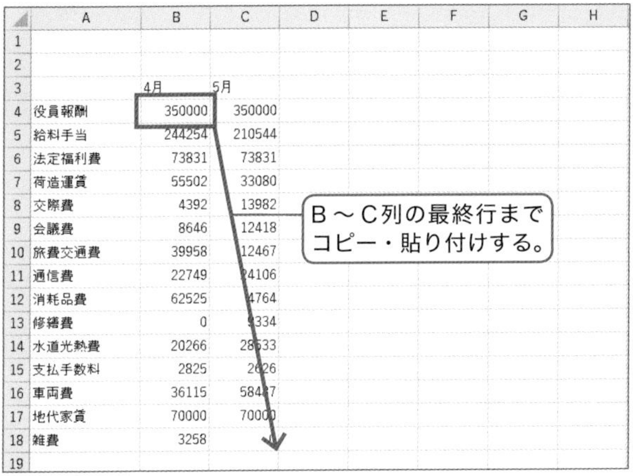

| | A | B | C | D | E | F | G | H |
|---|---|---|---|---|---|---|---|---|
| 1 | | | | | | | | |
| 2 | | | | | | | | |
| 3 | | 4月 | 5月 | | | | | |
| 4 | 役員報酬 | 350000 | 350000 | | | | | |
| 5 | 給料手当 | 244254 | 210544 | | | | | |
| 6 | 法定福利費 | 73831 | 73831 | | | | | |
| 7 | 荷造運賃 | 55502 | 33080 | | | | | |
| 8 | 交際費 | 4392 | 13982 | | | | | |
| 9 | 会議費 | 8646 | 12418 | | | | | |
| 10 | 旅費交通費 | 39958 | 12467 | | | | | |
| 11 | 通信費 | 22749 | 24106 | | | | | |
| 12 | 消耗品費 | 62525 | [illegible]4764 | | | | | |
| 13 | 修繕費 | 0 | [illegible]334 | | | | | |
| 14 | 水道光熱費 | 20266 | 28[illegible]33 | | | | | |
| 15 | 支払手数料 | 2825 | 2626 | | | | | |
| 16 | 車両費 | 36115 | 584[illegible]7 | | | | | |
| 17 | 地代家賃 | 70000 | 70000 | | | | | |
| 18 | 雑費 | 3258 | [illegible] | | | | | |
| 19 | | | | | | | | |



## 前月差額と比率を計算する

さらに、必要な項目を付け加えていきます。まずは、19行目に費用合計、D列に前月差額、E列に前月比を入れます。

| セル | 内容 | 補足 |
|---|---|---|
| B19セル | =SUM(B4:B18) | C19セルに貼り付け |
| D4セル | =C4-B4 | D5～D19セルに貼り付け |
| E4セル | =IFERROR(D4/B4,"-") | E5～E19セルに貼り付け |

あとは、次のようにタイトル・見出しを入力して、書式を整えれば完成です。

| セル | 内容 |
| --- | --- |
| A1セル | 前月比較表 |
| A3セル | 勘定科目 |
| D3セル | 前月差額 |
| E3セル | 前月比 |
| A19セル | 販売管理費合計 |

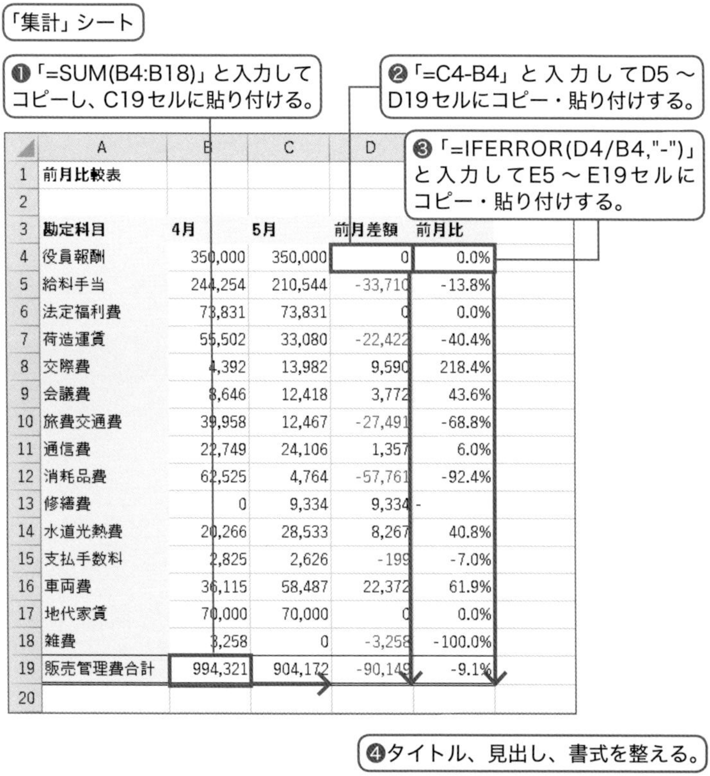


| | A | B | C | D | E |
| --- | --- | --- | --- | --- | --- |
| 1 | 前月比較表 | | | | |
| 2 | | | | | |
| 3 | 勘定科目 | 4月 | 5月 | 前月差額 | 前月比 |
| 4 | 役員報酬 | 350,000 | 350,000 | 0 | 0.0% |
| 5 | 給料手当 | 244,254 | 210,544 | -33,710 | -13.8% |
| 6 | 法定福利費 | 73,831 | 73,831 | 0 | 0.0% |
| 7 | 荷造運賃 | 55,502 | 33,080 | -22,422 | -40.4% |
| 8 | 交際費 | 4,392 | 13,982 | 9,590 | 218.4% |
| 9 | 会議費 | 8,646 | 12,418 | 3,772 | 43.6% |
| 10 | 旅費交通費 | 39,958 | 12,467 | -27,491 | -68.8% |
| 11 | 通信費 | 22,749 | 24,106 | 1,357 | 6.0% |
| 12 | 消耗品費 | 62,525 | 4,764 | -57,761 | -92.4% |
| 13 | 修繕費 | 0 | 9,334 | 9,334 | - |
| 14 | 水道光熱費 | 20,266 | 28,533 | 8,267 | 40.8% |
| 15 | 支払手数料 | 2,825 | 2,626 | -199 | -7.0% |
| 16 | 車両費 | 36,115 | 58,487 | 22,372 | 61.9% |
| 17 | 地代家賃 | 70,000 | 70,000 | 0 | 0.0% |
| 18 | 雑費 | 3,258 | 0 | -3,258 | -100.0% |
| 19 | 販売管理費合計 | 994,321 | 904,172 | -90,149 | -9.1% |
| 20 | | | | | |

# 6-6 見やすい月次推移表を作成する①～会計ソフトのデータを貼り付ける

## → 月次推移表をエクセルで作る理由

経営者に月次決算の内容を報告するときに、弥生会計のレポートを使わずに、エクセルで試算表を作ると次のようなメリットがあります。

### レイアウトや表示を変更できる

弥生会計から出力する帳票は細かいレイアウトが変えられません。たとえば、次のようなレイアウトは変更できません。

- 上半期残高（合計）欄を消す
- 重要科目のみ表示して、残りの科目を「その他」にまとめる
- 科目の表示順を変える

こうした変更を行うには、エクセルで加工をする必要があります。

### 利益予測をできる

期中で利益・納税額の予測をしたい場合には、実績データだけでなく将来の予測データと合わせて分析をすることになります。ただ、弥生会計には、そのような分析をする機能はありません。

そこで、弥生会計の「月次推移表」を貼り付けるだけで、A4用紙1枚に必要な情報をまとめたオリジナルの月次推移表を作成する方法を紹介していきます。最終的には、次のように、過去月の実績値と、将来月の予算値を合算して、年度末の売上高や利益を予測するシートを作成します。

今回作る期末時点での売上・利益予測表の完成予定図

N1セルの実績確定月に連動して、3行目の「実」「予」の表示を変える

| | A | B | C | D | E | F | G | H | I | J | K | L | M | N | O |
|---|---|---|---|---|---|---|---|---|---|---|---|---|---|---|---|
| 1 | 月次推移表（利益予測） | | | | | | | | | | | 実績確定月 | | 12月 | |
| 2 | | | | | | | | | | | | | （単位：千円） | | |
| 3 | | 実 | 実 | 実 | 実 | 実 | 実 | 実 | 実 | 実 | 予 | 予 | 予 | | |
| 4 | | 4月 | 5月 | 6月 | 7月 | 8月 | 9月 | 10月 | 11月 | 12月 | 1月 | 2月 | 3月 | 合計 | |
| 5 | 売上高 | 1,436 | 1,151 | 1,247 | 1,757 | 1,726 | 1,653 | 1,594 | 1,556 | 1,587 | 1,292 | 1,292 | 1,292 | 17,583 | |
| 6 | 売上原価 | 249 | 106 | 368 | 350 | 345 | 265 | 339 | 382 | 349 | 225 | 225 | 225 | 3,426 | |
| 7 | **売上総利益** | **1,186** | **1,045** | **879** | **1,407** | **1,381** | **1,388** | **1,255** | **1,174** | **1,238** | **1,068** | **1,068** | **1,068** | **14,157** | |
| 8 | | | | | | | | | | | | | | | |
| 9 | 役員報酬 | 350 | 350 | 350 | 350 | 350 | 350 | 350 | 350 | 350 | 315 | 315 | 315 | 4,095 | |
| 10 | 人件費 | 318 | 284 | 297 | 343 | 347 | 305 | 197 | 367 | 344 | 286 | 286 | 286 | 3,661 | |
| 11 | 荷造運賃 | 56 | 33 | 42 | 33 | 54 | 36 | 57 | 23 | 41 | 50 | 50 | 50 | 524 | |
| 12 | 交際費 | 4 | 14 | 0 | 38 | 11 | 35 | 17 | 0 | 4 | 4 | 4 | 4 | 136 | |
| 13 | 消耗品費 | 63 | 5 | 12 | 23 | 16 | 51 | 39 | 13 | 7 | 56 | 56 | 56 | 397 | |
| 14 | 地代家賃 | 70 | 70 | 70 | 70 | 70 | 70 | 70 | 70 | 70 | 63 | 63 | 63 | 819 | |
| 15 | 減価償却費 | 6 | 6 | 6 | 6 | 6 | 6 | 6 | 6 | 6 | 5 | 5 | 5 | 70 | |
| 16 | その他営業費用 | 134 | 148 | 312 | 154 | 231 | 150 | 156 | 245 | 185 | 120 | 120 | 120 | 2,075 | |
| 17 | **販売管理費合計** | **1,000** | **910** | **1,088** | **1,017** | **1,084** | **1,003** | **891** | **1,074** | **1,007** | **900** | **900** | **900** | **11,777** | |
| 18 | **営業利益** | **186** | **135** | **-209** | **390** | **296** | **384** | **364** | **100** | **231** | **167** | **167** | **167** | **2,380** | |
| 19 | | | | | | | | | | | | | | | |
| 20 | その他利益 | 0 | 0 | 0 | 0 | 0 | 0 | 0 | 0 | 0 | 0 | 0 | 0 | 0 | |
| 21 | その他損失 | 3 | 3 | 3 | 3 | 3 | 3 | 3 | 3 | 3 | 3 | 3 | 3 | 36 | |
| 22 | **税引前当期純利益** | **183** | **132** | **-212** | **387** | **293** | **381** | **361** | **97** | **228** | **164** | **164** | **164** | **2,344** | |

過去月については実績値を表示する。

将来月については予算値を表示する。

実績に予算を加味して年度末の売上・利益予測をする。

今回は、次のような流れで表を作っていきます。

1.「貼付」シートに弥生会計から出力した月次推移表データを貼り付ける
2.「元」シートに、仮の集計表を作り、集計の元データとして使いやすい形に加工する
3.「実績」シートに月次推移表データを転記する

## → 月次推移表をエクスポートして「貼付」シートに貼り付ける

まずは、弥生会計から月次推移表をエクスポートして、「貼付」シートに貼り付けます。

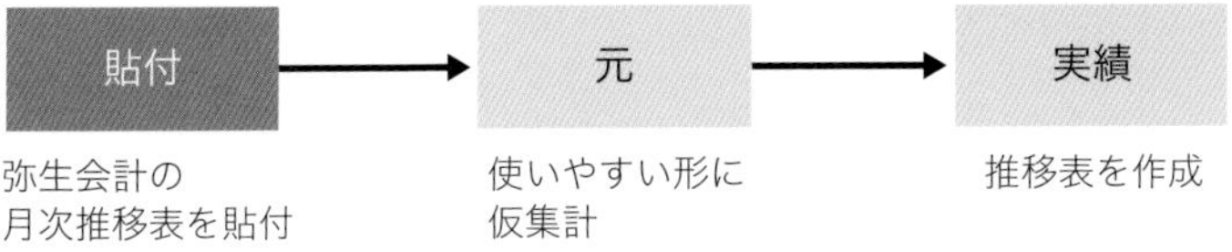


## 弥生会計から残高試算表をエクスポートする

弥生会計のメニューから「集計」→「残高試算表」→「年間推移」をクリックして、月次推移表を表示します。その後、「ファイル」→「エクスポート」を選択しましょう。「エクスポート」ウィンドウが表示されるので、「書式」に「汎用形式」、「区切り文字」に「タブ形式」と入力して「OK」をクリックしてください。

なお、出力先ファイル名の拡張子は「.txt」にするか空欄にしておきましょう（拡張子を入れない場合も自動的に「.txt」が補われます）。今回は出力先ファイル名を「tb.txt」にします。「OK」をクリックすると、貸借対照表と損益計算書のデータがタブ区切り形式で出力されます。

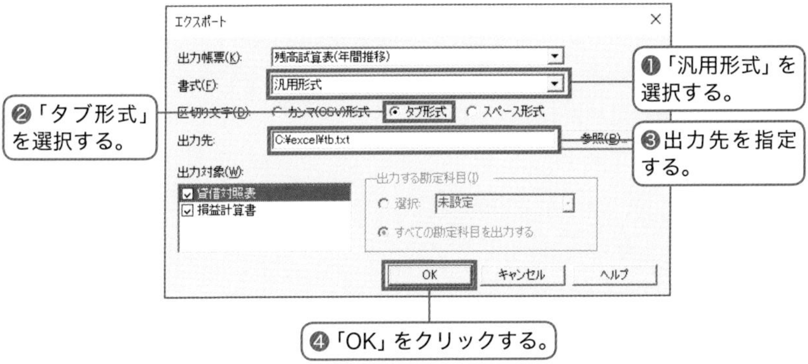


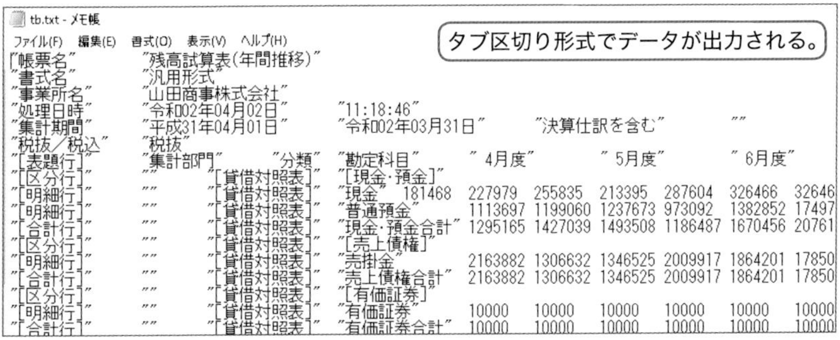

このファイルをメモ帳で開いて、Ctrl+A、Ctrl+Cで全体をコピーして、新規エクセルファイルにCtrl+Vで貼り付けてください。シート名は「貼付」にしておきましょう。

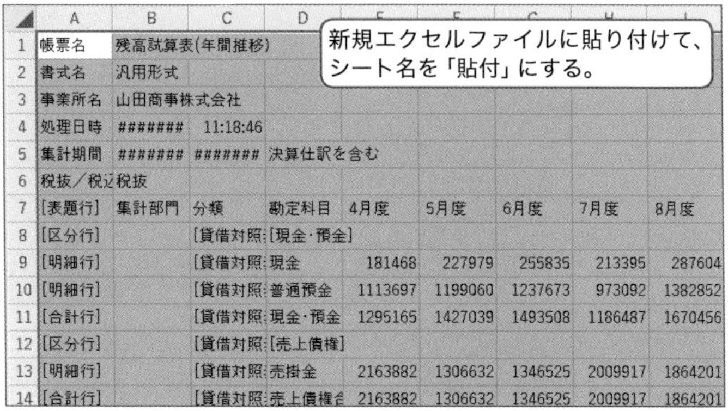


| | A | B | C | D | | | | | |
|---|---|---|---|---|---|---|---|---|---|
| 1 | 帳票名 | 残高試算表(年間推移) | | | | | | | |
| 2 | 書式名 | 汎用形式 | | | | | | | |
| 3 | 事業所名 | 山田商事株式会社 | | | | | | | |
| 4 | 処理日時 | ####### | 11:18:46 | | | | | | |
| 5 | 集計期間 | ####### | ####### | 決算仕訳を含む | | | | | |
| 6 | 税抜／税込 | 税抜 | | | | | | | |
| 7 | [表題行] | 集計部門 | 分類 | 勘定科目 | 4月度 | 5月度 | 6月度 | 7月度 | 8月度 |
| 8 | [区分行] | | [貸借対照: | [現金・預金] | | | | | |
| 9 | [明細行] | | [貸借対照: | 現金 | 181468 | 227979 | 255835 | 213395 | 287604 |
| 10 | [明細行] | | [貸借対照: | 普通預金 | 1113697 | 1199060 | 1237673 | 973092 | 1382852 |
| 11 | [合計行] | | [貸借対照: | 現金・預金 | 1295165 | 1427039 | 1493508 | 1186487 | 1670456 |
| 12 | [区分行] | | [貸借対照: | [売上債権] | | | | | |
| 13 | [明細行] | | [貸借対照: | 売掛金 | 2163882 | 1306632 | 1346525 | 2009917 | 1864201 |
| 14 | [合計行] | | [貸借対照: | 売上債権合 | 2163882 | 1306632 | 1346525 | 2009917 | 1864201 |

## エクスポートした月次推移表のレイアウト

さきほどエクセルに貼り付けた月次推移表を見ると、1行目～6行目に出力した帳票についての情報が表示されています。7行目以降がデータ本体です。A列を見ると、各行の意味がわかります。

| A列の表記 | その行の意味 |
|---|---|
| [表題行] | 列見出しの行です |
| [区分行] | 売上債権・販売管理費など、複数の勘定科目を集約する区分が表示される行です |
| [明細行] | 勘定科目ごとの残高が表示される行です |
| [合計行] | [区分行]に属する勘定科目の合計残高が表示される行です |

基本的には、**[明細行]の行の値をすべて転記・集計すればオリジナルの月次推移表**を作れます。ただし、[明細行]だけでは集計がうまくできない場合には、[合計行]の情報も併用していきます。

# 6-7
# 見やすい月次推移表を作成する②
# ～必要な行・列だけを転記する

## →「元」シートに現金勘定の各月残高を転記する

前節に引き続き、月次推移表を作成する下準備をしていきます。新規に「元」シートを作成して、前項で作成した「貼付」シートのデータを転記します。

この節で「元」シートに入れる値・数式の概略は以下のとおりです。次ページの図と合わせてご覧ください。

### 1. C4セルより右に列見出しを入力する

C4 ～ N4セルにEOMONTH関数で「転記する月の**月末日**」を表示させます。これは、列見出しとして使うとともに、「実績」シートに表示する「月」の転記元データとしても使います。

### 2. A5セル以下に勘定科目などを入力する

「貼付」シートから転記する勘定科目などを手入力します。これは、下記「4.」「5.」のVLOOKUP関数の一つ目の引数に指定します。

### 3. 1行目、2行目にVLOOKUPで使う列番号を入力する

「貼付」シートから転記する列番号（「貼付」シートのD列から数えて何列目か）を手入力します。これは、下記「4」「5」のVLOOKUP関数の三つ目の引数に指定します。

### 4. C5 ～ N22セルに貸借対照表科目の金額を転記する

VLOOKUP関数を使って、「貼付」シートから貸借対照表項目について、各月の

**決算整理後の**残高を転記します。

### 5. C24 ～ N51 セルに損益計算書科目の金額を転記する

VLOOKUP関数を2回使って、「貼付」シートから損益計算書項目について、各月の**決算整理後の**発生額を転記・集計します。

この節で作成する「元」シートの完成イメージ

| | A | B | C | D | E | F | G | H | I | J | K | L | M | N |
|---|---|---|---|---|---|---|---|---|---|---|---|---|---|---|
| 1 | 転記元列 | | 2 | 3 | 4 | 5 | 6 | 7 | 9 | 10 | 11 | 12 | 13 | 17 |
| 2 | 転記元（PLのみ） | | | | | | | | | | | | | 14 |
| 3 | | | | | | | | | | | | | | |
| 4 | 勘定科目 | | 2019/4/30 | 2019/5/31 | 2019/6/30 | 2019/7/31 | 2019/8/31 | 2019/9/30 | 2019/10/31 | 2019/11/30 | 2019/12/31 | 2020/1/31 | 2020/2/29 | 2020/3/31 |
| 5 | 現金 | | 181468 | 227979 | 255835 | 213395 | 287604 | 326466 | 351112 | 287350 | 373963 | 366576 | 456810 | 350997 |
| 6 | 普通預金 | | 1113697 | 1199060 | 1237673 | 973092 | 1382852 | 1749712 | 1808982 | 2562399 | 2693039 | 2900665 | 3075995 | 4787539 |
| 7 | 売掛金 | | 2163882 | 1306632 | 1346525 | 2009917 | 1864201 | 1785082 | 2204342 | 1711392 | 1745710 | 2054979 | 3301948 | 2901857 |
| 8 | 有価証券 | | 10000 | 10000 | 10000 | 10000 | 10000 | 10000 | 10000 | 10000 | 10000 | 10000 | 10000 | 10000 |
| 9 | 商品 | | 423640 | 423640 | 423640 | 423640 | 423640 | 423640 | 423640 | 423640 | 423640 | 423640 | 423640 | 463240 |
| 10 | 仮払消費税等 | | 46038 | 76060 | 140304 | 193720 | 249773 | 298383 | 366090 | 436640 | 502218 | 579233 | 663521 | 0 |
| 11 | 工具器具備品 | | 136688 | 130746 | 124804 | 118862 | 112920 | 106978 | 101036 | 95094 | 89152 | 83210 | 77268 | 71326 |
| 12 | 電話加入権 | | 70000 | 70000 | 70000 | 70000 | 70000 | 70000 | 70000 | 70000 | 70000 | 70000 | 70000 | 70000 |
| 13 | 敷金 | | 200000 | 200000 | 200000 | 200000 | 200000 | 200000 | 200000 | 200000 | 200000 | 200000 | 200000 | 200000 |
| 14 | 買掛金 | | 269440 | 114150 | 396943 | 377835 | 373134 | 286385 | 372758 | 419823 | 383731 | 559239 | 522193 | 420126 |
| 15 | 未払金 | | 12409 | 12409 | 12409 | 12409 | 12409 | 12409 | 12409 | 12409 | 12409 | 12409 | 12409 | 91476 |
| 16 | 未払法人税等 | | 100200 | 0 | 0 | 0 | 0 | 0 | 0 | 0 | 0 | 0 | 0 | 1245000 |
| 17 | 未払消費税等 | | 629400 | 0 | 0 | 0 | 0 | 0 | 0 | 0 | 0 | 0 | 0 | 1198900 |
| 18 | 預り金 | | 29200 | 38950 | 83310 | 29088 | 40728 | 33054 | 41024 | [illegible] | [illegible] | [illegible] | [illegible] | [illegible] |
| 19 | 仮受消費税等 | | 114858 | 206922 | 306660 | 447216 | 585299 | 717524 | 876953 | [illegible] | [illegible] | [illegible] | [illegible] | [illegible] |
| 20 | 長期借入金 | | 1950000 | 1900000 | 1850000 | 1800000 | 1750000 | 1700000 | 1650000 | [illegible] | [illegible] | [illegible] | [illegible] | [illegible] |
| 21 | 資本金 | | 1000000 | 1000000 | 1000000 | 1000000 | 1000000 | 1000000 | 1000000 | [illegible] | [illegible] | [illegible] | [illegible] | [illegible] |
| 22 | 繰越利益 | | 57224 | 57224 | 57224 | 57224 | 57224 | 57224 | 57224 | 57224 | 57224 | 57224 | 57224 | 57224 |
| 23 | | | | | | | | | | | | | | |
| 24 | 売上高 | | 1435762 | 1150833 | 1246787 | 1757017 | 1726118 | 1652857 | 1594344 | 1555814 | 1587014 | 1868165 | 3001773 | 2638056 |
| 25 | 期首商品棚卸高 | | 0 | 0 | 0 | 0 | 0 | 0 | 0 | 0 | 0 | 0 | 0 | 423640 |
| 26 | 仕入高 | | 249484 | 105696 | 367542 | 349850 | 345496 | 265174 | 338873 | 381660 | 348849 | 508402 | 548638 | 381939 |
| 27 | 期末商品棚卸高 | | 0 | 0 | 0 | 0 | 0 | 0 | 0 | 0 | 0 | 0 | 0 | 463240 |
| 28 | 売上原価 | | 249484 | 105696 | 367542 | 349850 | 345496 | 265174 | 338873 | 381660 | 348849 | 508402 | 548638 | 342339 |
| 29 | 役員報酬 | | 350000 | 350000 | 350000 | 350000 | 350000 | 350000 | 350000 | 350000 | 350000 | 350000 | 350000 | 350000 |
| 30 | 給料手当 | | 244254 | 210544 | 223664 | 270489 | 261082 | 218541 | 110613 | 281060 | 258141 | 278164 | 291992 | 313992 |
| 31 | 法定福利費 | | 73831 | 73831 | 72911 | 72911 | 86126 | 86126 | 86126 | 86126 | 86126 | 86126 | 90156 | 90156 |
| 32 | 荷造運賃 | | 55502 | 33080 | 42172 | 33074 | 53505 | 36399 | 56904 | 22542 | 41033 | 31107 | 37291 | 79234 |
| 33 | 交際費 | | 4392 | 13982 | 0 | 38242 | 10782 | 35376 | 17206 | 0 | 3855 | 15114 | 15979 | 23139 |
| 34 | 会議費 | | 8646 | 12418 | 23196 | 25959 | 9180 | 34596 | 19765 | 13213 | 26500 | 9344 | 26135 | 13015 |
| 35 | 旅費交通費 | | 39958 | 12467 | 17770 | 42200 | 26136 | 0 | 9646 | 16436 | 44387 | 19910 | 23905 | 26401 |
| 36 | 通信費 | | 22749 | 24106 | 23502 | 20674 | 21961 | 23062 | 23274 | 21607 | 20943 | 21655 | 21231 | 23805 |
| 37 | 消耗品費 | | 62525 | 4764 | 11858 | 22797 | 16237 | 50897 | 38843 | 13010 | 7410 | 27458 | 27192 | 90450 |
| 38 | 修繕費 | | 0 | 9334 | 0 | 1060 | 0 | 33047 | 37615 | 56458 | 24302 | 0 | 0 | 41698 |
| 39 | 水道光熱費 | | 20266 | 28533 | 32734 | 25460 | 20887 | 30312 | 27572 | 65071 | 30199 | 27703 | 22629 | 21047 |
| 40 | 支払手数料 | | 2825 | 2626 | 1942 | 2829 | 3108 | 1922 | 2097 | 6338 | 2692 | 2492 | 3483 | 2906 |
| 41 | 車両費 | | 36115 | 58487 | 23454 | 34008 | 119650 | 21949 | 35386 | 36562 | 35756 | 37090 | 41448 | 19208 |
| 42 | 地代家賃 | | 70000 | 70000 | 70000 | 70000 | 70000 | 70000 | 70000 | 70000 | 70000 | 70000 | 70000 | 70000 |
| 43 | 保険料 | | 0 | 0 | 0 | 0 | 14048 | 0 | 0 | 20871 | 0 | 66700 | 46066 | 0 |
| 44 | 租税公課 | | 0 | 0 | 0 | 0 | 11716 | 0 | 480 | 5978 | 0 | 0 | 0 | 0 |
| 45 | 支払報酬料 | | 0 | 0 | 185186 | 0 | 0 | 0 | 0 | 0 | 0 | 0 | 0 | 0 |
| 46 | 減価償却費 | | 5942 | 5942 | 5942 | 5942 | 5942 | 5942 | 5942 | 5942 | 5942 | 5942 | 5942 | 5942 |
| 47 | 雑費 | | 3258 | 0 | 3975 | 1820 | 3920 | 5129 | [illegible] | [illegible] | [illegible] | [illegible] | [illegible] | 0 |
| 48 | 受取利息 | | 0 | 7 | 0 | 0 | 0 | 0 | [illegible] | [illegible] | [illegible] | [illegible] | [illegible] | 0 |
| 49 | 雑収入 | | 0 | 0 | 0 | 0 | 0 | 0 | [illegible] | [illegible] | [illegible] | [illegible] | [illegible] | [illegible] |
| 50 | 支払利息 | | 3333 | 3250 | 3166 | 3083 | 3000 | 2916 | [illegible] | [illegible] | [illegible] | [illegible] | [illegible] | [illegible] |
| 51 | 法人税、住民税及び事業税 | | 0 | 0 | 0 | 0 | 0 | 0 | 0 | 0 | 0 | 0 | 0 | 1245000 |

## → 1. 列見出し（月末日付）を入力する

まず、新規シートを作成して、シート名を「元」にしましょう。その後、C4セルに「=EOMONTH(貼付!B5,0)」、D4セルに「=EOMONTH(C4,1)」と入力します。

D4セルの数式をコピーして、E4〜N4セルまで貼り付けてください。

さらに、ユーザー定義書式でC4セル〜N4セルの表示形式を「y/m」に設定しましょう。これで、「貼付」シートのデータに合わせて、会計年度の「開始月」から「終了月」までの末日の日付が自動的に表示されます。

今回の例では、C4〜N4セルの日付を「シリアル値」の形で入力しているのがポイントです。こうしておくことで、332ページで利益予測表を簡単な数式で作ることができます。

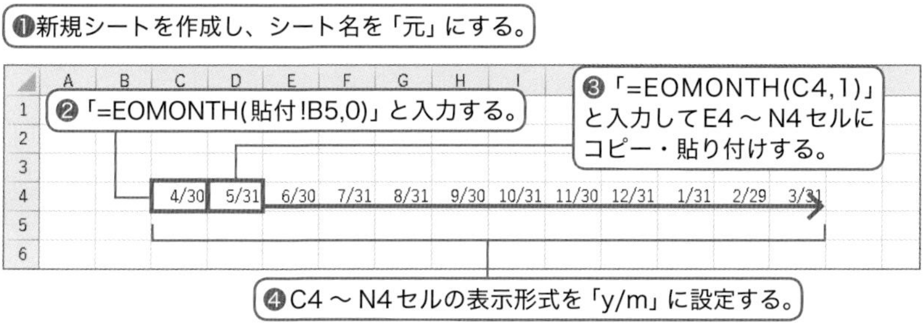


C4セル、D4セルの数式の意味は、次のとおりです。

## C4セルの数式は「会計年度開始月の月末日付」を計算している

先ほど入力したC4セルの数式「=EOMONTH(貼付!B5,0)」では「貼付」シートのB5セル（期首日付）の「月末日」を計算しています。

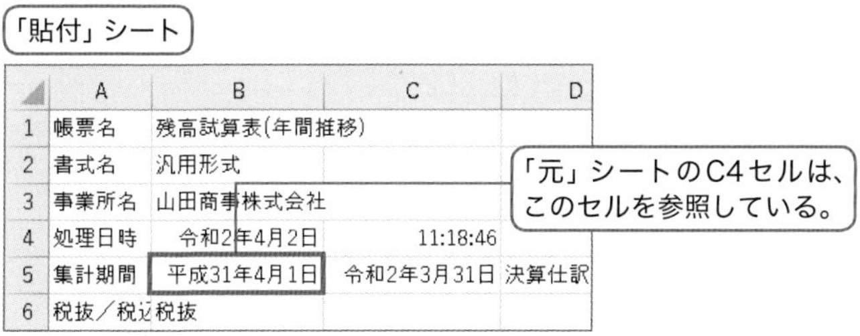


## D4セルの数式は「一つ左のセルの翌月末日付」を表示

D4セルの数式「=EOMONTH(C4,1)」では「C4セルの翌月末の日付」を計算しています。これは、相対参照ですので「C4セル」というよりも「一つ左のセルの翌月末の日付」を計算していると考えたほうが、より実態に近いです。この数式をコピーして、右に貼り付けていくことで、次々と翌月末の日付を計算することができます。

## → 勘定科目などを入力する

「貼付」シートに含まれる全ての勘定科目を、「元」シートのA5セル以下に転記します。また、後の処理の都合上、「売上原価」の行を追加し、貸借対照表科目と損益計算書科目の間に空行を入れましょう。具体的な作業手順は、次のとおりです。

### 残高試算表の[明細行]の勘定科目を「元」シートA列に転記する

「元」シートのA4セルに「勘定科目」と入力しましょう。次に、A5セル以下に勘定科目を入力します。「貼付」シートでフィルタをかけて、A列が[明細行]である行のD列（勘定科目）をすべてコピーして、「元」シートのA5セル以下に貼り付けます。さらに、手入力したことがわかるように背景色を薄緑色にしましょう。

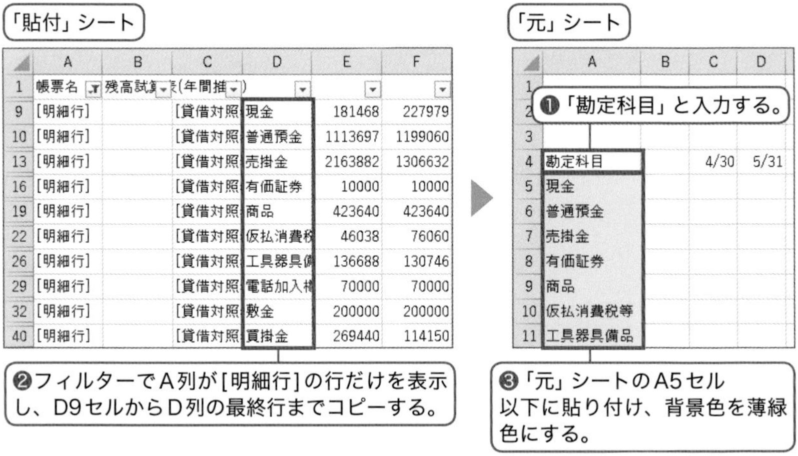


**Column**

### 「残高0を表示」の状態で月次推移表をエクスポートしよう

先ほどの手順では「現時点で」月次推移表に表示されている項目だけしか転記できません。そのため、後々使用する勘定科目が増えたときには、「元」シートのA列に勘定科目を追記しないと、その勘定科目の残高は「元」シートに転記されなくなります。

そこで、弥生会計で、月次推移表を「残高0を表示」にチェックをしてデータをエクスポートすることをおすすめします。そのデータを「貼付」シートに貼り付けて、先ほどの手順で勘定科目を転記すれば、全勘定科目を転記することができます。いったん全勘定科目をA列に転記しておけば、新しい勘定科目を作成しない限り、「元」シートのA列に勘定科目を付け足す必要はなくなります。

### 「売上原価」を挿入して貸借対照表項目と損益計算書項目の間に空行を入れる

貸借対照表項目と損益計算書項目では、入力すべき数式が変わるので、わかりやすいように、その間に空行を入れておきます。

また、「期末商品棚卸高」の下に行を挿入して「売上原価」と入力しておきましょう。売上原価を挿入する理由は後で説明します（320ページ参照）。

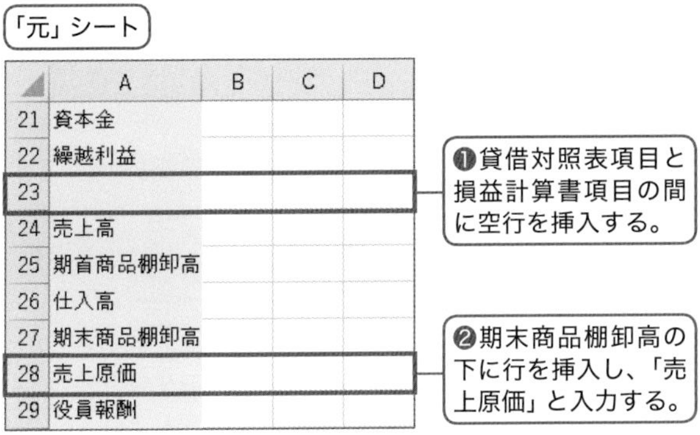


## → VLOOKUP関数で使う列番号を入力する

### VLOOKUP関数の第3引数に指定する列番号を準備する

1行目、2行目に次のように入力しましょう。また、手入力している目印としてC1～N2セルの背景色を薄緑色にしておきましょう。

| 区分 | 入力内容 |
|---|---|
| 転記元列 | A1セルに「転記元」、C1セルから右に「2」「3」「4」「5」「6」「7」「9」「10」「11」「12」「13」「17」 |
| 転記元列（PLのみ） | A2セルに「転記元（PLのみ）」、N2セルに「14」 |

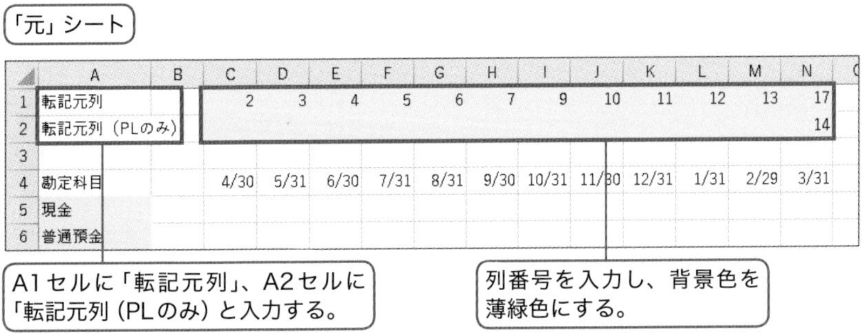

C1 ～ N2セルの列番号は「貼付」シートのD列（勘定科目列）から数えた「転記したい列」を表しています。

1行目の列番号（C1 セルから右に「2」「3」「4」「5」「6」「7」「9」「10」「11」「12」「13」「17」）は、**貸借対照表科目の**転記すべき列を表しています。基本的には各月の金額欄を指していますが、最終月だけは決算整理仕訳を含めて転記をするため、「決算残高（合計）」欄を指しています。

「貼付」シート（D列以降）のイメージ

| 1 | 2 | 3 | 4 | 5 | 6 | 7 | 8 | 9 | 10 | 11 | 12 | 13 | 14 | 15 | 16 | 17 | 18 |
|---|---|---|---|---|---|---|---|---|---|---|---|---|---|---|---|---|---|
| 勘定科目 | 4月度 | 5月度 | 6月度 | 7月度 | 8月度 | 9月度 | 上半期残高（合計） | 10月度 | 11月度 | 12月度 | 1月度 | 2月度 | 3月度 | 下半期残高（合計） | 当期仮残高（合計） | 決算残高（合計） | 当期残高（合計） |
| 現金 | 76 | 123 | 151 | 108 | 183 | 221 | 221 | 246 | 182 | 269 | 261 | 352 | 246 | 246 | 246 | 246 | 246 |

「元」シートのイメージ

| 勘定科目 | 4月 | 5月 | 6月 | 7月 | 8月 | 9月 | 10月 | 11月 | 12月 | 1月 | 2月 | 3月 |
|---|---|---|---|---|---|---|---|---|---|---|---|---|
| 現金 | 76 | 123 | 151 | 108 | 183 | 221 | 246 | 182 | 269 | 261 | 352 | 246 |

損益計算書科目の場合も、最終月以外は貸借対照表科目と同じように転記します。一方で、最終月は「決算残高（合計）」に「3月度」の金額を加算する必要があります。そこで、2行目（N2セル）に「14」と入れておきます。これが、「損益計算書項目の場合だけ、さらに14列目（3月度の金額）を足す」ことを表しています。

「貼付」シート（D列以降）のイメージ

| 1 | 2 | 3 | 4 | 5 | 6 | 7 | 8 | 9 | 10 | 11 | 12 | 13 | 14 | 15 | 16 | 17 | 18 |
|---|---|---|---|---|---|---|---|---|---|---|---|---|---|---|---|---|---|
| 勘定科目 | 4月度 | 5月度 | 6月度 | 7月度 | 8月度 | 9月度 | 上半期残高（合計） | 10月度 | 11月度 | 12月度 | 1月度 | 2月度 | 3月度 | 下半期残高（合計） | 当期仮残高（合計） | 決算残高（合計） | 当期残高（合計） |
| 売上原価 | 249 | 106 | 368 | 350 | 345 | 265 | 1,683 | 339 | 382 | 349 | 508 | 549 | 382 | 2,508 | 4,192 | -40 | 4,152 |

「元」シートのイメージ

| 勘定科目 | 4月 | 5月 | 6月 | 7月 | 8月 | 9月 | 10月 | 11月 | 12月 | 1月 | 2月 | 3月 |
|---|---|---|---|---|---|---|---|---|---|---|---|---|
| 売上原価 | 249 | 106 | 368 | 350 | 345 | 265 | 339 | 382 | 349 | 508 | 549 | 342 |

3月度と決算残高の合計

Column

### 中間決算仕訳を使う設定にした場合には列がずれる

弥生会計で、中間決算仕訳を使う設定にした場合には、エクスポートした残高推移表のレイアウトが変わります。具体的には、「9月度」の横に「中間決算残高（合計）」列などが挿入されるため、それ以降、列がずれていきます。その場合は、残高推移表のレイアウトに合わせてC1 ～ N2セルに入力する列番号の指定を変えてください。

## → VLOOKUP関数で必要な金額を転記・集計する

### 貸借対照表項目を転記する数式を入力する

C5セルに次の数式を入力してください。なお、絶対参照の付け方は、120ページの「複合参照を付ける法則」とまったく同じです。

```
=IFERROR(VLOOKUP($A5,貼付!$D:$U,C$1,FALSE),0)
                 ①      ②       ③   ④
         ─────────────①──────────────  ②
```

| IFERROR関数 | VLOOKUP関数 | 意味 |
|---|---|---|
| ① | ① | 「現金」（「元」シートA5セル）を |
| | ② | 「貼付」シートのD列～U列の一番左の列から探して |
| | ③ | 2列目（「元」シートC1セル）の値を転記する |
| | ④ | 完全一致検索（FALSE） |
| ② | | ①（VLOOKUP関数）の結果がエラーのときは「0」を表示する |

「貼付」シート

| | 1列目 | 2列目 | 3列目 | 4列目… | 7列目 | 8列目 | 9列目… | 13列目 | 14列目… | 17列目 | |
|---|---|---|---|---|---|---|---|---|---|---|---|
| | D | E | F | G | J | K | L | P | Q | T | |
| 7 | 勘定科目 | 4月度 | 5月度 | 6月度 | 9月度 | 上半期残高（合計） | 10月度 | 2月度 | 3月度 | 決算残高（合計） | 当（ |
| 8 | [現金・預金] | | | | | | | | | | |
| 9 | 現金 | 181468 | 227979 | 255835 | 326466 | 326466 | 351112 | 456810 | 350997 | 350997 | |
| 10 | 普通預金 | 1113697 | 1199060 | 1237673 | 1749712 | 1749712 | 1808982 | 3075995 | 4787535 | 4787535 | 4 |
| 11 | 現金・預金合計 | 1295165 | 1427039 | 1493508 | 2076178 | 2076178 | 2160094 | 3532805 | 5138532 | 5138532 | 5 |
| 12 | [売上債権] | | | | | | | | | | |

「元」シート

| | A | B | C | D | E | F | G | H | I | J | K | L |
|---|---|---|---|---|---|---|---|---|---|---|---|---|
| 1 | 転記元列 | | 2 | 3 | 4 | 5 | 6 | 7 | 9 | 10 | 11 | 12 |
| 2 | 転記元列（PLのみ） | | | | | | | | | | | |
| 3 | | | | | | | | | | | | |
| 4 | 勘定科目 | | 4/30 | 5/31 | 6/30 | 7/31 | 8/31 | 9/30 | 10/31 | 11/30 | 12/31 | 1/31 |
| 5 | 現金 | | 181468 | | | | | | | | | |
| 6 | 普通預金 | | | | | | | | | | | |
| 7 | 売掛金 | | | | | | | | | | | |

「=IFERROR(VLOOKUP($A5,貼付!$D:$U,C$1,FALSE),0)」と入力する。

これで、「貼付」シートの現金勘定、4月度の金額を、「元」シートのC5セルに転記できました。

## VLOOKUP関数をコピーして、各月の残高を計算する

C5セルの数式をコピーして、貸借対照表項目が入力された行のC列～N列に貼り付けましょう。これで、各月の残高が計算できます。

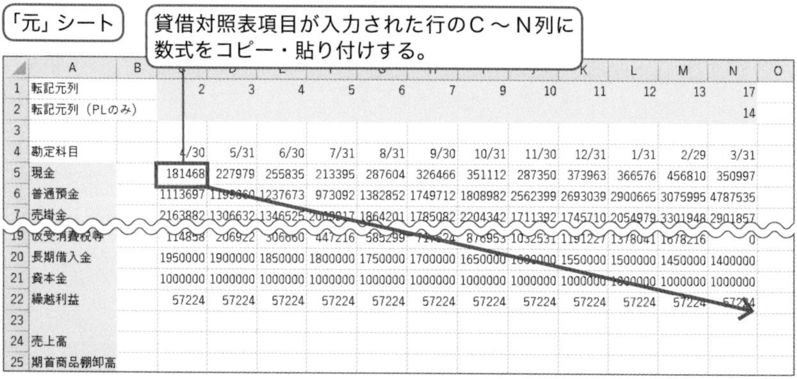


| | A | B | | | | | | | | | K | L | M | N | O |
|---|---|---|---|---|---|---|---|---|---|---|---|---|---|---|---|
| 1 | 転記元列 | | 2 | 3 | 4 | 5 | 6 | 7 | 9 | 10 | 11 | 12 | 13 | 17 | |
| 2 | 転記元列（PLのみ） | | | | | | | | | | | | | 14 | |
| 3 | | | | | | | | | | | | | | | |
| 4 | 勘定科目 | | 4/30 | 5/31 | 6/30 | 7/31 | 8/31 | 9/30 | 10/31 | 11/30 | 12/31 | 1/31 | 2/29 | 3/31 | |
| 5 | 現金 | | 181468 | 227979 | 255835 | 213395 | 287604 | 326466 | 351112 | 287350 | 373963 | 366576 | 456810 | 350997 | |
| 6 | 普通預金 | | 1113697 | [illegible] | 1237673 | 973092 | 1382852 | 1749712 | 1808982 | 2562399 | 2693039 | 2900665 | 3075995 | 4787535 | |
| 7 | 売掛金 | | 2163882 | 1306632 | 1346525 | [illegible] | 1864201 | 1785082 | 2204342 | 1711392 | 1745710 | 2054979 | 3301948 | 2901857 | |
| 19 | 仮受消費税等 | | 114858 | 206922 | 306660 | 447216 | 585299 | [illegible] | 876953 | 1032531 | 1191227 | 1378041 | 1678216 | 0 | |
| 20 | 長期借入金 | | 1950000 | 1900000 | 1850000 | 1800000 | 1750000 | 1700000 | 1650000 | [illegible] | 1550000 | 1500000 | 1450000 | 1400000 | |
| 21 | 資本金 | | 1000000 | 1000000 | 1000000 | 1000000 | 1000000 | 1000000 | 1000000 | 1000000 | 1000000 | [illegible] | 1000000 | 1000000 | |
| 22 | 繰越利益 | | 57224 | 57224 | 57224 | 57224 | 57224 | 57224 | 57224 | 57224 | 57224 | 57224 | 57224 | [illegible] | |
| 23 | | | | | | | | | | | | | | | |
| 24 | 売上高 | | | | | | | | | | | | | | |
| 25 | 期首商品棚卸高 | | | | | | | | | | | | | | |

## 損益計算書項目の各月別残高の数式を入力する

損益計算書項目については、先ほどの数式は使えません。C24セルに、次の数式を入力してください。

```
=IFERROR(VLOOKUP($A24,貼付!$D:$U,C$1,FALSE),0)
+IFERROR(VLOOKUP($A24,貼付!$D:$U,C$2,FALSE),0)
```

この数式の1行目は前ページの数式とほとんど同じです。また、2行目は「C$1」が「C$2」に変わっている以外、1段目とまったく同じ形です。紙幅の都合で、数式は2行に分かれていますが、改行を入れても入れなくても数式の計算結果は同じです。改行を入れずに1行で入力するか、数式中でAlt+Enterで改行を入れて入力してください。

入力が終わったら、この数式をコピーして、損益計算書項目が入力された行のC列～N列に貼り付けましょう。今回のC列～N列のように、同じ表の「同じ列」に「違う数式」が入っていると、意図せず、数式を上書きするミスが起きやすくなります。そこで、今、数式を貼り付けた範囲の背景色を「薄オレンジ色」にして、数式が違うことを思い出しやすくしておきましょう。

「元」シート

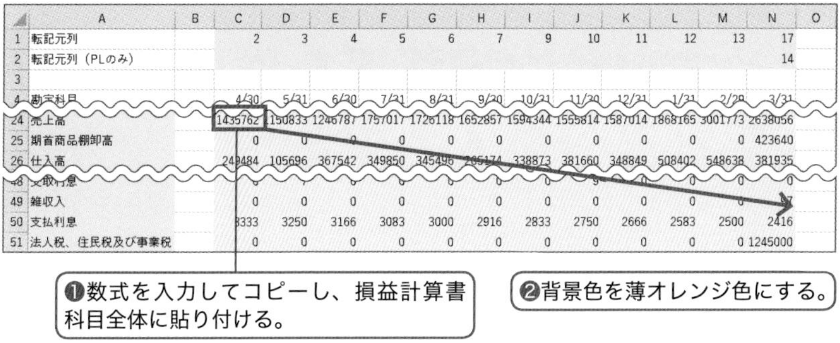

| | A | B | C | D | E | F | G | H | I | J | K | L | M | N | O |
|---|---|---|---|---|---|---|---|---|---|---|---|---|---|---|---|
| 1 | 転記元列 | | 2 | 3 | 4 | 5 | 6 | 7 | 9 | 10 | 11 | 12 | 13 | 17 | |
| 2 | 転記元列（PLのみ） | | | | | | | | | | | | | 14 | |
| 3 | | | | | | | | | | | | | | | |
| 4 | 勘定科目 | | 4/30 | 5/31 | 6/30 | 7/31 | 8/31 | 9/30 | 10/31 | 11/30 | 12/31 | 1/31 | 2/29 | 3/31 | |
| 24 | 売上高 | | 1435762 | 1150833 | 1246787 | 1757017 | 1726118 | 1652857 | 1594344 | 1555814 | 1587014 | 1868165 | 3001773 | 2638056 | |
| 25 | 期首商品棚卸高 | | 0 | 0 | 0 | 0 | 0 | 0 | 0 | 0 | 0 | 0 | 0 | 423640 | |
| 26 | 仕入高 | | 249484 | 105696 | 367542 | 349850 | 345496 | 205174 | 338873 | 381660 | 348849 | 508402 | 548638 | 381935 | |
| 48 | 受取利息 | | 0 | 7 | 0 | 0 | 0 | 0 | 0 | 9 | 0 | 0 | 0 | 0 | |
| 49 | 雑収入 | | 0 | 0 | 0 | 0 | 0 | 0 | 0 | 0 | 0 | 0 | 0 | [illegible] | |
| 50 | 支払利息 | | 3333 | 3250 | 3166 | 3083 | 3000 | 2916 | 2833 | 2750 | 2666 | 2583 | 2500 | 2416 | |
| 51 | 法人税、住民税及び事業税 | | 0 | 0 | 0 | 0 | 0 | 0 | 0 | 0 | 0 | 0 | 0 | 1245000 | |



これで、「貼付」シートから「元」シートに、勘定科目別、月別に、決算修正後の金額を転記することができました。

## 列番号が空欄の場合は数式の後半が「0」になる

前ページでC24セルに入力した数式の2行目のIFERROR関数では、三つ目の引数にC2セルを指定しています。

```
=IFERROR(VLOOKUP($A24,貼付!$D:$U,C$1,FALSE),0)
+IFERROR(VLOOKUP($A24,貼付!$D:$U,C$2,FALSE),0)
```

このとき、C2セルが空欄だとVLOOKUP関数がエラーになり、上記の数式の2行目部分の計算結果はIFERROR関数の効果で「0」になることに注意しましょう。つまり、C2セル（～N2セル）が空欄の場合には、2行目は無視されて1行目の数式の結果だけが表示されることになります。

### Column 24行目以外に数式を入力するとき

前ページの数式を24行目以外に入力するときには、数式中の「$A24」の「24」を、入力する行に合わせて修正してください。たとえば、損益計算書項目が25行目から始まる場合には、次のように「$A24」を「$A25」に変えた数式を入力してください。

```
=IFERROR(VLOOKUP($A25,貼付!$D:$U,C$1,FALSE),0)
+IFERROR(VLOOKUP($A25,貼付!$D:$U,C$2,FALSE),0)
```

# 6-8 見やすい月次推移表を作成する③ 〜集計区分を入力する

## SUMIFS関数で残高データを集約して表示する

前節に引き続き、月次推移表を作成していきます。この節では、前節で作成した「元」シートに情報を追記した後に、「実績」シートを追加して要約月次推移表を作成します。

この節では、次の二つの作業を行います。

- 「元」シートに、それぞれの勘定科目の集約先を表す「列」を作り、その列に集約先項目を入力する
- 「実績」シートに、SUMIFS関数を入力して金額を集計する

考え方は、152ページの「必要な列を付け足して好きな切り口で集計する」や、154ページの「売上金額を請求先ごとに集計する」とまったく同じです。

## 「元」シートに集約先項目を入力する

「元」シートのB4セルに「集約先項目」と入力し、B5セル以下を手入力することがわかるように、背景色を薄緑色にしておきましょう。そして、B5セル以下に集約先となる項目名を入力していきましょう。

必ずしも、すべての勘定科目に対応する集約先項目を入力する必要はありません。**推移表に表示したい行だけB列に集約先項目を入力**してください。次の図では、貸借対照表項目について集約先項目を指定しています。現金と普通預金は

「現預金」に集約して表示、借入金は「長期借入金」として表示することを表しています。

今回は、現預金・借入金以外はレポートに表示させないので、その他の勘定科目のB列は空欄のままにしておきます。

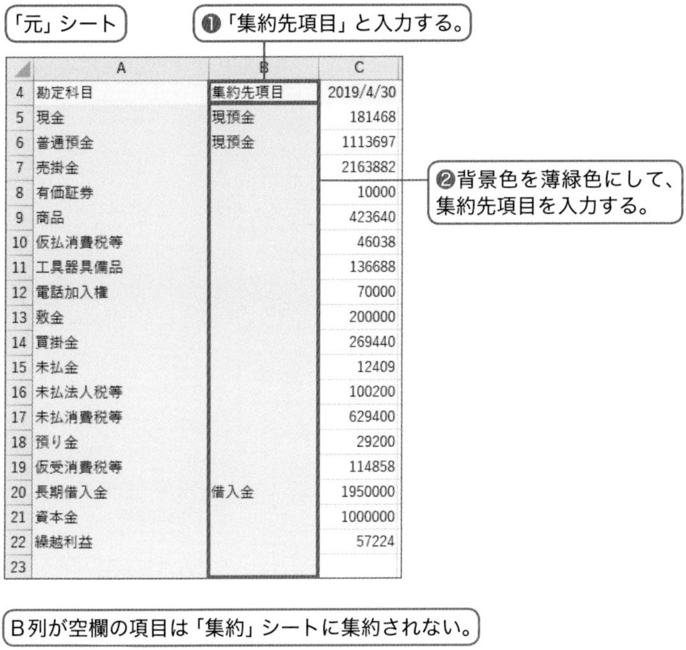


| | A | B | C |
|---|---|---|---|
| 4 | 勘定科目 | 集約先項目 | 2019/4/30 |
| 5 | 現金 | 現預金 | 181468 |
| 6 | 普通預金 | 現預金 | 1113697 |
| 7 | 売掛金 | | 2163882 |
| 8 | 有価証券 | | 10000 |
| 9 | 商品 | | 423640 |
| 10 | 仮払消費税等 | | 46038 |
| 11 | 工具器具備品 | | 136688 |
| 12 | 電話加入権 | | 70000 |
| 13 | 敷金 | | 200000 |
| 14 | 買掛金 | | 269440 |
| 15 | 未払金 | | 12409 |
| 16 | 未払法人税等 | | 100200 |
| 17 | 未払消費税等 | | 629400 |
| 18 | 預り金 | | 29200 |
| 19 | 仮受消費税等 | | 114858 |
| 20 | 長期借入金 | 借入金 | 1950000 |
| 21 | 資本金 | | 1000000 |
| 22 | 繰越利益 | | 57224 |
| 23 | | | |

次のページの図のように、損益計算書項目も同じように入力してください。

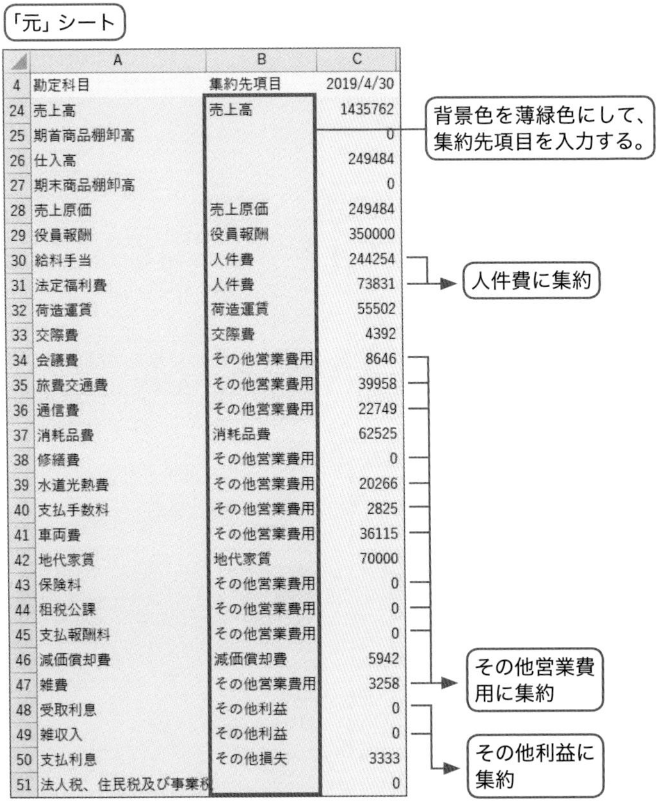


| | A | B | C |
|---|---|---|---|
| 4 | 勘定科目 | 集約先項目 | 2019/4/30 |
| 24 | 売上高 | 売上高 | 1435762 |
| 25 | 期首商品棚卸高 | | 0 |
| 26 | 仕入高 | | 249484 |
| 27 | 期末商品棚卸高 | | 0 |
| 28 | 売上原価 | 売上原価 | 249484 |
| 29 | 役員報酬 | 役員報酬 | 350000 |
| 30 | 給料手当 | 人件費 | 244254 |
| 31 | 法定福利費 | 人件費 | 73831 |
| 32 | 荷造運賃 | 荷造運賃 | 55502 |
| 33 | 交際費 | 交際費 | 4392 |
| 34 | 会議費 | その他営業費用 | 8646 |
| 35 | 旅費交通費 | その他営業費用 | 39958 |
| 36 | 通信費 | その他営業費用 | 22749 |
| 37 | 消耗品費 | 消耗品費 | 62525 |
| 38 | 修繕費 | その他営業費用 | 0 |
| 39 | 水道光熱費 | その他営業費用 | 20266 |
| 40 | 支払手数料 | その他営業費用 | 2825 |
| 41 | 車両費 | その他営業費用 | 36115 |
| 42 | 地代家賃 | 地代家賃 | 70000 |
| 43 | 保険料 | その他営業費用 | 0 |
| 44 | 租税公課 | その他営業費用 | 0 |
| 45 | 支払報酬料 | その他営業費用 | 0 |
| 46 | 減価償却費 | 減価償却費 | 5942 |
| 47 | 雑費 | その他営業費用 | 3258 |
| 48 | 受取利息 | その他利益 | 0 |
| 49 | 雑収入 | その他利益 | 0 |
| 50 | 支払利息 | その他損失 | 3333 |
| 51 | 法人税、住民税及び事業税 | | 0 |

Column

**「元」シートに売上原価を入力した理由**

今回の集約方法では差引計算はできません。たとえば、期首商品棚卸高＋仕入高－期末商品棚卸高で売上原価を計算したり、収益項目と費用項目の差引金額を表示することはできません。売上原価の金額が計算できないのは困るので、今回は、B列に「売上原価」と入力することで「貼付」シートの「売上原価」行の値を転記しています。月次推移表に売上原価を表示するときには、この「売上原価」行（今回の例では「元」シートの28行目）の値を集計するようにしてください。

## → SUMIFS関数で金額を転記する

前項で「元」シートの準備ができましたので、「実績」シートに月次推移表を作成してみましょう。

この節で作成する「実績」シートの完成イメージ

| | A | B | C | D | E | F | G | H | I | J | K | L | M | N | O |
|---|---|---|---|---|---|---|---|---|---|---|---|---|---|---|---|
| 1 | 月次推移表 | | | | | | | | | | | | | | |
| 2 | | | | | | | | | | | | | | （単位：千円） | |
| 3 | | | | | | | | | | | | | | | |
| 4 | | 4月 | 5月 | 6月 | 7月 | 8月 | 9月 | 10月 | 11月 | 12月 | 1月 | 2月 | 3月 | 合計 | |
| 5 | 売上高 | 1,436 | 1,151 | 1,247 | 1,757 | 1,726 | 1,653 | 1,594 | 1,556 | 1,587 | 1,868 | 3,002 | 2,638 | 21,215 | |
| 6 | 売上原価 | 249 | 106 | 368 | 350 | 345 | 265 | 339 | 382 | 349 | 508 | 549 | 342 | 4,152 | |
| 7 | 売上総利益 | 1,186 | 1,045 | 879 | 1,407 | 1,381 | 1,388 | 1,255 | 1,174 | 1,238 | 1,360 | 2,453 | 2,296 | 17,063 | |
| 8 | | | | | | | | | | | | | | | |
| 9 | 役員報酬 | 350 | 350 | 350 | 350 | 350 | 350 | 350 | 350 | 350 | 350 | 350 | 350 | 4,200 | |
| 10 | 人件費 | 318 | 284 | 297 | 343 | 347 | 305 | 197 | 367 | 344 | 364 | 382 | 404 | 3,953 | |
| 11 | 荷造運賃 | 56 | 33 | 42 | 33 | 54 | 36 | 57 | 23 | 41 | 31 | 37 | 79 | 522 | |
| 12 | 交際費 | 4 | 14 | 0 | 38 | 11 | 35 | 17 | 0 | 4 | 15 | 16 | 23 | 178 | |
| 13 | 消耗品費 | 63 | 5 | 12 | 23 | 16 | 51 | 39 | 13 | 7 | 27 | 27 | 90 | 373 | |
| 14 | 地代家賃 | 70 | 70 | 70 | 70 | 70 | 70 | 70 | 70 | 70 | 70 | 70 | 70 | 840 | |
| 15 | 減価償却費 | 6 | 6 | 6 | 6 | 6 | 6 | 6 | 6 | 6 | 6 | 6 | 6 | 71 | |
| 16 | その他営業費用 | 134 | 148 | 312 | 154 | 231 | 150 | 156 | 245 | 185 | 185 | 190 | 148 | 2,237 | |
| 17 | 販売管理費合計 | 1,000 | 910 | 1,088 | 1,017 | 1,084 | 1,003 | 891 | 1,074 | 1,007 | 1,049 | 1,079 | 1,171 | 12,375 | |
| 18 | 営業利益 | 186 | 135 | -209 | 390 | 296 | 384 | 364 | 100 | 231 | 311 | 1,375 | 1,125 | 4,688 | |
| 19 | | | | | | | | | | | | | | | |
| 20 | その他利益 | 0 | 0 | 0 | 0 | 0 | 0 | 0 | 0 | 0 | 0 | 0 | 0 | 0 | |
| 21 | その他損失 | 3 | 3 | 3 | 3 | 3 | 3 | 3 | 3 | 3 | 3 | 3 | 2 | 34 | |
| 22 | 税引前当期純利益 | 183 | 132 | -212 | 387 | 293 | 381 | 361 | 97 | 228 | 308 | 1,372 | 1,122 | 4,653 | |
| 23 | | | | | | | | | | | | | | | |

## 集計項目と集計月を入力する

まず、新規シートを作成し、シート名を「実績」にします。その後、A5セルから下に、集計項目を手で入力していきましょう。ここでの表記は、必ず、前ページで入力した「元」シートのB列（集計項目列）と一致させてください。

次に、B4セルから右に、月度を入力します。「元」シートのC4～N4セルに、表示する月の月末日を表示しているので、それを使います。B4セルに「=元!C4」と入力したら、その数式をコピーしてC4～M4セルに貼り付けましょう。

その後、表示形式を適当に調整しましょう。今回は、ユーザー定義書式で表示形式を「m月」に変更して、月の部分だけを表示させます。

❶新規にシートを作成し、シート名を「実績」にする。

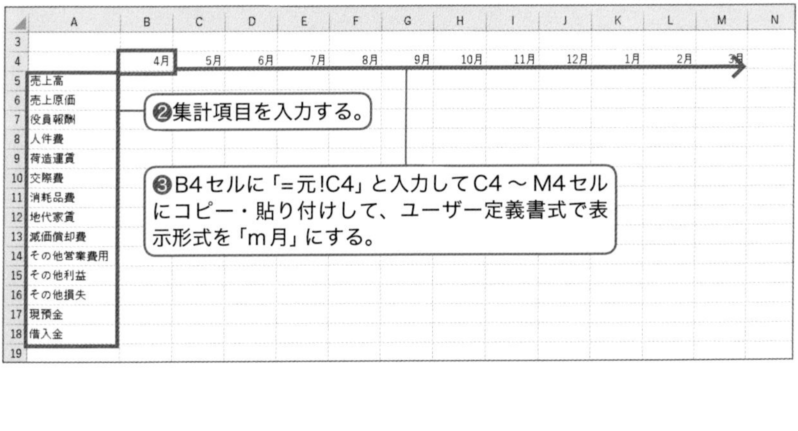

## 金額を転記する

B5セルに、次の数式を入力しましょう。

```
=SUMIFS(元!C:C,元!$B:$B,$A5)
         ①        ②      ③
```

このSUMIFS関数では、次の計算をしています。

| 引数 | 意味 |
|---|---|
| ① | 「4月の金額」(「元」シートのC列)のうち |
| ② | 集約先項目(「元」シートのB列)が |
| ③ | 「売上高」(A5セル)であるものの合計 |

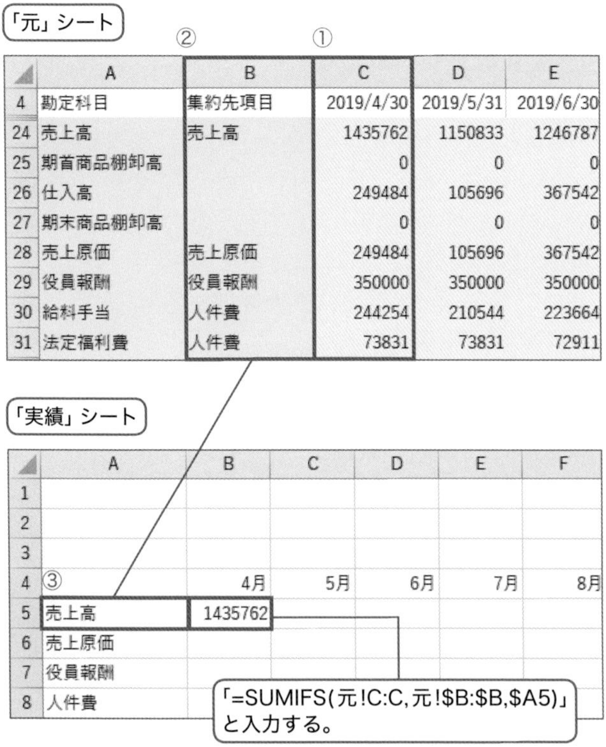


この数式では二つ目の引数を絶対参照(「元!$B:$B」)、三つ目の引数を横方向

だけ絶対参照（「$A5」にしているのがポイントです。こうすることで、B5セルに入力した数式をコピーしてC〜M列に貼り付けられるようになります。

あとは、この数式を、B5セル〜M18セル（M列の最終行）まで貼り付けましょう。

「実績」シート

❶「=SUMIFS(元!C:C,元!$B:$B,$A5)」とを入力する。

| | A | B | C | D | E | F | G | H | I | J | K | L | M | N |
|---|---|---|---|---|---|---|---|---|---|---|---|---|---|---|
| 3 | | | | | | | | | | | | | | |
| 4 | | 4月 | 5月 | 6月 | 7月 | 8月 | 9月 | 10月 | 11月 | 12月 | 1月 | 2月 | 3月 | |
| 5 | 売上高 | 1435762 | 1150833 | 1246787 | 1757017 | 1726118 | 1652857 | 1594344 | 1555814 | 1587014 | 1868165 | 3001773 | 2638056 | |
| 6 | 売上原価 | 249484 | 105696 | 367542 | 349850 | 345496 | 265174 | 338873 | 381660 | 348849 | 508402 | 548638 | 342335 | |
| 7 | 役員報酬 | 350000 | 350000 | 350000 | 350000 | 350000 | 350000 | 350000 | 350000 | 350000 | 350000 | 350000 | 350000 | |
| 8 | 人件費 | 318085 | 284375 | 296579 | 343400 | 347208 | 304667 | 196739 | 367186 | 344267 | 364290 | 382148 | 404148 | |
| 9 | 荷造運賃 | 55502 | 33080 | 42172 | [illegible] | 53505 | 36399 | 56904 | 22542 | 41033 | 31107 | 37291 | 79234 | |
| 10 | 交際費 | 4392 | 13982 | 0 | 38242 | [illegible] | 35376 | 17206 | 0 | 3855 | 15114 | 15979 | 23139 | |
| 11 | 消耗品費 | 62525 | 4764 | 11858 | 22797 | 16237 | [illegible] | 38843 | 13010 | 7410 | 27458 | 27192 | 90450 | |
| 12 | 地代家賃 | 70000 | 70000 | 70000 | 70000 | 70000 | 70000 | 70000 | 70000 | 70000 | 70000 | 70000 | 70000 | |
| 13 | 減価償却費 | 5942 | 5942 | 5942 | 5942 | 5942 | 5942 | 5942 | 5942 | 5942 | 5942 | 5942 | 5942 | |
| 14 | その他営業費用 | 133817 | 147971 | 311759 | 154010 | 230606 | 150017 | 155835 | 245305 | 184779 | 184894 | 190013 | 148080 | |
| 15 | その他利益 | 0 | 7 | 0 | 0 | 0 | 0 | 0 | 9 | 0 | 0 | 0 | 97 | |
| 16 | その他損失 | 3333 | 3250 | 3166 | 3083 | 3000 | 2916 | 2833 | 2750 | 2666 | [illegible] | 2500 | 2416 | |
| 17 | 現預金 | 1295165 | 1427039 | 1493508 | 1186487 | 1670456 | 2076178 | 2160094 | 2849749 | 3067002 | 3267241 | [illegible] | 5138532 | |
| 18 | 借入金 | 1950000 | 1900000 | 1850000 | 1800000 | 1750000 | 1700000 | 1650000 | 1600000 | 1550000 | 1500000 | 1450000 | 1400000 | |
| 19 | | | | | | | | | | | | | | |

❷B5セルの数式をM18セルまでコピー・貼り付けする。

B5〜M18セルには、ユーザ定義書式で「#,##0,」と入力し、千円単位で表示させます。これで、月次推移表の数値が入ります。

「実績」シート

| | A | B | C | D | E | F | G | H | I | J | K | L | M | N |
|---|---|---|---|---|---|---|---|---|---|---|---|---|---|---|
| 3 | | | | | | | | | | | | | | |
| 4 | | 4月 | 5月 | 6月 | 7月 | 8月 | 9月 | 10月 | 11月 | 12月 | 1月 | 2月 | 3月 | |
| 5 | 売上高 | 1,436 | 1,151 | 1,247 | 1,757 | 1,726 | 1,653 | 1,594 | 1,556 | 1,587 | 1,868 | 3,002 | 2,638 | |
| 6 | 売上原価 | 249 | 106 | 368 | 350 | 345 | 265 | 339 | 382 | 349 | 508 | 549 | 342 | |
| 7 | 役員報酬 | 350 | 350 | 350 | 350 | 350 | 350 | 350 | 350 | 350 | 350 | 350 | 350 | |
| 8 | 人件費 | 318 | 284 | 297 | 343 | 347 | 305 | 197 | 367 | 344 | 364 | 382 | 404 | |
| 9 | 荷造運賃 | 56 | 33 | 42 | 33 | 54 | 36 | 57 | 23 | 41 | 31 | 37 | 79 | |
| 10 | 交際費 | 4 | 14 | 0 | 38 | 11 | 35 | 17 | 0 | 4 | 15 | 16 | 23 | |
| 11 | 消耗品費 | 63 | 5 | 12 | 23 | 16 | 51 | 39 | 13 | 7 | 27 | 27 | 90 | |
| 12 | 地代家賃 | 70 | 70 | 70 | 70 | 70 | 70 | 70 | 70 | 70 | 70 | 70 | 70 | |
| 13 | 減価償却費 | 6 | 6 | 6 | 6 | 6 | 6 | 6 | 6 | 6 | 6 | 6 | 6 | |
| 14 | その他営業費用 | 134 | 148 | 312 | 154 | 231 | 150 | 156 | 245 | 185 | 185 | 190 | 148 | |
| 15 | その他利益 | 0 | 0 | 0 | 0 | 0 | 0 | 0 | 0 | 0 | 0 | 0 | 0 | |
| 16 | その他損失 | 3 | 3 | 3 | 3 | 3 | 3 | 3 | 3 | 3 | 3 | 3 | 2 | |
| 17 | 現預金 | 1,295 | 1,427 | 1,494 | 1,186 | 1,670 | 2,076 | 2,160 | 2,850 | 3,067 | 3,267 | 3,533 | 5,139 | |
| 18 | 借入金 | 1,950 | 1,900 | 1,850 | 1,800 | 1,750 | 1,700 | 1,650 | 1,600 | 1,550 | 1,500 | 1,450 | 1,400 | |
| 19 | | | | | | | | | | | | | | |
| 20 | | | | | | | | | | | | | | |

「#,##0,」とユーザ定義書式を設定する。

## 合計金額や段階利益を計算し、スタイルを調整する

あとは、細かい部分を整えていきましょう。まず、段階利益を計算していきます。「売上原価」の下に2行、「その他営業費用」の下に3行、「その他損失」の下に2行、行を挿入します。

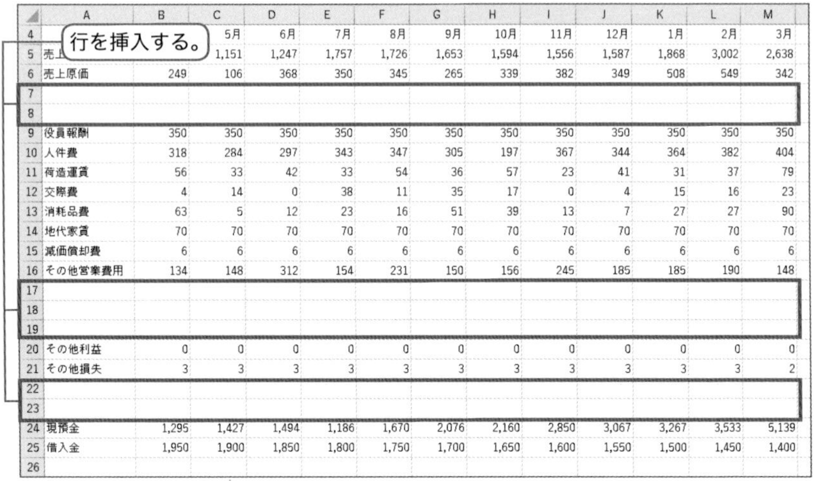


| | A | B | C | D | E | F | G | H | I | J | K | L | M |
|---|---|---|---|---|---|---|---|---|---|---|---|---|---|
| 4 | | | 5月 | 6月 | 7月 | 8月 | 9月 | 10月 | 11月 | 12月 | 1月 | 2月 | 3月 |
| 5 | 売上 | | 1,151 | 1,247 | 1,757 | 1,726 | 1,653 | 1,594 | 1,556 | 1,587 | 1,868 | 3,002 | 2,638 |
| 6 | 売上原価 | 249 | 106 | 368 | 350 | 345 | 265 | 339 | 382 | 349 | 508 | 549 | 342 |
| 7 | | | | | | | | | | | | | |
| 8 | | | | | | | | | | | | | |
| 9 | 役員報酬 | 350 | 350 | 350 | 350 | 350 | 350 | 350 | 350 | 350 | 350 | 350 | 350 |
| 10 | 人件費 | 318 | 284 | 297 | 343 | 347 | 305 | 197 | 367 | 344 | 364 | 382 | 404 |
| 11 | 荷造運賃 | 56 | 33 | 42 | 33 | 54 | 36 | 57 | 23 | 41 | 31 | 37 | 79 |
| 12 | 交際費 | 4 | 14 | 0 | 38 | 11 | 35 | 17 | 0 | 4 | 15 | 16 | 23 |
| 13 | 消耗品費 | 63 | 5 | 12 | 23 | 16 | 51 | 39 | 13 | 7 | 27 | 27 | 90 |
| 14 | 地代家賃 | 70 | 70 | 70 | 70 | 70 | 70 | 70 | 70 | 70 | 70 | 70 | 70 |
| 15 | 減価償却費 | 6 | 6 | 6 | 6 | 6 | 6 | 6 | 6 | 6 | 6 | 6 | 6 |
| 16 | その他営業費用 | 134 | 148 | 312 | 154 | 231 | 150 | 156 | 245 | 185 | 185 | 190 | 148 |
| 17 | | | | | | | | | | | | | |
| 18 | | | | | | | | | | | | | |
| 19 | | | | | | | | | | | | | |
| 20 | その他利益 | 0 | 0 | 0 | 0 | 0 | 0 | 0 | 0 | 0 | 0 | 0 | 0 |
| 21 | その他損失 | 3 | 3 | 3 | 3 | 3 | 3 | 3 | 3 | 3 | 3 | 3 | 2 |
| 22 | | | | | | | | | | | | | |
| 23 | | | | | | | | | | | | | |
| 24 | 現預金 | 1,295 | 1,427 | 1,494 | 1,186 | 1,670 | 2,076 | 2,160 | 2,850 | 3,067 | 3,267 | 3,533 | 5,139 |
| 25 | 借入金 | 1,950 | 1,900 | 1,850 | 1,800 | 1,750 | 1,700 | 1,650 | 1,600 | 1,550 | 1,500 | 1,450 | 1,400 |
| 26 | | | | | | | | | | | | | |

そして、以下のように入力していきましょう。

| セル | 区分 | セル | 数式 |
|---|---|---|---|
| A7セル | 売上総利益 | B7セル | =B5-B6 |
| A17セル | 販売管理費合計 | B17セル | =SUM(B9:B16) |
| A18セル | 営業利益 | B18セル | =B7-B17 |
| A22セル | 税引前当期純利益 | B22セル | =B18+B20-B21 |
| N4セル | 合計 | N5セル | =SUM(B5:M5) |

入力が終わったら、B7、B17、B18、B22セルの数式を、コピーしてC～M列に貼り付けてください。これで、各月ごとに段階利益を計算することができます。

またN5セルの数式はコピーして、N6～N7、N9～N18、N20～N22セルに貼り付けましょう。これで、各集計項目ごとの年間合計を計算することができます。なお、現預金、借入金などの貸借対照表科目については、すでにB列～M列に各月ごとの残高が表示されています。ですから、N列に数式を入力してはいけません。

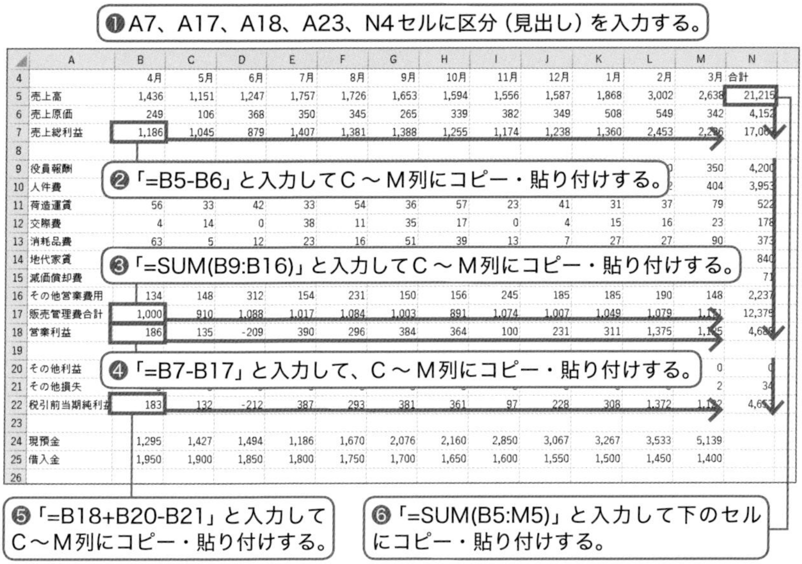


最後に、A1セルに「月次推移表」、N2セルに「(単位：千円)」と記入して、適宜書式を整えれば完成です。これで、月次推移表がA4用紙1枚横置きに収まりました。

❶A1セルに「月次推移表」、N2セルに「(単位：千円)」と入力する。

| | A | B | C | D | E | F | G | H | I | J | K | L | M | N |
|---|---|---|---|---|---|---|---|---|---|---|---|---|---|---|
| 1 | 月次推移表 | | | | | | | | | | | | | |
| 2 | | | | | | | | | | | | | | (単位：千円) |
| 3 | | | | | | | | | | | | | | |
| 4 | | 4月 | 5月 | 6月 | 7月 | 8月 | 9月 | 10月 | 11月 | 12月 | 1月 | 2月 | 3月 | 合計 |
| 5 | 売上高 | 1,436 | 1,151 | 1,247 | 1,757 | 1,726 | 1,653 | 1,594 | 1,556 | 1,587 | 1,868 | 3,002 | 2,638 | 21,215 |
| 6 | 売上原価 | 249 | 106 | 368 | 350 | 345 | 265 | 339 | 382 | 349 | 508 | 549 | 342 | 4,152 |
| 7 | **売上総利益** | **1,186** | **1,045** | **879** | **1,407** | **1,381** | **1,388** | **1,255** | **1,174** | **1,238** | **1,360** | **2,453** | **2,296** | **17,063** |
| 8 | | | | | | | | | | | | | | |
| 9 | 役員報酬 | 350 | 350 | 350 | 350 | 350 | 350 | 350 | 350 | 350 | 350 | 350 | 350 | 4,200 |
| 10 | 人件費 | 318 | 284 | 297 | 343 | 347 | 305 | 197 | 367 | 344 | 364 | 382 | 404 | 3,953 |
| 11 | 荷造運賃 | 56 | 33 | 42 | 33 | 54 | 36 | 57 | 23 | 41 | 31 | 37 | 79 | 522 |
| 12 | 交際費 | 4 | 14 | 0 | 38 | 11 | 35 | 17 | 0 | 4 | 15 | 16 | 23 | 178 |
| 13 | 消耗品費 | 63 | 5 | 12 | 23 | 16 | 51 | 39 | 13 | 7 | 27 | 27 | 90 | 373 |
| 14 | 地代家賃 | 70 | 70 | 70 | 70 | 70 | 70 | 70 | 70 | 70 | 70 | 70 | 70 | 840 |
| 15 | 減価償却費 | 6 | 6 | 6 | 6 | 6 | 6 | 6 | 6 | 6 | 6 | 6 | 6 | 71 |
| 16 | その他営業費用 | 134 | 148 | 312 | 154 | 231 | 150 | 156 | 245 | 185 | 185 | 190 | 148 | 2,237 |
| 17 | **販売管理費合計** | **1,000** | **910** | **1,088** | **1,017** | **1,084** | **1,003** | **891** | **1,074** | **1,007** | **1,049** | **1,079** | **1,171** | **12,375** |
| 18 | **営業利益** | **186** | **135** | **-209** | **390** | **296** | **384** | **364** | **100** | **231** | **311** | **1,375** | **1,125** | **4,688** |
| 19 | | | | | | | | | | | | | | |
| 20 | その他利益 | 0 | 0 | 0 | 0 | 0 | 0 | 0 | 0 | 0 | 0 | 0 | 0 | 0 |
| 21 | その他損失 | 3 | 3 | 3 | 3 | 3 | 3 | 3 | 3 | 3 | 3 | 3 | 2 | 34 |
| 22 | **税引前当期純利益** | **183** | **132** | **-212** | **387** | **293** | **381** | **361** | **97** | **228** | **308** | **1,372** | **1,122** | **4,653** |
| 23 | | | | | | | | | | | | | | |
| 24 | 現預金 | 1,295 | 1,427 | 1,494 | 1,186 | 1,670 | 2,076 | 2,160 | 2,850 | 3,067 | 3,267 | 3,533 | 5,139 | |
| 25 | 借入金 | 1,950 | 1,900 | 1,850 | 1,800 | 1,750 | 1,700 | 1,650 | 1,600 | 1,550 | 1,500 | 1,450 | 1,400 | |
| 26 | | | | | | | | | | | | | | |

❷背景色や書式を設定する。

## 6-9

# 月次推移表に便利な機能を付ける

### 年間の業績見込みを計算する

業績予測は、経理業務の重要な仕事の一つです。そこで、先ほど作成した残高推移表に、1年間の業績見込みを計算できる機能を追加します。

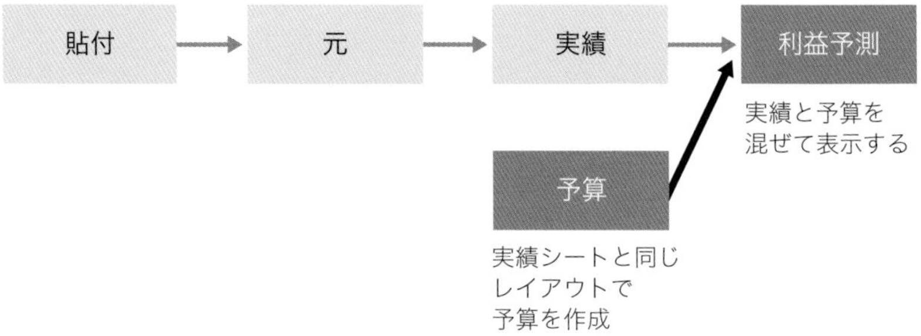


今回は、4月～3月が1事業年度の会社を例に、年間の売上と利益見込を作成しようと思います。具体的には、12月の月次が締まった段階で、1月～3月の予算を加味した年間の売上と利益見込を作成します。

過去月は実績値を表示する。

| | A | B | C | D | E | F | G | H | I | J | K | L | M | N | O |
|---|---|---|---|---|---|---|---|---|---|---|---|---|---|---|---|
| 3 | | 実 | 実 | 実 | 実 | 実 | 実 | 実 | 実 | 実 | 予 | 予 | 予 | | |
| 4 | | **4月** | **5月** | **6月** | **7月** | **8月** | **9月** | **10月** | **11月** | **12月** | **1月** | **2月** | **3月** | **合計** | |
| 5 | 売上高 | 1,436 | 1,151 | 1,247 | 1,757 | 1,726 | 1,653 | 1,594 | 1,556 | 1,587 | 1,292 | 1,292 | 1,292 | 17,583 | |
| 6 | 売上原価 | 249 | 106 | 368 | 350 | 345 | 265 | 339 | 382 | 349 | 225 | 225 | 225 | 3,426 | |
| 7 | **売上総利益** | **1,186** | **1,045** | **879** | **1,407** | **1,381** | **1,388** | **1,255** | **1,174** | **1,238** | **1,068** | **1,068** | **1,068** | **14,157** | |
| 8 | | | | | | | | | | | | | | | |
| 9 | 役員報酬 | 350 | 350 | 350 | 350 | 350 | 350 | 350 | 350 | 350 | 315 | 315 | 315 | 4,095 | |
| 10 | 人件費 | 318 | 284 | 297 | 343 | 347 | 305 | 197 | 367 | 344 | 286 | 286 | 286 | 3,661 | |
| 11 | 荷造運賃 | 56 | 33 | 42 | 33 | 54 | 36 | 57 | 23 | 41 | 50 | 50 | 50 | 524 | |
| 12 | 交際費 | 4 | 14 | 0 | 38 | 11 | 35 | 17 | 0 | 4 | 4 | 4 | 4 | 136 | |
| 13 | 消耗品費 | 63 | 5 | 12 | 23 | 16 | 51 | 39 | 13 | 7 | 56 | 56 | 56 | 397 | |
| 14 | 地代家賃 | 70 | 70 | 70 | 70 | 70 | 70 | 70 | 70 | 70 | 63 | 63 | 63 | 819 | |
| 15 | 減価償却費 | 6 | 6 | 6 | 6 | 6 | 6 | 6 | 6 | 6 | 5 | 5 | 5 | 70 | |
| 16 | その他営業費用 | 134 | 148 | 312 | 154 | 231 | 150 | 156 | 245 | 185 | 120 | 120 | 120 | 2,075 | |
| 17 | **販売管理費合計** | **1,000** | **910** | **1,088** | **1,017** | **1,084** | **1,003** | **891** | **1,074** | **1,007** | **900** | **900** | **900** | **11,777** | |
| 18 | **営業利益** | **186** | **135** | **-209** | **390** | **296** | **384** | **364** | **100** | **231** | **167** | **167** | **167** | **2,380** | |
| 19 | | | | | | | | | | | | | | | |
| 20 | その他利益 | 0 | 0 | 0 | 0 | 0 | 0 | 0 | 0 | 0 | 0 | 0 | 0 | 0 | |
| 21 | その他損失 | 3 | 3 | 3 | 3 | 3 | 3 | 3 | 3 | 3 | 3 | 3 | 3 | 36 | |
| 22 | **税引前当期純利益** | **183** | **132** | **-212** | **387** | **293** | **381** | **361** | **97** | **228** | **164** | **164** | **164** | **2,344** | |

将来月は予算値を表示する。

実績に予算を加味して年度末の売上・利益予測をする。

## 「予算」シートを「実績」シートと同じレイアウトで作成する

「実績」シートと「予算」シートを同じレイアウトにすると、「実績」と「予算」を組み合わせて表示させやすくなります。そこで、「実績」シートと同じレイアウトで「予算」シートを作成します。**「実績」シートをコピーして**、シート名を「予算」とします。また、A1セルも「月次推移表（予算）」と変更しておきましょう。

今回は、損益計算書項目だけ予算を作成するので、貸借対照表項目（24～25行目）の入力欄（B24～M25セル）には「-」を入力しておきましょう。

「実績」シートをコピーしてシート名を「予算」に変更する。

「月次推移表（予算）」と入力する。

| | A | B | C | D | E | F | G | H | I | J | K | L | M | N |
|---|---|---|---|---|---|---|---|---|---|---|---|---|---|---|
| 1 | 月次推移表（予算） | | | | | | | | | | | | | |
| 2 | | | | | | | | | | | | | | （単位：千円） |
| 3 | | | | | | | | | | | | | | |
| 4 | | **4月** | **5月** | **6月** | **7月** | **8月** | **9月** | **10月** | **11月** | **12月** | **1月** | **2月** | **3月** | **合計** |
| 5 | 売上高 | 1,436 | 1,151 | 1,247 | 1,757 | 1,726 | 1,653 | 1,594 | 1,556 | 1,587 | 0 | 0 | 0 | 13,707 |
| 6 | 売上原価 | 249 | 106 | 368 | 350 | 345 | 265 | 339 | 382 | 349 | 0 | 0 | 0 | 2,753 |
| 7 | **売上総利益** | **1,186** | **1,045** | **879** | **1,407** | **1,381** | **1,388** | **1,255** | **1,174** | **1,238** | **0** | **0** | **0** | **10,954** |
| 8 | | | | | | | | | | | | | | |
| 19 | | | | | | | | | | | | | | |
| 20 | その他利益 | 0 | 0 | 0 | 0 | 0 | 0 | 0 | 0 | 0 | 0 | 0 | 0 | 0 |
| 21 | その他損失 | 3 | 3 | 3 | 3 | 3 | 3 | 3 | 3 | 3 | 0 | 0 | 0 | 27 |
| 22 | **税引前当期純利益** | **183** | **132** | **-212** | **387** | **293** | **381** | **361** | **97** | **228** | **0** | **0** | **0** | **1,850** |
| 23 | | | | | | | | | | | | | | |
| 24 | 現預金 | - | - | - | - | - | - | - | - | - | - | - | - | |
| 25 | 借入金 | - | - | - | - | - | - | - | - | - | - | - | - | |
| 26 | | | | | | | | | | | | | | |

「-」と入力する。

## 「予算」を手入力する

次に、予算の金額を入力していきます。「予算」シートのB5～M6セル、B9～M16セル、B20～M21セルの背景色を薄緑色にして、予算額を手入力してください。

もし、どういう値を入力したらいいか思いつかないときには、仮の金額を入力しておきましょう。B5セルに「=実績!$B5*90%」と入力した後、コピーしてB5～M6セル、B9～M16セル、B20～M21セルに貼り付けてください。これで、すべての月の金額が、4月の実績値の90%の値になります。

「予算」シート

| | A | B | C | D | E | F | G | H | I | J | K | L | M | N | O | P | Q | R | S |
|---|---|---|---|---|---|---|---|---|---|---|---|---|---|---|---|---|---|---|---|
| 3 | | | | | | | | | | | | | | | | | | | |
| 4 | | 4月 | 5月 | 6月 | 7月 | 8月 | 9月 | 10月 | 11月 | 12月 | 1月 | 2月 | 3月 | 合計 | | | | | |
| 5 | 売上高 | 1,292 | 1,292 | 1,292 | 1,292 | 1,292 | 1,292 | 1,292 | 1,292 | 1,292 | 1,292 | 1,292 | 1,292 | 15,506 | | | | | |
| 6 | 売上原価 | 225 | 225 | 225 | 225 | 225 | 225 | 225 | 225 | 225 | 225 | 225 | 225 | 2,694 | | | | | |
| 7 | 売上総利益 | 1,068 | 1,068 | 1,068 | 1,068 | 1,068 | 1,068 | 1,068 | 1,068 | 1,068 | 1,068 | 1,068 | 1,068 | 12,812 | | | | | |
| 8 | | | | | | | | | | | | | | | | | | | |
| 9 | 役員報酬 | 315 | 315 | 315 | 315 | 315 | 315 | 315 | 315 | 315 | 315 | 315 | 315 | 3,780 | | | | | |
| 10 | 人件費 | 286 | 286 | 286 | 286 | 286 | 286 | 286 | 286 | 286 | 286 | 286 | 286 | 3,435 | | | | | |
| 11 | 荷造運賃 | 50 | 50 | 50 | 50 | 50 | 50 | 50 | 50 | 50 | 50 | 50 | 50 | 599 | | | | | |
| 12 | 交際費 | 4 | 4 | 4 | 4 | 4 | 4 | 4 | 4 | 4 | 4 | 4 | 4 | 47 | | | | | |
| 13 | 消耗品費 | 56 | 56 | 56 | 56 | 56 | 56 | 56 | 56 | 56 | 56 | 56 | 56 | 675 | | | | | |
| 14 | 地代家賃 | 63 | 63 | 63 | 63 | 63 | 63 | 63 | 63 | 63 | 63 | 63 | 63 | 756 | | | | | |
| 15 | 減価償却費 | 5 | 5 | 5 | 5 | 5 | 5 | 5 | 5 | 5 | 5 | 5 | 5 | 64 | | | | | |
| 16 | その他営業費用 | 120 | 120 | 120 | 120 | 120 | 120 | 120 | 120 | 120 | 120 | 120 | 120 | 1,445 | | | | | |
| 17 | 販売管理費合計 | 900 | 900 | 900 | 900 | 900 | 900 | 900 | 900 | 900 | 900 | 900 | 900 | 10,803 | | | | | |
| 18 | 営業利益 | 167 | 167 | 167 | 167 | 167 | 167 | 167 | 167 | 167 | 167 | 167 | 167 | 2,009 | | | | | |
| 19 | | | | | | | | | | | | | | | | | | | |
| 20 | その他利益 | 0 | 0 | 0 | 0 | 0 | 0 | 0 | 0 | 0 | 0 | 0 | 0 | 0 | | | | | |
| 21 | その他損失 | 3 | 3 | 3 | 3 | 3 | 3 | 3 | 3 | 3 | 3 | 3 | 3 | 36 | | | | | |
| 22 | 税引前当期純利益 | 164 | 164 | 164 | 164 | 164 | 164 | 164 | 164 | 164 | 164 | 164 | 164 | 1,973 | | | | | |
| 23 | | | | | | | | | | | | | | | | | | | |

背景色を薄緑色にして、予算を入力する。

「予算」シートには、必ずしも予算値を入れる必要はありません。利益予測表を作るときに、将来月の欄に表示させたい金額を入力してください。たとえば、「予算」シートに前期実績を入力しておけば、利益予測表の将来月の欄に前期実績を表示できます。

## 「実績」と「予算」を組み合わせて表示する

### 実績・予算を表示する月を識別するセルを作る

次に、「実績」と「予算」を組み合わせて表示するシートを作成します。**「実績」シートをコピーして**、シート名を「利益予測」に変更してください。また、A1セルを「月次推移表（利益予測）」に変更してください。

B3～M3セルに、月ごとに「実績」を表示させるか「予算」を表示するかがわかるように値を入力します。まずは、いったん手入力をしてみましょう。B3セル～J3セルに「実」、K3～M3セルに「予」と手で入力してください。

❶「実績」シートをコピーして、シート名を「利益予測」に変更する。

| | A | B | C | D | E | F | G | H | I | J | K | L | M | N |
|---|---|---|---|---|---|---|---|---|---|---|---|---|---|---|
| 1 | 月次推移表（利益予測） | | | | | | | | | | | | | |
| 2 | | | | | | | | | | | | | | （単位：千円） |
| 3 | | 実 | 実 | 実 | 実 | 実 | 実 | 実 | 実 | 実 | 予 | 予 | 予 | |
| 4 | | 4月 | 5月 | 6月 | 7月 | 8月 | 9月 | 10月 | 11月 | 12月 | 1月 | 2月 | 3月 | 合計 |
| 5 | 売上高 | 1,436 | 1,151 | 1,247 | 1,757 | 1,726 | 1,653 | 1,594 | 1,556 | 1,587 | 0 | 0 | 0 | 13,707 |
| 6 | 売上原価 | 249 | 106 | 368 | 350 | 345 | 265 | 339 | 382 | 349 | 0 | 0 | 0 | 2,753 |
| 7 | 売上総利益 | 1,186 | 1,045 | 879 | 1,407 | 1,381 | 1,388 | 1,255 | 1,174 | 1,238 | 0 | 0 | 0 | 10,954 |
| 8 | | | | | | | | | | | | | | |
| 9 | 役員報酬 | 350 | 350 | 350 | 350 | 350 | 350 | 350 | 350 | 350 | 0 | 0 | 0 | 3,150 |
| 10 | 人件費 | 318 | 284 | 297 | 343 | 347 | 305 | 197 | 367 | 344 | 0 | 0 | 0 | 2,803 |
| 11 | 荷造運賃 | 56 | 33 | 42 | 33 | 54 | 36 | 57 | 23 | 41 | 0 | 0 | 0 | 374 |
| 12 | 交際費 | 4 | 14 | 0 | 38 | 11 | 35 | 17 | 0 | 4 | 0 | 0 | 0 | 124 |
| 13 | 消耗品費 | 63 | 5 | 12 | 23 | 16 | 51 | 39 | 13 | 7 | 0 | 0 | 0 | 228 |
| 14 | 地代家賃 | 70 | 70 | 70 | 70 | 70 | 70 | 70 | 70 | 70 | 0 | 0 | 0 | 630 |
| 15 | 減価償却費 | 6 | 6 | 6 | 6 | 6 | 6 | 6 | 6 | 6 | 0 | 0 | 0 | 53 |
| 16 | その他営業費用 | 134 | 148 | 312 | 154 | 231 | 150 | 156 | 245 | 185 | 0 | 0 | 0 | 1,714 |
| 17 | 販売管理費合計 | 1,000 | 910 | 1,088 | 1,017 | 1,084 | 1,003 | 891 | 1,074 | 1,007 | 0 | 0 | 0 | 9,076 |
| 18 | 営業利益 | 186 | 135 | -209 | 390 | 296 | 384 | 364 | 100 | 231 | 0 | 0 | 0 | 1,877 |
| 19 | | | | | | | | | | | | | | |
| 20 | その他利益 | 0 | 0 | 0 | 0 | 0 | 0 | 0 | 0 | 0 | 0 | 0 | 0 | 0 |
| 21 | その他損失 | 3 | 3 | 3 | 3 | 3 | 3 | 3 | 3 | 3 | 0 | 0 | 0 | 27 |
| 22 | 税引前当期純利益 | 183 | 132 | -212 | 387 | 293 | 381 | 361 | 97 | 228 | 0 | 0 | 0 | 1,850 |
| 23 | | | | | | | | | | | | | | |

❷「月次推移表（利益予測）」と入力する。

❸B3～J3セルに「実」、K3～M3セルに「予」と入力する。

次に、B5セルに次の数式を入力します。

```
=IF(B$3="実",実績!B5,予算!B5)
       ①        ②       ③
```

この数式は、以下のような意味の数式です。

| 引数 | 意味 |
|---|---|
| ① | B3セルに「実」と入力されていれば |
| ② | 「実績」シートのB5セルを表示 |
| ③ | それ以外のときは、「予算」シートのB5セルを表示 |

B3セルへの参照は、「B$3」と縦方向だけ絶対参照を入れているので、縦にコピーしても参照先はずれません。

さて、この数式をコピーしてB5～M6セル、B9～M16セル、B20～M21セル、B24～M25セルに貼り付けてください。

「利益予測」シート

❶数式を入力する。

| | A | B | C | D | E | F | G | H | I | J | K | L | M | N | O |
|---|---|---|---|---|---|---|---|---|---|---|---|---|---|---|---|
| 3 | | 実 | 実 | 実 | 実 | 実 | 実 | 実 | 実 | 実 | 予 | 予 | 予 | | |
| 4 | | 4月 | 5月 | 6月 | 7月 | 8月 | 9月 | 10月 | 11月 | 12月 | 1月 | 2月 | 3月 | 合計 | |
| 5 | 売上高 | 1,436 | 1,151 | 1,247 | 1,757 | 1,726 | 1,653 | 1,594 | 1,556 | 1,587 | 1,292 | 1,292 | 1,292 | 17,583 | |
| 6 | 売上原価 | 249 | 106 | 368 | 350 | 345 | 265 | 339 | 382 | 349 | 225 | 225 | 225 | 3,426 | |
| 7 | 売上総利益 | 1,186 | 1,045 | 879 | 1,407 | 1,381 | 1,388 | 1,255 | 1,174 | 1,238 | 1,068 | 1,068 | 1,068 | 14,157 | |
| 8 | | | | | | | | | | | | | | | |
| 9 | 役員報酬 | 350 | 350 | 350 | 350 | 350 | 350 | 350 | 350 | 350 | 315 | 315 | 315 | 4,095 | |
| 10 | 人件費 | 318 | 284 | 297 | 343 | 347 | 305 | 197 | 367 | 344 | 286 | 286 | 286 | 3,661 | |
| 11 | 荷造運賃 | 56 | 33 | 42 | 33 | 54 | 36 | 57 | 23 | 41 | 50 | 50 | 50 | 524 | |
| 12 | 交際費 | 4 | 14 | 0 | 38 | 11 | 35 | 17 | 0 | | | | | | |
| 13 | 消耗品費 | 63 | 5 | 12 | 23 | 16 | 51 | 39 | 13 | | | | | | |
| 14 | 地代家賃 | 70 | 70 | 70 | 70 | 70 | 70 | 70 | 70 | | | | | | |
| 15 | 減価償却費 | 6 | 6 | 6 | 6 | 6 | 6 | 6 | 6 | 6 | 5 | 5 | 5 | 70 | |
| 16 | その他営業費用 | 134 | 148 | 312 | 154 | 231 | 150 | 156 | 245 | 185 | 120 | 120 | 120 | 2,075 | |
| 17 | 販売管理費合計 | 1,000 | 910 | 1,088 | 1,017 | 1,084 | 1,003 | 891 | 1,074 | 1,007 | 900 | 900 | 900 | 11,777 | |
| 18 | 営業利益 | 186 | 135 | -209 | 390 | 296 | 384 | 364 | 100 | 231 | 167 | 167 | 167 | 2,380 | |
| 19 | | | | | | | | | | | | | | | |
| 20 | その他利益 | 0 | 0 | 0 | 0 | 0 | 0 | 0 | 0 | 0 | 0 | 0 | 0 | 0 | |
| 21 | その他損失 | 3 | 3 | 3 | 3 | 3 | 3 | 3 | 3 | 3 | 3 | 3 | 3 | 36 | |
| 22 | 税引前当期純利益 | 183 | 132 | -212 | 387 | 293 | 381 | 361 | 97 | 228 | 164 | 164 | 164 | 2,344 | |
| 23 | | | | | | | | | | | | | | | |
| 24 | 現預金 | 1,295 | 1,427 | 1,494 | 1,186 | 1,670 | 2,076 | 2,160 | 2,850 | 3,067 | - | - | - | | |
| 25 | 借入金 | 1,950 | 1,900 | 1,850 | 1,800 | 1,750 | 1,700 | 1,650 | 1,600 | 1,550 | - | - | - | | |

❷B5セルの数式をコピーして貼り付ける。

これで、4月～12月には実績値、1月～3月には予算値が表示されます。

## → 実績か予算か表示を自動で切り替える

現状では、「利益予測」シートの3行目に、実績値を入れる月を手動で設定しています。これだと、1セル1セル修正しないといけなくて少し手間がかかります。

そこで、N1セルに「実績確定月」を入力して、それに連動して、B3～M3セルの「実」「予」が自動的に切り替わるようにしましょう。

「利益予測」シート

| | A | B | C | D | E | F | G | H | I | J | K | L | M | N | O |
|---|---|---|---|---|---|---|---|---|---|---|---|---|---|---|---|
| 1 | 月次推移表（利益予測） | | | | | | | | | | | 実績確定月 | | 12月 | |
| 2 | | | | | | | | | | | | | (単位：千円) | | |
| 3 | | 実 | 実 | 実 | 実 | 実 | 実 | 実 | 実 | 実 | 予 | 予 | 予 | | |
| 4 | | 4月 | 5月 | 6月 | 7月 | 8月 | 9月 | 10月 | 11月 | 12月 | 1月 | 2月 | 3月 | 合計 | |
| 5 | 売上高 | 1,436 | 1,151 | 1,247 | 1,757 | 1,726 | 1,653 | 1,594 | 1,556 | 1,587 | 1,523 | 1,523 | 1,523 | 18,275 | |
| 6 | 売上原価 | 249 | 106 | 368 | 350 | 345 | 265 | 339 | 382 | 349 | 306 | 306 | 306 | 3,670 | |
| 7 | 売上総利益 | 1,186 | 1,045 | 879 | 1,407 | 1,381 | 1,388 | 1,255 | 1,174 | 1,238 | 1,217 | 1,217 | 1,217 | 14,605 | |

N1セルの実績確定月に連動して、3行目の「実」「予」の表示を変える。

## N1セルに入力規則を設定する

まず、L1セルに「実績確定月」と入力します。次に、N1セルに入力規則を設定していきます。N1セルを選択して、メニューから「データ」→「データの入力規則」をクリックします。

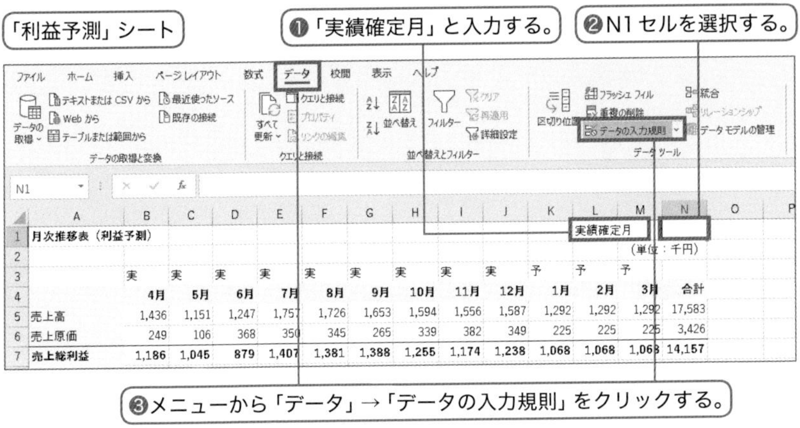


「データの入力規則」ウィンドウが出てくるので、「入力値の種類」は「リスト」を選択します。また、「元の値」は「=$B$4:$M$4」と入力します。この数式は入力欄をクリックしてB4～M4セルまでを選択すると、入力できます。入力し終わったら「OK」をクリックしてください。

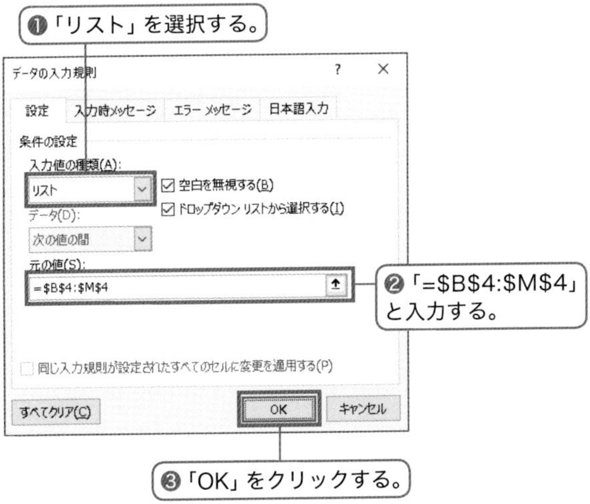

これで、N1セルに入力候補が表示されるようになります。ただ、この状態で、「▼」をクリックすると5桁の数値（シリアル値）が表示されてしまいます。たとえば「12月」（＝今回の例では、実際のデータは「2019年12月31日」）を選択すると「43830」と表示されます。

そこで、ユーザ定義書式で「m月」に設定しましょう（38ページ参照）。また、N1セルが入力用セルだということがわかるように、背景色を薄緑色にしておいてください。

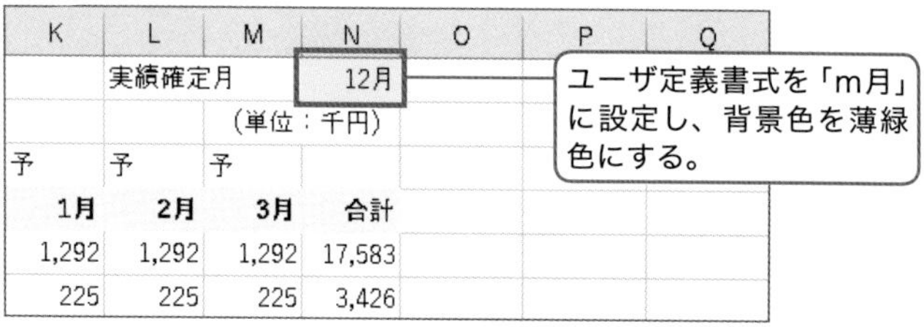


| K | L | M | N | O | P | Q |
|---|---|---|---|---|---|---|
| | 実績確定月 | | 12月 | | | |
| | | （単位：千円） | | | | |
| 予 | 予 | 予 | | | | |
| 1月 | 2月 | 3月 | 合計 | | | |
| 1,292 | 1,292 | 1,292 | 17,583 | | | |
| 225 | 225 | 225 | 3,426 | | | |

## B3 ～ M3セルの値をN1セルに連動させる

それでは、B3 ～ M3セルの値をN1セルに連動させていきます。B3セルに、次の数式を入力します。

```
=IF($N$1<B4,"予","実")
       ①      ②   ③
```

その数式をコピーして、C3 ～ M3セルに貼り付けましょう。N1セルに12月と入力されている場合、4月～ 12月は「実」、1月～ 3月は「予」と表示されます。

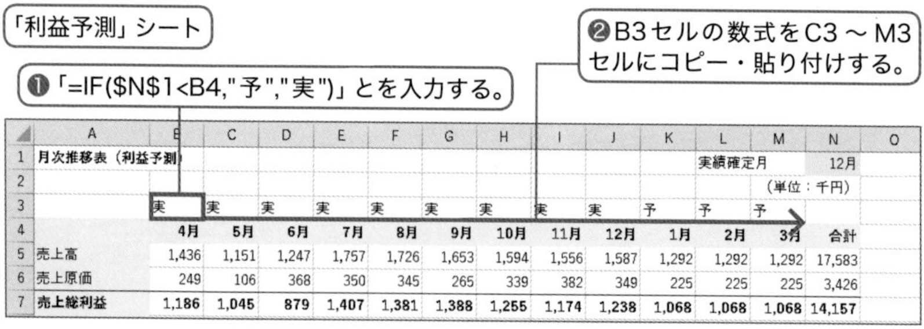


| | A | B | C | D | E | F | G | H | I | J | K | L | M | N | O |
|---|---|---|---|---|---|---|---|---|---|---|---|---|---|---|---|
| 1 | 月次推移表（利益予測） | | | | | | | | | | | 実績確定月 | | 12月 | |
| 2 | | | | | | | | | | | | | （単位：千円） | | |
| 3 | | 実 | 実 | 実 | 実 | 実 | 実 | 実 | 実 | 実 | 予 | 予 | 予 | | |
| 4 | | 4月 | 5月 | 6月 | 7月 | 8月 | 9月 | 10月 | 11月 | 12月 | 1月 | 2月 | 3月 | 合計 | |
| 5 | 売上高 | 1,436 | 1,151 | 1,247 | 1,757 | 1,726 | 1,653 | 1,594 | 1,556 | 1,587 | 1,292 | 1,292 | 1,292 | 17,583 | |
| 6 | 売上原価 | 249 | 106 | 368 | 350 | 345 | 265 | 339 | 382 | 349 | 225 | 225 | 225 | 3,426 | |
| 7 | 売上総利益 | 1,186 | 1,045 | 879 | 1,407 | 1,381 | 1,388 | 1,255 | 1,174 | 1,238 | 1,068 | 1,068 | 1,068 | 14,157 | |

B3セルの数式は、次のような計算をしています。

| 引数 | 意味 |
|---|---|
| ① | N1セルがB4セルより小さいときには（=「実績確定月の月末日」が「その列で表示する月の月末日」より過去のときには） |
| ② | 「予」と表示する |
| ③ | それ以外の場合は「実」と表示する |

今回のポイントは、N1セルとB4～M4セルに。それぞれの月の「月末日付のシリアル値」が入っていることです。そのため、「$N$1<B4」という条件で、どちらが過去日付か、未来日付かを判定することができます（84ページ参照）。

## 条件付き書式で予算を表示している月をわかりやすく表示する

今のままでは、各月の金額が実績値か予算値かがわかりにくいので、条件付き書式で予算値を表示している列を目立たせます。

まず、B3～M25セル（M列の一番下のセル）を選択してください。このとき、**必ず、B3セルから選択を始めて、M25セルまで選択してください**。B3セルからセルを選択するとB3セルが白色、その他のセルが灰色になります。

この状態で、メニューから「ホーム」→「条件付き書式」→「新しいルール」を選択してください。

❶B3セルからM25セルまで選択する。

「利益予測」シート

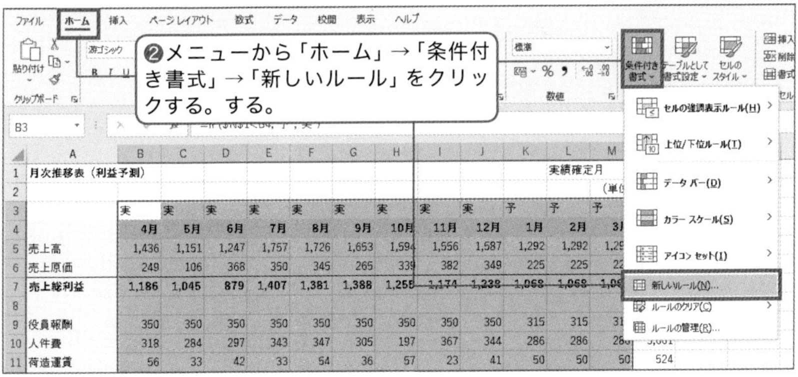


「数式を使用して、書式設定するセルを決定」を選択し、「次の数式を満たす場合に値を書式設定」欄に「=B$3="予"」と入力しましょう（数式の意味は後のColumnで説明します）。数式を入力し終わったら、「書式」ボタンをクリックします。

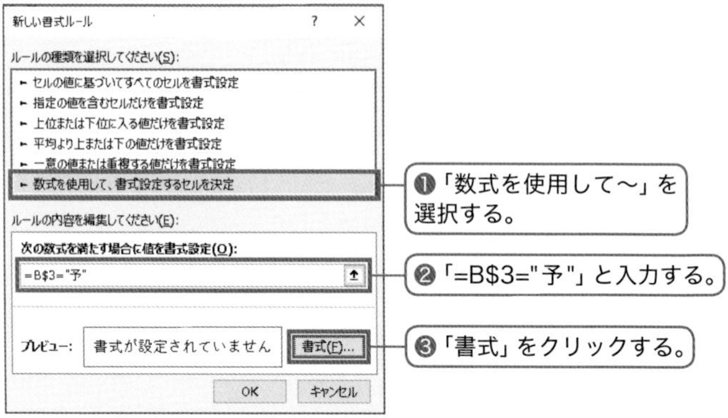


「セルの書式設定」ウィンドウが表示されたら、「塗りつぶし」を選択して、灰色を選択します（好きな色があれば、それで構いません）。色を選択した後に「OK」を**2回クリック**してください。

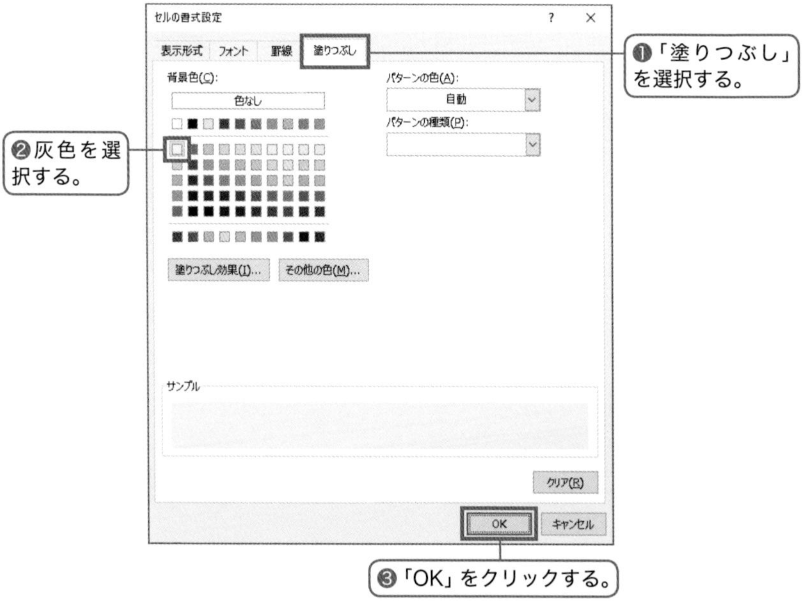

これで、条件付き書式が設定され、B3～M3セルに「予」と入力されている列だけ、背景色がグレーで表示されます。

| | A | B | C | D | E | F | G | H | I | J | K | L | M | N |
|---|---|---|---|---|---|---|---|---|---|---|---|---|---|---|
| 3 | | 実 | 実 | 実 | 実 | 実 | 実 | 実 | 実 | 実 | 予 | 予 | 予 | |
| 4 | | **4月** | **5月** | **6月** | **7月** | **8月** | **9月** | **10月** | **11月** | **12月** | **1月** | **2月** | **3月** | **合計** |
| 5 | 売上高 | 1,436 | 1,151 | 1,247 | 1,757 | 1,726 | 1,653 | 1,594 | 1,556 | 1,587 | 1,292 | 1,292 | 1,292 | 17,583 |
| 6 | 売上原価 | 249 | 106 | 368 | 350 | 345 | 265 | 339 | 382 | 349 | 225 | 225 | 225 | 3,426 |
| 7 | **売上総利益** | **1,186** | **1,045** | **879** | **1,407** | **1,381** | **1,388** | **1,255** | **1,174** | **1,238** | **1,068** | **1,068** | **1,068** | **14,157** |
| 8 | | | | | | | | | | | | | | |
| 9 | 役員報酬 | 350 | 350 | 350 | 350 | 350 | 350 | 350 | 350 | 350 | 315 | 315 | 315 | 4,095 |
| 10 | 人件費 | 318 | 284 | 297 | 343 | 347 | 305 | 197 | 367 | 344 | 286 | 286 | 286 | 3,661 |
| 11 | 荷造運賃 | 56 | 33 | 42 | 33 | 54 | 36 | 57 | 23 | 41 | 50 | 50 | 50 | 524 |
| 12 | 交際費 | 4 | 14 | 0 | 38 | 11 | 35 | 17 | 0 | 4 | 4 | 4 | 4 | 136 |
| 13 | 消耗品費 | 63 | 5 | 12 | 23 | 16 | 51 | 39 | 13 | 7 | 56 | 56 | 56 | 397 |
| 14 | 地代家賃 | 70 | 70 | 70 | 70 | 70 | 70 | 70 | 70 | 70 | 63 | 63 | 63 | 819 |
| 15 | 減価償却費 | 6 | 6 | 6 | 6 | 6 | 6 | 6 | 6 | 6 | 5 | 5 | 5 | 70 |
| 16 | その他営業費用 | 134 | 148 | 312 | 154 | 231 | 150 | 156 | 245 | 185 | 120 | 120 | 120 | 2,075 |
| 17 | **販売管理費合計** | **1,000** | **910** | **1,088** | **1,017** | **1,084** | **1,003** | **891** | **1,074** | **1,007** | **900** | **900** | **900** | **11,777** |
| 18 | **営業利益** | **186** | **135** | **-209** | **390** | **296** | **384** | **364** | **100** | **231** | **167** | **167** | **167** | **2,380** |
| 19 | | | | | | | | | | | | | | |
| 20 | その他利益 | 0 | 0 | 0 | 0 | 0 | 0 | 0 | 0 | 0 | 0 | 0 | 0 | 0 |
| 21 | その他損失 | 3 | 3 | 3 | 3 | 3 | 3 | 3 | 3 | 3 | 3 | 3 | 3 | 36 |
| 22 | **税引前当期純利益** | **183** | **132** | **-212** | **387** | **293** | **381** | **361** | **97** | **228** | **164** | **164** | **164** | **2,344** |
| 23 | | | | | | | | | | | | | | |
| 24 | 現預金 | 1,295 | 1,427 | 1,494 | 1,186 | 1,670 | 2,076 | 2,160 | 2,850 | 3,067 | - | - | - | |
| 25 | 借入金 | 1,950 | 1,900 | 1,850 | 1,800 | 1,750 | 1,700 | 1,650 | 1,600 | 1,550 | - | - | - | |

予算値の列だけ背景色がグレーで表示される。

Column

## 条件付き書式を「数式」で指定するときのイメージ

条件付き書式の「数式」を理解するためのポイントは二つあります。

一つ目のポイントは、先頭の「=」です。条件付き書式で入力した数式の先頭の「=」は、数式であることを表す「=」です（通常の数式入力時に「=」を入れるのと同じ意味の「=」です）。数式の意味には影響を与えませんので、無視して考えましょう。

先頭の「=」を無視すると、残りの数式は「B$3="予"」となります。これは、IF関数の一つ目の引数（論理式）と同じで、「B3セルが「予」と等しいか」という条件を表します。

二つ目のポイントは、この数式がどのセルに適用されるかです。まず、この数式は、セル範囲を選択開始したB3セルに適用されます。

その他のセルについては、次の図のように「B$3="予"」という数式を、通常の相対参照・絶対参照でのルールで参照先を変えて、条件を満たしているか判定されます。

条件付き書式の「条件」

| | B | C | D |
|---|---|---|---|
| 3 | B$3="予" | C$3="予" | D$3="予" |
| 4 | B$3="予" | C$3="予" | D$3="予" |
| 5 | B$3="予" | C$3="予" | D$3="予" |

セルの内容

| | B | C | D |
|---|---|---|---|
| 3 | 実 | 実 | 予 |
| 4 | | | |
| 5 | | | |

条件付き書式を適用した結果

| | B | C | D |
|---|---|---|---|
| 3 | 実 | 実 | 予 |
| 4 | | | |
| 5 | | | |

「B$3」なので、縦方向に数式をコピーしても数式は変わらない（通常の絶対参照と考え方は同じ）。

条件を満たしたセルだけ書式が設定される。

# Chapter 7

# ピボットテーブルでデータを集計する

# 7-1 SUMIFS関数の代わりにピボットテーブルを使う

## → ピボットテーブルとは？

ピボットテーブルとは、指定した切り口で元データを集計する機能です。たとえば、ピボットテーブルを使うことで、様々な集計表を作ることができます。

| | A | B | C | D |
|---|---|---|---|---|
| 1 | 日付 | 取引先名 | 売上金額 | |
| 2 | 2020/3/15 | 明光商事株式会社 | 10,000 | |
| 3 | 2020/3/20 | シグマ株式会社 | 20,000 | |
| 4 | 2020/3/25 | 幸和株式会社 | 30,000 | |
| 5 | 2020/3/31 | 明光商事株式会社 | 40,000 | |
| 6 | 2020/4/10 | 株式会社スカイ | 50,000 | |
| 7 | 2020/4/15 | シグマ株式会社 | 60,000 | |
| 8 | 2020/4/20 | 幸和株式会社 | 70,000 | |
| 9 | 2020/4/25 | シグマ株式会社 | 80,000 | |
| 10 | 2020/4/30 | 明光商事株式会社 | 90,000 | |
| 11 | | | | |

▶

| | A | B | C | D |
|---|---|---|---|---|
| 1 | | | | |
| 2 | | | | |
| 3 | 合計 / 売上金額 | 列ラベル | | |
| 4 | 行ラベル | 3 | 4 | 総計 |
| 5 | シグマ株式会社 | 20000 | 140000 | 160000 |
| 6 | 株式会社スカイ | | 50000 | 50000 |
| 7 | 幸和株式会社 | 30000 | 70000 | 100000 |
| 8 | 明光商事株式会社 | 50000 | 90000 | 140000 |
| 9 | 総計 | 100000 | 350000 | 450000 |
| 10 | | | | |
| 11 | | | | |

基本的に、ピボットテーブルで作れる集計表の多くは、SUMIFS関数（やCOUNTIFS関数）で作れる集計表と同じです。メリット・デメリットを比較して、SUMIFS関数を使うかピボットテーブルを使うか選びましょう。

## → ピボットテーブルを使うメリット

SUMIFS関数と比べて、ピボットテーブルには、次のようなメリットがあります。

### マウス操作だけで集計表を素早く作成できる

ピボットテーブルを使うと、マウス操作だけで簡単に集計表を作成することができます。SUMIFS関数を使うと、引数が多かったり、$マークの付け方を考える必要があるなど、どうしても数式が複雑になりがちです。その点、ピボットテーブルなら、直感的な操作で集計表を作成することができます。集計の切り口を変更するのも一瞬で、売上明細を「取引先」別に集計していたものを「月」別への集計に変更するなどが簡単にできます。

### 集計表の見出しが自動で作成される

ピボットテーブルを使うと、集計表の見出しが自動で作成されるのも大きなメリットです。SUMIFS関数を使うときには、集計表の見出しを事前に作っておく必要があるため、手間がかかります。特に、元データに新たな項目が追加された場合、SUMIFS関数だと、あらかじめ見出しに項目を追加しておかないと集計もれが発生します。一方で、**ピボットテーブルは、表自体が自動的に広がるので集計もれが発生しません**。

## ピボットテーブルのデメリット

逆に、ピボットテーブルには、次のようなデメリットもあります。

### 元データの変更を自動反映しない

ピボットテーブルは、元データが変更されても、**集計表の集計結果は、自動で変わりません**。元データの変更を反映するためには「更新」処理が必要になります。ですから、元データを貼り付けるだけで、全自動で反映させるという用途には向きません。

### レイアウトの自由度が低い

SUMIFS関数に比べて、ピボットテーブルでは、作成する表のレイアウトがある程度、自動的に決められてしまいます。そのため、レポートのレイアウトが厳密に決められている場合には、向いていません。

### ピボットテーブルの結果を参照する数式が壊れやすい

ピボットテーブルは集計表の見出しがデータの内容に合わせて自動で作成されます。ですから、**データに含まれる項目が変化すると、集計表の大きさが自動的に変わる可能性があります**。ピボットテーブルの集計結果を数式で処理する場合には、集計表の大きさが変わることにともない、数式が壊れたり、不完全になる場合もあり得ます。ですから、ピボットテーブルの結果を、数式で参照する処理は避けましょう。

## ピボットテーブルが向いている業務

上記のメリット・デメリットを踏まえると、ピボットテーブルは次のような業務に向いています。

### 非定型の分析・集計業務

基本的には、一回限りの分析業務や、集計の切り口が頻繁に変わる場合など、**非定型の分析・集計業務には、ピボットテーブルが向いています**。マウス操作だけで、集計方法を変えられるので、集計の手間がかかりません。

### PCの画面で集計表を見る業務

画面上でレポートを見る場合、ピボットテーブルを使うと、レポートを使う人自身で表示項目・集計の切り口を変えたり、ダブルクリックするだけで明細にさかのぼれるので、とても便利です。

# 7-2 ピボットテーブルの基本操作

## → ピボットテーブルで売上明細を取引先別に集計する

次のような売上明細があるときに、ピボットテーブルを使って、売上金額を取引先別に集計してみます。

「元データ」シート

| | A | B | C | D |
|---|---|---|---|---|
| 1 | 月 | 取引先名 | 売上金額 | |
| 2 | 1月 | 明光商事株式会社 | 10,000 | |
| 3 | 1月 | シグマ株式会社 | 20,000 | |
| 4 | 1月 | 幸和株式会社 | 30,000 | |
| 5 | 1月 | 明光商事株式会社 | 40,000 | |
| 6 | 2月 | 株式会社スカイ | 50,000 | |
| 7 | 2月 | シグマ株式会社 | 60,000 | |
| 8 | 2月 | 幸和株式会社 | 70,000 | |
| 9 | 2月 | シグマ株式会社 | 80,000 | |
| 10 | 2月 | 明光商事株式会社 | 90,000 | |
| 11 | | | | |

ピボットテーブルで自動作成されるシート

| | A | B | C | D |
|---|---|---|---|---|
| 1 | | | | |
| 2 | | | | |
| 3 | 行ラベル | 合計 / 売上金額 | | |
| 4 | シグマ株式会社 | 160000 | | |
| 5 | 株式会社スカイ | 50000 | | |
| 6 | 幸和株式会社 | 100000 | | |
| 7 | 明光商事株式会社 | 140000 | | |
| 8 | 総計 | **450000** | | |
| 9 | | | | |
| 10 | | | | |
| 11 | | | | |

### テーブルに変換する

ピボットテーブルを使うときには、**ピボットテーブルで集計する前に**、元データをテーブル化することをおすすめしています。テーブル化しておくことで、**元データに行の追加・削除、列の追加・削除をしたときも、「更新」(347ページ参照) をすることで、元データの変更が反映される**ので、データの範囲選択もれを防ぎやすくなります。

それでは、元データをテーブル化してみましょう。まず、「元データ」シートのA1セルを選択した状態で、メニューから「挿入」→「テーブル」を選択しましょう。次に、「テーブルの作成」ウィンドウが表示されるので「OK」をクリックします。これで、元々の表がテーブルに変化して、自動的に表に縞模様が付きます。

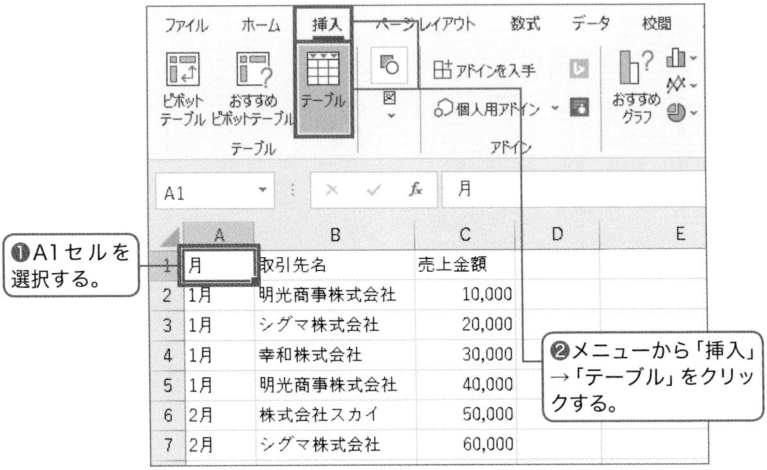


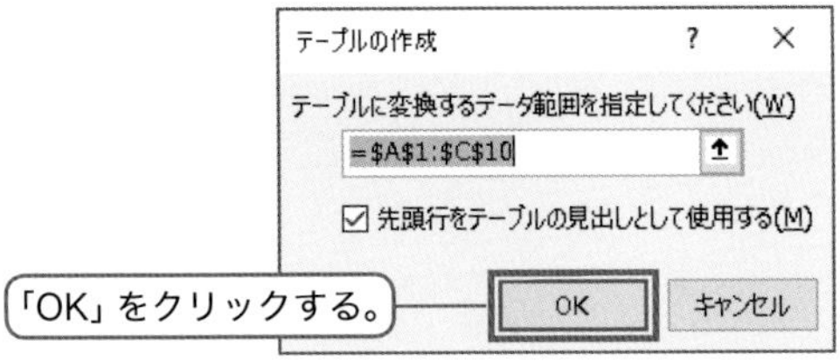

## ピボットテーブルを作成する

続けてピボットテーブルを作成します。A1セルを選択した状態で、メニューから「挿入」→「ピボットテーブル」をクリックします。「ピボットテーブルの作成」ウィンドウが表示されるので、「OK」をクリックします。

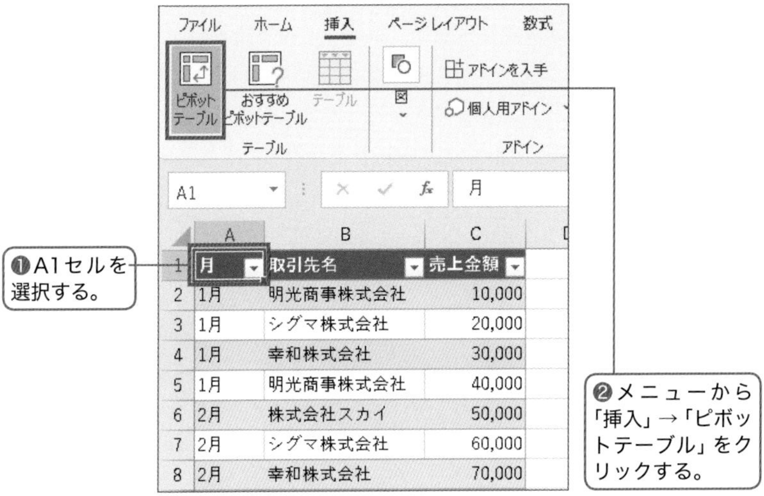


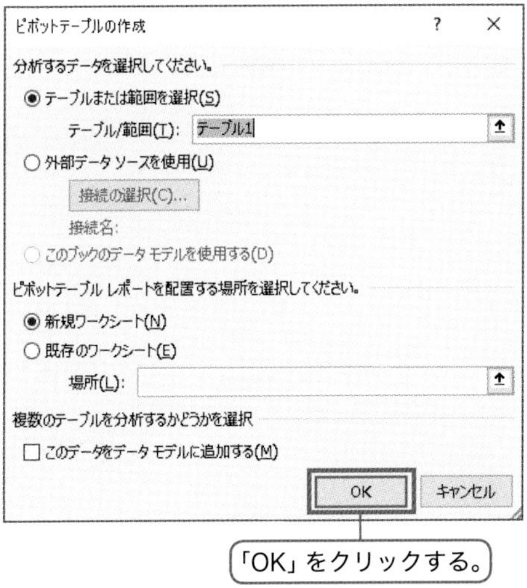


## フィールドを「値」エリア・「行」エリアに移動する

新しいシートが作成され、画面右側に「ピボットテーブルのフィールド」ウィンドウが表示されます。そこで、「売上金額」フィールドを、ドラッグアンドドロップで「値」エリアに移動させましょう。これで、売上の合計金額が表示されます。

ここで、**売上金額合計が、正しい金額になっていることを必ず確認しましょう**。たとえば、1年間の売上金額の分析をするのであれば、売上金額合計が「損益計算書の年間売上高」と一致していることを確認してください。**元データの抜け・もれがあると**、正しい集計結果が得られませんので、気を付けてください。

最後に、「取引先名」フィールドを、ドラッグアンドドロップで「行」エリアに移動させると、取引先別に売上金額が集計されます。

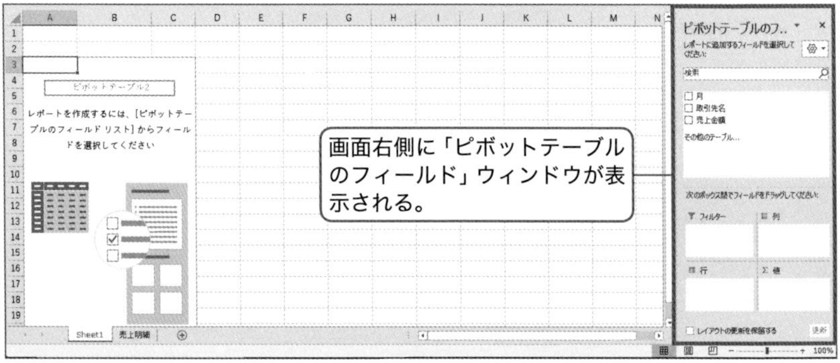


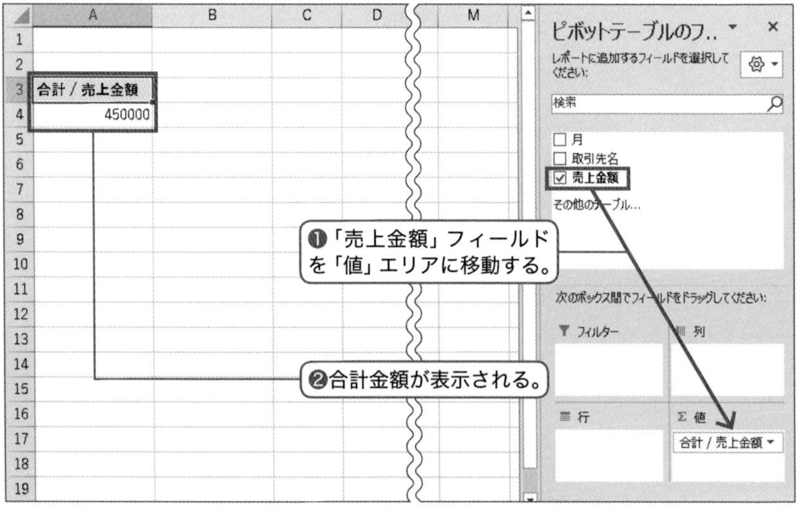

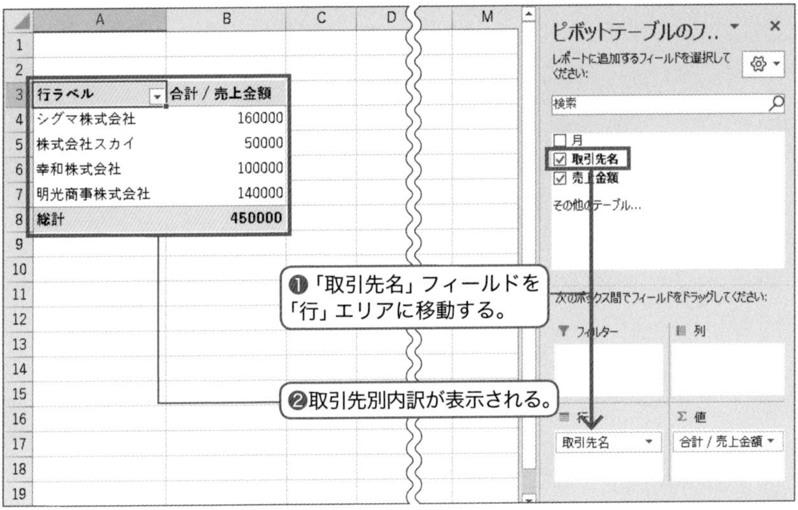


## → 売上明細の集計方法を変更して月別に集計する

先ほど作成した集計表の、集計方法を変更して、月別に集計してみます。「行」エリアにある「取引先名」フィールドを、ドラッグアンドドロップで元の場所に戻します。次に、「月」フィールドを「行」エリアに移動させましょう。これで、月別に売上金額が集計されます。

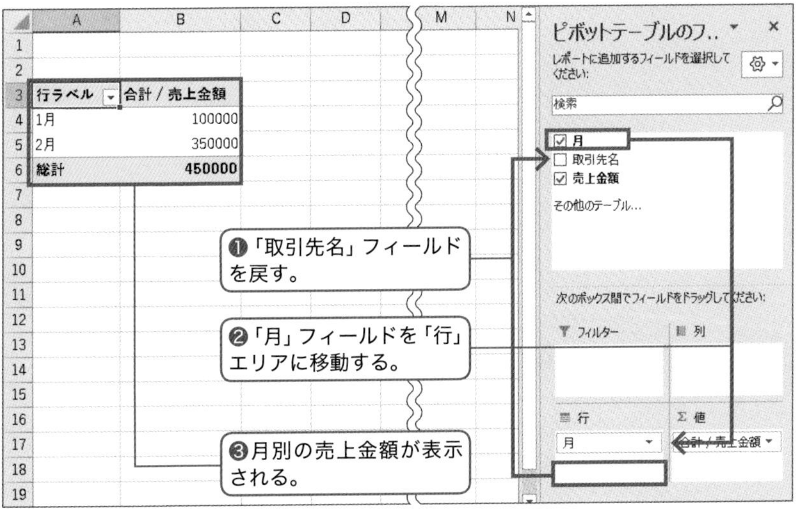

Column

### ピボットテーブルのフィールドエリアが表示されないとき

ピボットテーブル関連の操作をするときには、**いったんピボットテーブル内部をクリック**するようにしてください。そうすることで、右側に「ピボットテーブルのフィールドエリア」ウィンドウが表示されます。また、メニューに「ピボットテーブル分析」「デザイン」という項目が追加されます。

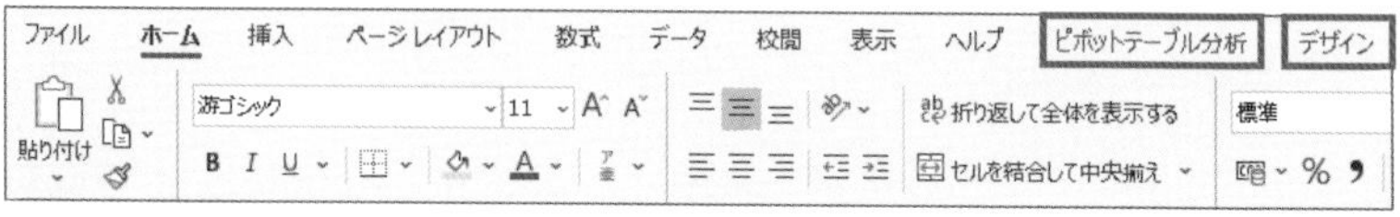


## → 月別の金額を横方向に集計・表示する

フィールドを「列」エリアに移動させることで、集計した結果を横方向に並べることもできます。たとえば、「月」フィールドを「列」エリアに移動すると、横方向に月別に集計することができます。

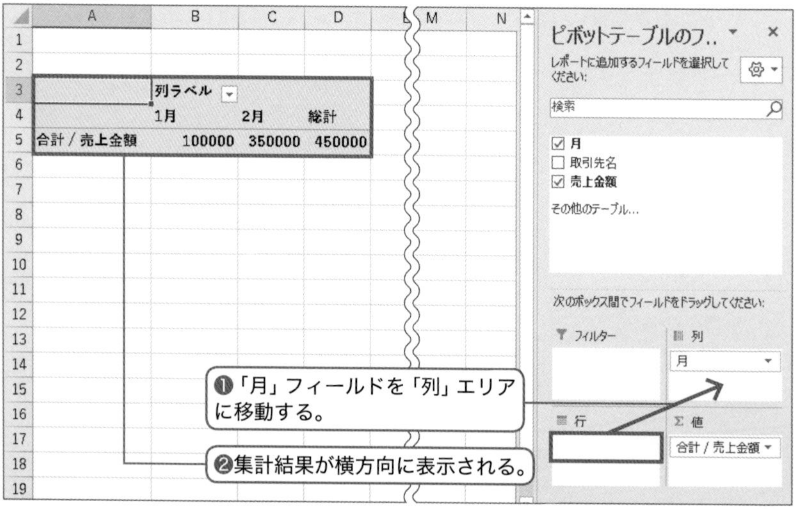


## → 取引先別・月別に集計する

最後に、取引先別・月別に集計をしてみます。「月」フィールドが「列」エリアにある状態で、さらに、「取引先」フィールドを「行」エリアに移動させましょう。

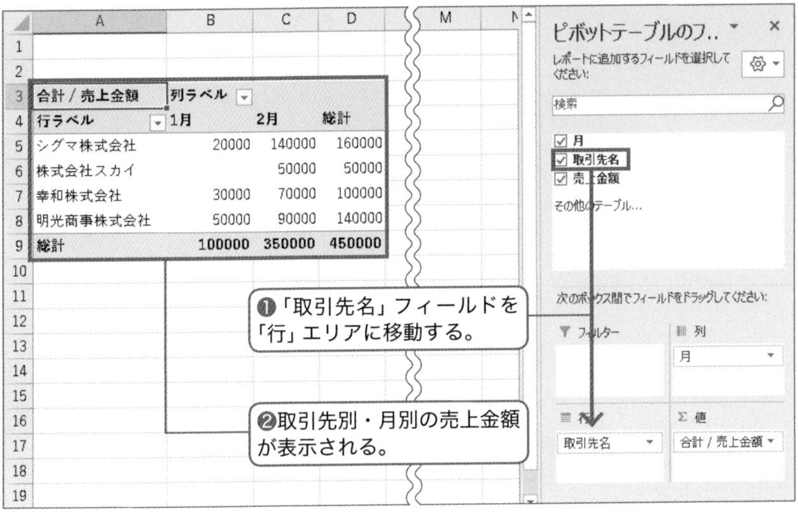


これで、売上高が、取引先別・月別に集計されました。

## ➔ データの更新を集計表に反映する

ピボットテーブルでは、**元データの変更が、自動で集計表に反映されない**ことに注意が必要です。

たとえば、次の図のように、C10セルの金額を「90,001」に変更してみます。この段階では、ピボットテーブルの数値は変わっていません。

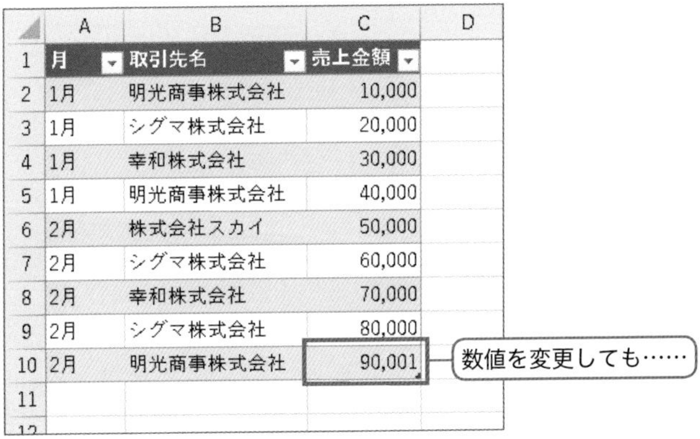

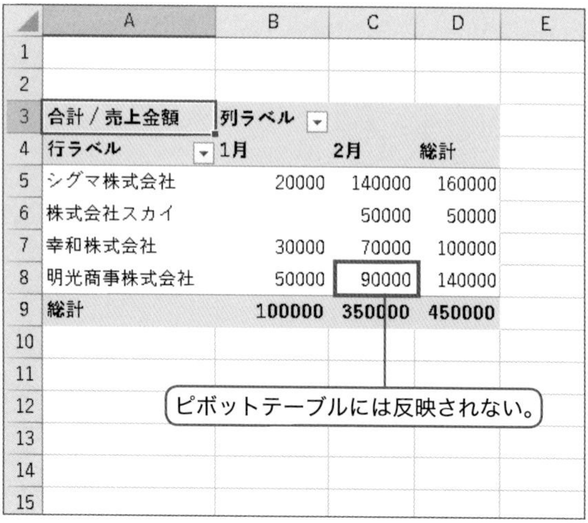


元データの変更をピボットテーブルに反映させるには、ピボットテーブルの内部（今回の例だと、A3～D9セル）で右クリックをして、右クリックメニューから「更新」をクリックしてください。これで、元データの変更が、ピボットテーブルに反映されます。

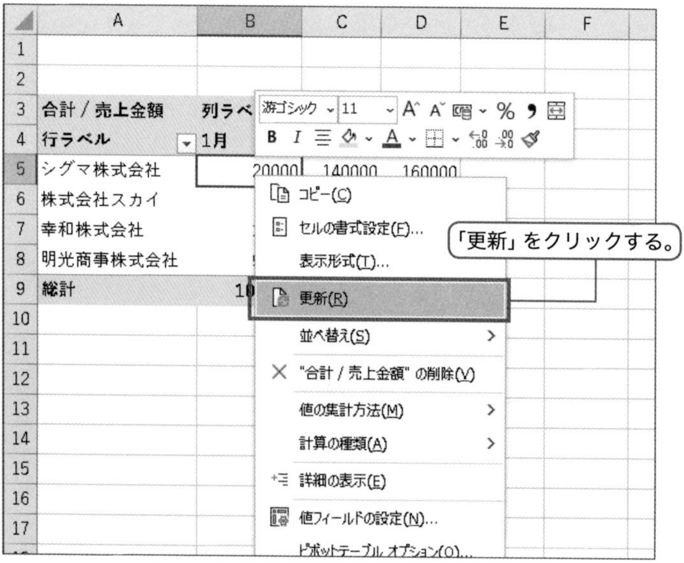

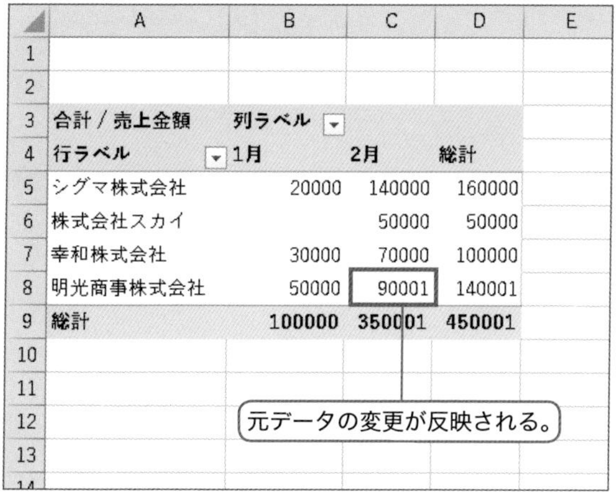

| | A | B | C | D | E |
|---|---|---|---|---|---|
| 1 | | | | | |
| 2 | | | | | |
| 3 | 合計 / 売上金額 | 列ラベル | | | |
| 4 | 行ラベル | 1月 | 2月 | 総計 | |
| 5 | シグマ株式会社 | 20000 | 140000 | 160000 | |
| 6 | 株式会社スカイ | | 50000 | 50000 | |
| 7 | 幸和株式会社 | 30000 | 70000 | 100000 | |
| 8 | 明光商事株式会社 | 50000 | 90001 | 140001 | |
| 9 | 総計 | 100000 | 350001 | 450001 | |
| 10 | | | | | |
| 11 | | | | | |
| 12 | | | | | |
| 13 | | | | | |



## → 書式を設定する

ピボットテーブル内部でも書式は、通常通り設定できます。たとえば、金額が表示されているセルを選択して、書式を「カンマ区切り」形式に指定すれば、カンマ区切り形式で表示されます。

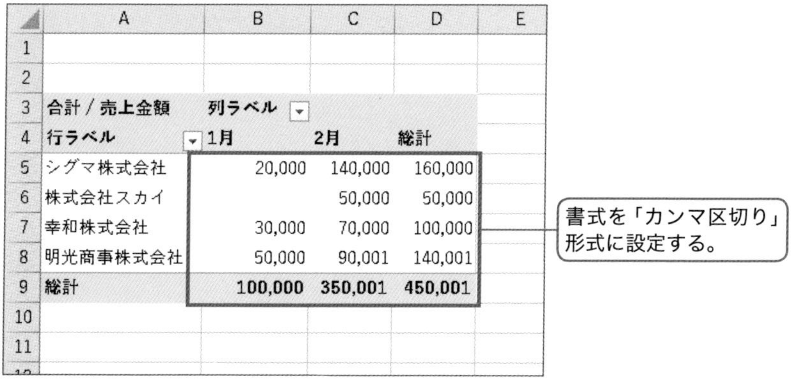

| | A | B | C | D | E |
|---|---|---|---|---|---|
| 1 | | | | | |
| 2 | | | | | |
| 3 | 合計 / 売上金額 | 列ラベル | | | |
| 4 | 行ラベル | 1月 | 2月 | 総計 | |
| 5 | シグマ株式会社 | 20,000 | 140,000 | 160,000 | |
| 6 | 株式会社スカイ | | 50,000 | 50,000 | |
| 7 | 幸和株式会社 | 30,000 | 70,000 | 100,000 | |
| 8 | 明光商事株式会社 | 50,000 | 90,001 | 140,001 | |
| 9 | 総計 | 100,000 | 350,001 | 450,001 | |
| 10 | | | | | |
| 11 | | | | | |



## → 金額の内訳を表示する

金額欄をダブルクリックをすると、内訳明細を表示することができます。たとえば、C5セルをダブルクリックすると、「シグマ株式会社」「2月」の明細だけが**別シートに表示されます**。

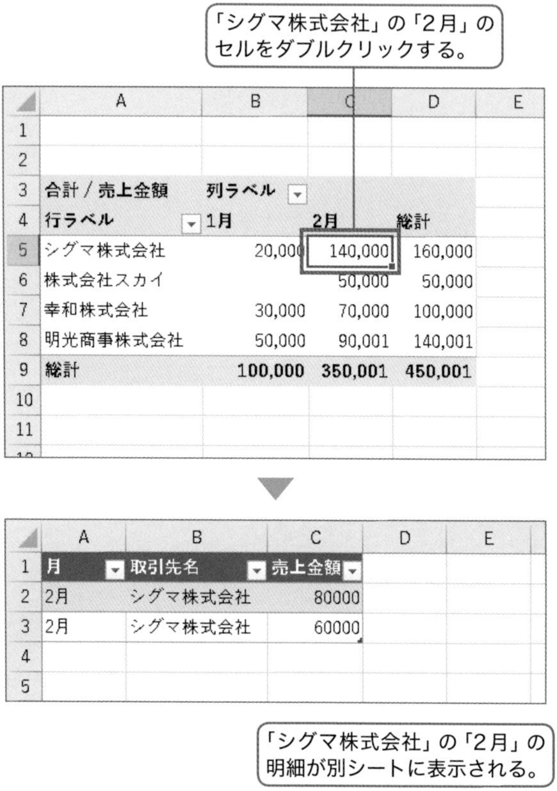


確認後、明細を残しておく必要がない場合には、シートを削除しておきましょう。

# 7-3 ピボットテーブルに表示する項目の並び順を整える

## 項目を並べ替えるには工夫が必要

行ラベル・列ラベルの右の「▼」マークをクリックすると、行・列に配置した項目の昇順または降順で並べ替えることができます。

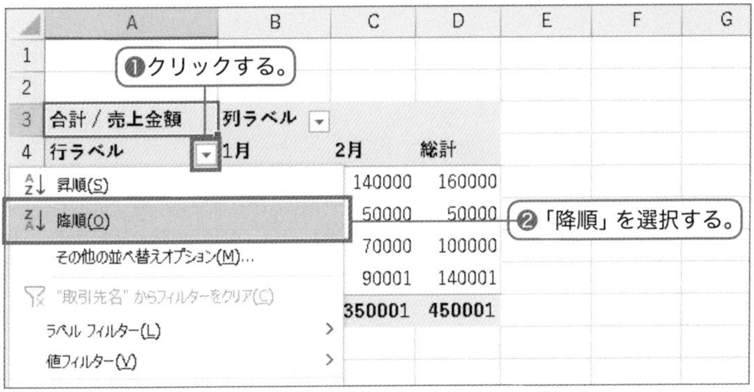


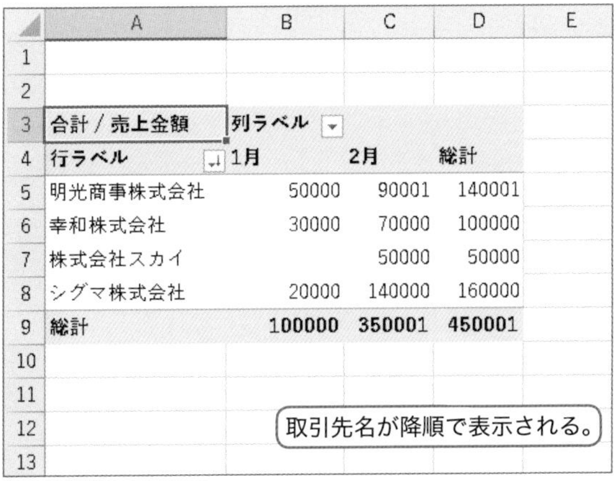

逆に言うと、ピボットテーブルでは、指定した列の**昇順または降順にしか並べ替えることができません**。ですから、先ほどの表で、取引先を好きな順番で並べ替えるには工夫が必要です。ここでは、二つの方法を紹介していきます。

## → 方法1：取引先名の前にコードを付ける

一つは、取引先名の前に「コード」を付ける方法です。この状態でピボットテーブル集計をすると、コードの順に並べ変わります。

| | A | B | C | D |
|---|---|---|---|---|
| 1 | 月 | 取引先名 | 売上金額 | |
| 2 | 1月 | 010010明光商事株式会社 | 10,000 | |
| 3 | 1月 | 010030シグマ株式会社 | 20,000 | |
| 4 | 1月 | 010040幸和株式会社 | 30,000 | |
| 5 | 1月 | 010010明光商事株式会社 | 40,000 | |
| 6 | 2月 | 010020株式会社スカイ | 50,000 | |
| 7 | 2月 | 010030シグマ株式会社 | 60,000 | |
| 8 | 2月 | 010040幸和株式会社 | 70,000 | |
| 9 | 2月 | 010030シグマ株式会社 | 80,000 | |
| 10 | 2月 | 010010明光商事株式会社 | 90,001 | |
| 11 | | | | |
| 12 | | 先頭にコードを付ける。 | | |
| 13 | | | | |

▼

| | A | B | C | D | E |
|---|---|---|---|---|---|
| 1 | | | | | |
| 2 | | | | | |
| 3 | **合計 / 売上金額** | **列ラベル** | | | |
| 4 | **行ラベル** | **1月** | **2月** | **総計** | |
| 5 | 010010明光商事株式会社 | 50000 | 90001 | 140001 | |
| 6 | 010020株式会社スカイ | | 50000 | 50000 | |
| 7 | 010030シグマ株式会社 | 20000 | 140000 | 160000 | |
| 8 | 010040幸和株式会社 | 30000 | 70000 | 100000 | |
| 9 | **総計** | **100000** | **350001** | **450001** | |
| 10 | | | | | |
| 11 | コードの昇順または降順に並べ替わる。 | | | | |
| 12 | | | | | |
| 13 | | | | | |

## → 方法2：取引先名とは別に取引先コード列を作る

二つめの方法は、新たに取引先コード列を付け加える方法です。取引先一覧など、取引先コードと取引先名の対応表が準備されている場合には、VLOOKUP関数などを使って、取引先名に対応する取引先コードを表示させられます。

取引先コードを表示したら、ピボットテーブル集計をしていきます。ピボットテーブルを作るときに、「行」エリアに「取引先コード」と「取引先」フィールド、「列」エリアに「月」フィールドを配置しましょう。

| | A | B | C | D | E |
|---|---|---|---|---|---|
| 1 | 月 | 取引先コード | 取引先名 | 売上金額 | |
| 2 | 1月 | 010010 | 明光商事株式会社 | 10,000 | |
| 3 | 1月 | 010030 | シグマ株式会社 | 20,000 | |
| 4 | 1月 | 010040 | 幸和株式会社 | 30,000 | |
| 5 | 1月 | 010010 | 明光商事株式会社 | 40,000 | |
| 6 | 2月 | 010020 | 株式会社スカイ | 50,000 | |
| 7 | 2月 | 010030 | シグマ株式会社 | 60,000 | |
| 8 | 2月 | 010040 | 幸和株式会社 | 70,000 | |
| 9 | 2月 | 010030 | シグマ株式会社 | 80,000 | |
| 10 | 2月 | 010010 | 明光商事株式会社 | 90,001 | |
| 11 | | | | | |
| 12 | | | | | |
| 13 | | | | | |



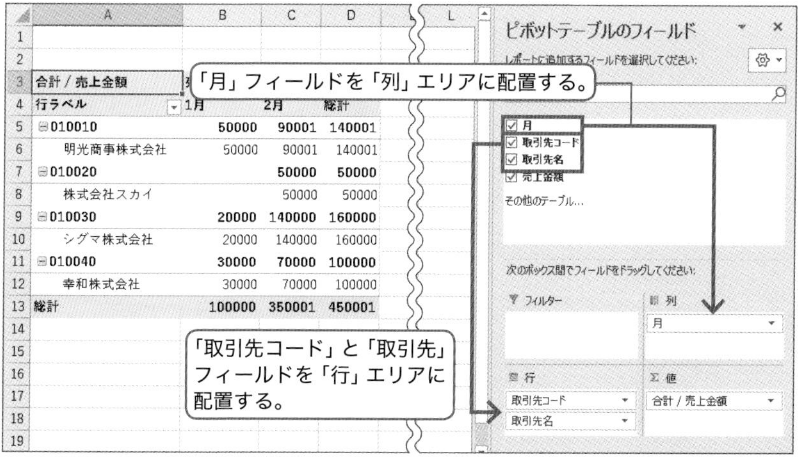

| | A | B | C | D |
|---|---|---|---|---|
| 1 | | | | |
| 2 | | | | |
| 3 | 合計 / 売上金額 | | | |
| 4 | 行ラベル | 1月 | 2月 | 総計 |
| 5 | ⊟010010 | 50000 | 90001 | 140001 |
| 6 | 明光商事株式会社 | 50000 | 90001 | 140001 |
| 7 | ⊟010020 | | 50000 | 50000 |
| 8 | 株式会社スカイ | | 50000 | 50000 |
| 9 | ⊟010030 | 20000 | 140000 | 160000 |
| 10 | シグマ株式会社 | 20000 | 140000 | 160000 |
| 11 | ⊟010040 | 30000 | 70000 | 100000 |
| 12 | 幸和株式会社 | 30000 | 70000 | 100000 |
| 13 | 総計 | 100000 | 350001 | 450001 |

## レイアウトを表形式に変更する

これだけでは、取引先コードと取引先名が別の行に表示され、見にくい表ができあがってします。そこで、ピボットテーブルの様式を調整していきます。まず、メニューから「デザイン」→「レポートのレイアウト」→「表形式で表示」をクリックしましょう。これで、取引先コードと取引先名が同じ行で表示されます。

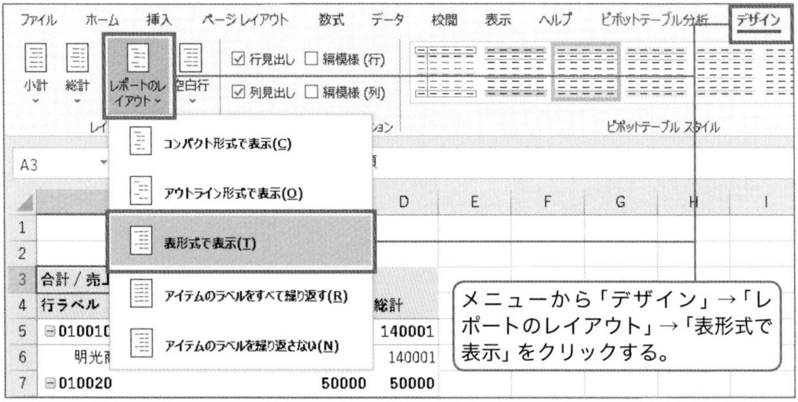

| | A | B | C | D | E | F |
|---|---|---|---|---|---|---|
| 1 | | | | | | |
| 2 | | | | | | |
| 3 | 合計 / 売上金額 | | 月 | | | |
| 4 | 取引先コード | 取引先名 | 1月 | 2月 | 総計 | |
| 5 | ⊟010010 | 明光商事株式会社 | 50000 | 90001 | 140001 | |
| 6 | 010010 集計 | | 50000 | 90001 | 140001 | |
| 7 | ⊟010020 | 株式会社スカイ | | 50000 | 50000 | |
| 8 | 010020 集計 | | | 50000 | 50000 | |
| 9 | ⊟010030 | シグマ株式会社 | 20000 | 140000 | 160000 | |
| 10 | 010030 集計 | | 20000 | 140000 | 160000 | |
| 11 | ⊟010040 | 幸和株式会社 | 30000 | 70000 | 100000 | |
| 12 | 010040 集計 | | 30000 | 70000 | 100000 | |
| 13 | 総計 | | 100000 | 350001 | 450001 | |
| 14 | | | | | | |

## 小計を消す

小計行（「010010 集計」などと書かれた行）が邪魔なので、小計を消しましょう。「010010 集計」と書かれているセルで右クリックをしてください。そして、右クリックメニューから「"取引先コード"の小計」のチェックをはずしてください。

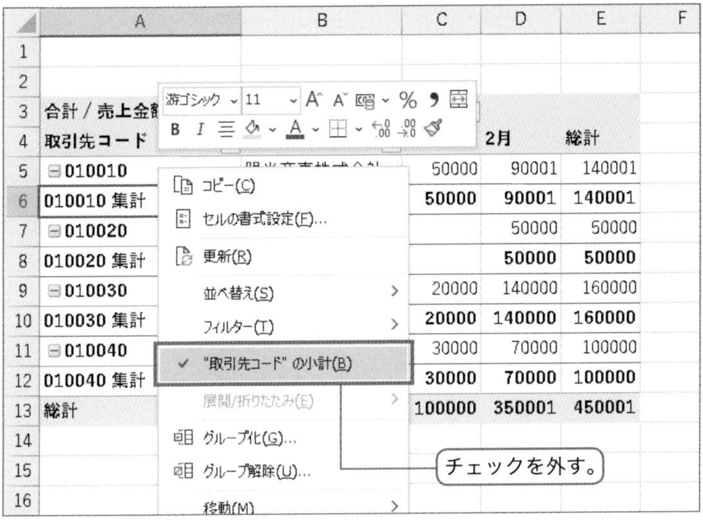


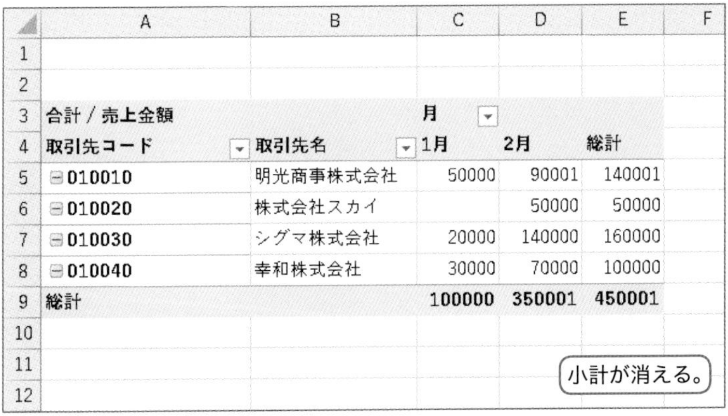


これで、見やすいレイアウトの表ができあがりました。

Column

### 小計を再表示させてレイアウトを元に戻す

小計を再度表示させたいときには、再度、「"取引先コード"の小計」のチェックを入れてください。「010010」など取引先コードが表示されているセルで右クリックをしてください。右クリックメニューから「"取引先コード"の小計」のチェックを入れると、小計が表示されるようになります。

また、元のレイアウトに戻したいときには、メニューから「デザイン」→「レポートのレイアウト」→「コンパクト形式で表示」をクリックしてください。

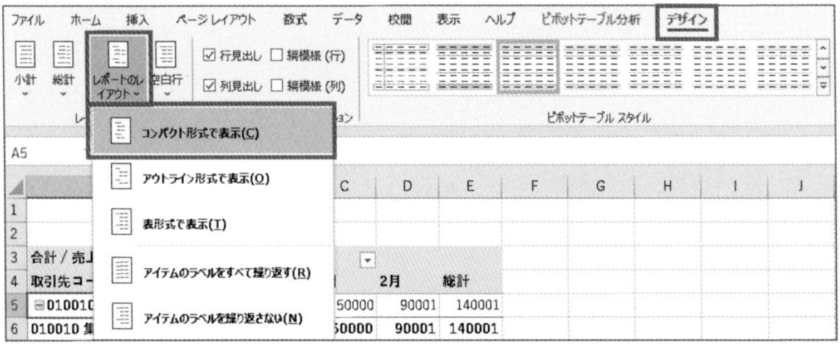

# 7-4 ピボットテーブルで売上高を月別・年度別に集計をする



## → 集計したい切り口を表す列を作る

たとえば、次のような売上明細を取引先別・月別に集計したい、という場合を考えます。

| | A | B | C | D |
|---|---|---|---|---|
| 1 | 日付 | 取引先名 | 売上金額 | |
| 2 | 2020/3/15 | 明光商事株式会社 | 10,000 | |
| 3 | 2020/3/20 | シグマ株式会社 | 20,000 | |
| 4 | 2020/3/25 | 幸和株式会社 | 30,000 | |
| 5 | 2020/3/31 | 明光商事株式会社 | 40,000 | |
| 6 | 2020/4/10 | 株式会社スカイ | 50,000 | |
| 7 | 2020/4/15 | シグマ株式会社 | 60,000 | |
| 8 | 2020/4/20 | 幸和株式会社 | 70,000 | |
| 9 | 2020/4/25 | シグマ株式会社 | 80,000 | |
| 10 | 2020/4/30 | 明光商事株式会社 | 90,000 | |

▶

| | A | B | C | D |
|---|---|---|---|---|
| 1 | | | | |
| 2 | | | | |
| 3 | 合計 / 売上金額 | 列ラベル | | |
| 4 | 行ラベル | 3 | 4 | 総計 |
| 5 | シグマ株式会社 | 20000 | 140000 | 160000 |
| 6 | 株式会社スカイ | | 50000 | 50000 |
| 7 | 幸和株式会社 | 30000 | 70000 | 100000 |
| 8 | 明光商事株式会社 | 50000 | 90000 | 140000 |
| 9 | 総計 | 100000 | 350000 | 450000 |
| 10 | | | | |

この場合、SUMIFS関数と同じように、月別に集計をしたいのであれば、月列を作った後にピボットテーブル集計をするのが基本です。

D1セルに「月」と入力します。次に、D2セルに「=MONTH(A2)」という数式を入れましょう。テーブルに数式を入れると、通常は、表の最下行まで自動的に数式が入力されます（自動的に数式が入力されない場合には、362ページのColumnを参照）。

| | A | B | C | D | E | F | G |
|---|---|---|---|---|---|---|---|
| 1 | 日付 | 取引先名 | 売上金額 | 月 | | | |
| 2 | 2020/3/15 | 明光商事株式会社 | 10,000 | 3 | | | |
| 3 | 2020/3/20 | シグマ株式会社 | 20,000 | 3 | | | |
| 4 | 2020/3/25 | 幸和株式会社 | 30,000 | 3 | | | |
| 5 | 2020/3/31 | 明光商事株式会社 | 40,000 | 3 | | | |
| 6 | 2020/4/10 | 株式会社スカイ | 50,000 | 4 | | | |
| 7 | 2020/4/15 | シグマ株式会社 | 60,000 | 4 | | | |
| 8 | 2020/4/20 | 幸和株式会社 | 70,000 | 4 | | | |
| 9 | 2020/4/25 | シグマ株式会社 | 80,000 | 4 | | | |
| 10 | 2020/4/30 | 明光商事株式会社 | 90,000 | 4 | | | |

「=MONTH(A2)」と入力して、下にコピー・貼り付けする。

月列を加えたあとは、前節までで紹介した手順とまったく同じです。ピボットテーブルを使って、「取引先名」フィールドを「行」エリアに、「売上金額」フィールドを「値」エリアに、「月」フィールドを「列」エリアに配置すると、取引先別・月別に売上金額を集計することができます。

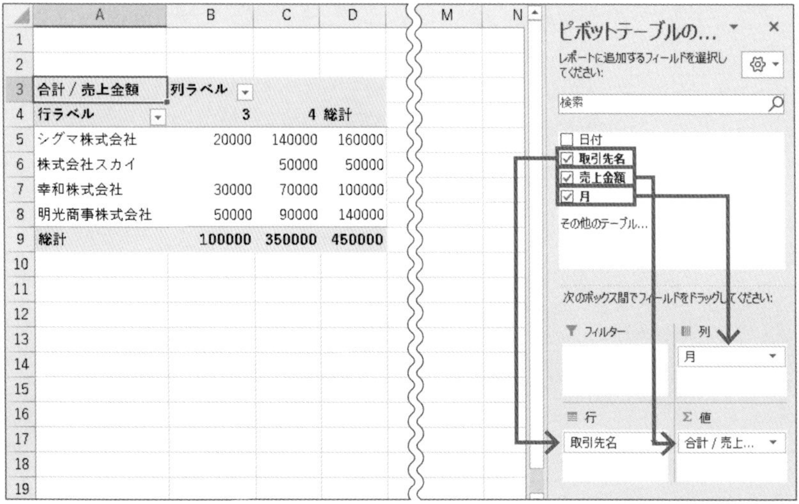


フィールドを各エリアに配置する。

他の切り口で集計をしたいときにも、同じように考えましょう。

たとえば、先ほどの元データを取引先別・年度別に集計をしたいのであれば「年度」列を作ります。D2セルに「=IF(MONTH(A2)<4,YEAR(A2)-1,YEAR(A2))」という数式を入れましょう。

あとのピボットテーブルで集計をする流れは、さきほどとまったく同じです。年度列を加えたあと、ピボットテーブルを使って、「取引先名」フィールドを「行」エリアに、「売上金額」フィールドを「値」エリアに、「年度」フィールドを「列」エリアに配置すると、取引先別・年度別に売上金額を集計することができます。

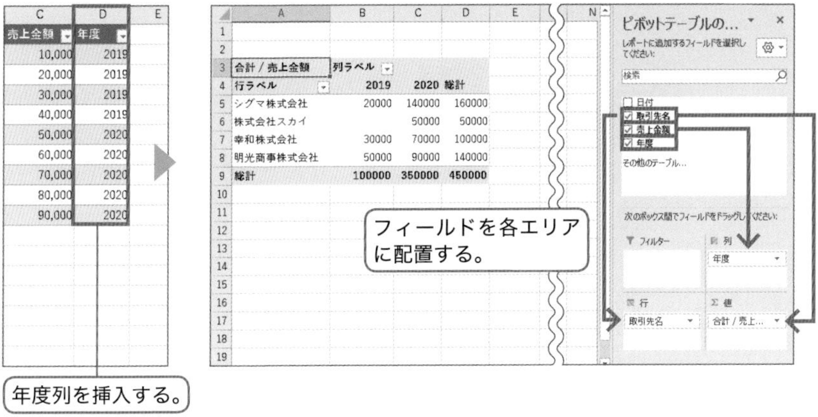


## → グループ化で日付列を月別・年別に集計する

グループ化の機能を使うと、わざわざ別の列を作らないでも、日付列から月別・年別などでデータを集計することができます。たとえば、次のような元データを集計する場面を考えてみます。

| 日付 | 取引先名 | 売上金額 |
|---|---|---|
| 2020/3/15 | 明光商事株式会社 | 10,000 |
| 2020/3/20 | シグマ株式会社 | 20,000 |
| 2020/3/25 | 幸和株式会社 | 30,000 |
| 2020/3/31 | 明光商事株式会社 | 40,000 |
| 2020/4/10 | 株式会社スカイ | 50,000 |
| 2020/4/15 | シグマ株式会社 | 60,000 |
| 2020/4/20 | 幸和株式会社 | 70,000 |
| 2020/4/25 | シグマ株式会社 | 80,000 |
| 2020/4/30 | 明光商事株式会社 | 90,000 |

この場合、グループ化の機能を使うと、新しい列を作らなくても「月」「四半期」「年」ごとなどに**集約して**集計することができます。

Excel2016以降を使っている場合には、**「日付」が入力されているフィールドを「行」エリアまたは「列」エリアに配置すると、自動的に年や月（状況によっては四半期）でグループ化された状態になります。**

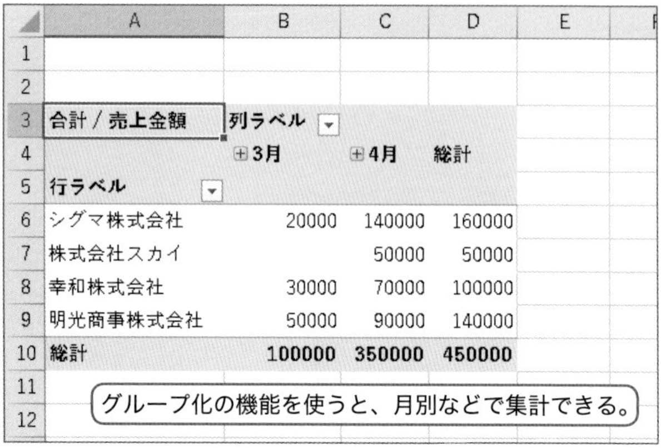


手動でグループ化したい場合や、グループ化の切り口を変えたいときには、グループ化したい値が表示されているセル（たとえばB4セル）で右クリックをして、右クリックメニューから「グループ化」を選択しましょう。その後、グループ化したい項目（年など）を選択して「OK」をクリックすると、指定した項目で集約して集計することができます。

なお、**月別に集計をしたいときには、「月」「年」の両方を選択しておきましょう**。こうすることで、同じ月でも別の年のデータは、別々の欄に集計されます。

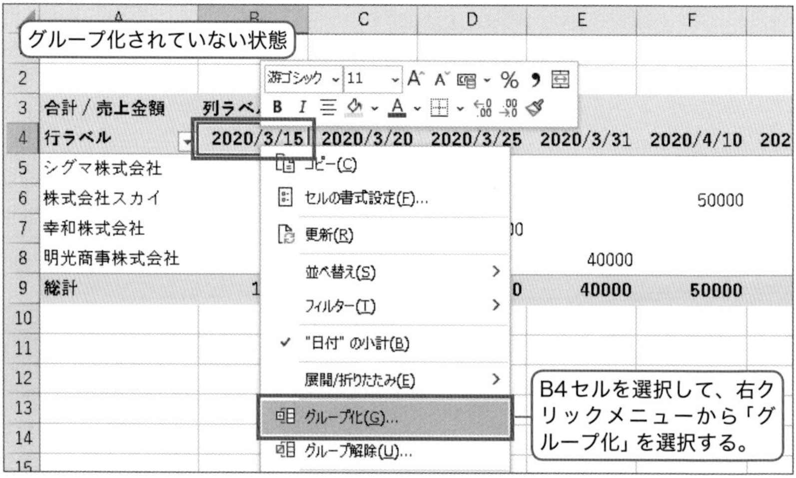

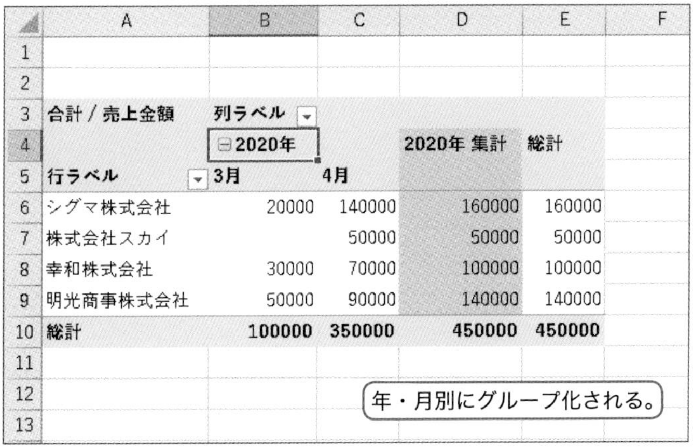

| | A | B | C | D | E | F |
|---|---|---|---|---|---|---|
| 1 | | | | | | |
| 2 | | | | | | |
| 3 | 合計 / 売上金額 | 列ラベル | | | | |
| 4 | | ⊟2020年 | | 2020年 集計 | 総計 | |
| 5 | 行ラベル | 3月 | 4月 | | | |
| 6 | シグマ株式会社 | 20000 | 140000 | 160000 | 160000 | |
| 7 | 株式会社スカイ | | 50000 | 50000 | 50000 | |
| 8 | 幸和株式会社 | 30000 | 70000 | 100000 | 100000 | |
| 9 | 明光商事株式会社 | 50000 | 90000 | 140000 | 140000 | |
| 10 | 総計 | 100000 | 350000 | 450000 | 450000 | |
| 11 | | | | | | |
| 12 | | | | | | |
| 13 | | | | | | |



逆に、グループ化を解除したいときには、グループ化を解除したいセルで右クリックをして、右クリックメニューから「グループ解除」を選択しましょう。

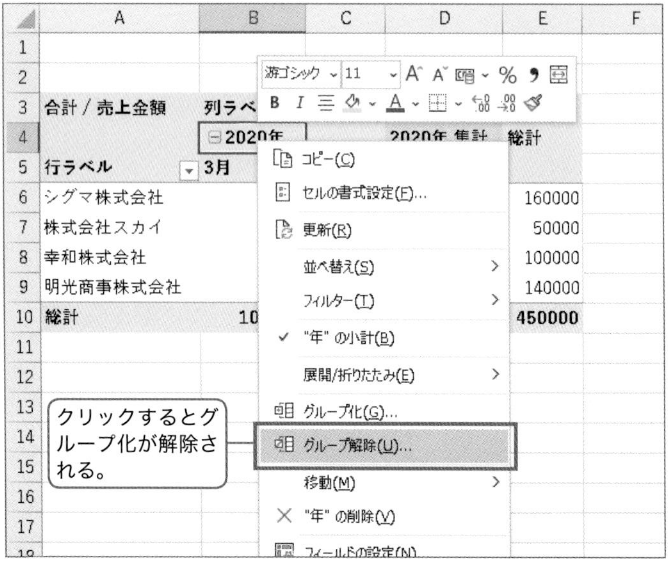


Column

## 数式が自動的に最下行まで入力されない場合

もし、数式が自動的に最下行まで入力されない場合には、数式を入力したセルの右下の「fx」→「この列のすべてのセルをこの数式で上書き」をクリックすると、一番下の行まで数式が転記されます。

# 索 引

## 記号・数字



## A ～ E



## I ～ M



## O ～ T

## た行



## な行



## は行

## ま行



## や行



## ら行

## 羽毛田睦土（はけたまこと）

公認会計士・税理士。東京大学理学部数学科を卒業後、デロイトトーマツコンサルティング株式会社（現アビームコンサルティング株式会社）、監査法人トーマツ（現有限責任監査法人トーマツ）勤務を経て独立し、会計事務所を設立。データベーススペシャリスト・ネットワークスペシャリスト資格を保有する異色の公認会計士。運営するブログ「経理・会計事務所向けエクセルスピードアップ講座」の月間アクセス数は65万PVを超える。手作業で丸1日かかる作業をピボットテーブルで一瞬で終わらせたノウハウなど、日常業務を楽にするためのエクセルの使い方を伝えるセミナーを定期的に開催中。著書に『関数は「使える順」に極めよう！ Excel最高の学び方』『いちばんやさしいExcelピボットテーブルの教本 人気講師が教えるデータ集計が一瞬で終わる方法』（ともにインプレス）。

- 経理・会計事務所向けエクセルスピードアップ講座：
https://www.excelspeedup.com/

●カバーデザイン　岡崎善保（志岐デザイン事務所）
●本文デザイン・DTP　BUCH+

●編集　石井智洋


# 会計《かいけい》ソフトのすき間《ま》を埋《う》める 経理《けいり》のExcel《エクセル》仕事術《しごとじゅつ》


2020年9月　9日　初版　第1刷発行
2022年4月19日　初版　第2刷発行



著　者　羽毛田《はけた》睦土《まこと》



発行者　片岡 巌

発行所　株式会社　技術評論社
東京都新宿区市谷左内町 21-13
電話　03-3513-6150（販売促進部）
　　　03-3513-6166（書籍編集部）

印刷　日経印刷株式会社

**定価はカバーに表示してあります。**





ISBN 978-4-297-11399-5 C3055
Printed In Japan


■お問い合わせについて
本書の内容に関するご質問は、下記の宛先までFAXまたは書面にてお送りいただくか、弊社Webサイトの質問フォームよりお送りください。お電話によるご質問、および本書に記載されている内容以外のご質問には、一切お答えできません。あらかじめご了承ください。


〒162-0846
東京都新宿区市谷左内町21-13
株式会社　技術評論社　書籍編集部
「会計ソフトのすき間を埋める
経理のExcel仕事術」質問係

FAX　03-3513-6183
技術評論社Web サイト
https://gihyo.jp/book/


なお、ご質問の際に記載いただいた個人情報は質問の返答以外の目的には使用いたしません。また、質問の返答後は速やかに削除させていただきます。